UG NX 11.0 工程应用精解丛书

# UG NX 11.0 工程图教程

北京兆迪科技有限公司　编著

机 械 工 业 出 版 社

本书全面系统地介绍了 UG NX 11.0 工程图设计的过程、方法和技巧，内容包括工程图的概念及发展，UG NX 11.0 工程图的特点，UG NX 11.0 工程图基本设置及工作界面，创建工程图视图，绘制工程图的二维草图、工程图的标注、表格，钣金工程图和工程图的一些高级应用等。

在内容安排上，为了使读者更快地掌握 UG NX 11.0 软件的工程图功能，书中结合大量的范例对 UG NX 11.0 软件中的工程图概念、命令和功能进行讲解，同时结合范例讲述了一些产品的工程图设计过程和技巧，这样安排能使读者较快地进入工程图设计实战状态。在写作方式上，本书紧贴 UG NX 11.0 软件的实际操作界面，使初学者能够尽快上手，提高学习效率。本书附带 1 张多媒体 DVD 学习光盘，制作了大量 UG 工程图设计技巧和具有针对性的实例教学视频，并进行了详细的语音讲解。光盘中还包含本书所有的模型文件、范例文件和素材文件。

本书内容全面，条理清晰，实例丰富，讲解详细，可作为工程技术人员的 UG 工程图自学教程和参考书，也可作为大中专院校学生和各类培训学校学员的 CAD/CAM 课程上课或上机练习的教材。

本书是“UG NX 11.0 工程应用精解丛书”中的一本，读者在阅读本书后，可根据自己工作和专业的需要，再购买丛书中的其他书籍。

**图书在版编目（CIP）数据**

UG NX 11.0 工程图教程/北京兆迪科技有限公司编著．—5 版．—北京：机械工业出版社，2017.10
(UG NX 11.0 工程应用精解丛书)
ISBN 978-7-111-57630-3

Ⅰ．①U…　Ⅱ．①北…　Ⅲ．①工程制图—计算机辅助设计—应用软件—教材　Ⅳ．①TB237

中国版本图书馆 CIP 数据核字（2017）第 188445 号

机械工业出版社（北京市百万庄大街 22 号　邮政编码：100037）
策划编辑：丁　锋　责任编辑：丁　锋
责任校对：佟瑞鑫　封面设计：张　静
责任印制：孙　炜
保定市中画美凯印刷有限公司印刷
2018 年 1 月第 5 版第 1 次印刷
184mm×260 mm · 16 印张 · 282 千字
0001—3000 册
标准书号：ISBN 978-7-111-57630-3
ISBN 978-7-89386-151-2（光盘）
定价：59.90 元（含 1DVD）

凡购本书，如有缺页、倒页、脱页，由本社发行部调换

| 电话服务 | 网络服务 |
|---|---|
| 服务咨询热线：010-88361066 | 机 工 官 网：www.cmpbook.com |
| 读者购书热线：010-68326294 | 机 工 官 博：weibo.com/cmp1952 |
| 010-88379203 | 金 书 网：www.golden-book.com |
| **封面无防伪标均为盗版** | 教育服务网：www.cmpedu.com |

# 丛书介绍与选读

“UG NX 工程应用精解丛书”自出版以来，已经拥有众多读者并赢得了他们的认可和信赖，很多读者每年在软件升级后仍继续选购。UG 是一款功能十分强大的 CAD/CAM/CAE 高端软件，目前在我国工程机械、汽车零配件等行业占有很高的市场份额。近年来，随着 UG 软件功能进一步完善，其市场占有率越来越高。本套 UG 丛书的质量在不断完善，丛书涵盖的模块也不断增加。为了方便广大读者选购这套丛书，下面特对其进行介绍。首先介绍本 UG 丛书的主要特点。

- ☑ 本 UG 丛书是目前市场涵盖 UG 模块功能较多、体系完整、丛书数量（共 20 本）比较多的一套丛书。
- ☑ 本 UG 丛书在编写时充分考虑了读者的阅读习惯，语言简洁，讲解详细，条理清晰，图文并茂。
- ☑ 本 UG 丛书的每一本书都附带 1 张多媒体 DVD 学习光盘，对书中内容进行全程讲解，并且制作了大量 UG 应用技巧和具有针对性的范例教学视频，进行详细的语音讲解，读者可将光盘中语音讲解视频文件复制到个人手机、iPad 等电子工具中随时观看、学习。另外，光盘内还包含了书中所有的素材模型、练习模型、范例模型的原始文件以及配置文件，方便读者学习。
- ☑ 本 UG 丛书的每一本书在写作方式上，紧贴 UG 软件的实际操作界面，采用软件中真实的对话框、操控板和按钮等进行讲解，使初学者能够直观、准确地操作软件进行学习，从而尽快上手，提高学习效率。

本套 UG 丛书的所有 20 本图书全部是由北京兆迪科技有限公司统一组织策划、研发和编写的。当然，在策划和编写这套丛书的过程中，兆迪公司也吸纳了来自其他行业著名公司的顶尖工程师共同参与，将不同行业独特的工程案例及设计技巧、经验融入本套丛书；同时，本套丛书也获得了 UG 厂商的支持，丛书的质量得到了他们的认可。

本套 UG 丛书的优点是，丛书中的每一本书在内容上都是相互独立的，但是在工程案例的应用上又是相互关联、互为一体的；在编写风格上完全一致，因此读者可根据自己目前的需要单独购买丛书中的一本或多本。不过，读者如果以后为了进一步提高 UG 技能还需要购书学习时，建议仍购买本丛书中的其他相关书籍，这样可以保证学习的连续性和良好的学习效果。

《UG NX 11.0 快速入门教程》是学习 UG NX 11.0 中文版的快速入门与提高教程，也是学习 UG 高级或专业模块的基础教程，这些高级或专业模块包括曲面、钣金、工程图、注塑模具、冲压模具、数控加工、运动仿真与分析、管道、电气布线、结构分析和热分析等。如果读者以后根据自己工作和专业的需要，或者是为了增强职场竞争力，需要学习这些专业模块，建议先熟练掌握本套丛书《UG NX 11.0 快速入门教程》中的基础内容，然后再学习高级或专业模块，以提高这些模块的学习效率。

《UG NX 11.0 快速入门教程》内容丰富、讲解详细、价格实惠，相比其他同类型、总页数相近的书籍，价格要便宜 20%~30%，因此《UG NX 4.0 快速入门教程》《UG NX 5.0 快速入门教程》《UG NX 6.0 快速入门教程》《UG NX 6.0 快速入门教程（修订版）》《UG NX 7.0 快速入门教程》《UG NX 8.0 快速入门教程》《UG NX 8.0 快速入门教程（修订版）》《UG NX 8.5 快速入门教程》和《UG NX 10.0 快速入门教程》已经累计被我国 100 多所大学本科院校和高等职业院校选为在校学生 CAD/CAM/CAE 等课程的授课教材。《UG NX 11.0 快速入门教程》与以前的版本相比，图书的质量和性价比有了大幅的提高，我们相信会有更多的院校选择此书作为教材。下面对本套 UG 丛书中每一本图书进行简要介绍。

**（1）《UG NX 11.0 快速入门教程》**

- 内容概要：本书是学习 UG 的快速入门教程，内容包括 UG 功能概述、UG 软件安装方法和过程、软件的环境设置与工作界面的用户定制和各常用模块应用基础。
- 适用读者：零基础读者，或者作为中高级读者查阅 UG NX 11.0 新功能、新操作之用，抑或作为工具书放在手边以备个别功能不熟或遗忘而查询之用。

**（2）《UG NX 11.0 产品设计实例精解》**

- 内容概要：本书是学习 UG 产品设计实例类的中高级图书。
- 适用读者：适合中高级读者提高产品设计能力、掌握更多产品设计技巧。UG 基础不扎实的读者在阅读本书前，建议先选购和阅读本丛书中的《UG NX 11.0 快速入门教程》。

**（3）《UG NX 11.0 工程图教程》**

- 内容概要：本书是全面、系统学习 UG 工程图设计的中高级图书。
- 适用读者：适合中高级读者全面精通 UG 工程图设计方法和技巧之用。

**（4）《UG NX 11.0 曲面设计教程》**

- 内容概要：本书是学习 UG 曲面设计的中高级图书。
- 适用读者：适合中高级读者全面精通 UG 曲面设计之用。UG 基础不扎实的读者在阅读本书前，建议先选购和阅读本丛书中的《UG NX 11.0 快速入门教程》。

**（5）《UG NX 11.0 曲面设计实例精解》**

- 内容概要：本书是学习 UG 曲面造型设计实例类的中高级图书。
- 适用读者：适合中高级读者提高曲面设计能力、掌握更多曲面设计技巧之用。UG 基础不扎实的读者在阅读本书前，建议先选购和阅读本丛书中的《UG NX 11.0 快速入门教程》《UG NX 11.0 曲面设计教程》。

**（6）《UG NX 11.0 高级应用教程》**

- 内容概要：本书是进一步学习 UG 高级功能的图书。
- 适用读者：适合读者进一步提高 UG 应用技能之用。UG 基础不扎实的读者在阅读本书前，建议先选购和阅读本丛书中的《UG NX 11.0 快速入门教程》。

**（7）《UG NX 11.0 钣金设计教程》**

- 内容概要：本书是学习 UG 钣金设计的中高级图书。
- 适用读者：适合读者全面精通 UG 钣金设计之用。UG 基础不扎实的读者在阅读本书前，建议先选购和阅读本丛书中的《UG NX 11.0 快速入门教程》。

**（8）《UG NX 11.0 钣金设计实例精解》**

- 内容概要：本书是学习 UG 钣金设计实例类的中高级图书。
- 适用读者：适合读者提高钣金设计能力、掌握更多钣金设计技巧之用。UG 基础不扎实的读者在阅读本书前，建议先选购和阅读本丛书中的《UG NX 11.0 快速入门教程》和《UG NX 11.0 钣金设计教程》。

**（9）《钣金展开实用技术手册（UG NX 11.0 版）》**

- 内容概要：本书是学习 UG 钣金展开的中高级图书。
- 适用读者：适合读者全面精通 UG 钣金展开技术之用。UG 基础不扎实的读者在阅读本书前，建议先选购和阅读本丛书中的《UG NX 11.0 快速入门教程》和《UG NX 11.0 钣金设计教程》。

**（10）《UG NX 11.0 模具设计教程》**

- 内容概要：本书是学习 UG 模具设计的中高级图书。
- 适用读者：适合读者全面精通 UG 模具设计。UG 基础不扎实的读者在阅读本书前，建议选购和阅读本丛书中的《UG NX 11.0 快速入门教程》。

**（11）《UG NX 11.0 模具设计实例精解》**

- 内容概要：本书是学习 UG 模具设计实例类的中高级图书。
- 适用读者：适合读者提高模具设计能力、掌握更多模具设计技巧之用。UG 基础不扎实的读者在阅读本书前，建议先选购和阅读本丛书中的《UG NX 11.0 快速入门教程》和《UG NX 11.0 模具设计教程》。

**（12）《UG NX 11.0 冲压模具设计教程》**

- 内容概要：本书是学习 UG 冲压模具设计的中高级图书。
- 适用读者：适合读者全面精通 UG 冲压模具设计之用。UG 基础不扎实的读者在阅读本书前，建议先选购和阅读本丛书中的《UG NX 11.0 快速入门教程》。

**（13）《UG NX 11.0 冲压模具设计实例精解》**

- 内容概要：本书是学习 UG 冲压模具设计实例类的中高级图书。
- 适用读者：适合读者提高冲压模具设计能力、掌握更多冲压模具设计技巧之用。UG 基础不扎实的读者在阅读本书前，建议先选购和阅读本丛书中的《UG NX

11.0 快速入门教程》和《UG NX 11.0 冲压模具设计教程》。

**（14）《UG NX 11.0 数控加工教程》**

- 内容概要：本书是学习 UG 数控加工与编程的中高级图书。
- 适用读者：适合读者全面精通 UG 数控加工与编程之用。UG 基础不扎实的读者在阅读本书前，建议先选购和阅读本丛书中的《UG NX 11.0 快速入门教程》。

**（15）《UG NX 11.0 数控加工实例精解》**

- 内容概要：本书是学习 UG 数控加工与编程实例类的中高级图书。
- 适用读者：适合读者提高数控加工与编程能力、掌握更多数控加工与编程技巧之用。UG 基础不扎实的读者在阅读本书前，建议先选购和阅读本丛书中的《UG NX 11.0 快速入门教程》和《UG NX 11.0 数控加工教程》。

**（16）《UG NX 11.0 运动仿真与分析教程》**

- 内容概要：本书是学习 UG 运动仿真与分析的中高级图书。
- 适用读者：适合中高级读者全面精通 UG 运动仿真与分析之用。UG 基础不扎实的读者在阅读本书前，建议先选购和阅读本丛书中的《UG NX 11.0 快速入门教程》。

**（17）《UG NX 11.0 管道设计教程》**

- 内容概要：本书是学习 UG 管道设计的中高级图书。
- 适用读者：适合高级产品设计师阅读。UG 基础不扎实的读者在阅读本书前，建议先选购和阅读本丛书中的《UG NX 11.0 快速入门教程》。

**（18）《UG NX 11.0 电气布线设计教程》**

- 内容概要：本书是学习 UG 电气布线设计的中高级图书。
- 适用读者：适合高级产品设计师阅读。UG 基础不扎实的读者在阅读本书前，建议先选购和阅读本丛书中的《UG NX 11.0 快速入门教程》。

**（19）《UG NX 11.0 结构分析教程》**

- 内容概要：本书是学习 UG 结构分析的中高级图书。
- 适用读者：适合高级产品设计师和分析工程师阅读。UG 基础不扎实的读者在阅读本书前，建议先选购和阅读本丛书中的《UG NX 11.0 快速入门教程》。

**（20）《UG NX 11.0 热分析教程》**

- 内容概要：本书是学习 UG 热分析的中高级图书。
- 适用读者：适合高级产品设计师和分析工程师阅读。UG 基础不扎实的读者在阅读本书前，建议先选购和阅读本丛书中的《UG NX 11.0 快速入门教程》。

# 前 言

UG 是由美国 UGS 公司推出的功能强大的三维 CAD/CAM/CAE 软件系统，其内容涵盖了产品从概念设计、工业造型设计、三维模型设计、分析计算、动态模拟与仿真、工程图输出到生产加工的全过程，应用范围涉及航空航天、汽车、机械、造船、通用机械、数控（NC）加工、医疗器械和电子等诸多领域。

本书全面、系统地介绍了 UG NX 11.0 工程图设计的过程、方法和技巧，特色如下。

- 内容全面：与其他同类书籍相比，包括更多的 UG 工程图设计内容。
- 范例丰富：对软件中的主要命令和功能，首先结合简单的范例进行讲解，然后安排一些较复杂的综合范例帮助读者深入理解、灵活运用。
- 讲解详细：条理清晰，保证自学的读者能独立学习书中介绍的 UG 工程图功能。
- 写法独特：采用 UG NX 11.0 中文版中真实的对话框、菜单和按钮等进行讲解，使初学者能够直观、准确地操作软件，从而大大提高学习效率。
- 附加值高：本书附带 1 张多媒体 DVD 学习光盘，制作了大量 UG 工程图设计技巧和具有针对性实例的教学视频并进行了详细的语音讲解，可以帮助读者轻松、高效地学习。

本书由北京兆迪科技有限公司编著，参加编写的人员有詹友刚、王焕田、刘静、雷保珍、刘海起、魏俊岭、任慧华、詹路、冯元超、刘江波、周涛、段进敏、赵枫、邵为龙、侯俊飞、龙宇、施志杰、詹棋、高政、孙润、李倩倩、黄红霞、尹泉、李行、詹超、尹佩文、赵磊、王晓萍、陈淑童、周攀、吴伟、王海波、高策、冯华超、周思思、黄光辉、党辉、冯峰、詹聪、平迪、管璇、王平、李友荣。本书已经过多次审核，如有疏漏之处，恳请广大读者予以指正。

电子邮箱：zhanygjames@163.com　咨询电话：010-82176248，010-82176249。

编　者

**读者购书回馈活动：**

**活动一：本书“随书光盘”中含有该“读者意见反馈卡”的电子文档，请认真填写本反馈卡，并 E-mail 给我们。E-mail: 兆迪科技 zhanygjames@163.com，丁锋 fengfener@qq.com。**

**活动二：扫一扫右侧二维码，关注兆迪科技官方公众微信（或搜索公众号 zhaodikeji），参与互动，也可进行答疑。**

**凡参加以上活动，即可获得兆迪科技免费奉送的价值 48 元的在线课程一门，同时有机会获得价值 780 元的精品在线课程。**

# 本 书 导 读

为了能更高效地学习本书，务必请您仔细阅读下面的内容。

**写作环境**

本书使用的操作系统为 64 位的 Windows 7，系统主题采用 Windows 经典主题。本书采用的写作蓝本是 UG NX 11.0 中文版。

**光盘使用**

为方便读者练习，特将本书所有素材文件、已完成的实例文件、配置文件和视频语音讲解文件等放入随书附带的光盘中，读者在学习过程中可以打开相应素材文件进行操作和练习。

本书附带 1 张多媒体 DVD 光盘，建议读者在学习本书前，先将 1 张 DVD 光盘中的所有文件复制到计算机硬盘的 D 盘中。D 盘上 ug11.12 目录下共有三个子目录。

（1）ugnx11_system_file 子目录：包含一些系统文件。

（2）work 子目录：包含本书的全部已完成的实例文件。

（3）video 子目录：包含本书讲解中的视频文件。读者学习时，可在该子目录中按顺序查找所需的视频文件。

光盘中带有“ok”扩展名的文件或文件夹表示已完成的实例。

相比于老版本的软件，UG NX 11.0 中文版在功能、界面和操作上变化极小，经过简单的设置后，几乎与老版本完全一样（书中已介绍设置方法）。因此，对于软件新老版本操作完全相同的内容部分，光盘中仍然使用老版本的视频讲解，对于绝大部分读者而言，并不影响软件的学习。

**本书约定**

- 本书中有关鼠标操作的说明如下。
  - ☑ 单击：将鼠标指针移至某位置处，然后按一下鼠标的左键。
  - ☑ 双击：将鼠标指针移至某位置处，然后连续快速地按两次鼠标的左键。
  - ☑ 右击：将鼠标指针移至某位置处，然后按一下鼠标的右键。
  - ☑ 单击中键：将鼠标指针移至某位置处，然后按一下鼠标的中键。
  - ☑ 滚动中键：只是滚动鼠标的中键，而不能按中键。
  - ☑ 选择（选取）某对象：将鼠标指针移至某对象上，单击以选取该对象。
  - ☑ 拖移某对象：将鼠标指针移至某对象上，然后按下鼠标的左键不放，同时移动鼠标，将该对象移动到指定的位置后再松开鼠标的左键。

- 本书中的操作步骤分为 Task、Stage 和 Step 三个级别，说明如下：
  - ☑ 对于一般的软件操作，每个操作步骤以 Step 字符开始。
  - ☑ 每个 Step 操作视其复杂程度，其下面可含有多级子操作，例如 Step1 下可能包含（1）、（2）、（3）等子操作，（1）子操作下可能包含①、②、③等子操作，①子操作下可能包含 a）、b）、c）等子操作。
  - ☑ 如果操作较复杂，需要几个大的操作步骤才能完成，则每个大的操作冠以 Stage1、Stage2、Stage3 等，Stage 级别的操作下再分 Step1、Step2、Step3 等操作。
  - ☑ 对于多个任务的操作，则每个任务冠以 Task1、Task2、Task3 等，每个 Task 操作下则可包含 Stage 和 Step 级别的操作。
- 由于已建议读者将随书光盘中的所有文件复制到计算机硬盘的 D 盘中，所以书中在要求设置工作目录或打开光盘文件时，所述的路径均以“D:\”开始。

**技术支持**

本书主要参编人员来自北京兆迪科技有限公司，该公司专门从事 UG 技术的研究、开发、咨询及产品设计与制造服务，并提供 UG 软件的专业培训及技术咨询。读者在学习本书的过程中如果遇到问题，可通过访问该公司的网站 http://www.zalldy.com 来获得技术支持。

咨询电话：010-82176248，010-82176249。

# 目　录

# 第 1 章 UG NX 11.0 工程图概述

**本章提要**

本章简要介绍工程图的概念及其发展，概述 UG NX 11.0 工程图的特点，并强调遵循国家制图标准的重要性。

## 1.1 工程图的概念及发展

工程图是指以投影原理为基础，用多个视图清晰详尽地表达出设计产品的几何形状、结构以及加工参数的图样。工程图严格遵循国标的要求，它实现了设计者与制造者之间的有效沟通，使设计者的设计意图能够简单明了地展现在图样上。从某种意义上说，工程图是一门沟通了设计者与制造者之间的语言，它在现代制造业中占据着极其重要的位置。

在很早以前，类似工程图的建筑图与施工图就已经出现过，而工程图的快速发展是从第一次工业革命开始的。当时的机械设计师为了表达自己的设计思想，也像画家一样把设计内容画在图纸上。但是要在图纸上绘出脑海里构建好的复杂零件，并将其形状、大小等要素表达清楚，对于没有坚实的绘画功底的机械工程师来说几乎是一件不可能的事情；再者，用立体图形表达零件的结构、尺寸及加工误差等要素，费时且不合理，毕竟画零件图的目的只是为了将设计目的传达给制造者，依其加工出零件来，而不是为了追求画面美观，于是，人们不断地寻求更好的表达方式。随着数学、几何学的发展，人们想出了利用零件的投影来表达零件的结构与形状的方法，并开始研究视图投影之间的关系，久而久之形成了一门工程制图学。经过时间的验证，人们发现利用视图的投影关系就可以表达出任何复杂的零件，也就是说，利用平面图纸就可以表达出三维立体模型。于是，学会识图与绘图成了机械工程师与制造工人必备的技能。

## 1.2 工程图的重要性

相信很多人都已经察觉到，如今的时代俨然是一个 3D 时代。游戏世界里早就出现了 3D 游戏，动画也成了 3D 动画，就连电影里的特技都离不开 3D 制作与渲染。机械设计软件行业里更是出现了众多优秀的 3D 设计软件，如 UG NX 11.0、Pro/ENGINEER、CATIA、AutoCAD 和 CAXA（国产软件）等。随着这些优秀软件相继进入我国市场并得以迅速推广，以及我国自主研发成功一些品牌的3D设计软件，“三维设计”概念已逐渐深入人心，并成为一种潮流，许多高等院校也相继开设了三维设计的课程，并采用了相应的软件来辅助教学工作。

由于使用这些软件设计三维实体零件、复杂的空间曲面造型已经成为比较容易的事情，甚至有些现代化制造企业已经实现了设计、加工、生产无纸化的目标，很多人开始认为2D设计与 2D 图纸就要成为历史，我们不需要再学习这些烦人的绘图方法、难解的投影关系与枯燥无味的各种标准了。

不错，这是个与时俱进的观念，它改变着人们传统的机械设计观念，也指导我们追求更好、更高的技术，但是，只要我们认清中国的国情，了解我国机械设计、制造行业的现状，就会发现仍旧有大量的工厂使用着 2D 工程图，许多员工可以轻易地读懂工程图而不能从 3D 模型里面读出加工所需要的参数。国家标准对整个工程制图以及加工工艺等做了详细的规定，却未对3D“图纸”做过多的标准制定。可以看出，几乎整个机械设计制造业都在遵循着国家标准，都在使用2D工程图来进行交流，3D潮流显然还没有动摇传统的2D观念；虽然使用3D设计软件设计的零件模型的形状和结构很容易为人们所读懂，但是3D“图纸”也具有本身的不足之处而无法替代2D工程图的地位。其理由有以下几个方面：

- 立体模型（3D“图纸”）无法像2D工程图那样可以标注完整的加工参数，如尺寸、几何公差、加工精度、基准、表面粗糙度符号和焊缝符号等。
- 不是所有零件都需要采用CNC或NC等数控机床加工，因而需要出示工程图在普通机床上进行传统加工。
- 立体模型（3D“图纸”）仍然存在无法表达清楚的局部结构，如零件中的斜槽和凹孔等，这时可以在2D工程图中通过不同方位的视图来表达局部细节。
- 通常把零件交给第三方厂家加工生产时，需要出示工程图。

因此，我们应该保持对2D工程图的重视，纠正3D淘汰2D的错误观点。当然我们也不能过分强调2D工程图的重要性，毕竟使用3D软件进行机械设计可以大大提高工作效率和节省生产成本；要成为一名优秀的机械工程师或机械设计师，我们不仅要具备过硬的机械制图基础，还需要具备先进的三维设计观念。

## 1.3 工程图的制图标准

作为指导生产的技术文件，工程图必须具备统一的标准，若没有统一的机械制图标准，则整个机械制造业都将陷入一片混乱，因此每一位设计师与制造者都必须严格遵守机械制图标准。我国于1959年首次颁布了机械制图国家标准，此后又经过多次修改；改革开放后，国际间的经济与技术交流日渐增多，新国标也吸收了国际标准中的优秀成果，丰富了标准的内容，使其更加科学合理。

读者在学习使用 UG NX 11.0 制作工程图时可以先不考虑国家标准，但是在日后的工作使用中，必须重视遵循国家制图标准，否则将会遇到许多不必要的问题与困难。

国家标准对制图的许多方面都做出了相关的规定，具体规定请读者参考机械制图标准和机械制图手册等，在此仅给出一些简要的介绍。

### 1. 图纸幅面尺寸

GB/T 14689－2008 规定：绘制工程图样时应优先选择表 1.3.1 所示的基本幅面，如有必要可以选择表 1.3.2 所示的加长幅面。每张图幅内一般都要求绘制图框，并且在图框的右下角绘制标题栏。图框的大小和标题栏的尺寸都有统一的规定。图纸还可分为留有装订边和不留装订边两种格式。

表 1.3.1 图纸基本幅面 （单位：mm）

<table>
<tr><th>幅面代号</th><th>尺寸 B×L</th><th>a</th><th>c</th><th>e</th></tr>
<tr><td>A0</td><td>841×1189</td><td rowspan="5">25</td><td rowspan="3">10</td><td rowspan="2">5</td></tr>
<tr><td>A1</td><td>594×841</td></tr>
<tr><td>A2</td><td>420×594</td><td rowspan="3">10</td></tr>
<tr><td>A3</td><td>297×420</td><td rowspan="2">5</td></tr>
<tr><td>A4</td><td>210×297</td></tr>
</table>

注：*a*、*c*、*e* 为留边宽度。

表 1.3.2 图纸加长幅面 （单位：mm）

| 幅面代号 | A3×3 | A3×4 | A4×3 | A4×4 | A4×5 |
|---|---|---|---|---|---|
| 尺寸 *B*×*L* | 420×891 | 420×1189 | 297×630 | 297×841 | 297×1051 |

### 2. 比例

图形与其反映的实物相应要素的线性尺寸之比称为比例。通常工程图中最好采用 1 : 1 的比例，这样图样中零件的大小即是实物的大小。但零件有的很细小，有的又非常巨大，不宜据零件大小而采用相同大小的图纸，而要据情况选择合适的绘图比例，根据 GB/T 14690－1993 的规定，绘制工程图时一般优先选择表 1.3.3 所示的绘图比例，如未能满足要求，也允许使用表 1.3.4 所示的绘图比例。

表 1.3.3　优先选用的绘图比例

| 种　类 | 比　　例 | | | | | |
|---|---|---|---|---|---|---|
| 原值比例 | 1：1 | | | | | |
| 放大比例 | 2：1 | 5：1 | 10：1 | $2\times10^n$：1 | $5\times10^n$：1 | $1\times10^n$：1 |
| 缩小比例 | 1：2 | 1：5 | 1：10 | 1：$2\times10^n$ | 1：$5\times10^n$ | 1：$1\times10^n$ |

表 1.3.4　允许选用的绘图比例

| 种　类 | 比　　例 | | | | |
|---|---|---|---|---|---|
| 放大比例 | 4：1 | 2.5：1 | $4\times10^n$：1 | $2.5\times10^n$：1 | |
| 缩小比例 | 1：1.5 | 1：2.5 | 1：3 | 1：4 | 1：6 |
| | 1：$1.5\times10^n$ | 1：$2.5\times10^n$ | 1：$3\times10^n$ | 1：$4\times10^n$ | 1：$6\times10^n$ |

注：*n* 为正整数。

3．字体

在完整的工程图中除了图形之外，还有文本注释、尺寸标注、基准标注、表格内容及其他文字说明等字体，这要求我们在不同情况下使用合适的字体。GB/T 14691－1993 中规定了工程图中书写的汉字、字母、数字的结构形式和基本尺寸。下面对这些规定进行简要的介绍。

- 字高（用 *h* 表示）的公称尺寸系列：1.8mm、2.5mm、3.5mm、5mm、7mm、10mm、14mm、20mm。字体的高度决定了该字体的号数。如字高为 7mm 的文字表示为 7 号字。
- 字母及数字分 A 型和 B 型，并且在同一张图纸上只允许采用同一种字母及数字字体。A 型字体的笔画宽度（*d*）为字高（*h*）的 1/14；B 型字体的笔画宽度（*d*）为字高（*h*）的 1/10。
- 字母和数字可写成斜体或直体。斜体字头应向右倾斜，与水平基准线成 75°。
- 工程图中的汉字应写成长仿宋体，汉字的高度 *h* 不应小于 3.5mm，其字宽一般为 $h/\sqrt{2}$（约为字高的 2/3）。
- 用作极限偏差、分数、脚注或指数等的数字与字母应采用小一号的字体。

如果用户希望按公司企业的要求使用特定的字体，则可以在 UG NX 11.0 所支持的字体库中选择所需的字体。UG NX 11.0 不但支持特有的 NX 字体，而且还支持操作系统中已经安装的其他标准字体，这样就极大地满足了用户的制图需要。下面介绍在 UG NX 11.0 工程图环境中设置字体类型的一般方法。

Step1．选择下拉菜单 文件(F) → 实用工具(U) ▸ → 用户默认设置(D)... 命令，系统弹出图 1.3.1 所示的“用户默认设置”对话框。

Step2. 在“用户默认设置”对话框中选择 制图 → 常规 节点，然后单击右侧的 字体 选项卡，此时对话框如图 1.3.1 所示。

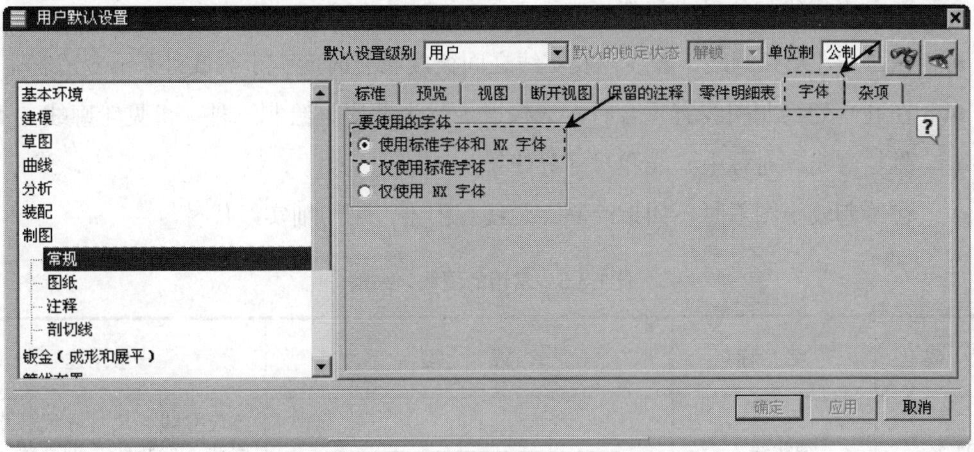


图 1.3.1 “用户默认设置”对话框

Step3. 在对话框的 要使用的字体 区域中选择 ⊙ 使用标准字体和 NX 字体 单选项。

**图 1.3.1 所示“用户默认设置”对话框中选项的说明如下。**

- ⊙ 使用标准字体和 NX 字体 单选项：选择此选项，即可在工程制图中同时使用系统中的标准字体和特有的 NX 字体。
- ⊙ 仅使用标准字体 单选项：选择此选项，只能在工程制图中使用系统中的标准字体。
- ⊙ 仅使用 NX 字体 单选项：选择此选项，只能在工程制图中使用 UG 特有的 NX 字体。

Step4. 单击对话框中的 确定 按钮，系统弹出如图 1.3.2 所示的“用户默认设置”消息框，单击 确定(O) 按钮，关闭此对话框。

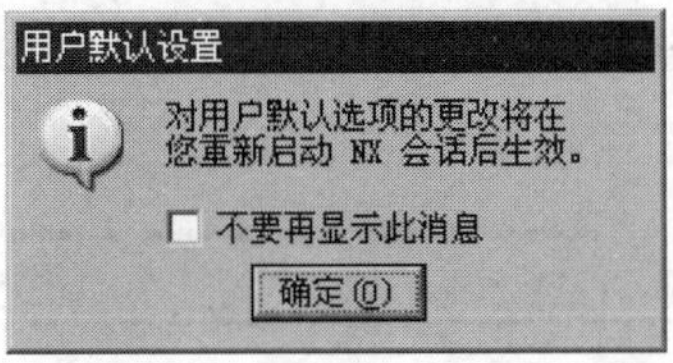


图 1.3.2 “用户默认设置”消息框

### 4. 线型

工程图是由各式各样的线条组成的。GB/T 17450—1998 中规定了 15 种基本线型及多种基本线型的变形和图线的组合，其适用于机械、建筑、土木工程及电气等领域。在机械制图方面，常用线条的名称、线型、宽度及一般用途见表 1.3.5。

制图所用线条大致分为粗线、中粗线与细线三种，其宽度比率为 4 : 2 : 1。具体的线条宽度由图面类型和尺寸在下面给出的系数中选择（公式比为 $1:\sqrt{2}$）：0.13mm、0.18mm、

0.25mm、0.35mm、0.5mm、0.7mm、1mm、1.4mm、2mm。为了保证制图清晰易读，不推荐使用过细的线条，如 0.13mm 和 0.18mm。

绘制图线时，需要注意以下几点：

- 两条平行线间的最小间隙不应小于 0.7mm。
- 点画线、双点画线、虚线以及实线之间彼此相交时应交于画线处，不应留有空隙。
- 在同一处绘制图线有重合时，应按以下优先顺序只绘制一种：可见轮廓线、不可见轮廓线、对称中心线和尺寸界线等。
- 在绘制较小图形时，如果绘制点画线有困难，可用细实线代替。

表 1.3.5 常用的图线、线型

| 代 码 | 名 称 | 线 型 | 一般用途 |
|---|---|---|---|
| 01.1 | 细实线 |   | 尺寸线、尺寸界线、指引线、弯折线、剖面线、过渡线、辅助线等 |
| 01.2 | 粗实线 |  | 可见轮廓线 |
| 基本线型的变形 | 波浪线 |  | 断裂处的边界线、剖视图与视图的分界线 |
| 图线的组合 | 双折线 | 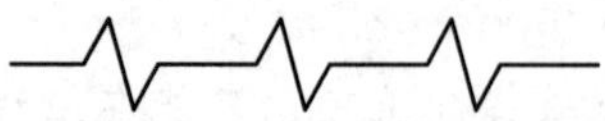 | 断裂处的边界线、剖视图与视图的分界线 |
| 02.1 | 细虚线 |   | 不可见轮廓线 |
| 02.2 | 粗虚线 |  | 允许表面处理的表示线 |
| 04.1 | 细点画线 |   | 轴线、对称中心线、孔系分布中心线、剖切线、齿轮分度圆等 |
| 04.2 | 粗点画线 |  | 限定范围表示线 |
| 05 | 细双点画线 |   | 相邻辅助零件的轮廓线、极限位置的轮廓线、轨迹线假想投影轮廓线、中断线等 |

5. 尺寸标注

工程图视图主要用来表达零件的结构与形状，具体大小由所标注的尺寸来确定。无论工程图视图是以何种绘图比例绘制，标注的尺寸都要求反映实物的真实大小，即以真实尺寸来标注。尺寸标注是工程图中非常重要的组成部分，GB/T 4458.4—2003 规定了尺寸标注的方法。

a. 尺寸标注的规则

- 零件的大小应以视图上所标注的尺寸数值为依据，与图形的大小及绘制的准确性无关。
- 视图中的尺寸默认为零件加工完成之后的尺寸，如果不是，则应另加说明。
- 若标注的尺寸以毫米（mm）为单位时，不必标注尺寸计量单位的名称与符号；若采用了其他单位，则应标注相应单位的名称与符号。
- 尺寸的标注不允许重复，并且要求标注在最能反映零件结构的视图上。

b．尺寸的三要素

尺寸由尺寸数字、尺寸线与尺寸界线三个基本要素组成。另外，在许多情况下，尺寸还应包括箭头。

- 尺寸数字：尺寸数字一般用3.5号斜体，也允许使用直体。要求使用毫米（mm）为单位，这样不必标注计量单位的名称与符号。
- 尺寸线：尺寸线用以放置尺寸数字。规定使用细实线绘制，通常与图形中标注该尺寸的线段平行。尺寸线的两端通常带有箭头，箭头的尖端指到尺寸界线上。关于尺寸线的绘制有如下要求：尺寸线不能用其他图线代替；不能与其他图线重合；不能画在视图轮廓的延长线上；尺寸线之间或尺寸线与尺寸界线之间应避免出现交叉情况。
- 尺寸界线：尺寸界线用来确定尺寸的范围，用细实线绘制。尺寸界线可以从图形的轮廓线、中心线、轴线或对称中心线处引出，也可以直接使用轮廓线、中心线、轴线或对称中心线作为尺寸界线。另外，尺寸界线的末端应超出尺寸线2mm左右。

关于尺寸的详细规定，请读者参阅机械制图标准、机械制图手册等。

## 1.4 UG NX 11.0 工程图的特点

使用UG NX 11.0工程图环境中的工具可以创建三维模型的工程图，且视图与模型相关联。修改了三维零件模型，则工程图也随之变化。同样，修改了工程图中视图的尺寸，则再生后零件模型的大小也会出现相应的变化。因此，工程图视图能够反映模型在设计阶段中的更改，可以使工程图视图与装配模型或单个零部件保持同步。其主要特点如下：

- 制图模块和设计模块是完全关联的。
- 制图界面直观、简洁、易用，可以快速方便地创建工程图。
- 可以快速地将视图插入到工程图，系统可以自动捕捉并对齐视图。
- 能够灵活地控制视图中线型的显示模式，可以通过草绘的方式添加图元，以填补视图表达的不足。

- 通过自定义工程图模板和格式文件可以节省大量的重复劳动；在工程图模板中添加相应的设置，可以创建符合国家标准和企业标准的制图环境。
- 可以通过各种方式添加注释文本，文本样式可以自定义。
- 可以根据制图需要添加符合国标或企标的基准符号、尺寸公差、几何公差、表面粗糙度符号与焊缝符号。
- 可以方便地创建普通表格、孔表和零件明细栏等。
- 可以从外部插入工程图文件，也可以导出不同类型的工程图文件，实现对其他软件的兼容。
- 可以快速准确地打印工程图图样。

# 第 2 章 工程图环境

**本章提要**

本章主要介绍进入 UG NX 11.0 工程图环境的方法、工程图环境中的工作界面，以及工程图的参数预设置等，希望能对读者下一步的操作有一定的帮助。本章主要内容包括：

- 工程图环境的下拉菜单和工具条；
- 部件导航器；
- 工程图参数预设置；
- 工程图制图标准。

## 2.1 设置工程图环境

### 2.1.1 设置界面主题

启动软件后，一般情况下系统默认显示的是图 2.1.1 所示的“浅色（推荐）”界面主题，由于在该界面主题下软件中的部分字体显示较小，显示得不够清晰，本书的写作界面将采用“经典，使用系统字体”界面主题，读者可以按照以下方法进行界面主题设置。

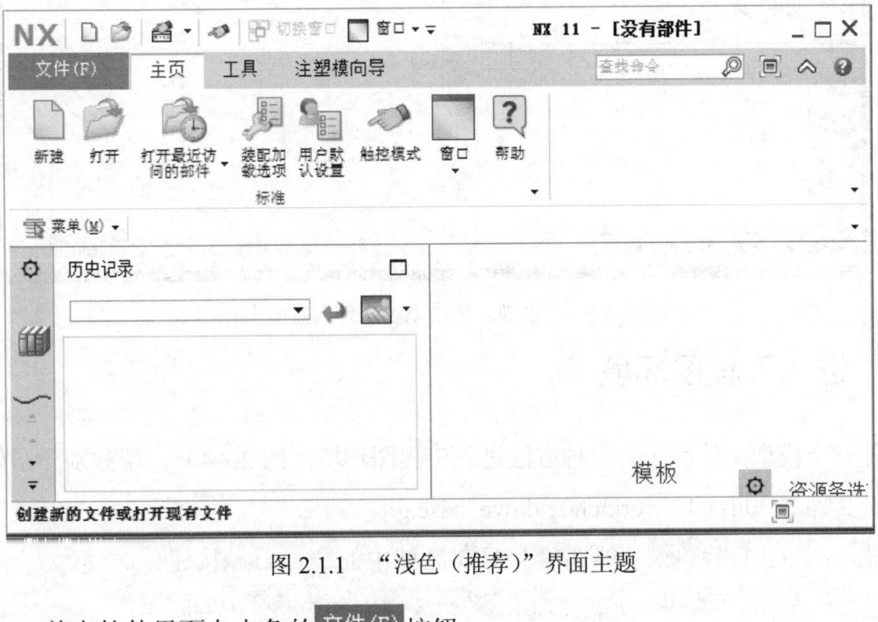


图 2.1.1 “浅色（推荐）”界面主题

Step1. 单击软件界面左上角的 文件(F) 按钮。

Step2. 选择 首选项(P) → 用户界面(I)... 命令，系统显示图 2.1.2 所示的“用户界面首选项”对话框。

Step3. 在“用户界面首选项”对话框中单击主题选项组，在右侧 类型 下拉列表中选择经典，使用系统字体选项。

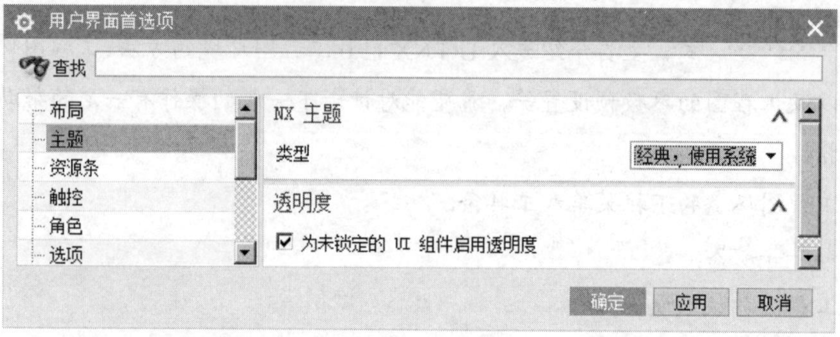


图 2.1.2 “用户界面首选项”对话框

Step4. 在“用户界面首选项”对话框中单击 确定 按钮，完成界面设置，如图 2.1.3 所示。

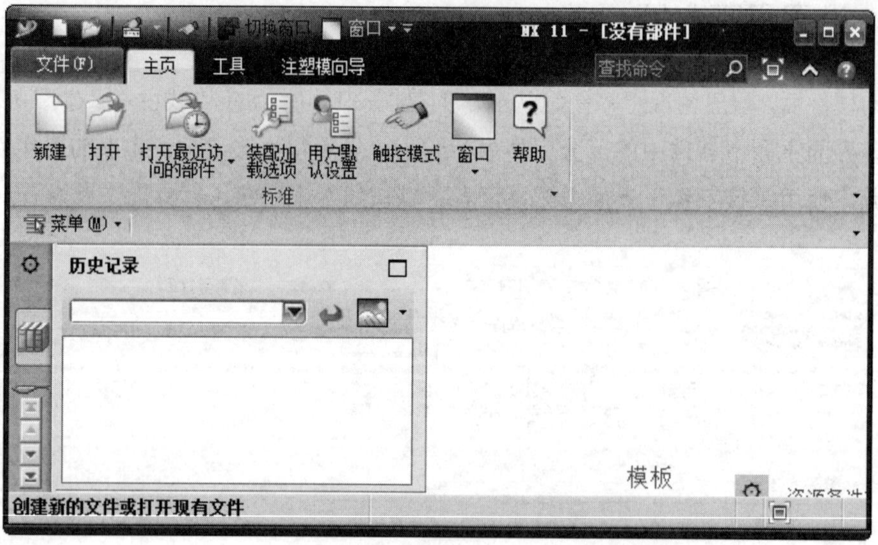


图 2.1.3 “经典，使用系统字体”界面主题

## 2.1.2 进入工程图环境

打开一个模型文件后，有三种方法进入工程图环境（图 2.1.4），现分别介绍如下。

打开文件 D:\ug11.12\work\ch02\down_base.prt。

方法一：单击 文件(F) 功能选项卡 启动 区域中的 制图(F) 按钮。

方法二：单击 应用模块 功能选项卡 设计 区域中的 制图 按钮。

方法三：利用组合键 Ctrl+Shift+ D。

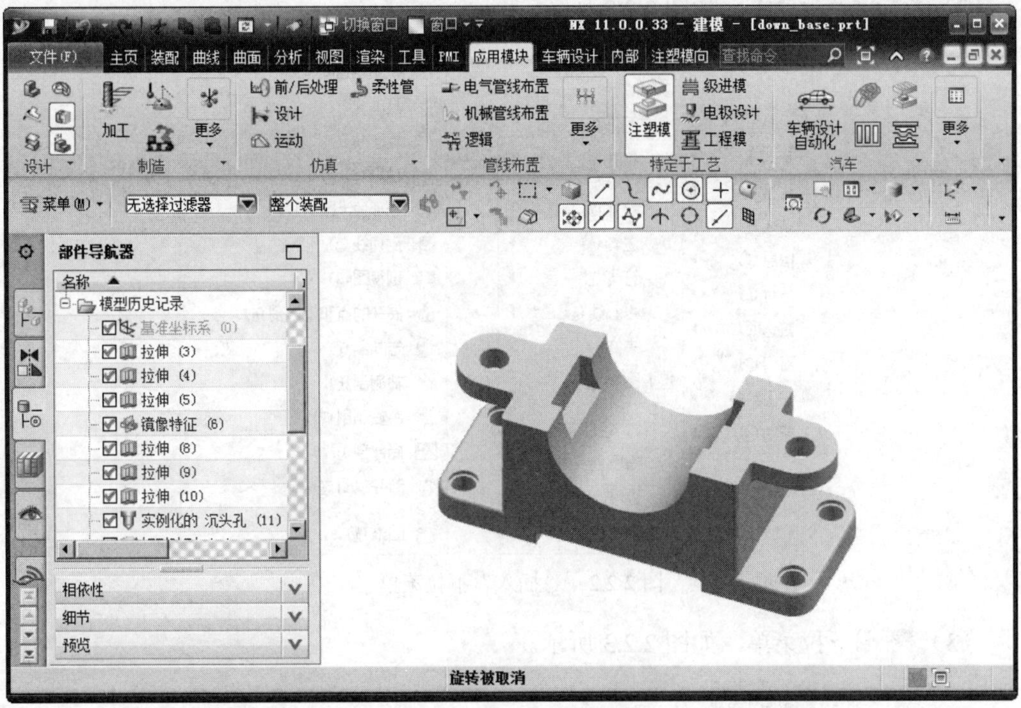


图 2.1.4 进入工程图环境

## 2.2 工程图环境的下拉菜单与选项卡

进入工程图环境以后，下拉菜单将会发生一些变化，系统为用户提供了一个方便、快捷的操作界面。下面对工程图环境中较为常用的下拉菜单和工具条进行介绍。

### 1. 下拉菜单

（1）首选项(P)下拉菜单。该菜单主要用于在创建工程图之前对制图环境进行设置，如图 2.2.1 所示。

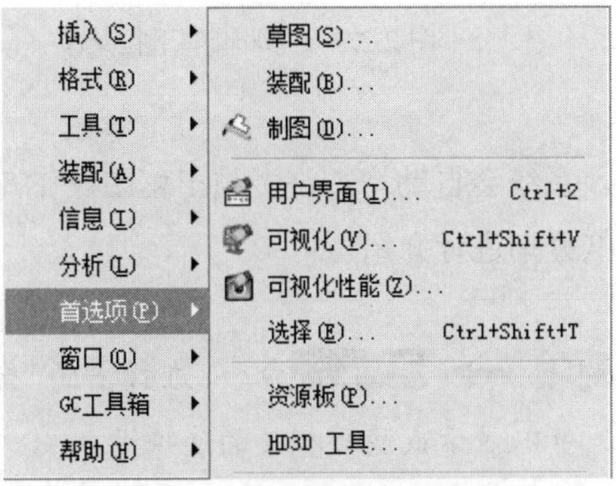


图 2.2.1 “首选项”下拉菜单

（2）插入(S)下拉菜单，如图 2.2.2 所示。

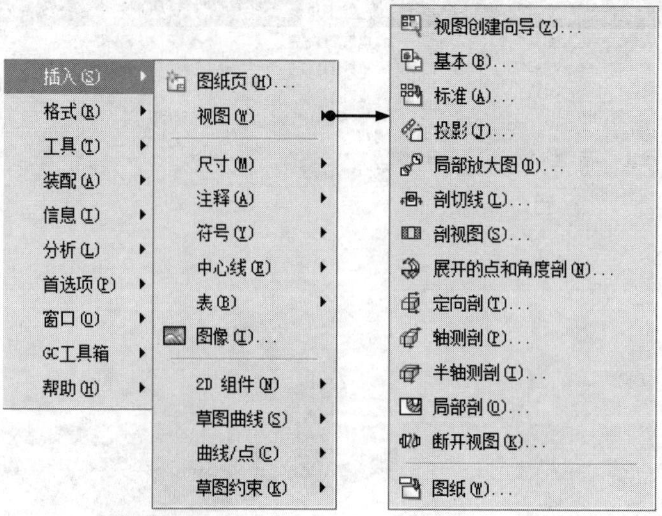


图 2.2.2　“插入”下拉菜单

（3）编辑(E)下拉菜单，如图 2.2.3 所示。

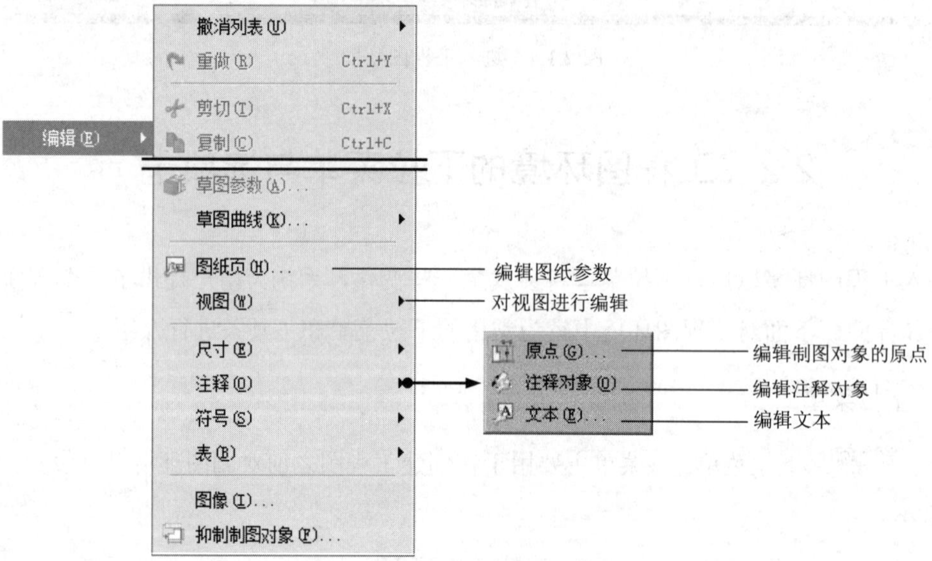


图 2.2.3　“编辑”下拉菜单

**2．选项卡**

进入工程图环境以后，系统会自动增加许多与工程图操作有关的选项卡。下面对工程图环境中较为常用的选项卡分别进行介绍。

**说明：**

- 选择下拉菜单 工具(T) → 定制(Z)... 命令，在弹出的“定制”对话框的 选项卡/条 选项卡中进行设置，可以显示或隐藏相关的选项卡。
- 选项卡中没有显示的按钮，可以通过下面的方法将它们显示出来：单击右下角的按钮，在其下方弹出菜单中将所需要的选项组选中即可。

“主页”选项卡，如图 2.2.4 所示。

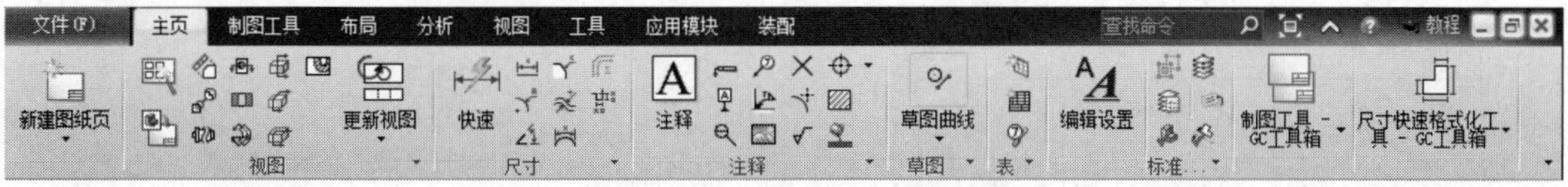


图 2.2.4　“主页”选项卡

**图 2.2.4 所示的“主页”选项卡中部分按钮的说明如下。**

- ：新建图纸页。
- ：编辑图纸页。
- ：视图创建向导。
- ：创建基本视图。
- ：创建投影视图。
- ：创建局部放大图。
- ：创建断开视图。
- ：创建剖切线。
- ：创建剖视图。
- ：创建展开的点和角度剖视图。
- ：创建定向剖视图。
- ：创建轴测剖视图。
- ：创建半轴测剖视图。
- ：创建局部剖视图。
- ：创建快速尺寸。
- ：创建线性尺寸。
- ：创建径向尺寸。
- ：创建坐标参数。
- ：创建注释。
- ：创建特征控制框。
- ：创建基准。
- ：创建基准目标。
- ：符号标注。
- ：表面粗糙度符号。
- ：焊接符号。
- ：目标点符号。
- ：相交符号。
- ：中心标记。
- ：图像。
- ：剖面线。
- ：表格注释。
- ：零件明细表。
- ：自动符号标注。
- ：编辑设置。
- ：隐藏视图中的组件。
- ：显示视图中的组件。
- ：视图中的剖切。

# 2.3　工程图环境的部件导航器

在学习本节前，请先打开文件 D:\ug11.12\work\ch02\down_base_ok.prt。

在 UG NX 11.0 工程图环境中，部件导航器（图 2.3.1）可用于编辑、查询和删除图样（包括在当前部件中的成员视图），图纸节点下包括图纸页、成员视图、剖面线和相关的表格。

下面分别介绍部件导航器的各个节点的快捷菜单。

（1）在部件导航器中的 图纸 节点上右击，系统弹出如图 2.3.2 所示的快捷菜单（一）。

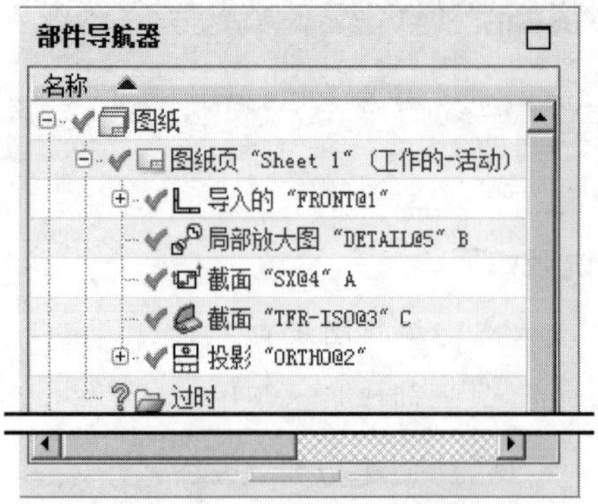


图 2.3.1　部件导航器

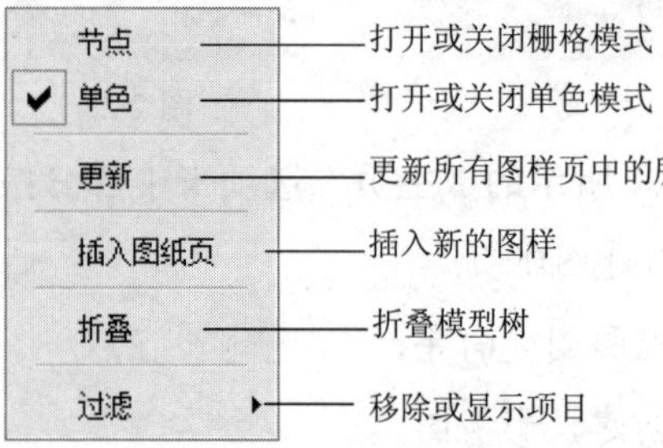


图 2.3.2　快捷菜单（一）

（2）在部件导航器中的 图纸页 节点上右击，系统弹出如图 2.3.3 所示的快捷菜单（二）。

（3）在部件导航器中的 导入的 视图节点上右击，系统弹出如图 2.3.4 所示的快捷菜单（三）。

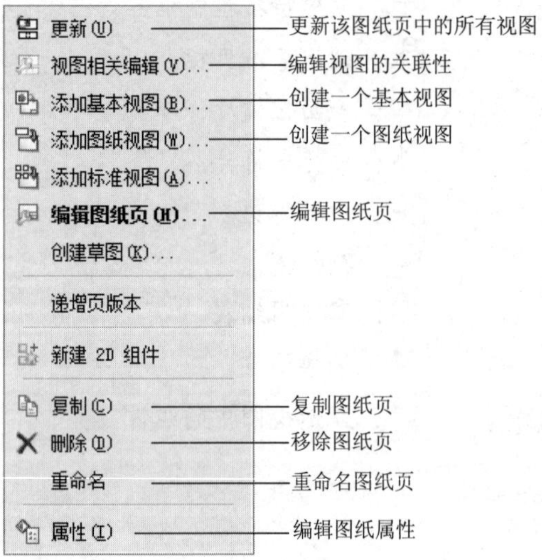


图 2.3.3　快捷菜单（二）

图 2.3.4　快捷菜单（三）

## 2.4　工程图环境的参数预设置

在进入 UG NX 11.0 的工程图环境后，一般应首先对工程图的参数进行预设置。通过工程图参数的预设置可以控制箭头的大小、线条的粗细、隐藏线的显示与否、标注的字体和大小等。用户可以通过预设置工程图的参数来改变制图环境，从而使所创建的工程图符合我国的制图国家标准和企业标准。

## 2.4.1 制图参数预设置

选择下拉菜单 首选项(P) ➡ 制图(D)... 命令，系统弹出"制图首选项"对话框，单击
⊟ 常规/设置 节点下的 工作流 选项卡，显示如图 2.4.1 所示；单击 ⊟ 视图 节点下的 工作流 选项卡，
显示如图 2.4.2 所示。

图 2.4.1 所示 ⊟ 常规/设置 节点下的 工作流 选项卡的功能说明如下。

图 2.4.1 "制图首选项"对话框（一）

- 独立的 区域：用于设置从独立文件进入工程图环境时的命令流程。

  - ☑ ☑始终启动插入图纸页命令 复选框：选中该复选框，进入工程图环境后会始终启动"插
    入图纸页"命令。

  - ☑ ☑始终启动视图创建 复选框：选中该复选框，进入工程图环境后会始终启动视图
    创建命令。

  - ☑ ☑始终启动投影视图命令 复选框：选中该复选框，在创建了基本视图后会始终启动
    "投影视图"命令。

- 基于模型 区域：用于设置从模型文件直接进入工程图环境时的命令流程。

  - ☑ ☑始终启动插入图纸页命令 复选框：选中该复选框，进入工程图环境后会始终启动"插
    入图纸页"命令。

  - ☑ 视图创建向导 选项：选中该选项，创建视图时启动创建向导命令。

☑ 基本视图命令选项：选中该选项，创建视图时启动基本视图命令。

☑ 无视图命令选项：选中该选项，创建视图时不启动基本视图命令。

☑ 始终启动投影视图命令复选框：选中该复选框，在创建了基本视图后会自动启动“投影视图”命令。

☑ 创建制图组件复选框：选中该复选框，在创建主模型视图后将会在装配导航器中产生一个对应的制图组件。

- 图纸区域：用于定义图纸设置参数来源。

☑ 图纸模板选项：选中该选项，表示图纸设置参数是使用图纸模板中的设置。

☑ 图纸标准选项：选中该选项，表示图纸设置参数是使用用户默认设置中存储的制图标准的设置。

☑ 制图选项：用于设置图纸栅格类型为制图栅格。

☑ 草图选项：用于设置图纸栅格类型为草图栅格。

☑ 图纸页区域单选项：用于设置图纸栅格类型为图纸页区域栅格。

图 2.4.2 所示 视图 节点下的工作流选项卡的功能说明如下。

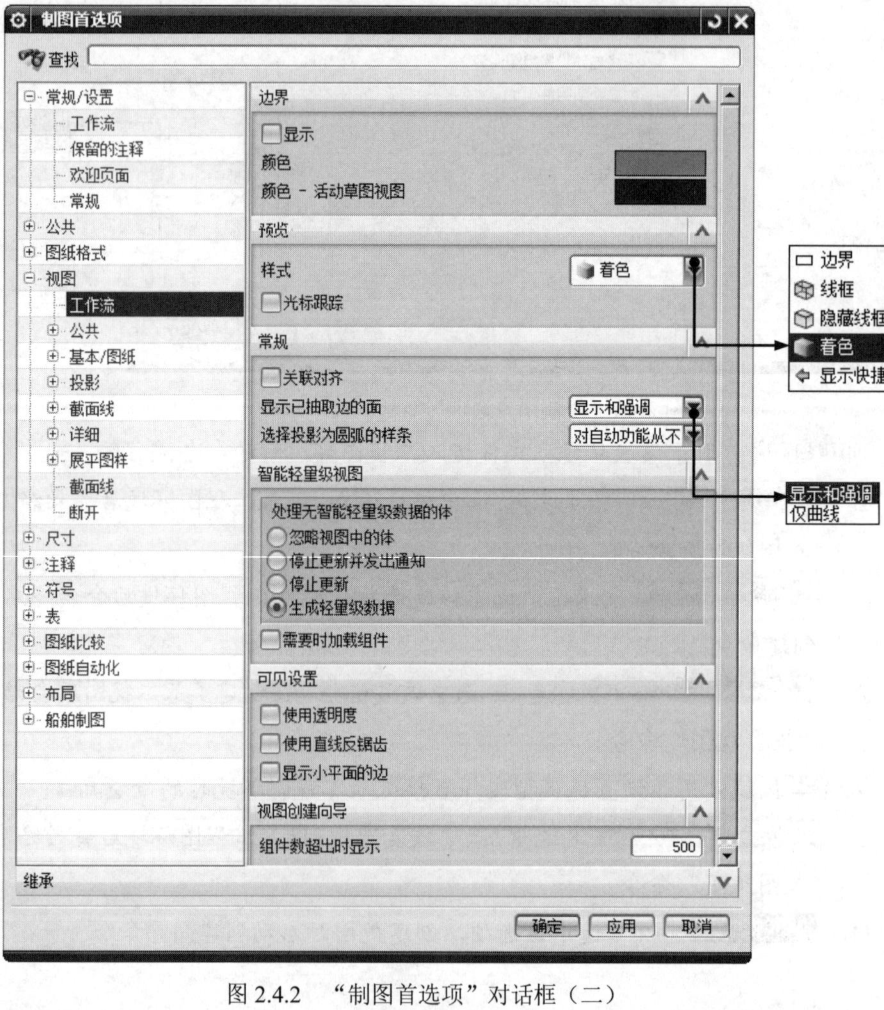


图 2.4.2 “制图首选项”对话框（二）

- **边界** 区域：用于设置视图的边界参数。
  - ☑ **☑显示** 复选框：选中该复选框，视图将显示出边界线条。在视图创建时，建议选中该复选框，以方便有关视图的操作。
  - ☑ **颜色** 区域：单击其后的颜色块，系统弹出"颜色"对话框，用户可以选取某种颜色作为边界的显示颜色。
  - ☑ **颜色 - 活动草图视图** 区域：单击其后的颜色块，系统弹出"颜色"对话框，用户可以选取某种颜色作为活动视图边界的显示颜色。
- **预览** 区域：用于预览视图添加的样式。
  - ☑ **样式** 下拉列表：在该下拉列表中显示视图的四种方式，"边界""线框""隐藏线框""着色"。
  - ☑ **☑光标跟踪** 复选框：在图纸中放置视图时，显示屏会显示输入框，以跟踪视图在图纸坐标中的位置，并作为相对于父视图的偏置。
- **常规** 区域：用于设置视图的对齐参数。
  - ☑ **☑关联对齐** 复选框：选中该复选框，将在投影视图和父视图或基本视图之间创建关联对齐，此时移动一个视图，另一个视图保持与其对齐的关系。
- **显示已抽取边的面** 区域：用于设置已抽取边的面的相关设置。
  - ☑ **显示和强调** 选项：选中该选项，允许用户在已抽取边缘的视图中选择面和体。
  - ☑ **仅曲线** 选项：选中该选项，只允许用户选择抽取边缘的视图中的曲线。
- **处理无智能轻量级数据的体** 区域：用于设置在视图创建或更新时轻量级数据体出现丢失、不完整或无效的处理方式。
  - ☑ ⊙ **忽略视图中的体** 单选项：更新视图时忽略视图中无效的体。
  - ☑ ⊙ **停止更新并发出通知** 单选项：停止视图的更新并通知用户。
  - ☑ ⊙ **停止更新** 单选项：停止视图的更新，但没有通知用户。
  - ☑ ⊙ **生成轻量级数据** 单选项：生成轻量级数据以更新视图。
- **可见设置** 区域：用于设置图纸中可视参数的设置。
  - ☑ **☑使用透明度** 复选框：选中该复选框，用于设置视图中着色对象的透明度。
  - ☑ **☑使用直线反锯齿** 复选框：选中该复选框，用于设置以更平滑的方式显示直线、曲线和轮廓等。
  - ☑ **☑显示小平面的边** 复选框：选中该复选框，将显示为着色面所渲染的三角形小平面的边和轮廓。
- **视图创建向导** 区域：用于设置创建大装配视图的选项。
  - ☑ **组件数超出时显示** 文本框：用户可以设置大型装配的最小的组件数目。当装配体的组件数目超出后，系统将在视图创建向导中自动启动大型装配的选项，用户可以设置视图的配置、分辨率等参数，以便快速生成装配视图。

## 2.4.2 注释参数预设置

选择下拉菜单 首选项(P) → 制图(D)... 命令，系统弹出如图 2.4.1 所示的“制图首选项”对话框，在该对话框中的“公共”“尺寸”“注释”“表”节点下可调整文字属性、尺寸属性及表格属性等注释参数。

## 2.4.3 截面线参数预设置

选择下拉菜单 首选项(P) → 制图(D)... 命令，系统弹出如图 2.4.1 所示的“制图首选项”对话框，在该对话框的 视图 节点下选择 截面线 选项，如图 2.4.3 所示，通过设置“截面线”中的参数，既可以控制以后添加到图样中的剖切线显示，也可以修改现有的剖切线。

图 2.4.3 “截面线”选项

## 2.4.4 视图参数预设置

选择下拉菜单 首选项(P) → 制图(D)... 命令，系统弹出如图 2.4.1 所示的“制图首选项”

对话框，在对话框的 视图 节点下展开 公共 选项，如图 2.4.4 所示，通过对 公共 区域中参数的设置可以控制图样上的视图显示，包括隐藏线、可见线、光顺边、截面线和局部放大图等内容。这些参数设置只对以后添加的视图有效，而对于在设置之前添加的视图则需要通过编辑视图的样式来修改，因此在创建工程图之前，最好首先进行预设置，这样可以减少很多编辑工作，提高工作效率。

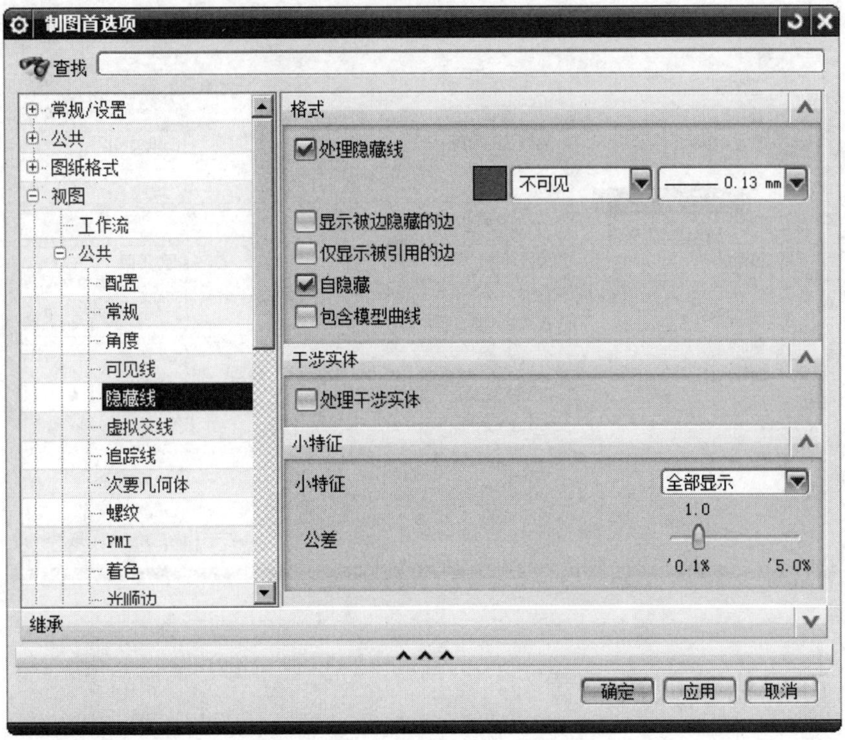


图 2.4.4　“公共”区域选项

## 2.4.5　视图标签参数预设置

选择下拉菜单 首选项(P) → 制图(D)... 命令，系统弹出如图 2.4.1 所示的“制图首选项”对话框，在对话框的 视图 节点下展开 基本/图纸 选项，然后单击 标签 选项，如图 2.4.5 所示，功能如下：

- 控制视图标签的显示，并查看图样上成员视图的视图比例标签。
- 控制视图标签的前缀名、字母、字母格式和字母比例数值的显示。
- 控制视图比例的文本位置、前缀名、前缀文本比例数值、数值格式和数值比例数值的显示。

图 2.4.5 “标签”选项

## 2.4.6 可视化参数预设置

选择下拉菜单首选项(P) → 可视化(V)...命令，系统弹出“可视化首选项”对话框，单击颜色/字体选项卡，此时对话框如图 2.4.6 所示。

图 2.4.6 所示“可视化首选项”对话框中部分选项的功能说明如下。

- 图纸部件设置区域：用于图纸中的颜色显示设置。
  - ☑ ☑单色显示复选框：选中该复选框将激活其下的颜色设置，此时图纸的前景色将变为黑色。
  - ☑ 预选：用于设置工程图环境中预选对象的颜色。
  - ☑ 选择：用于设置工程图环境中选择对象的颜色。
  - ☑ 前景：用于设置工程图环境中前景的颜色。
  - ☑ 背景：用于设置工程图环境中背景的颜色。
  - ☑ ☑显示线宽复选框：用于设置工程图环境中是否按对象属性的线宽来显示。

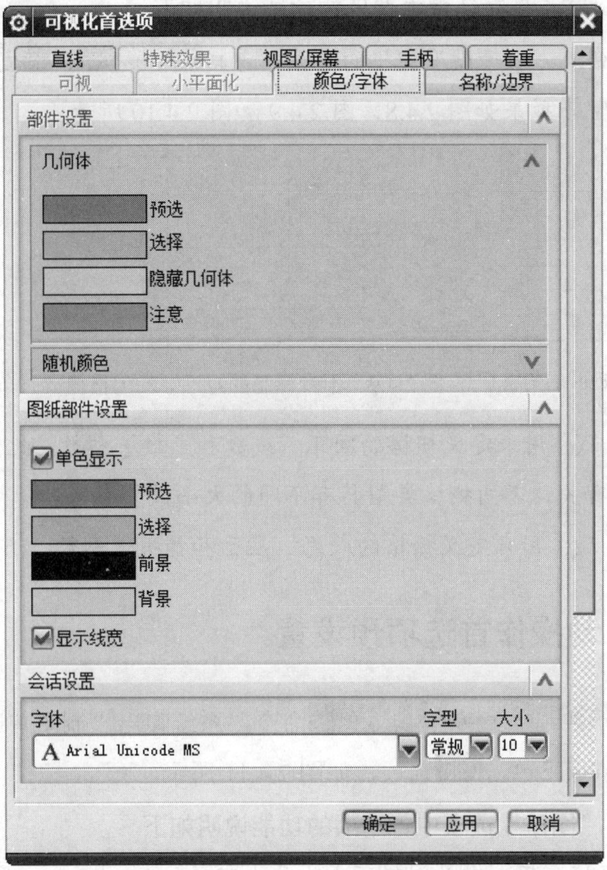


图 2.4.6　“可视化首选项”对话框

## 2.4.7　栅格参数预设置

选择下拉菜单 首选项(P) ➡ 栅格(G)... 命令，系统弹出图 2.4.7 所示的“节点”对话框。

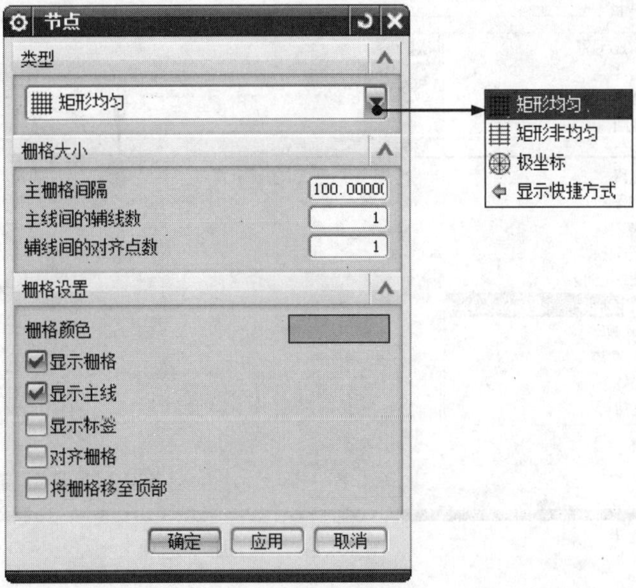


图 2.4.7　“节点”对话框

图 2.4.7 所示“节点”对话框中选项的功能说明如下。

- 类型下拉列表：用于设置栅格的类型，包括矩形均匀、矩形非均匀和极坐标三种类型，显示效果如图 2.4.8、图 2.4.9 和图 2.4.10 所示。

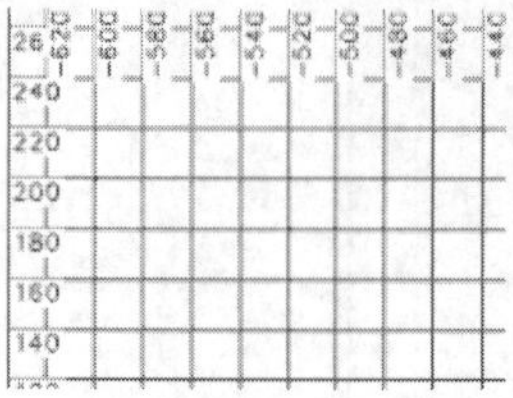


图 2.4.8　带标签的矩形均匀格栅

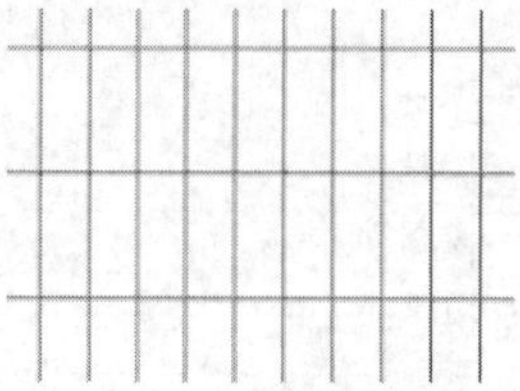

图 2.4.9　不带标签的矩形非均匀格栅

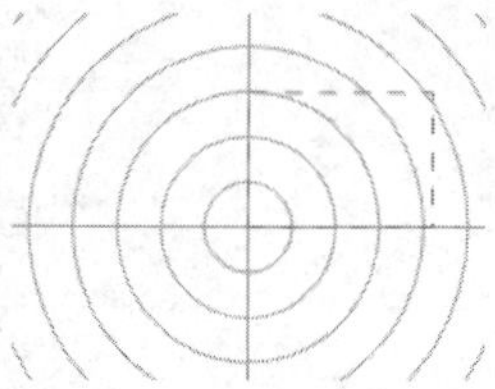

图 2.4.10　极坐标

- 栅格大小区域：用来定义栅格的间距、线数和点数等参数。此区域显示的选项和栅格的类型有关，不同栅格类型具有不同的大小设置参数。
- 栅格设置区域：用来定义栅格的颜色、显示和捕捉等参数。

## 2.4.8　制图自动操作首选项预设置

选择下拉菜单首选项(P) → 制图(D)...命令，系统弹出“制图首选项”对话框，在对话框的图纸自动化节点下单击图册选项，如图 2.4.11 所示。

图 2.4.11 所示“图册”选项中各选项的功能说明如下。

- 次要内容区域：用来定义图纸页上次要内容的显示。
- 可见线区域：用来定义可见线的颜色、线型和线宽等参数。
- 隐藏线区域：用来定义隐藏线的颜色、线型和线宽等参数。

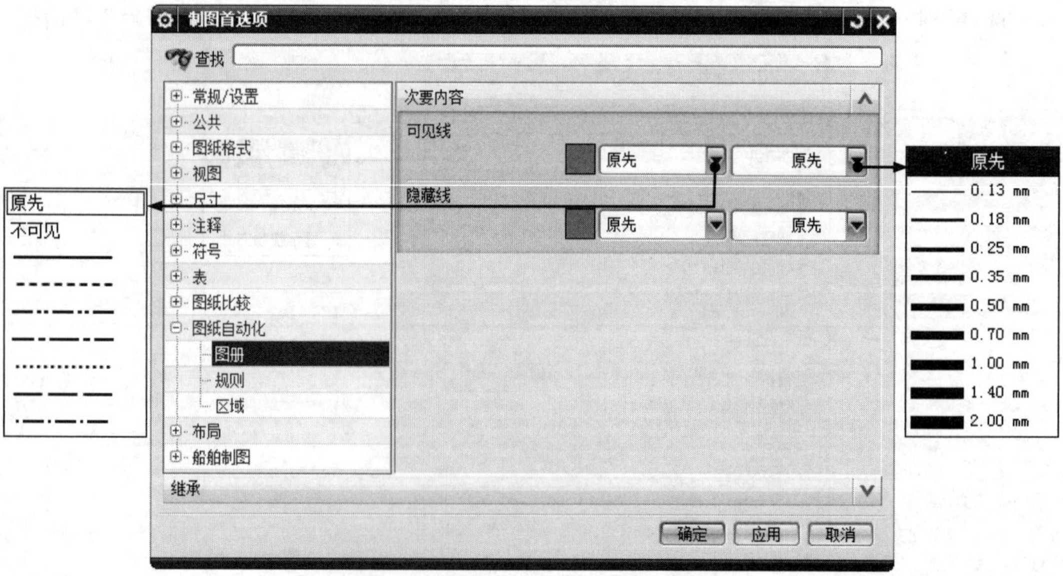


图 2.4.11　“图册”选项

选择下拉菜单首选项(P) → 制图(D)... 命令，系统弹出“制图首选项”对话框，在对话框的⊟图纸自动化节点下单击区域选项，如图 2.4.12 所示。

图 2.4.12 “区域”选项

图 2.4.12 所示“区域”选项中各选项的功能说明如下。

- 区域区域：用来定义图纸页上的区域的显示。
- ☑ 在非模板部件中显示区域复选框：选中该复选框，在导入一个模板到部件中后会显示一个矩形的边界线。用户可以定义其颜色、字体和线宽等参数。
- ☑ 显示区域标签复选框：选中该复选框，将显示一个包含名称、类型和规则的标签。

选择下拉菜单首选项(P) → 制图(D)... 命令，系统弹出“制图首选项”对话框，在对话框的⊟图纸自动化节点下单击规则选项，如图 2.4.13 所示。

图 2.4.13 所示“规则”选项中各选项的功能说明如下。

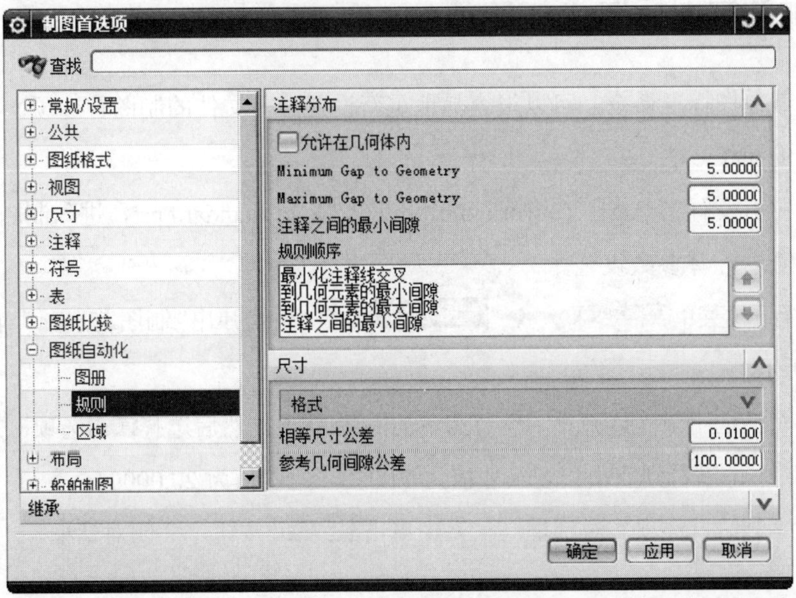


图 2.4.13 “规则”选项

- 允许在几何体内复选框：选中该复选框，将允许自动产生的注释放置在几何体的区域内，否则注释会放置在几何体区域外侧。
- Minimum Gap to Geometry 文本框：用来定义自动注释到几何体的最小距离。
- Maximum Gap to Geometry 文本框：用来定义自动注释到几何体的最大距离。
- 注释之间的最小间隙文本框：用来定义自动注释之间的最小距离。
- 规则顺序区域：用来定义规则的先后顺序，用户可以选中某个规则，然后通过单击 ⇧ 或 ⇩ 按钮进行调整。
- 相等尺寸公差文本框：用来定义一个公差数值，系统据此来判断两个自动注释尺寸是否相等。
- 参考几何体间隙公差文本框：用来定义一个搜索距离数值，系统将在此距离内搜索参考几何体。

## 2.5 UG 工程图的制图标准

UG NX 11.0 软件提供了适应不同国家制图要求的制图标准默认文件，所支持的有ASME、DIN、ESKD、ISO、JIS、GB 等标准。通过制图标准配置文件，可以用最简便的方式设置或重置制图和视图的首选项，从而控制箭头的大小、线条的粗细、隐藏线的显示与否、标注的字体和大小、各种符号的样式等。用户可以使用系统提供的制图标准，也可以通过编辑某个标准文件并保存成企业的定制标准。

### 2.5.1 加载制图标准

通过加载制图标准命令，可以很容易地重新设置当前文件的制图首选项。下面介绍加载制图标准的操作方法。

Step1. 打开文件 D:\ug11.12\work\ch02\ch02.05\load_standard.prt，进入制图环境。

Step2. 查看注释参数设置。

（1）选择下拉菜单 首选项(P) ➡ 制图(D)... 命令，系统弹出“制图首选项”对话框（一），如图 2.5.1 所示。

（2）在对话框中依次展开 ⊟ 公共 节点下的 ⊟ 直线/箭头，然后选择 箭头 选项，在对话框右侧的 格式 区域中可以看到箭头长度尺寸值为 4.0000，角度值为 20.0000。

（3）在“制图首选项”对话框（一）中单击 取消 按钮，关闭对话框。

**说明**：这里仅以箭头大小的定义为例说明不同制图标准之间存在的差异。

图 2.5.1 “制图首选项”对话框（一）

Step3. 加载新的制图标准。

（1）选择下拉菜单工具(T) → 制图标准(D)...命令，系统弹出如图 2.5.2 所示的“加载制图标准”对话框。

图 2.5.2 “加载制图标准”对话框

（2）在“加载制图标准”对话框的标准下拉列表中选择ISO选项，单击确定按钮，完成 ISO 标准的加载。

Step4. 查看注释参数设置。

（1）选择下拉菜单首选项(P) → 制图(D)...命令，系统弹出“制图首选项”对话框（二），如图 2.5.3 所示。

（2）在对话框中依次展开公共节点下的直线/箭头，然后选择箭头选项，在对话框右侧的格式区域中可以看到箭头长度尺寸值为 3.5000，角度值为 20.0000。

（3）在“制图首选项”对话框（二）中单击取消按钮，关闭对话框。

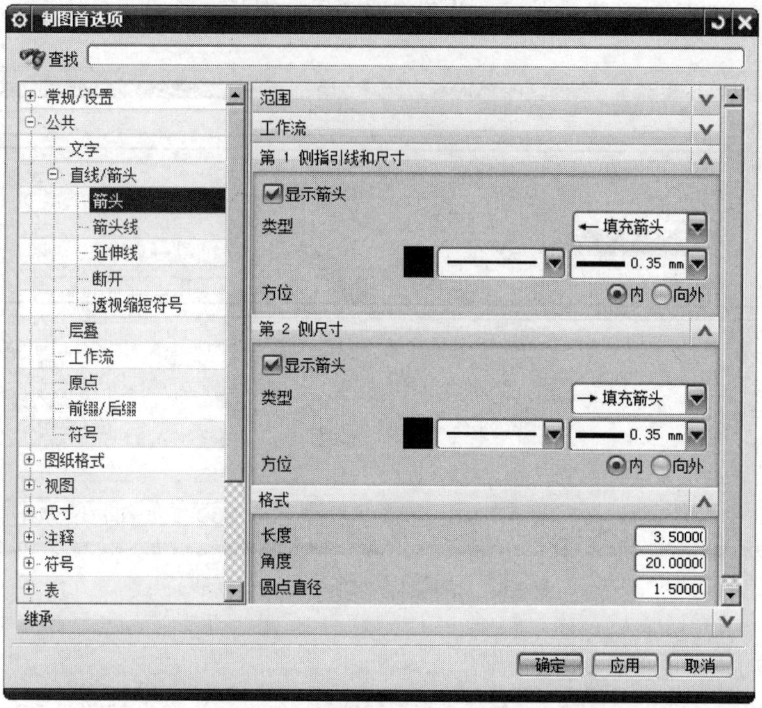


图 2.5.3 “制图首选项”对话框（二）

**说明**：更改制图标准后，将只对以后创建的制图对象起作用，已经创建的制图对象将不会发生变化。

## 2.5.2 定制制图标准

Step1. 选择下拉菜单 文件(F) → 实用工具(U) → 用户默认设置(D)... 命令，系统弹出“用户默认设置”对话框，如图 2.5.4 所示。

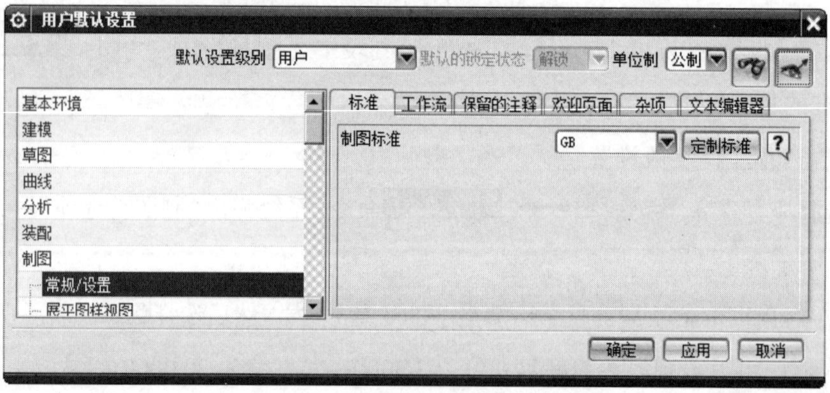


图 2.5.4 “用户默认设置”对话框

Step2. 在对话框中选择 制图 → 常规/设置 节点，在 标准 选项卡的 制图标准 下拉列表中选择 GB 选项，单击 定制标准 按钮，依次在左侧节点下选择 图纸格式 → 图纸页 命令，然后

在右侧区域中单击 尺寸和比例 选项，系统弹出如图 2.5.5 所示的“定制制图标准– GB”对话框。

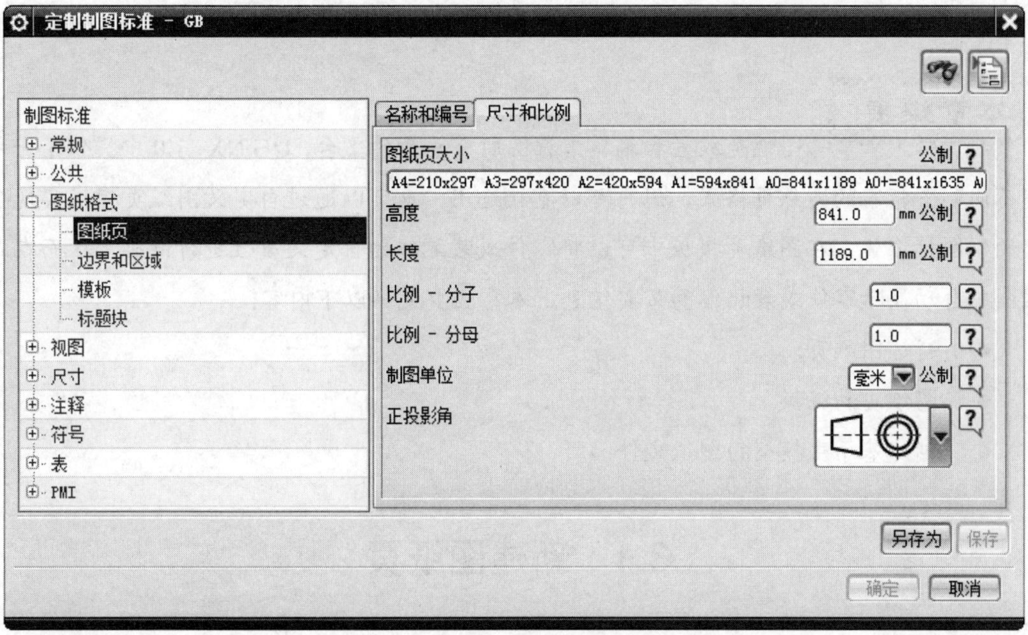

图 2.5.5 “定制制图标准– GB”对话框

**说明：**

- 用户在对话框中单击右上角的“导入制图标准”按钮，系统会弹出“导入制图标准”对话框，此时可以选择相应的制图标准配置文件进行导入。
- 读者可将随书光盘中的“GB2012 制图标准”导入，以便取得较好的学习效果。

Step3. 定义默认的图纸参数。在“定制制图标准– GB”对话框的 高度 文本框中输入值 297，在 长度 文本框中输入值 420，在 比例 - 分母 文本框中输入值 2，其余参数保持不变。

**说明：**此处仅以修改默认图纸参数为例，用户在具体定制时需要选择合适的节点，单击右侧的选项卡，根据不同的制图要求修改相应的参数和设置，请读者查阅相关的标准规定自行完成并进行验证，此处不再赘述。

Step4. 保存标准。在对话框中单击 另存为 按钮，系统弹出“另存为制图标准”对话框，输入名称 GB-2016，单击 确定 按钮，然后单击 取消 按钮，完成标准的定制。

Step5. 设置默认的制图标准。系统返回到“用户默认设置”对话框，此时 制图标准 下拉列表中为 GB2012 选项，单击 确定 按钮，完成默认制图标准的设置。

**说明：**此时系统可能弹出图 2.5.6 所示的“用户默认设置”消息框，单击 确定(O) 按钮，关闭此消息框。

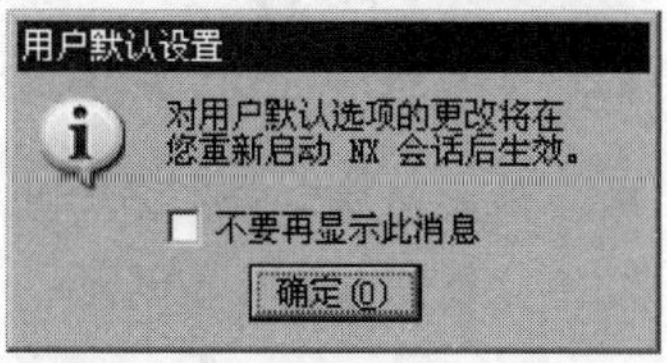

图 2.5.6 “用户默认设置”消息框

# 第 3 章　图纸的创建

**本章提要**

图纸是放置和编辑工程图所有元素的平台，UG NX 11.0 中提供了一系列不同制图标准的图纸页格式，用户可以直接选用，也可以通过自定义图纸页模板实现企业的制图标准化。在图纸页模板中可以将零件或装配体的自定义属性进行链接，从而在工程图中自动显示零件或装配体的必要信息。本章主要包括以下内容：

- 新建图纸页；
- 图纸页的编辑；
- 创建基于主模型的图纸文件。

## 3.1　新建图纸页

进入工程图环境后，首先需要创建若干张空白的图纸页。下面介绍新建图纸页的一般操作过程。

Step1. 打开零件模型。打开文件 D:\ug11.12\work\ch03.01\down_base.prt。

Step2. 进入制图环境。单击 应用模块 功能选项卡 设计 区域中的 制图 按钮。

Step3. 新建工程图。选择下拉菜单 插入(S) → 图纸页(H)... 命令（或单击“新建图纸页”按钮），系统弹出“图纸页”对话框，如图 3.1.1 所示。在对话框中选择图 3.1.1 所示的选项。

**图 3.1.1 所示“图纸页”对话框中的选项说明如下。**

- 图纸页名称 文本框：指定新图样的名称，可以在该文本框中输入图样名；图样名最多可以包含 30 个字符；默认的图样名是 SHT1。
- A4 - 210 x 297 下拉列表：用于选择图纸大小，系统提供了 A4、A3、A2、A1、A0、A0+和 A0++七种型号的图纸。
- 比例 下拉列表：为添加到图样中的所有视图设定比例。
- 度量单位：指定 ○ 英寸 或 ⊙ 毫米 为单位。
- 投影角度：指定第一角投影或第三角投影；按照国标，应选择 ⊙ 毫米 和第一角投影。

**说明：**在 Step3 中，单击 确定 按钮之前，每单击一次 应用 按钮都会新建一张图样。

Step4. 在“图纸页”对话框中单击 确定 按钮，系统弹出图 3.1.2 所示的“视图创建向导”对话框。

Step5. 在“视图创建向导”对话框中单击 取消 按钮，完成图样的创建。

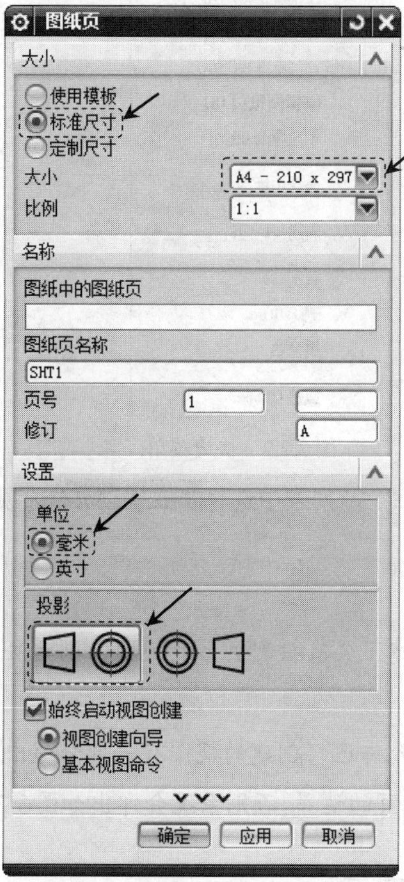


图 3.1.1　“图纸页”对话框

图 3.1.2　“视图创建向导”对话框

# 3.2　图纸页的编辑

## 3.2.1　编辑图纸页

通过编辑图纸页命令，可以改变图纸页的大小、比例和投影角度。下面介绍编辑图纸页的一般操作过程。

Step1. 打开文件 D:\ug11.12\work\ch03.02\edit_sheet.prt，系统进入制图环境。

Step2. 在部件导航器（图 3.2.1）中选择 图纸页 "SHT2" (工作的-活动) 并右击，在弹出的如图 3.2.2 所示的快捷菜单中选择 编辑图纸页 (H)... 命令，系统弹出“图纸页”对话框。

图 3.2.1　部件导航器

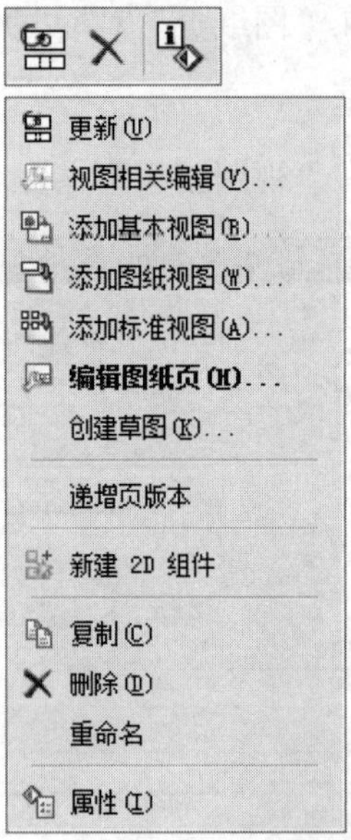


图 3.2.2　快捷菜单

Step3. 重新定义参数。在“图纸页”对话框的大小下拉列表中选择A0 - 841 x 1189选项，在比例下拉列表中选择5:1选项，其余参数保持不变。

说明：

- 如果图纸页中已经使用“投影视图”命令创建了具有投影关系的视图，则无法修改图纸页的投影角度。
- 用户可以把图纸页的尺寸变大或变小，此时允许已经创建的视图有一部分超出图纸页的边界，但不允许整个视图完全超出图纸页的边界，否则系统会弹出如图 3.2.3 所示的消息框。

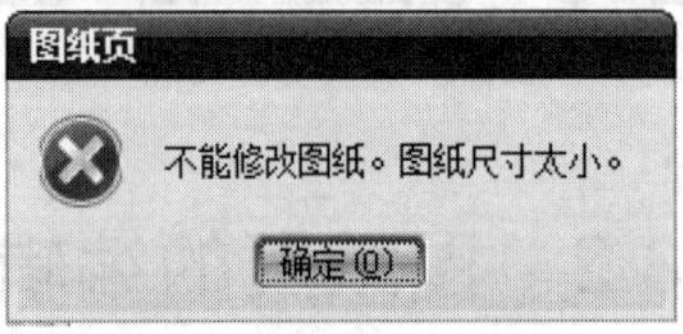


图 3.2.3　“图纸页”消息框

Step4. 单击确定按钮，完成图纸页的编辑。

## 3.2.2　打开图纸页

在一个工程图文件中可能包含多个图纸页，需要在不同图纸页之间进行切换（打开）。打开图纸页的方法有三种。

方法一：在部件导航器中双击图 3.2.4 所示的图纸页 "SHT1"节点。

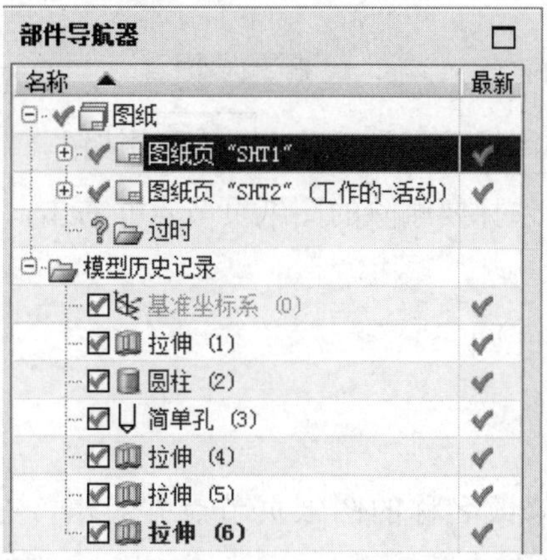


图 3.2.4 部件导航器

方法二：在部件导航器中选择图3.2.4所示的图纸页 "SHT1" 并右击，在弹出的如图3.2.5所示的快捷菜单中选择打开命令。

方法三：

（1）在“新建图纸页”节点下单击“打开图纸页”按钮，系统弹出如图 3.2.6 所示的“打开图纸页”对话框。

（2）在列表框中会显示除了当前工作图纸页之外的所有图纸页，用户可以从中选择要打开的图纸页，然后单击确定按钮。

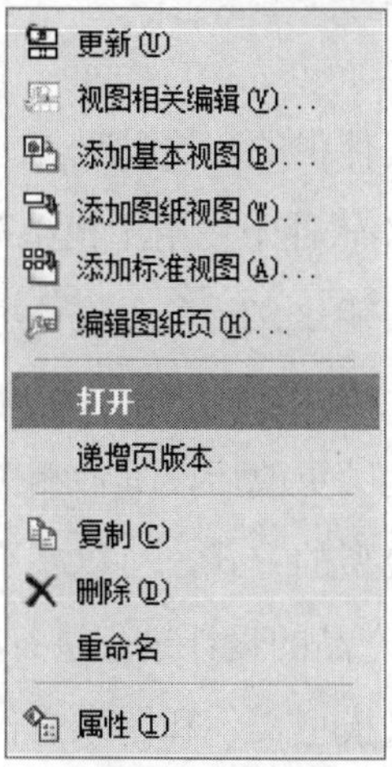


图 3.2.5 快捷菜单

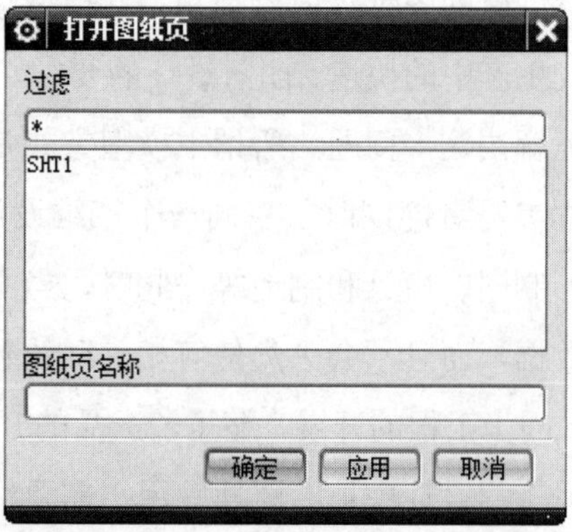


图 3.2.6 “打开图纸页”对话框

**说明**：也可以在图纸页名称文本框中直接输入要打开的图纸页的名称；如果图纸页太多，可以通过在过滤器文本框中输入必要的关键词来进行适当的过滤。

## 3.2.3 删除图纸页

在一个工程图文件中可能包含多个图纸页，如果有不需要的图纸页可以将其删除。删除图纸页的方法有两种。

方法一：选择下拉菜单 编辑(E) → 删除(D)... 命令，系统弹出“类选择”对话框，在部件导航器中选择要删除的图纸页，最后单击 确定 按钮。

方法二：在部件导航器中选择要删除的图纸页节点并右击，在弹出的快捷菜单中选择 删除(D)... 命令。

### 3.2.4 重命名图纸页

在部件导航器中选择要修改名称的图纸页节点并右击，在弹出的快捷菜单中选择 重命名 命令，此时图纸页名称文本框被激活，输入新的名称，最后按 Enter 键结束。

### 3.2.5 升级图纸页版本号

在部件导航器中选择要升级版本号的图纸页节点并右击，在弹出的快捷菜单中选择 递增页版本 命令，此时版本号自动按顺序递增，比如原版本号为 A，升级后则为 B；原版本号为 AA，升级后则为 AB，用户可依此类推。

## 3.3 创建基于主模型的图纸文件

前面所创建的图纸页内容是和零件模型存放在同一个文件中的，这种设计方式显然不能满足现代生产中的快速、团队设计的要求。通过在 UG NX 软件中使用主模型的方式，就可以很好地解决这一问题。所谓主模型方式是指利用装配功能建立一个工程环境，从而使得所有工程参与者能同时共享同一个三维设计模型，并以此为基础分别进行相关的工作，比如分析、制图、模具和制造等。此时，当主模型文件发生了更改后，其他相关的引用将自动更新数据，而且不会丢失任何相关联的数据。这种主模型的方式，可以减小文件的数据量，便于同步工程的开展，缩短了产品的开发周期，能对产品的设计过程进行有效管理，因而在实际工程设计中被广泛地应用。需要注意的是，此时模型文件和图纸文件是两个独立存储的文件，其中图纸文件需要引用模型文件的相关数据。

下面介绍使用主模型方式来创建独立的工程图文件的一般操作过程。

Step1. 打开零件模型。打开文件 D:\ug11.12\work\ch03.03\new_sheet_2.prt。

Step2. 选择下拉菜单 文件(F) → 新建(N)... 命令，系统弹出如图 3.3.1 所示的“新建”对话框。

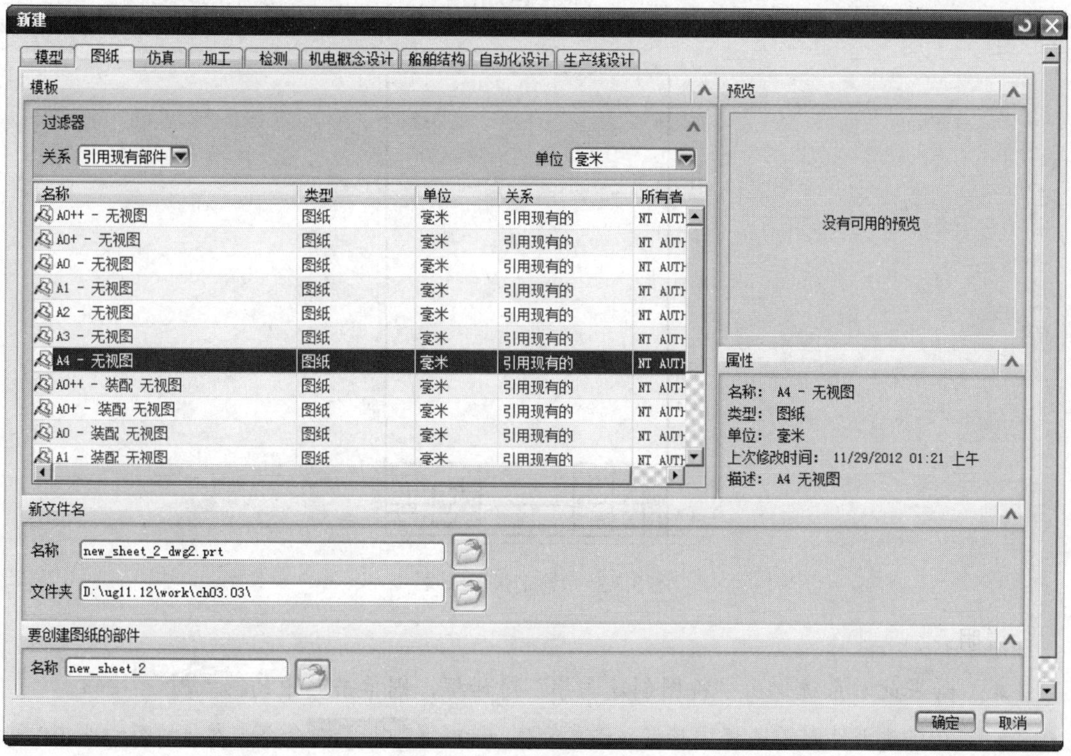


图 3.3.1 “新建”对话框

**说明：**在要创建图纸的部件区域的名称文本框中默认显示的是当前打开的模型文件，如果没有打开任何模型文件，则无法单击确定按钮，此时必须单击其后的按钮，系统弹出“选择主模型部件”对话框（图 3.3.2），可以从列表框中选择主模型部件；如果列表框中没有所需要的部件文件，用户可以单击“选择主模型部件”对话框中的“打开”按钮，系统弹出“部件名”对话框，需要用户查找所需要的主模型部件文件。

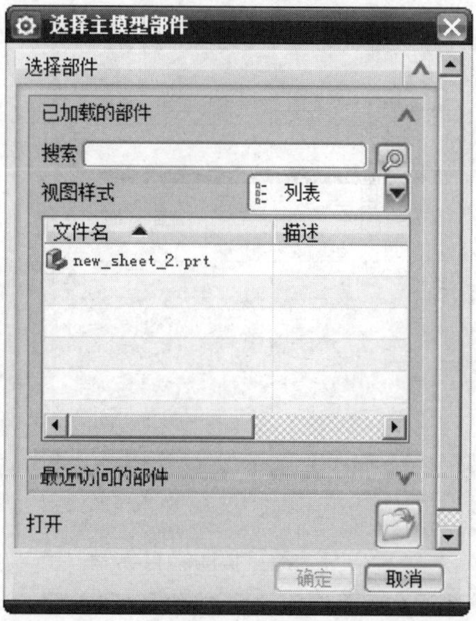


图 3.3.2 “选择主模型部件”对话框

Step3. 采用图 3.3.1 所示的参数，单击 确定 按钮进入制图环境，结果如图 3.3.3 所示。

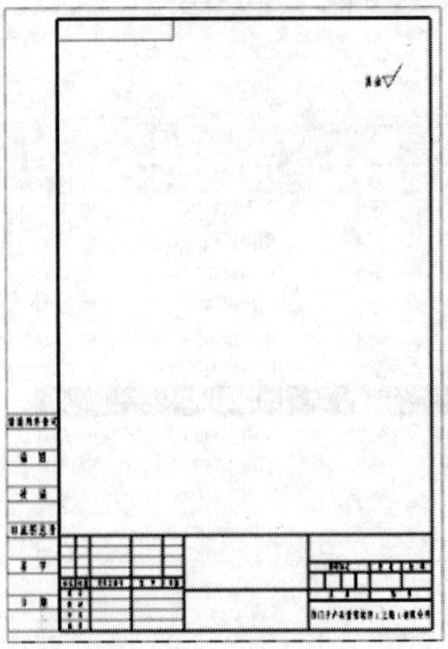

图 3.3.3 第 1 张图纸页

说明：

- 如果此时系统弹出“视图创建向导”对话框，则单击其中的 取消 按钮。
- 在新建文件之前选择下拉菜单 首选项(P) → 制图(D)... 命令，在“制图首选项”对话框中单击 常规/设置 节点下的 工作流 选项，在 基于模型 区域的 始终启动 下拉列表中选择 无视图命令 选项，则系统将不会弹出该对话框。

Step4. 创建第 2 张图纸页。

(1) 选择下拉菜单 插入(S) → 图纸页(H)... 命令（或单击“新建图纸页”按钮），系统弹出如图 3.3.4 所示的“图纸页”对话框。

图 3.3.4 “图纸页”对话框

（2）采用图 3.3.4 所示的参数，单击 确定 按钮，完成第 2 张图纸页的创建，结果如图 3.3.5 所示，此时第 2 张图纸页自动成为活动的工作图纸页。

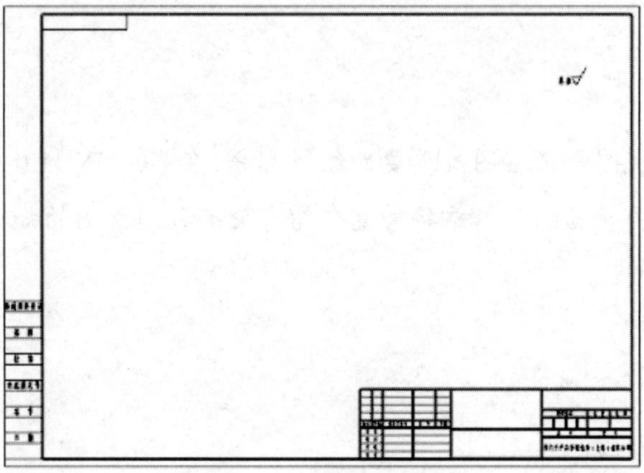

图 3.3.5　第 2 张图纸页

# 第 4 章　工程图视图

**本章提要**　视图是工程图最重要的组成部分，在 UG NX 11.0 中创建一份完整的工程图首先是从创建视图开始的。本章将着重介绍有关工程图视图的知识，主要内容包括：

- 创建基本视图；
- 视图的操作；
- 视图的显示；
- 创建高级工程图；
- 创建装配体工程图视图；
- 剖视图的编辑与修改。

## 4.1　工程图视图概述

工程图中最主要的组成部分就是视图，工程图用视图来表达零部件的形状与结构，复杂零件又需要由多个视图来共同表达才能使人看得清楚，看得明白。在机械制图里，视图被细分为许多种类，有主视图、投影视图（左、右、俯、仰视图）和轴测图；有局部放大视图、剖视图和断开视图等。在 UG NX 11.0 中创建工程图视图的总体思路为：先在工程图中插入主视图并创建其投影视图，然后使用下拉菜单 插入(S) → 视图(W) ▸ 中的相关命令创建所需的剖视图、辅助视图和局部放大视图等，并根据实际需要调整个别视图的显示模式及隐藏或显示相应的边线，便可获得所需的工程图视图。读者在学习本章过程中，应注意总结各视图命令在创建视图时的配合关系并举一反三，这有助于快速学会利用 UG NX 11.0 软件绘制工程图并提高工作效率。

## 4.2　创建基本视图

在 UG NX 11.0 中，基本视图包括基本、投影和标准三种视图类型，创建工程图时应首先创建基本视图。

## 4.2.1　基本视图的创建

基本视图是基于 3D 几何模型的视图，它可以独立放置在图纸页中，也可以成为其他视图类型的父视图。下面创建图 4.2.1 所示的基本视图，操作过程如下。

Step1. 打开零件模型。打开文件 D:\ug11.12\work\ch04.02.01\facer01.prt，进入建模环境，零件模型如图 4.2.2 所示。

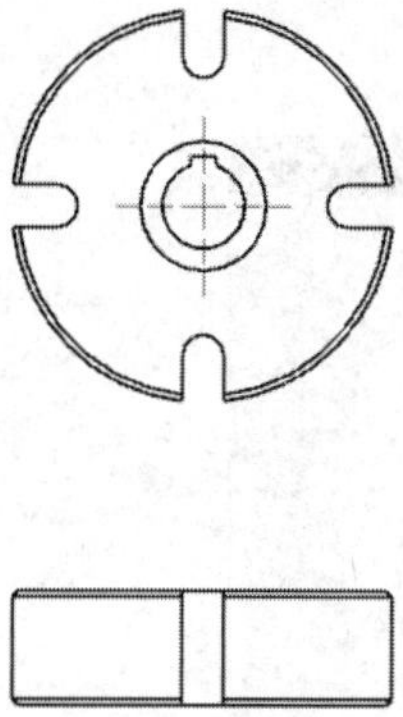

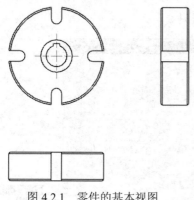

图 4.2.1　零件的基本视图

图 4.2.2　零件模型

Step2. 进入制图环境。单击 应用模块 功能选项卡 设计 区域中的 制图 按钮，进入制图环境。

Step3. 新建图纸页。

（1）选择下拉菜单 插入(S) → 图纸页(H)... 命令（或单击“新建图纸页”按钮），系统弹出“图纸页”对话框。

（2）在“图纸页”对话框中选择图 4.2.3 所示的选项，然后单击 确定 按钮，系统弹出如图 4.2.4 所示的“基本视图”对话框。

**说明**：如果在“图纸页”对话框中没有选中单选框，系统将不会自动弹出“基本视图”对话框。此时需要用户选择下拉菜单 插入(S) → 视图(W) → 基本(B)... 命令，进行视图的创建。

Step4. 定义基本视图参数。保持“基本视图”对话框中参数的系统默认设置。

**图 4.2.4 所示“基本视图”对话框中选项的说明如下。**

- 部件 区域：用于选择要创建视图的部件，其中会显示“已加载的部件”“最近访问的部件”的列表，也可以单击按钮选择其他的部件文件。
- 视图原点 区域：用于定义视图在图形区的摆放位置，放置方法包括自动判断、水平、垂直于直线和叠加等方式。
- 模型视图 区域：用于定义模型的视图方向，可从下拉列表中选择俯视图、前视图和右视图等八个方位；单击该区域中的“定向视图工具”按钮，系统弹出“定向视图工具”对话框，通过该对话框可以定义视图的方位，具体操作方法可参考后面的操作内容。

- 比例下拉列表：用于在添加视图之前为基本视图指定一个特定的比例。默认的视图比例与当前的图纸页比例一致。
- 设置区域：用于完成视图样式的设置，单击该区域中的按钮，系统弹出“视图样式”对话框，在其中可以设置该视图的具体样式。
- 非剖切区域：用于选择要设为非剖切的组件对象。

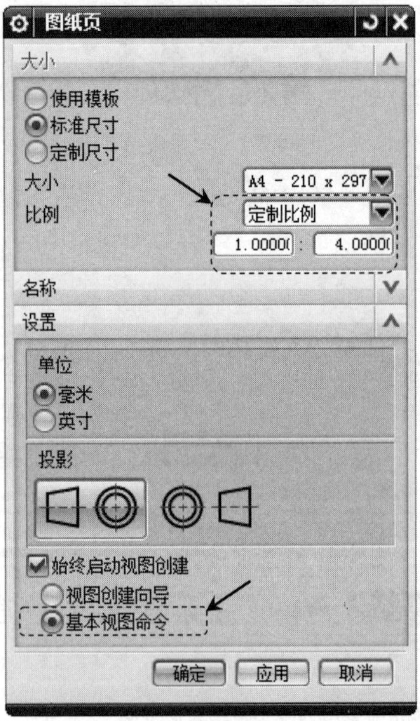


图 4.2.3 “图纸页”对话框

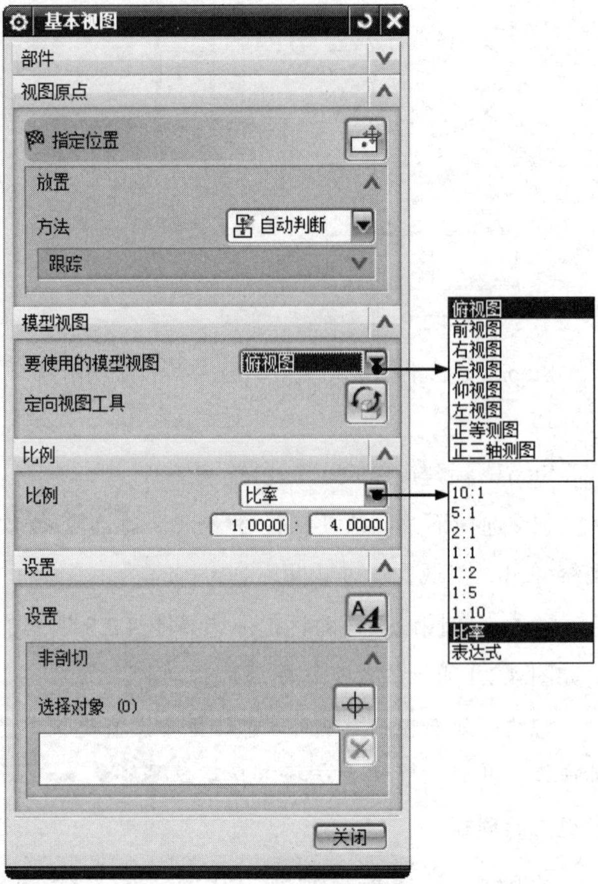


图 4.2.4 “基本视图”对话框

Step5. 放置视图。将鼠标指针移动到图形区中的合适位置，单击以放置主视图。

**说明：** 根据系统默认的设置，此时会自动弹出“投影视图”对话框，读者可以按照下节的内容继续进行操作。

## 4.2.2 创建投影视图

投影视图是以最后放置的基本视图作为父视图来产生的视图（用户也可以选择其他已

经创建的视图作为父视图），在放置时系统会自动判断出正交视图或辅助视图，或者由用户来设置投影的方向。下面紧接上一节的操作继续讲解创建投影视图的一般操作过程。

Step1. 创建俯视图。

（1）在系统弹出的“投影视图”对话框（图 4.2.5）下，移动鼠标指针到图 4.2.6 所示俯视图的正下方位置，单击以放置俯视图。

（2）单击“投影视图”对话框中的 关闭 按钮，关闭对话框。

Step2. 创建左视图。

（1）选择命令。选择下拉菜单 插入(S) → 视图(W) → 投影(J)... 命令（或单击“视图”区域中的按钮），系统弹出“投影视图”对话框。

（2）放置视图。移动鼠标指针到图 4.2.7 所示俯视图的正右方位置，单击以放置左视图。

（3）单击“投影视图”对话框中的 关闭 按钮，关闭该对话框。

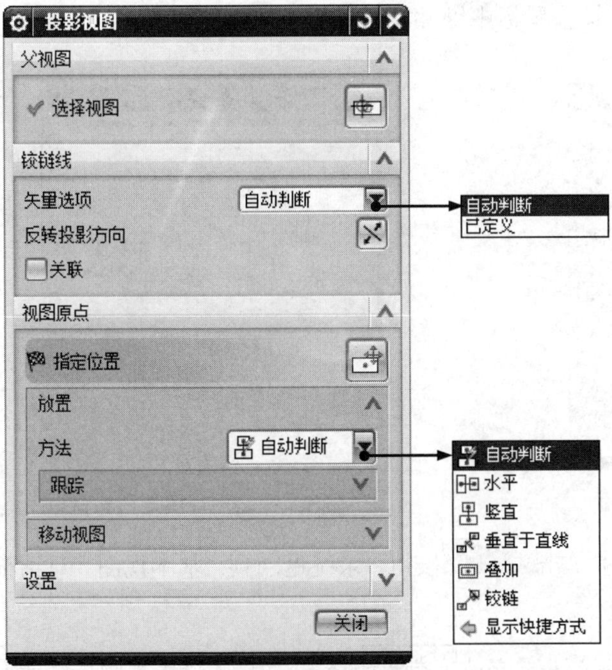


图 4.2.5 “投影视图”对话框

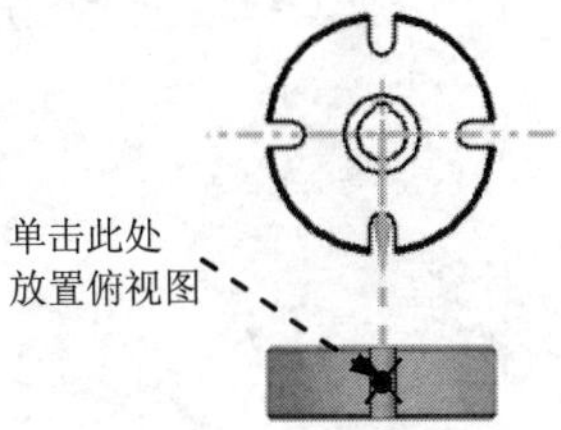


图 4.2.6 俯视图的放置

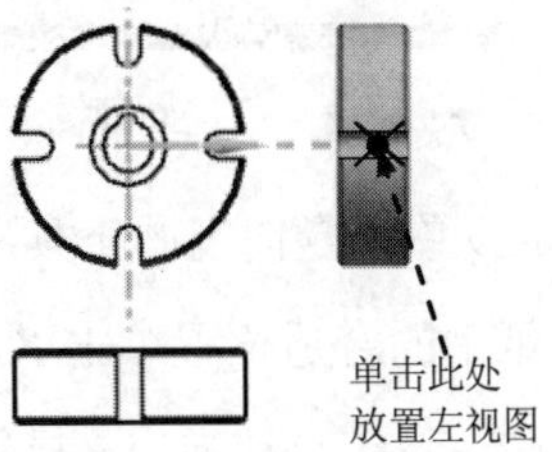


图 4.2.7 左视图的放置

**图 4.2.5 所示“投影视图”对话框中选项的说明如下。**

- 父视图 区域：用于选择要投影视图的父视图，系统默认自动选择最后一个基本视图作为父视图，也可以单击“选择视图”按钮选择其他的基本视图。
- 矢量选项 下拉列表：用于定义铰链线的方向，包括 自动判断 和 已定义 两个选项。选择 自动判断 选项，系统根据鼠标指针围绕父视图的位置来自动判断方向；选择 已定义 选项时，需要通过选择或定义一个矢量来定义投影方向，需要注意的是投影方向垂直于所选择的矢量方向。

## 4.2.3 创建轴测视图

轴测视图的投影方向是与其他基本视图有明显区别的，通常在图纸上放置若干个轴测视图会有助于读图人员快速识别图纸上的零件模型，从而提高图纸的信息含量。创建轴测视图也是通过基本视图命令来完成的。下面继续前面的操作来讲解创建轴测视图的一般操作过程。

Step1. 选择命令。选择下拉菜单 插入(S) → 视图(W) ▸ → 基本(B)... 命令（或单击“视图”区域中的按钮），系统弹出“基本视图”对话框。

Step2. 定义视图参数。在“基本视图”对话框的模型视图区域中单击“定向视图工具”按钮，系统弹出如图 4.2.8 所示的“定向视图工具”对话框和图 4.2.9 所示的“定向视图”预览窗口。

（1）在“定向视图”预览窗口中按住鼠标中键并旋转模型至图 4.2.9 所示的方位。

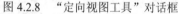

图 4.2.8 “定向视图工具”对话框

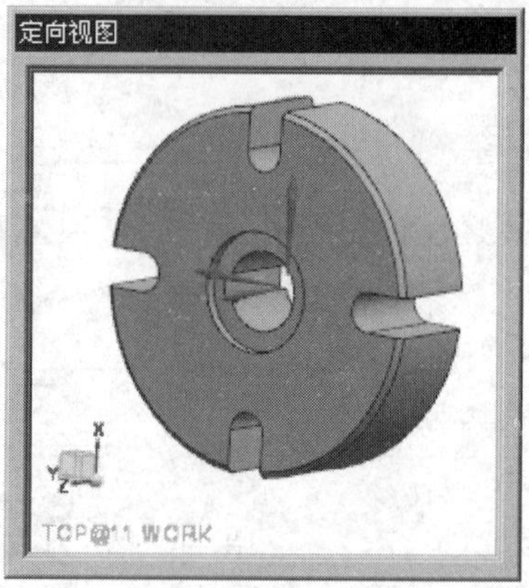


图 4.2.9 “定向视图”预览窗口

（2）在“定向视图工具”对话框中单击 确定 按钮，系统返回到“基本视图”对话框，在图纸中的合适位置单击以放置视图。

（3）系统自动弹出“投影视图”对话框，单击 关闭 按钮，关闭“投影视图”对话框。

**图 4.2.8 所示“定向视图工具”对话框中选项的说明如下。**

- 法向 区域：用于定义视图的法向方向，可以通过单击按钮或者从模型中选取矢量来进行定义。
- X 向 区域：用于定义视图的水平方向，可以通过单击按钮或者从模型中选取矢量来进行定义。
- ☑ 关联方位 复选框：用于定义视图平面和水平方向是否关联。

## 4.2.4　创建标准视图

使用“标准视图”命令可快速创建零件或装配体的标准方位视图。下面讲解创建标准视图的一般操作过程。

Step1. 打开文件 D:\ug11.12\work\ch04.02.02\facer02.prt，系统进入制图环境。

Step2. 选择命令。选择下拉菜单 插入(S) → 视图(W) → 标准(A)... 命令，系统弹出如图 4.2.10 所示的“标准视图”对话框。

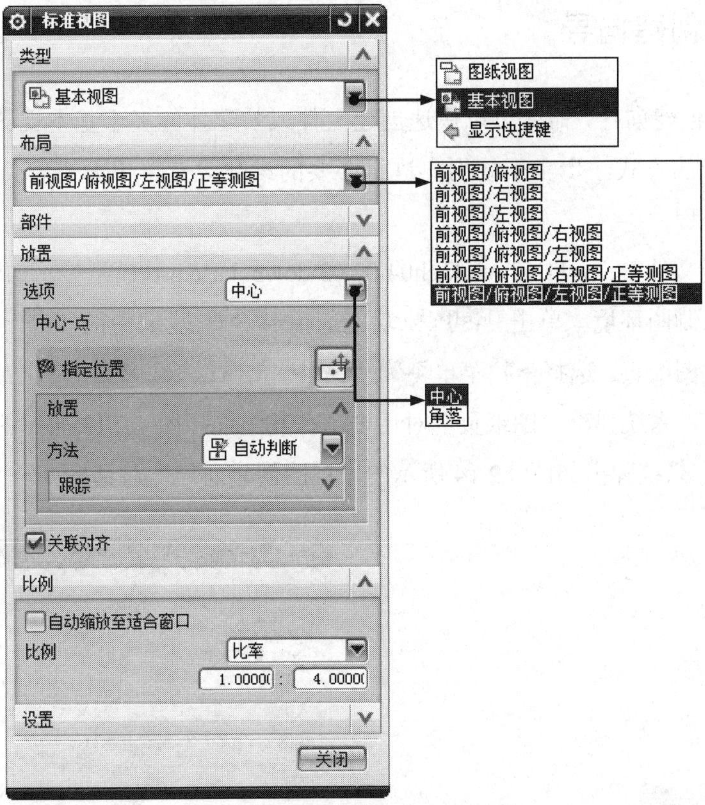


图 4.2.10　“标准视图”对话框

Step3. 设置视图参数。在“标准视图”对话框的 类型 下拉列表中选择 基本视图 选项，在 布局 下拉列表中选择 前视图 / 俯视图 / 左视图 / 正等测图 选项，在 放置 区域的 选项 下拉列表中选择 中心 选项，然后在图形区中单击合适的位置，系统放置所选布局的视图，结果如图 4.2.11 所示。

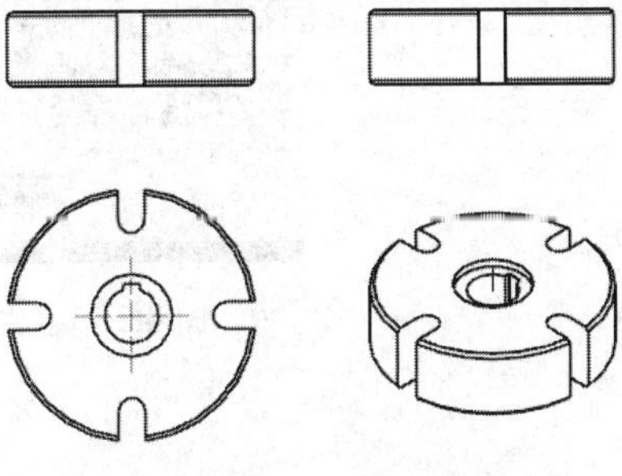

图 4.2.11　放置标准视图

图 4.2.10 所示“标准视图”对话框中选项的说明如下。

- 类型下拉列表：用于选择要放置视图的类型，选择图纸视图选项时创建空白的图纸视图；选择基本视图选项时创建基于 3D 模型的模型视图。
- 布局下拉列表：用于定义标准视图的布局方式。
- 放置区域：用于定义视图的放置方式，选择中心选项时，需要在图形区中选取一个点；选择角落选项时，需要在图形区中指定两个对角点。

## 4.2.5 视图创建向导

使用“视图创建向导”命令可以快速创建零件或装配体的多个基本视图，在创建过程中，系统以向导的方式一步步引导用户进行必要的参数设置，下面讲解使用视图创建向导的一般操作过程。

Step1. 打开文件 D:\ug11.12\work\ch04.02.03\down_base.prt，模型显示如图 4.2.12 所示。

Step2. 进入制图环境。单击 应用模块 功能选项卡 设计 区域中的 制图 按钮。

Step3. 新建图纸页。选择下拉菜单 插入(S) → 图纸页(H)... 命令（或单击“新建图纸页”按钮），系统弹出“图纸页”对话框，在其中选择图 4.2.13 所示的选项，然后单击 确定 按钮，系统弹出如图 4.2.14 所示的“视图创建向导”对话框（一）。

图 4.2.12 零件模型

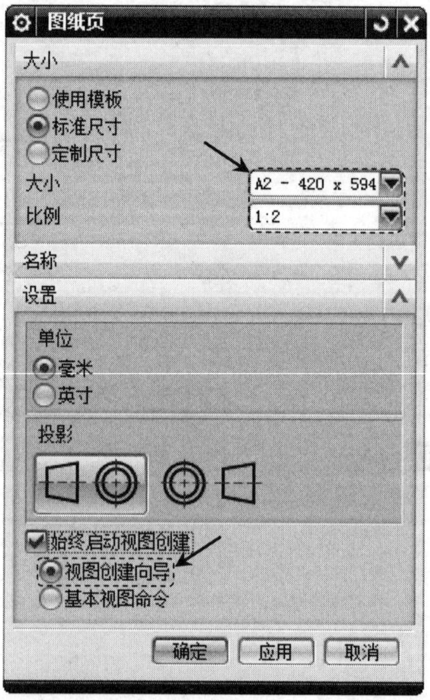


图 4.2.13 “图纸页”对话框

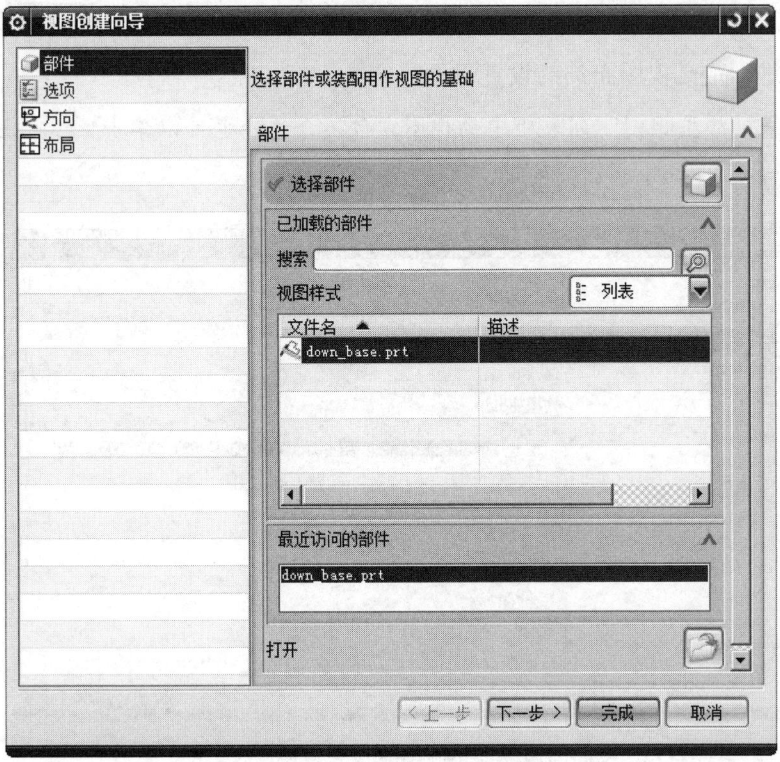


图 4.2.14 “视图创建向导”对话框（一）

Step4. 选择部件或装配。系统自动选择了当前打开的零件模型作为视图的基础模型，这里可单击 下一步 > 按钮进入视图显示选项的设置界面。

Step5. 设置视图显示选项。这里采用图 4.2.15 所示的参数设置，单击 下一步 > 按钮进入指定父视图的设置界面。

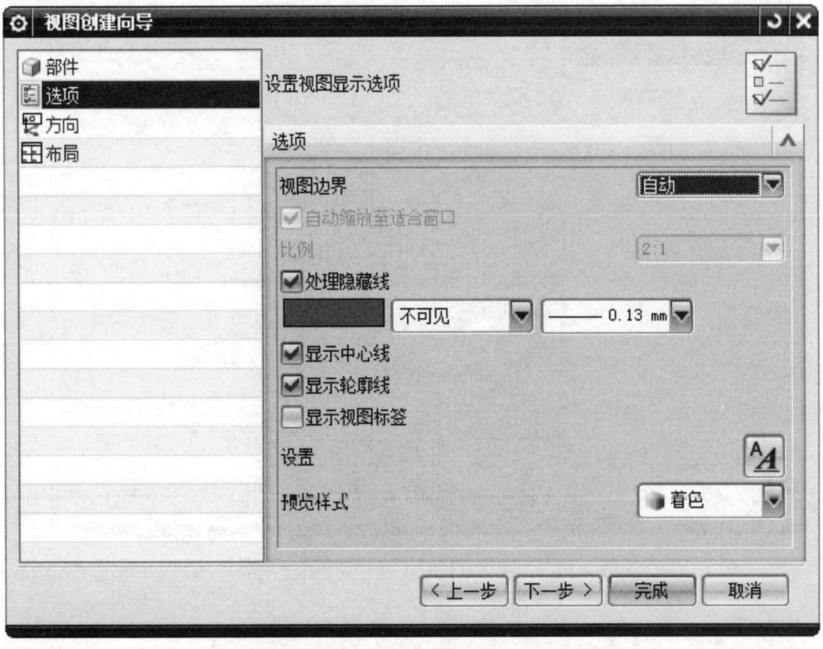


图 4.2.15　“视图创建向导”对话框（二）

Step6. 指定父视图。在图 4.2.16 所示的“模型视图”列表框中选择 前视图 选项，单击 下一步 > 按钮进入定义视图布局的设置界面。

**说明：**如果“模型视图”列表框中的视图方位不合适，也可以单击按钮进行定义，具体操作方法可参考 4.2.1 节的内容。

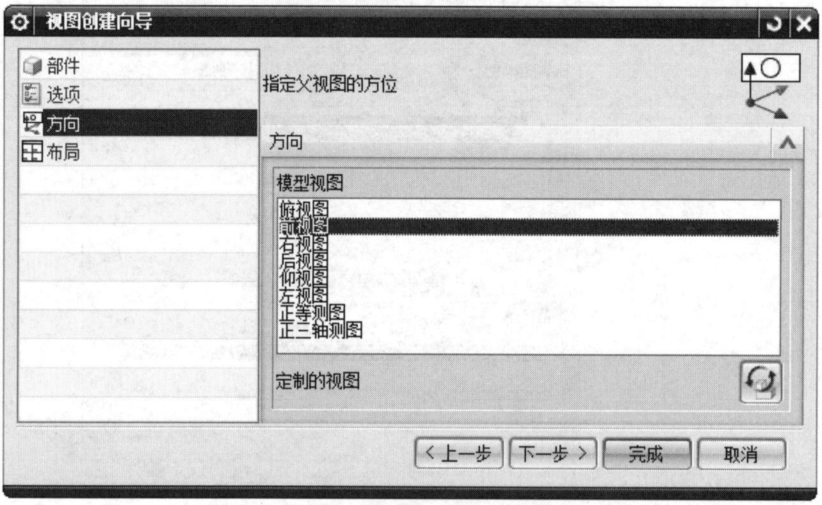


图 4.2.16 “视图创建向导”对话框（三）

Step7. 定义视图布局。在图 4.2.17 所示对话框的 布局 区域中单击图中所示的四个视图按钮，其余参数采用系统默认设置，单击 完成 按钮，结果如图 4.2.18 所示。

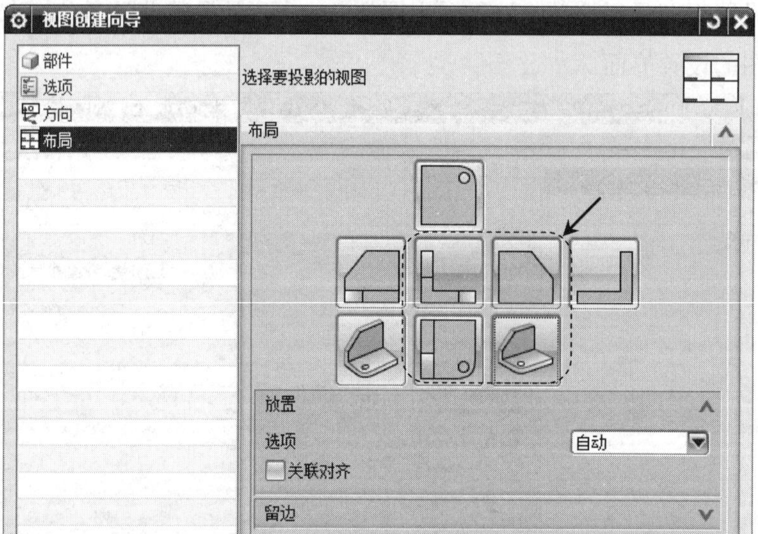


图 4.2.17 “视图创建向导”对话框（四）

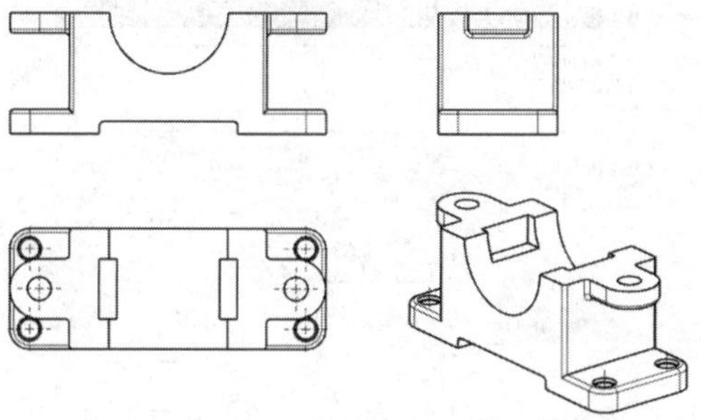

图 4.2.18 完成视图创建

# 4.3 视图的操作

## 4.3.1 移动和复制视图

### 1. 移动视图

UG NX 11.0 提供了比较方便的视图移动功能。将鼠标指针移至视图的边界上并按住左键，然后移动，此时系统会自动判断用户的意图，并显示图形辅助线动态对齐单个视图，当移动至适合的位置时松开鼠标左键即可。

下面以图 4.3.1 所示的视图为例来说明利用鼠标移动视图的操作过程。

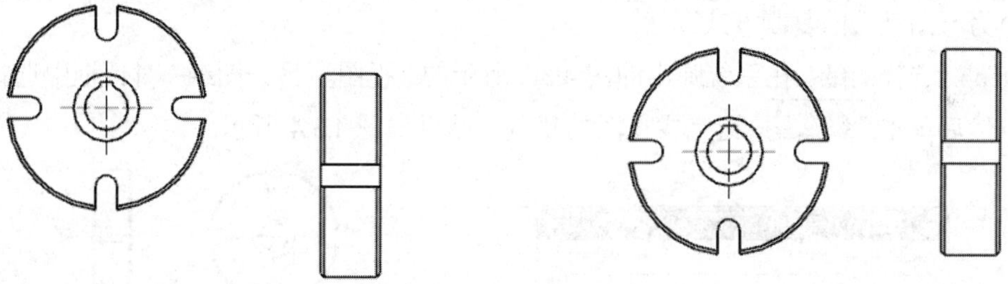

a）对齐前　　b）对齐后

图 4.3.1 移动视图

Step1. 打开文件 D:\ug11.12\work\ch04.03.01\Move_view.prt，系统进入制图环境。

Step2. 移动鼠标指针到左视图的边界上，按下鼠标左键，拖动视图向上方移动。

Step3. 当图形区出现辅助线时松开鼠标左键，结果如图 4.3.1b 所示。

### 2. 复制视图

复制视图命令可以将现有的视图通过选择“至一点”“水平”“竖直”“垂直于直线”“至另一图纸”等多种方式进行复制。下面紧接着上面的操作，继续讲解复制视图的操作过程。

Step1. 选择命令。选择下拉菜单 编辑(E) → 视图(W) → 移动/复制(M)... 命令，系统弹出如图 4.3.2 所示的“移动/复制视图”对话框。

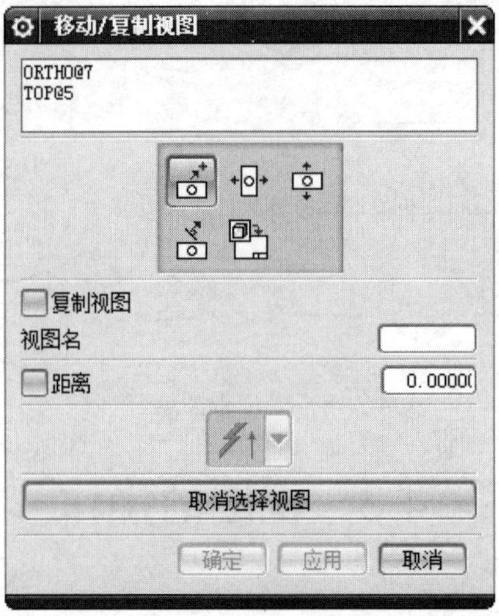


图 4.3.2　“移动/复制视图”对话框

Step2. 选择要复制的视图。在“移动/复制视图”对话框中选中☑ 复制视图复选框，在视图名文本框中输入复制后的视图名称 top2，然后在图形区中选择要复制的主视图。

Step3. 选择复制方式。在“移动/复制视图”对话框中单击“竖直”按钮，选择“竖直”的复制方式。

Step4. 放置视图。移动鼠标指针到合适的位置并单击，完成视图的复制。

Step5. 选择复制方式。在“移动/复制视图”对话框中单击“至另一图纸”按钮，选择“至另一图纸”的复制方式。

Step6. 选择图纸。在系统弹出的图 4.3.3 所示的“视图至另一图纸”对话框中选择SHT2选项，然后单击确定按钮完成视图的复制，结果如图 4.3.4 所示。

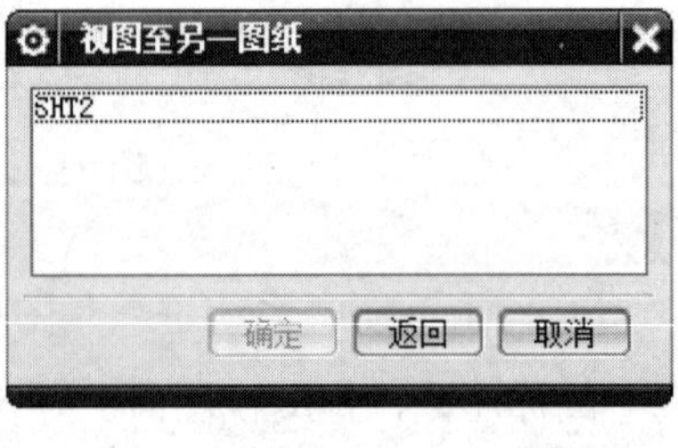


图 4.3.3　“视图至另一图纸”对话框

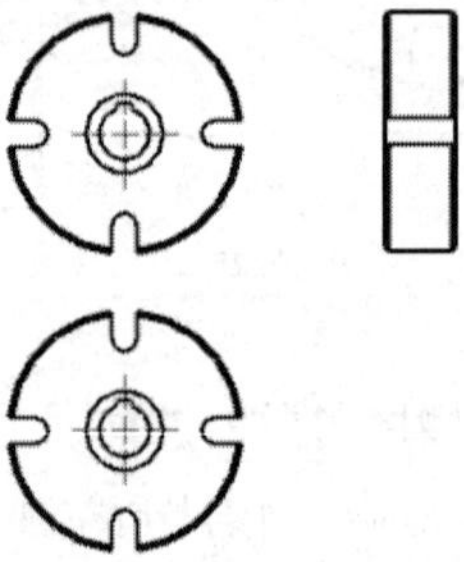

图 4.3.4　复制视图

Step7. 单击“移动/复制视图”对话框中的取消按钮，关闭对话框。

**图 4.3.2 所示“移动/复制视图”对话框中选项的说明如下。**

- ☑ 复制视图复选框：选中该复选框表示为复制视图，取消选中该复选框表示为移动视图，当选中该复选框进行复制视图时，需要同时在其后的视图名文本框中输入必要的视图名称。
- ☑ 距离复选框：用于定义移动或复制视图时的距离，选中后在其后的文本框中输入相应的数值。

- 下拉列表：用来定义方向矢量，仅在“垂直于直线”按钮被选中时有效。
- 取消选择视图按钮：用于取消已经选中的视图，此时可以继续选择其余视图进行相应的操作。

## 4.3.2　对齐视图

UG NX 11.0 提供了比较方便的视图对齐功能。将鼠标移至视图的视图边界上并按住左键，然后移动，系统会自动判断用户的意图，显示可能的对齐方式，当移动至适合的位置时，松开鼠标左键即可。但是如果这种方法不能满足要求的话，则用户还可以利用视图对齐命令来对齐视图。下面以图 4.3.5 所示的视图为例，来说明利用该命令对齐视图的一般过程。

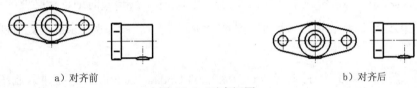

a）对齐前　　b）对齐后

图 4.3.5　对齐视图

Step1. 打开文件 D:\ug11.1\work\ch4.03.02\level1.prt。

Step2. 选择命令。选择下拉菜单 编辑(E) → 视图(W) → 对齐(I)... 命令，系统弹出图 4.3.6 所示的“视图对齐”对话框。

Step3. 选择要对齐的视图。选择图 4.3.7 所示的视图为要对齐的视图。

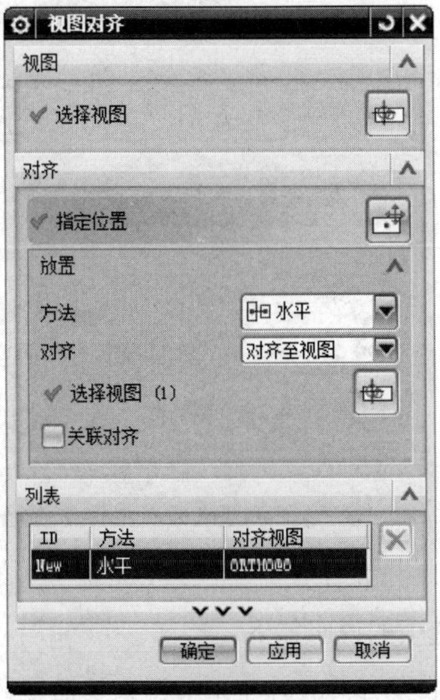


图 4.3.6　“视图对齐”对话框

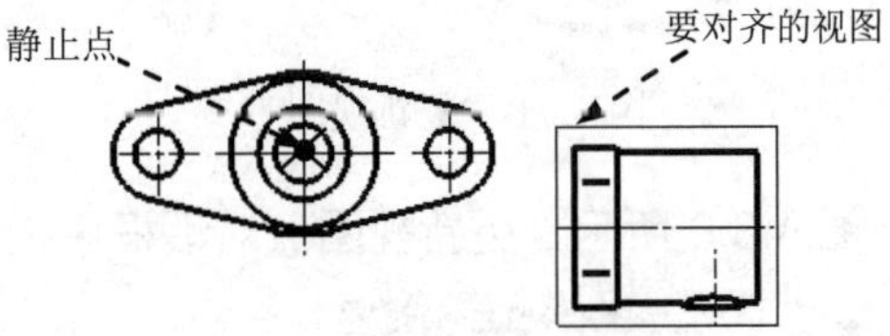


图 4.3.7　选择对齐视图

Step4. 定义对齐方式。在“视图对齐”对话框的方法下拉列表中选择水平选项。

Step5. 选择对齐视图。选择主视图为对齐视图。

Step6. 单击对话框中的取消按钮，完成视图的对齐。

**图 4.3.6 所示的“视图对齐”对话框中“方法”下拉列表的选项说明如下。**

- 自动判断：自动判断两个视图可能的对齐方式。
- 水平：将选定的视图水平对齐。
- 竖直：将选定的视图垂直对齐。
- 垂直于直线：将选定视图与指定的参考线垂直对齐。
- 叠加：同时水平和垂直对齐视图，以便使它们重叠在一起。

## 4.3.3 更新视图

在设计过程中，如果修改了零件模型的形状或尺寸，应该及时地进行必要的视图更新，以保证工程图处于最新的状态。下面以图 4.3.8 所示的工程图为例，来说明更新视图的一般操作方法。

Step1. 打开文件 D:\ug11.12\work\ch04.03.03\Update_view.prt，系统进入制图环境，可以观察到图纸左下角出现 Out Of Date 字样，同时在“部件导航器”中相应的图纸节点前会出现图标。

Step2. 选择下拉菜单编辑(E) → 视图(W) → 更新(U)...命令（或在“视图”区域中单击按钮），系统弹出如图 4.3.9 所示的“更新视图”对话框。

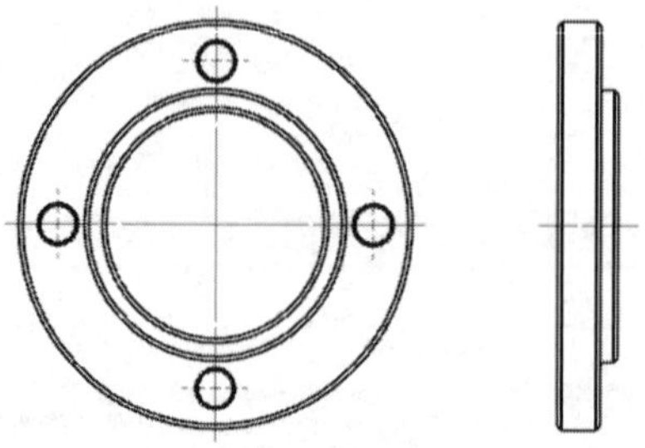

图 4.3.8　更新视图

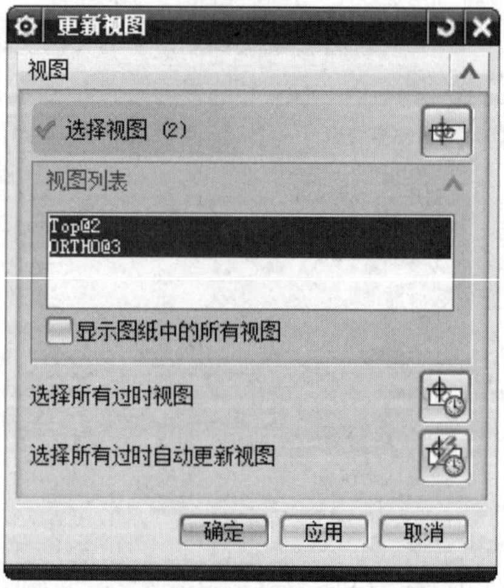


图 4.3.9　“更新视图”对话框

**图 4.3.9 所示“更新视图”对话框中按钮及选项的说明如下。**

- 显示图纸中的所有视图复选框：列出当前存在于部件文件中所有图纸页面上的所有视

图，当该复选框被选中时，部件文件中的所有视图都在该对话框中可见并可供选择。如果取消选中该复选框，则只能选择当前显示的图纸页中的视图。

- 选择所有过时视图按钮：用于选择工程图中的过时的视图。单击应用按钮之后，这些视图将进行更新。
- 选择所有过时自动更新视图按钮：用于选择工程图中所有过时的和设置为自动更新的视图。

Step3. 此时系统自动选取了需要更新的两个视图，单击确定按钮完成视图的更新，此时可以看到零件中孔的数量变成了六个。

**说明：**

- 本例所使用的模型已在建模环境下进行了修改，这里打开的是其图纸文件。
- 如果在创建视图时，制图首选项中勾选了“自动更新”功能，视图将保持自动更新的状态，除非用户取消该状态。
- 如果当前图纸上有未被更新的视图，在图纸左下角将会出现 Out Of Date 字样，同时在“部件导航器”中相应的图纸节点前会出现图标。
- 也可以在“部件导航器”中的图纸节点或者图纸页节点上右击，在弹出的快捷菜单中选择“更新”命令来执行更新操作。

## 4.3.4 删除视图

方法一：要将某个视图删除，可先选中该视图的边界并右击，然后在弹出的快捷菜单中选择 删除(D) 命令，或者直接按键盘上的 Delete 键。

方法二：在“部件导航器”中选中要删除的某个视图节点并右击，然后在弹出的快捷菜单中选择 删除(D) 命令，或者直接按键盘上的 Delete 键。

方法三：选择下拉菜单 编辑(E) → 删除(D)... 命令，系统弹出“类选择”对话框，在部件导航器或图纸页中选择要删除的视图，最后单击确定按钮。

## 4.3.5 编辑视图边界

通过编辑视图边界，可以在视图中显示需要的几何部分，同时隐藏不需要的几何部分。下面以图 4.3.10 所示的工程图为例来说明编辑视图边界的一般操作方法。

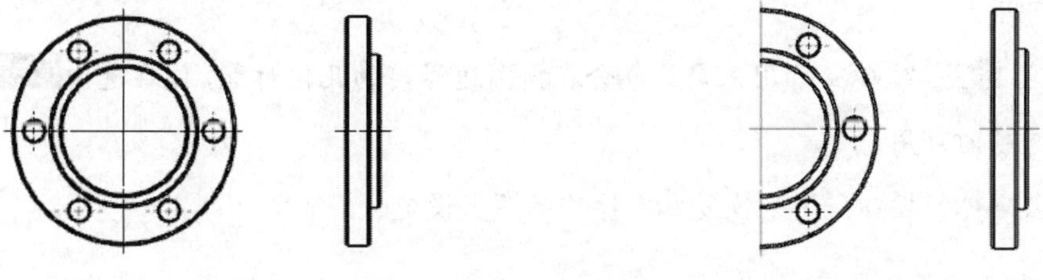

a）编辑前　　b）编辑后

图 4.3.10　编辑视图边界

Step1. 打开文件 D:\ug11.12\work\ch04.03.05\Boundary.prt，系统进入制图环境。

Step2. 选择下拉菜单 编辑(E) ➞ 视图(W) ➞ 边界(B)... 命令，系统弹出如图 4.3.11 所示的“视图边界”对话框。

Step3. 在“视图边界”对话框中选择 TOP@1 选项，在下拉列表中选择 手工生成矩形 选项，然后在图 4.3.12 所示的位置 1 按下鼠标左键并拖动到位置 2，系统自动生成新的边界。

Step4. 单击 取消 按钮，完成视图边界的编辑。

图 4.3.11 “视图边界”对话框

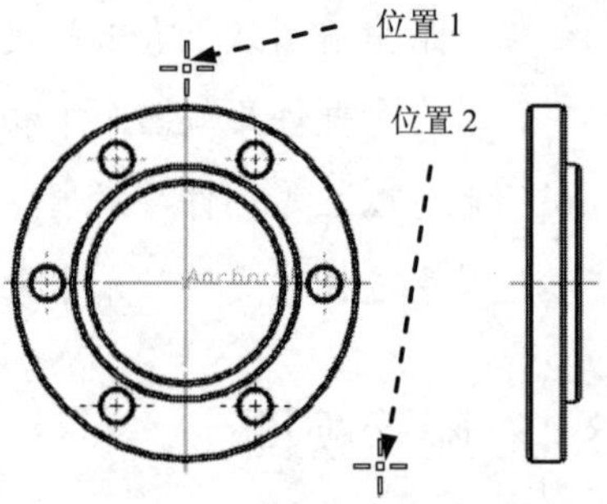


图 4.3.12 定义矩形边界

**图 4.3.11 所示“视图边界”对话框中按钮及选项的说明如下。**

- 手工生成矩形 下拉列表：定义视图边界的类型，包括 断裂线/局部放大图、手工生成矩形、自动生成矩形 和 由对象定义边界 四个选项，基本类型视图的默认边界为 自动生成矩形。其中 断裂线/局部放大图 类型适用于截断视图和局部放大图的创建，具体创建操作可参考其余章节的内容。由对象定义边界 类型通常用于在模型发生变化后使视图边界自动变化并包含所选择的对象。
- 锚点 按钮：用来定义视图在图纸上的固定位置，当模型发生变化后，视图仍保留在图纸的特定位置上。
- 包含的点 按钮：用来定义包含在视图边界内的点，仅在选中 由对象定义边界 选项时可用。
- 包含的对象 按钮：用来定义包含在视图边界内的几何对象，仅在选中 由对象定义边界 选项时可用。
- 重置 按钮：用来恢复本次操作的参数设定。

## 4.3.6　视图相关的编辑

在 UG NX 11.0 的制图环境中，基于模型所创建的视图对象是与模型相关的。但有时根据制图标准的要求，还需要添加或删除某些制图对象，或者改变某些制图对象的显示状态等。下面介绍常见的与视图相关的编辑操作方法。

### 1. 活动草图视图

制图中的每个成员视图都有一个独立的空间，在这个空间中只能显示属于此成员视图的对象，当然用户也可以在此空间创建新的对象（线段或者其他曲线等），这些对象只与所在的成员视图相关，并不会显示在其他视图或者实体模型中。下面以图 4.3.13 所示为例来介绍在活动草图视图下工作的一般操作方法。

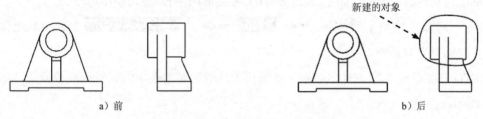

a）前　　　　　　　　　　　　　　　　b）后

图 4.3.13　在活动草图视图下工作

Step1. 打开文件 D:\ug11.12\work\ch04.03.06\expand.prt，进入制图环境。

Step2. 进入活动草图视图模式。在部件导航器中右击 ✔🔲 投影 "ORTHO@7" 视图，然后在弹出的快捷菜单中选择 🔲 活动草图视图 命令。

说明：用户也可以在图纸中选中视图的边界并右击，在弹出的快捷菜单中选择 🔲 活动草图视图 命令，同样可以进入活动草图视图模式。

Step3. 单击"草图"区域中的"艺术样条"按钮 ～，系统弹出"艺术样条"对话框；在 类型 下拉列表中选择 ✦ 通过点 选项，选中 ☑ 封闭 复选框，绘制图 4.3.14 所示的样条曲线；单击 < 确定 > 按钮，完成曲线的绘制。

Step4. 单击"草图"区域中的 🏁 完成草图 按钮，退出活动草图视图模式，此时图纸上的视图显示如图 4.3.13b 所示。

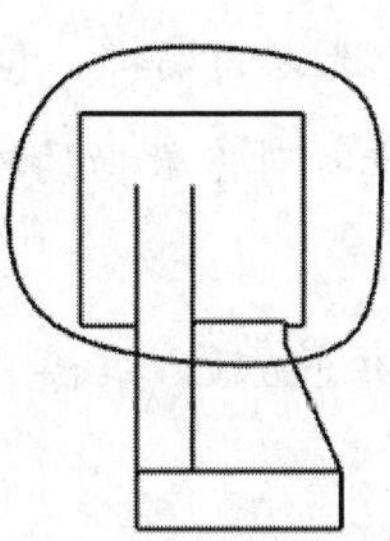

图 4.3.14　绘制曲线

Step5. 选择下拉菜单 文件(F) → 保存(S) 命令，保存并关闭文件。

### 2. 擦除对象

通过使用擦除对象命令，可以有选择地擦除成员视图中的一个或多个制图对象。需要注意的是，这些对象并不是永久地被删除，只是暂时在该视图中看不到，用户可以随时将其恢复为可见的状态。下面通过图 4.3.15 所示来介绍擦除对象的一般操作方法。

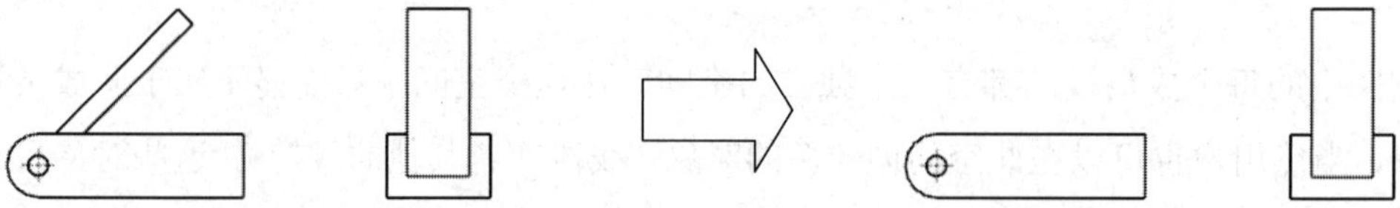

a）擦除前　　b）擦除后

图 4.3.15　擦除对象

Step1. 打开文件 D:\ug11.12\work\ch04.03.06\edit_01.prt，进入制图环境。

Step2. 选择下拉菜单 编辑(E) → 视图(W) → 视图相关编辑(E)... 命令，系统弹出“视图相关编辑”对话框。

Step3. 在图纸中选取主视图，则“视图相关编辑”对话框中的编辑选项被激活，如图 4.3.16 所示。

**说明：** 用户也可以直接选中视图的边界并右击，在弹出的快捷菜单中选择 视图相关编辑(V)... 命令，同样可以弹出“视图相关编辑”对话框。

Step4. 在“视图相关编辑”对话框中单击 添加编辑 区域中的“擦除对象”按钮，系统弹出如图 4.3.17 所示的“类选择”对话框，在图纸上选取图 4.3.18 所示的三条边线。

Step5. 在“类选择”对话框中单击 确定 按钮，系统返回到“视图相关编辑”对话框，单击 确定 按钮，完成擦除对象，结果如图 4.3.15b 所示。

**图 4.3.16 所示“视图相关编辑”对话框中按钮及选项的说明如下。**

- 添加编辑 区域：在该区域选择要添加到成员视图的编辑类型，包括（擦除对象）、（编辑完整对象）、（编辑着色对象）、（编辑对象段）和（编辑剖视图背景）五种类型。
- 删除编辑 区域：在该区域选择要删除的已经添加到成员视图的相关编辑，包括（删除选定的擦除）、（删除选定的编辑）和（删除所有编辑）三种类型。
- 转换相依性 区域：在该区域选择对象数据的转换类型，包括（模型转换到视图）和（视图转换到模型）。
- 线框编辑 区域：用来定义线框的颜色、线型和线宽，仅在选择“编辑完全对象”或“编辑对象段”后被激活。
- 着色编辑 区域：用来定义着色的颜色和透明度等，仅在选择“编辑着色对象”后被激活。

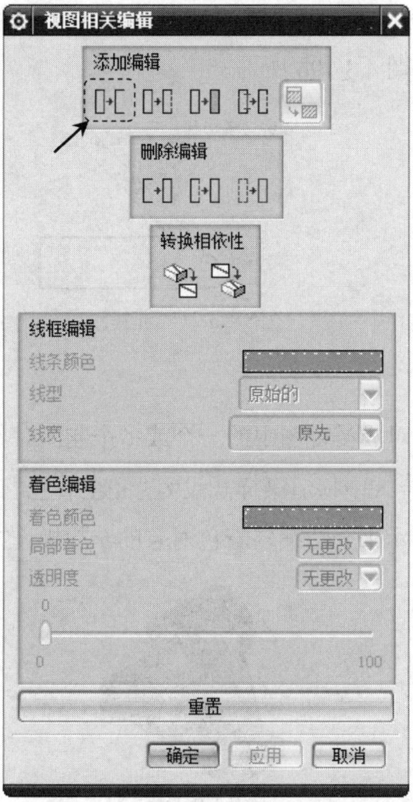


图 4.3.16 “视图相关编辑”对话框

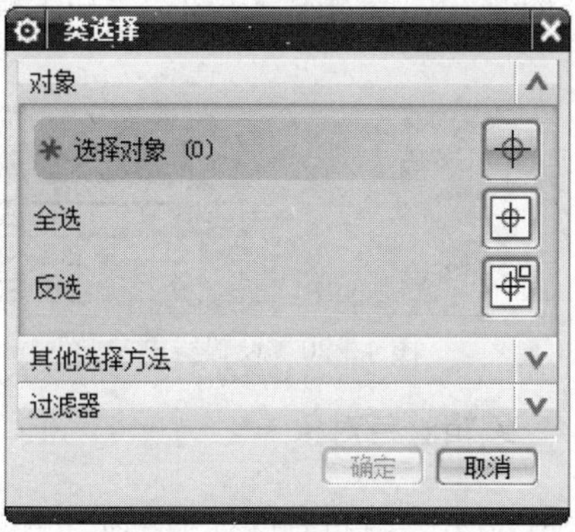


图 4.3.17 “类选择”对话框

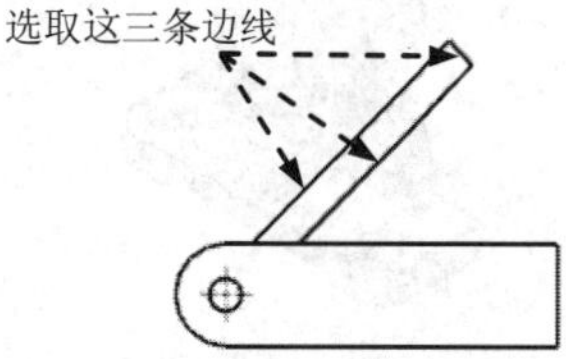


图 4.3.18 选择对象

### 3. 编辑完整对象

通过使用“编辑完整对象”命令可以有选择地对成员视图中的一个或多个制图对象进行显示属性的编辑，如对象的颜色、线型和线宽等。下面通过图 4.3.19 所示来介绍编辑完整对象的一般操作方法。

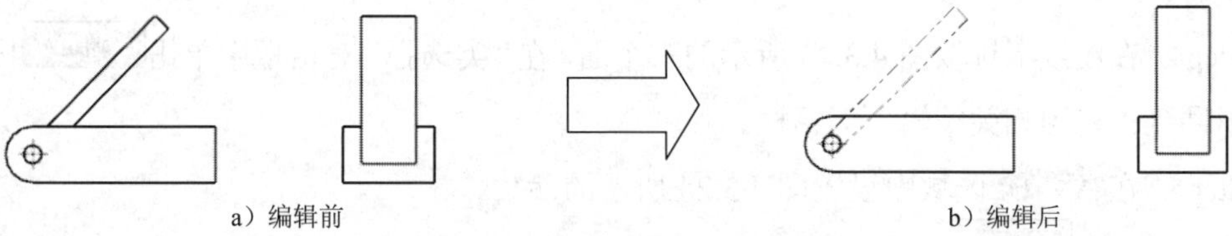


图 4.3.19 编辑完整对象

Step1. 打开文件 D:\ug11.12\work\ch04.03.06\edit_02.prt，进入制图环境。

Step2. 在图纸中选取主视图的边界并右击，在弹出的快捷菜单中选择 视图相关编辑(V)... 命令，系统弹出“视图相关编辑”对话框。

Step3. 在其中单击 添加编辑 区域的“编辑完整对象”按钮，在 线框编辑 区域中设置图 4.3.20 所示的参数。

Step4. 单击 应用 按钮，系统弹出“类选择”对话框，在图纸上选取图 4.3.21 所示的三条边线，在“类选择”对话框中单击 确定 按钮，系统返回到“视图相关编辑”对话框。

Step5. 单击 确定 按钮，完成编辑，结果如图 4.3.19b 所示。

图 4.3.20 设置线框参数

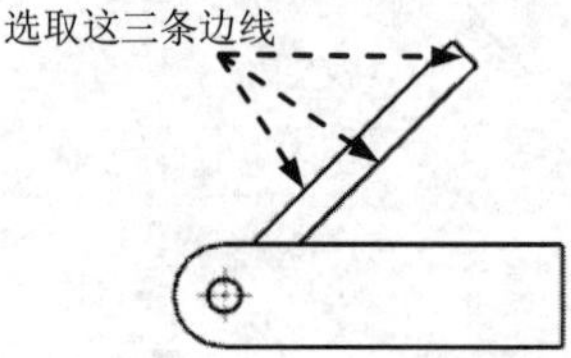


图 4.3.21 选择对象

### 4. 编辑着色对象

通过使用“编辑着色对象”命令可以有选择地对成员视图中的一个或多个制图对象进行颜色和透明度的编辑。需要注意的是，只有在视图样式中将渲染样式设为“完全着色”或“局部着色”才能看到编辑效果。下面通过图 4.3.22 所示来介绍编辑着色对象的一般操作方法。

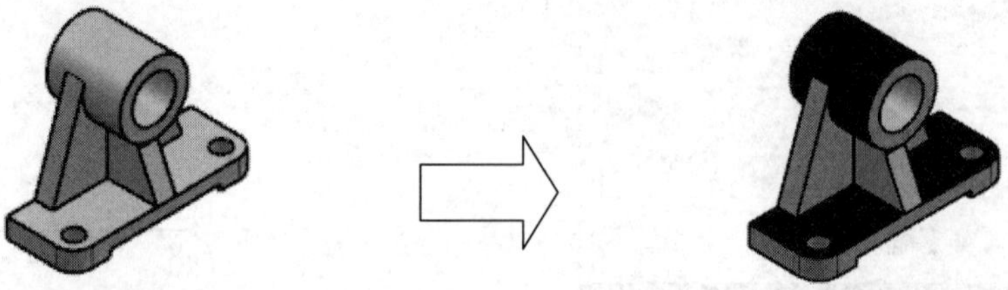

a）编辑前　　b）编辑后

图 4.3.22 编辑着色对象

Step1. 打开文件 D:\ug11.12\work\ch04.03.06\edit_03.prt，进入制图环境。

Step2. 在图纸中选取主视图的边界并右击，在弹出的快捷菜单中选择 视图相关编辑(V)... 命令，系统弹出“视图相关编辑”对话框。

Step3. 在其中单击 添加编辑 区域中的“编辑着色对象”按钮，系统弹出“类选择”对话框。

Step4. 在图纸上选取图 4.3.23 所示的三个面，在“类选择”对话框中单击 确定 按钮，系统返回到“视图相关编辑”对话框。

Step5. 在 着色编辑 区域中设置图 4.3.24 所示的参数。

Step6. 单击 确定 按钮，完成编辑，结果如图 4.3.22b 所示。

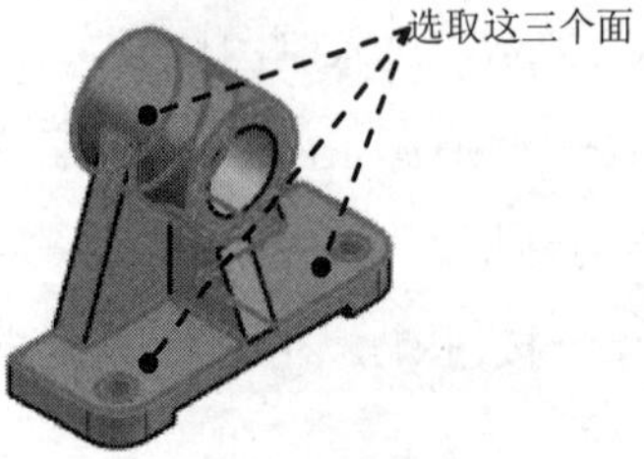


图 4.3.23 选择对象

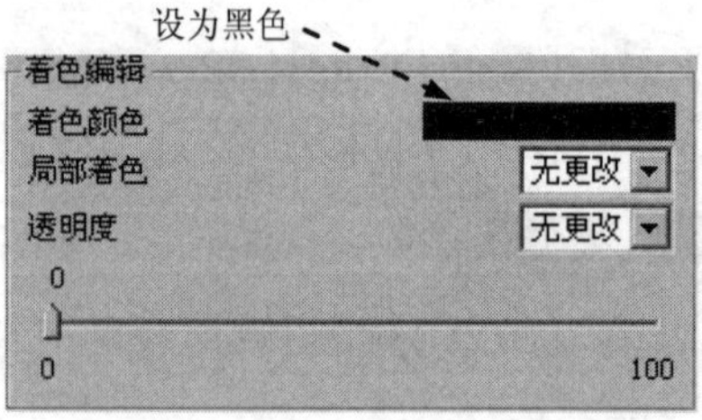


图 4.3.24 设置线框参数

### 5. 删除选定的擦除

在前面通过使用“擦除对象”命令可以有选择地擦除成员视图中的一个或多个制图对象。这里可以使用“删除选定的擦除”命令将这些擦除结果删除，从而恢复制图对象的最初状态。下面以图 4.3.25 所示为例来介绍删除选定的擦除的一般操作方法。

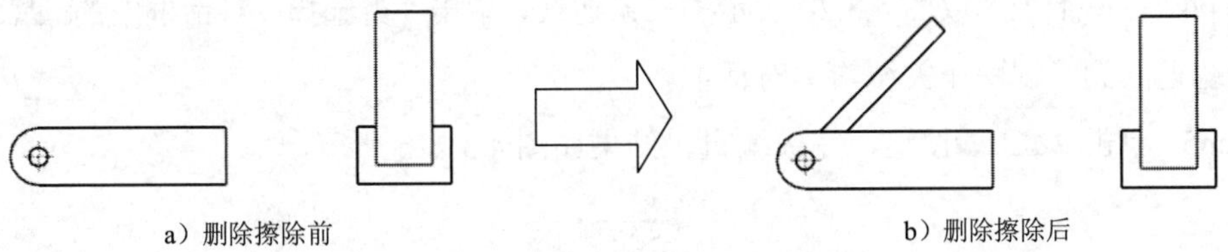


图 4.3.25 删除选定的擦除

Step1. 打开文件 D:\ug11.12\work\ch04.03.06\edit_05.prt，进入制图环境。

Step2. 选择下拉菜单 编辑(E) → 视图(W) → 视图相关编辑(E)... 命令，系统弹出“视图相关编辑”对话框。

Step3. 在图纸中选取主视图，则“视图相关编辑”对话框中的编辑选项被激活。

Step4. 在“视图相关编辑”对话框中单击 删除编辑 区域中的“删除选定的擦除”按钮，系统弹出“类选择”对话框，在图纸上选取图 4.3.26 所示的三条边线。

**说明：**此时系统会自动显示已经擦除的对象，但其他成员视图中的被擦除的对象不会显示出来。

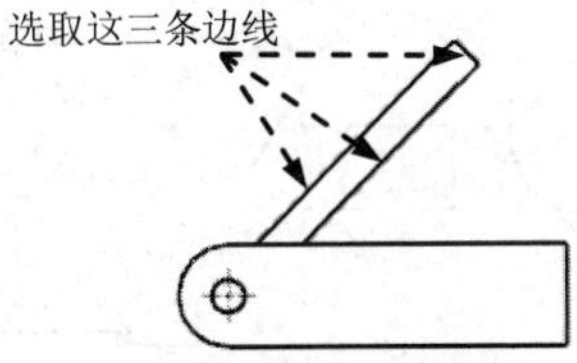


图 4.3.26 选择对象

Step5. 在“类选择”对话框中单击 确定 按钮，系统返回到“视图相关编辑”对话框，单击其中的 确定 按钮，完成编辑，结果如图 4.3.25b 所示。

### 6. 删除选定的编辑

“删除选定的编辑”命令用于恢复使用“编辑完全对象”命令修改过的对象的颜色、线型和线宽等。下面以图 4.3.27 所示为例来介绍删除选定的编辑的一般操作方法。

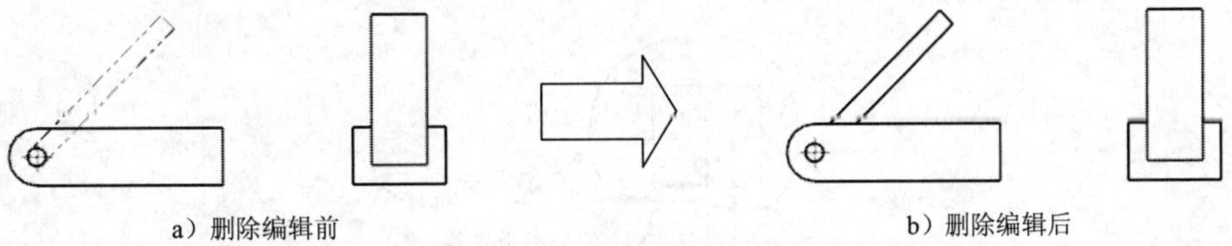


图 4.3.27 删除选定的编辑

Step1. 打开文件 D:\ug11.12\work\ch04.03.06\edit_06.prt，进入制图环境。

Step2. 在图纸中选取主视图的边界并右击，在弹出的快捷菜单中选择 视图相关编辑(V)... 命令，系统弹出“视图相关编辑”对话框。

Step3.单击 删除编辑 区域中的“删除选定的编辑”按钮，系统弹出“类选择”对话框。

Step4. 在图纸上选取图 4.3.28 所示的三条边线，单击“类选择”对话框中的 确定 按钮，系统返回到“视图相关编辑”对话框。

Step5. 单击 确定 按钮，完成编辑，结果如图 4.3.27b 所示。

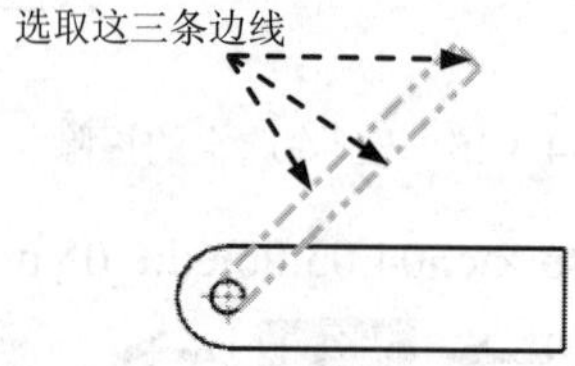


图 4.3.28 选择对象

## 7. 模型转换到视图

通过使用“模型转换到视图”命令可以将原来属于模型的某些对象（如基准的点、线等）转换为单个成员视图的专有数据。转换后，原来的对象在模型空间会消失，同时仅出现在转换到的某个成员视图中，其他成员视图中将不再显示该对象。下面以图 4.3.32 所示为例介绍将对象从模型转换到视图的一般操作方法。

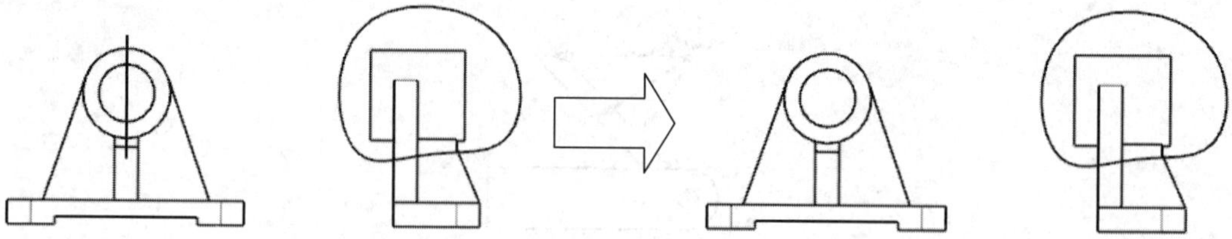

a）转换前　　b）转换后

图 4.3.29 模型转换到视图

Step1. 打开文件 D:\ug11.12\work\ch04.03.06\edit_07.prt，进入制图环境。

Step2. 在图纸中选取左视图的边界并右击，在弹出的快捷菜单中选择 视图相关编辑(V)... 命令，系统弹出“视图相关编辑”对话框。

Step3.单击 转换相依性 区域中的“模型转换到视图”按钮，系统弹出“类选择”对话框。

Step4. 在图纸上选取图 4.3.30 所示的曲线，单击“类选择”对话框中的 确定 按钮，系统返回到“视图相关编辑”对话框。

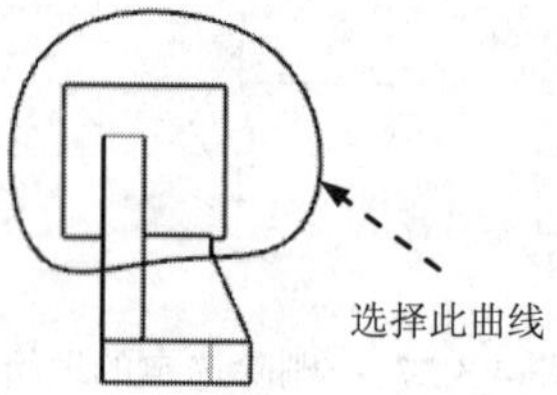


图 4.3.30 选择对象

说明：选择的对象等必须是“非关联”的对象，即在部件导航器中没有记录的对象。

Step5. 单击“视图相关编辑”对话框中的确定按钮，完成编辑，结果如图 4.3.29b 所示。

### 8. 视图转换到模型

视图转换到模型与模型转换到视图的结果正好相反，转换时是将原来属于单个成员视图的某些对象转换为实体模型的数据。转换后的对象会出现在模型空间，同时会出现在其他成员视图中。下面以图 4.3.31 所示为例介绍将对象从视图转换到模型的一般操作方法。

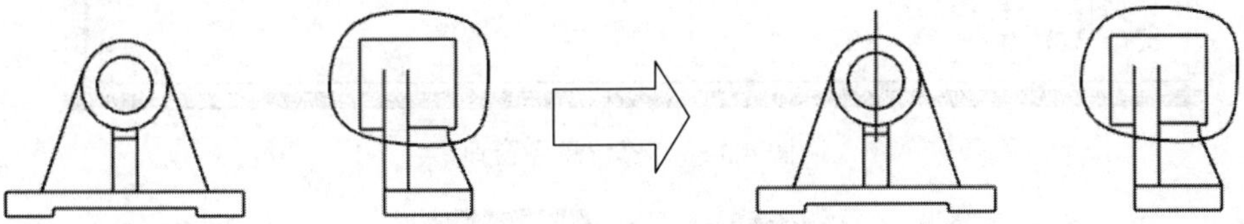

a）转换前　　b）转换后

图 4.3.31　视图转换到模型

Step1. 打开文件 D:\ug11.12\work\ch04.03.06\edit_08.prt，进入制图环境。

Step2. 在图纸中选取左视图的边界并右击，在弹出的快捷菜单中选择 视图相关编辑(V)... 命令，系统弹出“视图相关编辑”对话框。

Step3.单击转换相依性区域中的“视图转换到模型”按钮，系统弹出“类选择”对话框。

Step4. 在图纸上选取图 4.3.32 所示的曲线，单击“类选择”对话框中的确定按钮，系统返回到“视图相关编辑”对话框。

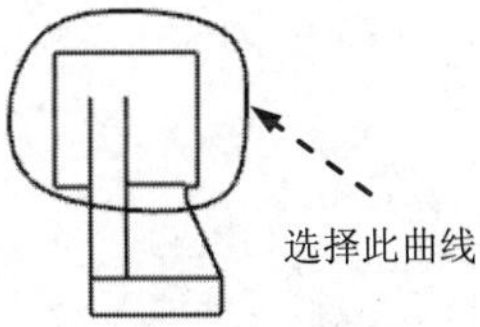


图 4.3.32　选择对象

Step5. 单击“视图相关编辑”对话框中的确定按钮，完成编辑，结果如图 4.3.31b 所示。

## 4.3.7　更新验证

“更新验证”命令用于验证无效的小平面体的轻量级视图。下面以图 4.3.1 所示的视图为例来说明更新验证的操作过程。

Step1. 打开文件 D:\ug11.12\work\ch04.03.07\update_validation.prt，进入制图环境。

Step2. 在图形区选中所有视图，然后选择下拉菜单 编辑(E) → 视图(W) →

更新验证(P)...命令，系统自动弹出图 4.3.33 所示的“信息”窗口，并显示视图更新验证报告。

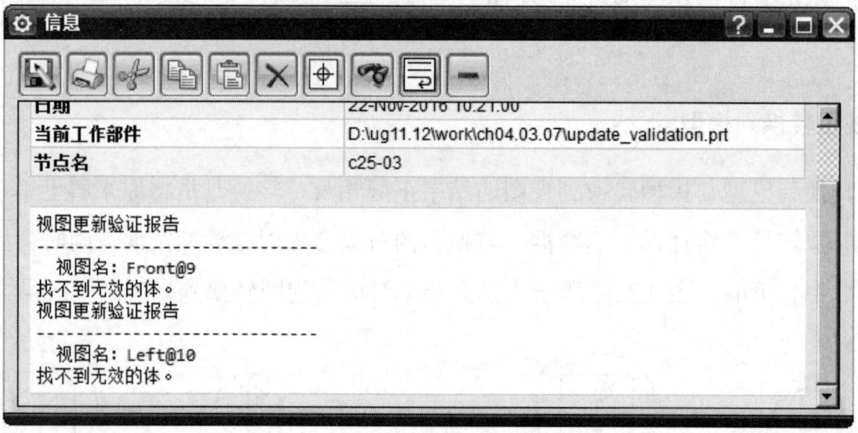


图 4.3.33 “信息”窗口

说明：生成视图前需要选择首选项(P) ➡ 制图(D)...命令，然后在系统弹出的“制图首选项”对话框中选择⊟ 视图 ➡ ⊟ 公共 ➡ 配置节点，然后在设置区域的表示下拉列表中选择智能轻量级选项，更新验证才有效。

## 4.3.8 移至新视图

“移至新视图”命令可以将图纸上的草图对象移至新的图纸视图当中。下面以图 4.3.34 所示的视图为例来说明移至新视图的操作过程。

a）移动前 b）移动后

图 4.3.34 移至新视图

Step1. 打开文件 D:\ug11.12\work\ch04.03.08\Move_to_new_view.prt，进入制图环境。

Step2. 选择命令。选择下拉菜单编辑(E) ➡ 视图(W) ➡ 移至新视图(N)...命令，系统弹出如图 4.3.35 所示的“移至新视图”对话框（一）。

图 4.3.35 所示“移至新视图”对话框（一）中选项的说明如下。

- 视图内容区域：用于定义将要移至图纸视图的对象。

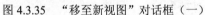

- 视图坐标区域：用于定义视图的坐标方位。
- 比例区域：用于定义视图的比例大小。如果设置的比例不是 1:1，系统会弹出如图 4.3.36 所示的对话框。
- 方位区域：用来定义移至图纸视图对象的视图方位。
- 设置区域：用于设置图纸视图的视图样式。

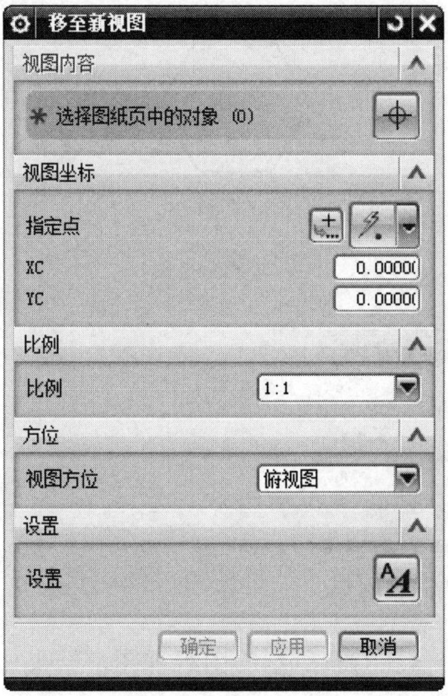


图 4.3.35 “移至新视图”对话框（一）

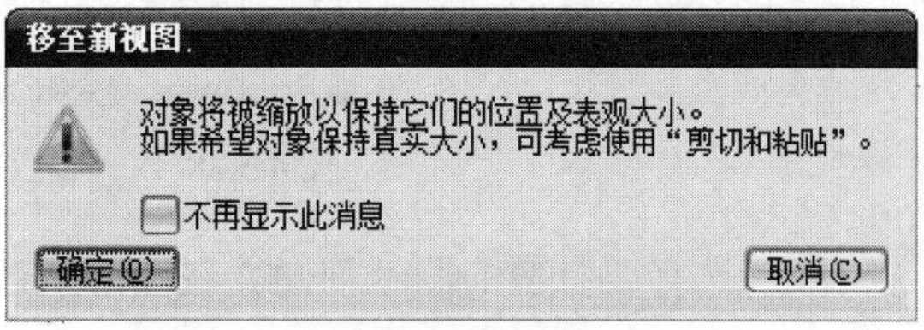


图 4.3.36 “移至新视图”对话框（二）

Step3. 选择要移动的对象。在图形区中选择图 4.3.34a 所示的六条边线为要移动的对象。采用系统默认的参数设置，单击确定按钮，完成操作。

**说明**：如果视图边界没有显示出来，则可通过下面的操作方法进行设置：选择下拉菜单首选项(P) → 制图(D)...命令，系统弹出“制图首选项”对话框，单击视图节点下的工作流选项，在边界区域中选中☑显示复选框，最后单击确定按钮。

## 4.3.9 打散视图

“打散视图”命令可以将图纸视图中的对象分解，并移至图纸上。下面以图 4.3.37 所示的视图为例来说明打散视图的操作过程。

Step1. 打开文件 D:\ug11.12\work\ch04.03.09\smash_view.prt，系统进入制图环境。

Step2. 选择命令。选择下拉菜单编辑(E) → 视图(W) → 打散视图(H)...命令，系统弹出如图 4.3.38 所示的“打散视图”对话框。

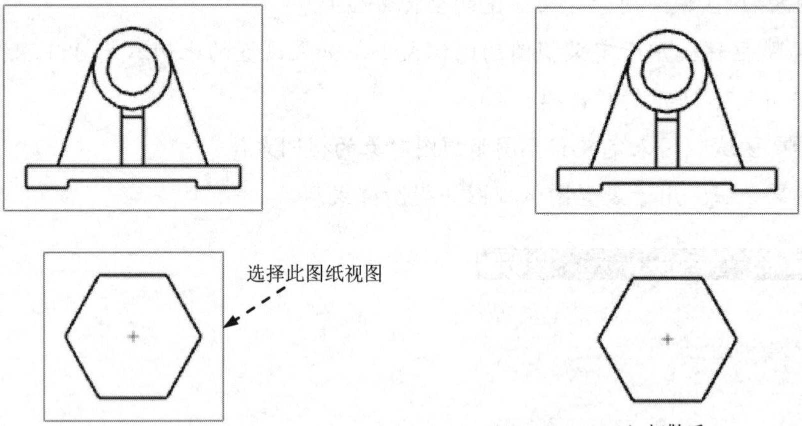


a）打散前　　b）打散后

图 4.3.37　打散视图

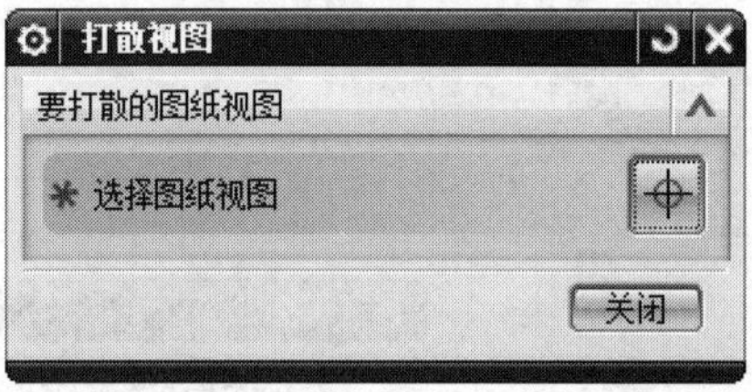


图 4.3.38　“打散视图”对话框

Step3. 选择要打散的图纸视图。在图形区选择图 4.3.37a 所示的图纸视图，结果如图 4.3.37b 所示。单击 关闭 按钮，关闭“打散视图”对话框。

# 4.4 视图的样式

## 4.4.1 视图的着色

在工程图环境中也可以进行视图着色的设置，从而达到不同的设计目的。下面以图 4.4.1 所示的工程图为例，说明视图着色的一般操作方法。

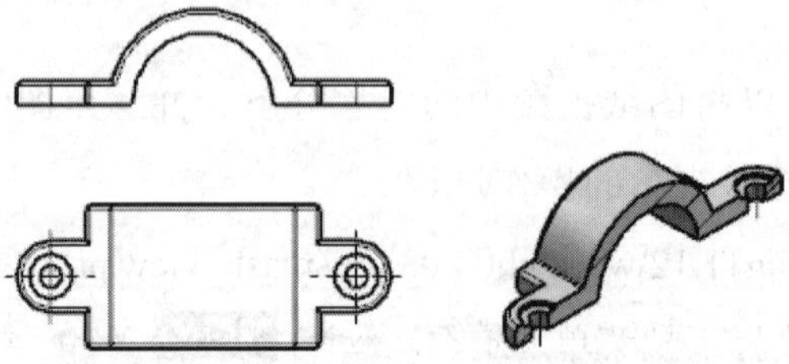

图 4.4.1　视图的着色

Step1. 打开文件 D:\ug11.12\work\ch04.04.01\View_shading.prt，系统进入制图环境。

Step2. 在图纸中选取等轴测视图，然后选择下拉菜单 编辑(E) ➡ 设置(S)... 命令，系统弹出图如 4.4.2 所示的“设置”对话框。

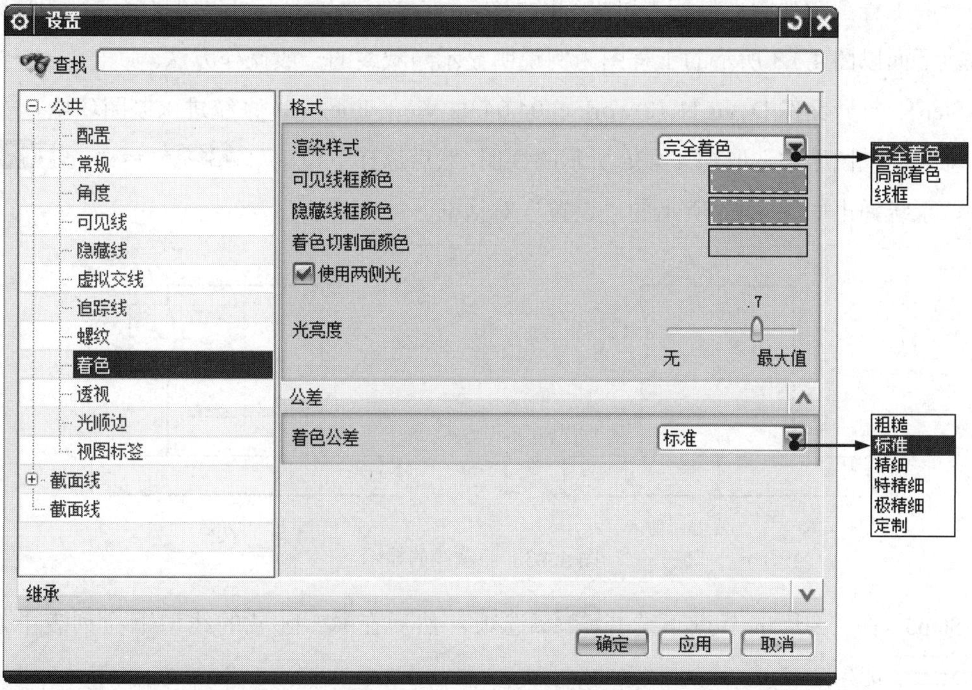


图 4.4.2 “设置”对话框

**说明**：也可以双击视图的边界；或者右击视图的边界，在弹出的快捷菜单中选择 设置(S)... 命令，此时系统弹出“设置”对话框。

Step3. 在“设置”对话框的 公共 节点下选择 着色 选项，然后在 格式 区域的 渲染样式 下拉列表中选择 完全着色 选项，其余采用系统默认参数设置。

Step4. 单击 确定 按钮，完成视图着色的编辑，结果如图 4.4.1 所示。

图 4.4.2 所示“着色”选项中的按钮及选项说明如下。

- 渲染样式 下拉列表：定义视图的渲染样式类型，包括 完全着色、局部着色 和 线框 三种类型，默认类型为 线框。
- 可见线框颜色 按钮：用来指定一种颜色来控制视图中可见边线的颜色。
- 隐藏线框颜色 按钮：用来指定一种颜色来控制视图中隐藏边线的颜色。
- 着色切割面颜色 按钮：用来指定一种颜色来控制视图中切割后截面的颜色。
- ☑ 使用两侧光 复选框：用来指定光线应用在着色面的正面还是背面，关闭该复选框，则光线不会应用在模型背面。
- 光亮度 滑动条：用于指定着色面的光亮强度，通过拖动鼠标来改变。
- 着色公差 下拉列表：用来指定着色的公差。当选取 定制 选项时，相应的定制文本框被激活，用户可以输入具体数值。

## 4.4.2 视图的隐藏线显示

一般工程图的视图不显示不可见的隐藏线，如果需要显示，可以通过修改视图样式来完成。下面以图 4.4.3 所示的工程图为例说明显示隐藏线的一般操作方法。

Step1. 打开文件 D:\ug11.12\work\ch04.04.02\View_line.prt，系统进入制图环境。

Step2. 在图纸中选取图 4.4.3a 所示的视图，然后选择下拉菜单 编辑(E) → 设置(S)... 命令，系统弹出如图 4.4.4 所示的“设置”对话框。

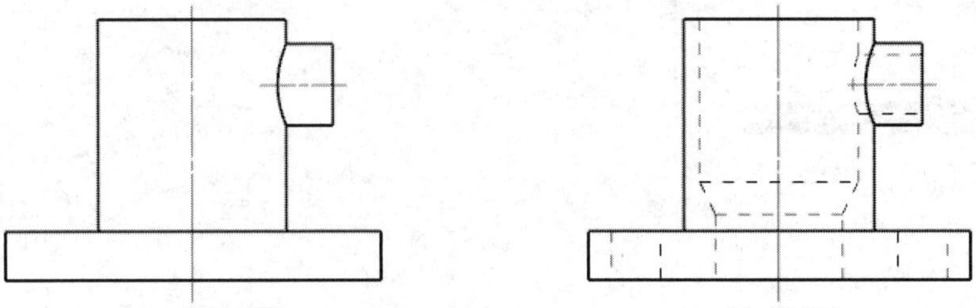

a）显示前　　　　b）显示后

图 4.4.3　隐藏线的显示

Step3. 在 ⊟ 公共 的节点下选择 隐藏线 选项，然后在 格式 区域的线型下拉列表中选取 ------- 选项。

Step4. 单击 确定 按钮，完成隐藏线的显示，结果如图 4.4.3b 所示。

图 4.4.4　“设置”对话框

图 4.4.4 所示“设置”对话框的“隐藏线”选项中按钮及选项的说明如下。

- 处理隐藏线复选框：用来定义隐藏线的状态，选中为开，取消选中为关闭。
- 颜色：用来定义隐藏线的颜色。
- 不可见线型：用来定义隐藏线的线型。
- 0.13 mm宽度：用来定义隐藏线的宽度。
- 显示被边隐藏的边复选框：用来控制被其他重叠边线隐藏的边的显示状态。
- 仅显示被引用的边复选框：用来控制参考注释的隐藏边的显示状态。
- 自隐藏复选框：用来控制被自身实体隐藏的边。
- 包含模型曲线复选框：用来控制模型中的线框曲线或 2D 草图曲线的显示状态。
- 干涉实体区域：用来控制有干涉实体时图纸视图中的隐藏线是否被正确显示。
- 小特征区域：用来控制图纸中小特征的渲染状态。如果特征与模型的大小比例小于指定的百分比，则要简化特征。

# 4.5 创建高级视图

## 4.5.1 局部放大图

局部放大图是将现有视图的某个部位单独放大并建立一个新的视图，以便显示零件结构和便于标注尺寸。下面以图 4.5.1 所示为例来说明创建局部放大图的一般操作方法。

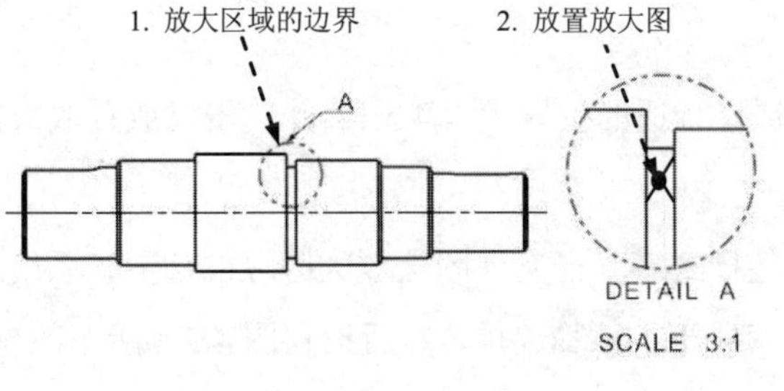


图 4.5.1 放大区域的边界

Step1. 打开文件 D:\ug11.12\work\ch04.05.01\magnify_view.prt，系统进入制图环境。

**说明：**如果当前环境是建模环境，单击 应用模块 功能选项卡 设计 区域中的 制图 按钮，进入制图环境。

Step2. 选择命令。选择下拉菜单 插入(S) → 视图(W) → 局部放大图(D)... 命令（或单击“局部放大图”按钮），系统弹出图 4.5.2 所示的“局部放大图”对话框。

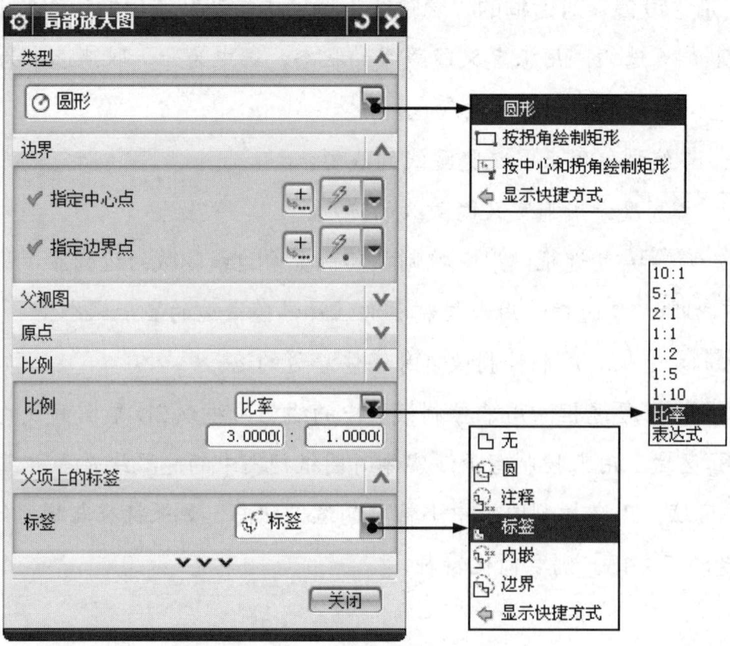


图 4.5.2 “局部放大图”对话框

Step3. 选择边界类型。在“局部放大图”对话框的类型下拉列表中选择圆形选项。

Step4. 绘制放大区域的边界，如图 4.5.1 所示。

Step5. 指定放大图比例。在“局部放大图”对话框比例区域的比例下拉列表中选择比率选项，输入 3:1。

Step6. 定义父视图上的标签。在对话框父项上的标签区域的标签下拉列表中选择标签选项。

Step7. 放置视图。选择合适的位置（图 4.5.1）并单击以放置放大图，然后单击关闭按钮。

Step8. 设置视图标签样式。双击父视图上放大区域的边界，系统弹出“设置”对话框，如图 4.5.3 所示。选择详细下的标签选项，然后设置图 4.5.3 所示的参数，完成设置后单击确定按钮。

**图 4.5.2 所示“局部放大图”对话框的选项说明如下。**

- 类型区域：该区域用于定义绘制局部放大图边界的类型，包括“圆形”“按拐角绘制矩形”“按中心和拐角绘制矩形”。
- 边界区域：该区域用于定义创建局部放大图的边界位置。
- 父项上的标签区域：该区域用于定义父视图边界上的标签类型，包括“无”“圆”“注释”“标签”“内嵌”“边界”，显示效果如图 4.5.4~图 4.5.9 所示。

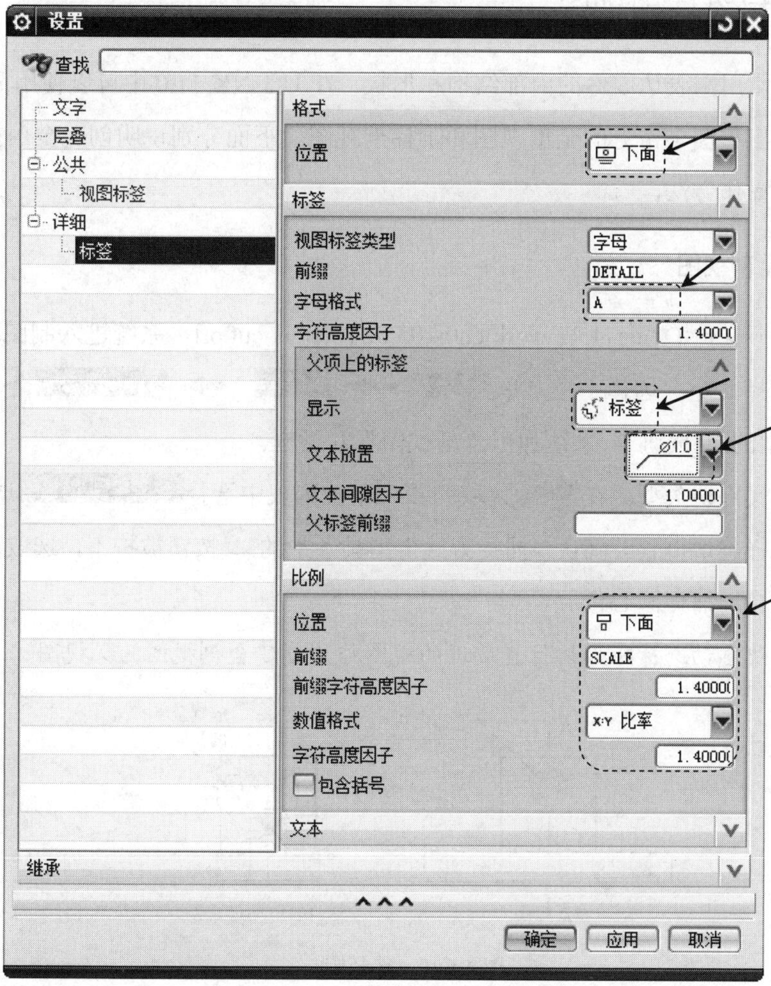


图 4.5.3 “设置”对话框

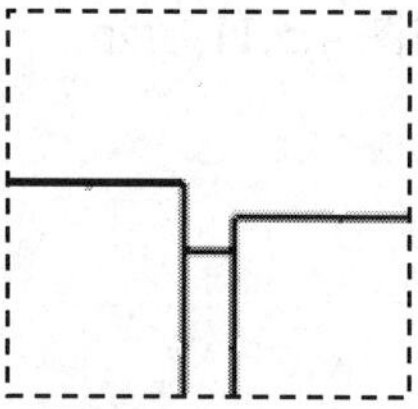

图 4.5.4 “无”标签

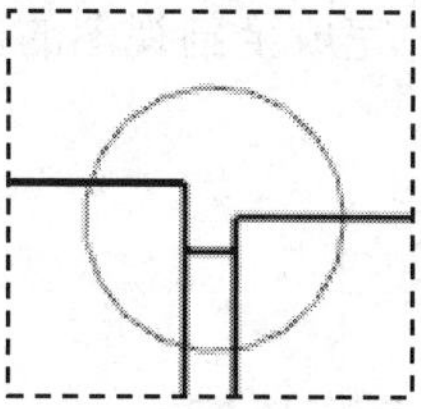

图 4.5.5 “圆”标签

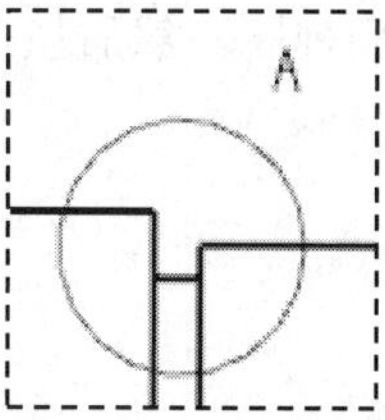


图 4.5.6 “注释”标签

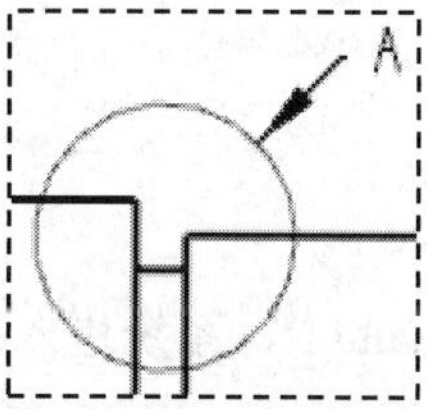


图 4.5.7 “标签”标签

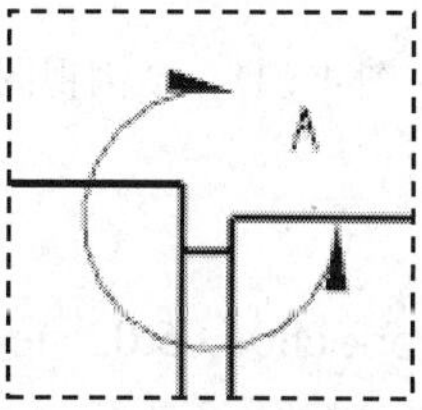


图 4.5.8 “内嵌”标签

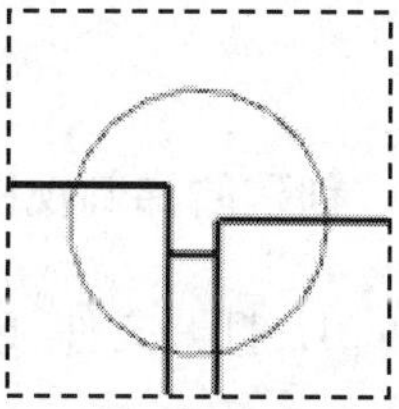

图 4.5.9 “边界”标签

## 4.5.2 简单/阶梯剖视图

剖视图通常用来表达零件的内部结构和形状，在 UG NX 11.0 中可以使用简单/阶梯剖视图命令创建工程图中常见的全剖视图和阶梯剖视图。下面分别说明创建全剖视图和阶梯剖视图的一般操作方法。

### 1. 创建全剖视图

Step1. 打开文件 D:\ug11.12\work\ch04.05.02\section_cut.prt，系统进入制图环境。

Step2. 选择命令。选择下拉菜单 插入(S) → 视图(W) → 剖视图(S)... 命令（或单击“视图”区域中的按钮），系统弹出“剖视图”对话框。

Step3. 定义剖切类型。在 截面线 区域的 方法 下拉列表中选择 简单剖/阶梯剖 选项。

Step4. 选择剖切位置。确认“捕捉方式”工具条中的按钮被按下，选取图 4.5.10 所示的圆，系统自动捕捉圆心位置。

**说明：** 系统自动选择距剖切位置最近的视图作为创建全剖视图的父视图。

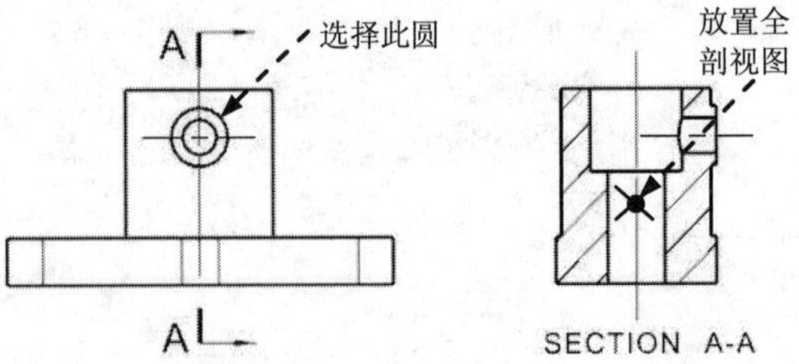


图 4.5.10 选择圆

Step5. 放置剖视图。在系统 指示图纸页上剖视图的中心 的提示下，在图 4.5.11 所示的位置单击放置剖视图，然后按 Esc 键结束，完成全剖视图的创建，结果如图 4.5.11 所示。

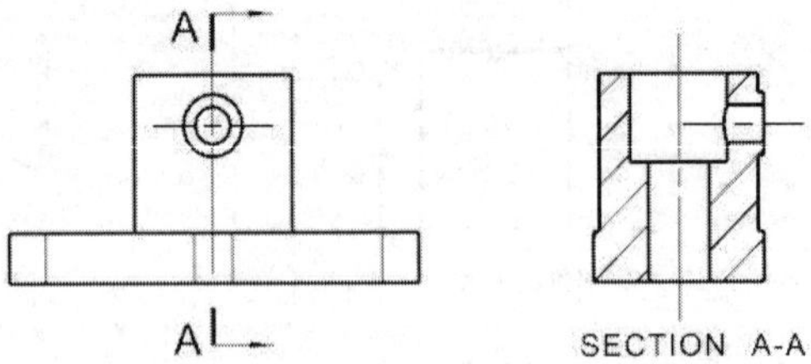


图 4.5.11 全剖视图

### 2. 创建阶梯剖视图

Step1. 打开文件 D:\ug11.12\work\ch04.05.02\stepped_section_cut.prt，系统进入制图环境。

Step2. 绘制剖面线。

（1）选择下拉菜单 插入(S) ➡ 视图(W) ➡ 剖切线(L)... 命令，系统自动进入草图环境。

**说明**：如果当前图纸中不止一个视图，则需要先选择父视图才能进入草图环境。

（2）绘制图 4.5.12 所示的剖切线。

（3）退出草图环境，系统返回到“截面线”对话框，在该对话框的 方法 下拉列表中选择 简单剖/阶梯剖 选项，单击 确定 按钮完成剖切线的创建。

Step3. 创建阶梯剖视图。

（1）选择下拉菜单 插入(S) ➡ 视图(W) ➡ 剖视图(S)... 命令，系统弹出“剖视图”对话框。

（2）定义剖切类型。在 截面线 区域的 定义 下拉列表中选择 选择现有的 选项，然后选择以前绘制的剖切线。

（3）在原视图的上方单击放置阶梯剖视图。

（4）单击“剖视图”对话框中的 关闭 按钮，结果如图 4.5.13 所示。

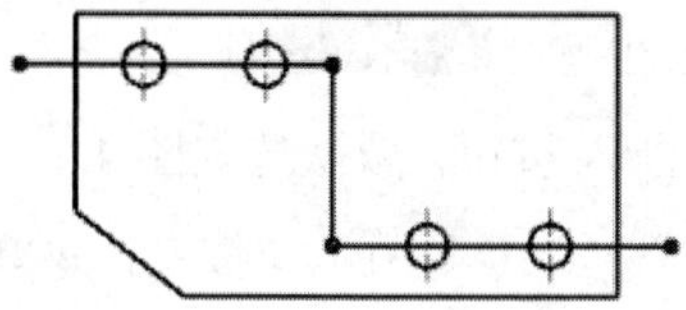

图 4.5.12 绘制剖切线

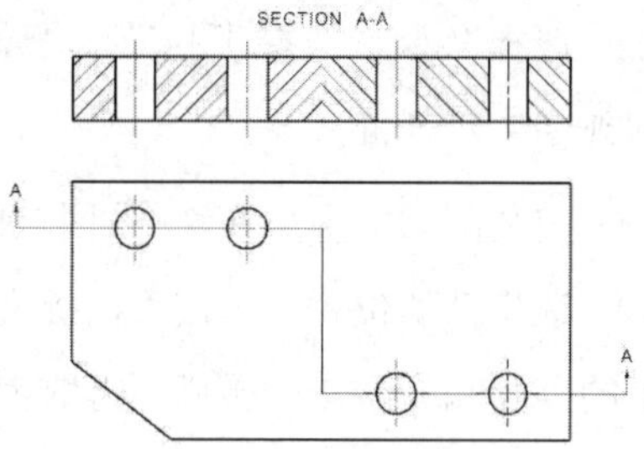


图 4.5.13 阶梯剖视图

## 4.5.3 半剖视图

半剖视图通常用来表达对称零件，一半剖视图表达了零件的内部结构，另一半视图则可以表达零件的外形。下面以图 4.5.14 所示为例来说明创建半剖视图的一般操作方法。

Step1. 打开文件 D:\ug11.12\work\ch04.05.03\half_section_cut.prt，系统进入制图环境。

Step2. 选择命令。选择下拉菜单 插入(S) ➡ 视图(W) ➡ 剖视图(S)... 命令，系统弹出“剖视图”对话框。

Step3. 定义剖切类型。在 截面线 区域的 方法 下拉列表中选择 半剖 选项。

Step4. 选择剖切位置。确认“捕捉方式”工具条中的 ⊙ 按钮被按下，依次选取图 4.5.14 所示的指示 1 的圆弧和指示 2 的圆弧，系统自动捕捉圆心位置。

Step5. 放置半剖视图。移动鼠标到位置 3 单击，完成视图的放置。

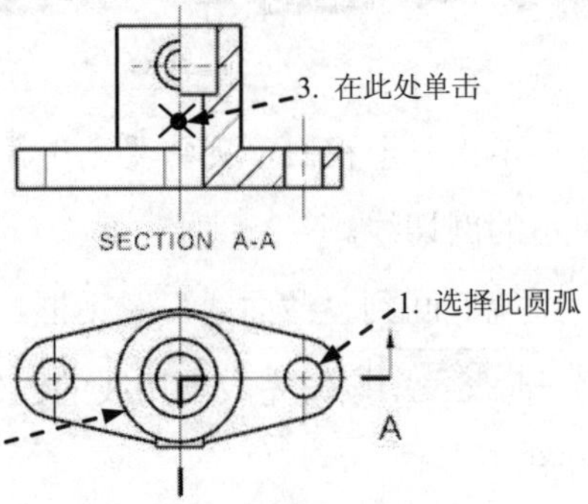


图 4.5.14　半剖视图

## 4.5.4　旋转剖视图

旋转剖视图是采用相交的剖切面来剖开零件，然后将被剖切面剖开的结构等旋转到同一个平面上进行投影的剖视图。下面以图 4.5.15 所示为例说明创建旋转剖视图的一般操作方法。

Step1. 打开文件 D:\ug11.12\work\ch04.05.04\revolved-section_cut.prt。

Step2. 选择命令。选择下拉菜单 插入(S) ➡ 视图(W) ➡ 剖视图(S)... 命令，系统弹出“剖视图”对话框。

Step3. 定义剖切类型。在 截面线 区域的 方法 下拉列表中选择 旋转 选项。

Step4. 选择剖切位置。单击“捕捉方式”工具条中的按钮，依次选取图 4.5.15 所示的指示 1 的圆弧和指示 2 的圆弧，再取消选中“捕捉方式”工具条中的按钮，并单击按钮，然后选取图 4.5.15 所示的指示 3 的圆弧的象限点。

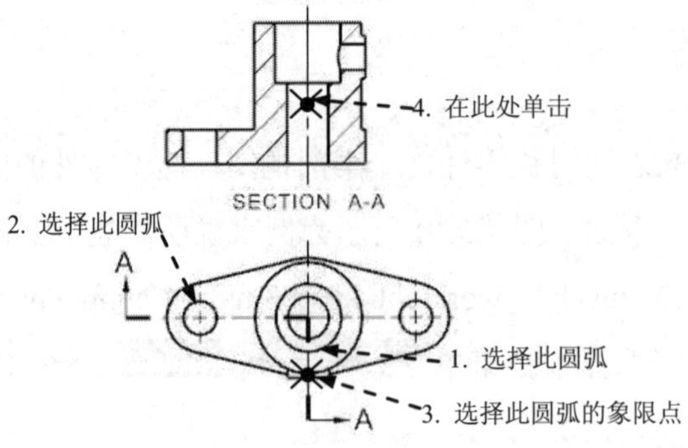


图 4.5.15　旋转剖视图

Step5. 放置剖视图。在系统 **指示图纸页上剖视图的中心** 的提示下，单击图 4.5.15 所示的位置 4，完成视图的放置。

## 4.5.5 折叠剖视图

折叠剖视图可以创建一个无折弯的多段剖切视图，所生成的视图与父视图为正交对齐。下面以图 4.5.16 所示为例，说明创建折叠剖视图的一般操作方法。

Step1. 打开文件 D:\ug11.12\work\ch04.05.05\folded-section.prt。

Step2. 绘制剖面线。

（1）选择下拉菜单 插入(S) → 视图(W) → 剖切线(L)... 命令，系统自动进入草图环境。

**说明：如果当前图纸中不止一个视图，则需要先选择父视图才能进入草图环境。**

（2）绘制图 4.5.17 所示的剖切线。

（3）退出草图环境，在 剖切方法 区域中单击 按钮，并选中 ☑ 折叠剖 复选框，单击 确定 按钮完成剖切线的创建。

Step3. 创建剖视图。

（1）选择下拉菜单 插入(S) → 视图(W) → 剖视图(S)... 命令，系统弹出“剖视图”对话框。

（2）定义剖切类型。在 截面线 区域的 定义 下拉列表中选择 选择现有的 选项，然后选择前面绘制的剖切线。

（3）在原视图的上方单击放置剖视图。

（4）单击“剖视图”对话框中的 关闭 按钮。

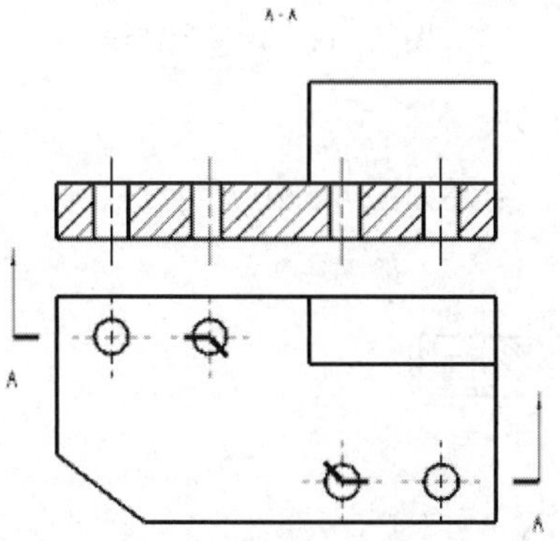


图 4.5.16 折叠剖视图

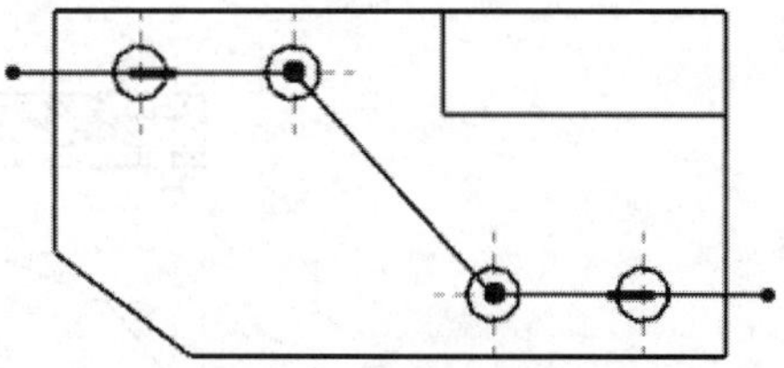

图 4.5.17 绘制剖切线

## 4.5.6 展开的点到点剖视图

展开的点到点剖视图可以创建一个无折弯的多段剖视图，创建时通过点构造器来定义剖切线的每个旋转点的位置，系统顺序连接旋转点来创建剖切线的每个剖切段，每个段会在与铰链线平行的平面上被展开。下面来说明创建展开的点到点剖视图的一般操作方法。

Step1. 打开文件 D:\ug11.12\work\ch04.05.06\unfolded_ponit_to_point.prt，系统进入制图环境。

Step2. 绘制剖面线。

（1）选择下拉菜单 插入(S) → 视图(W) → 剖切线(L)... 命令，系统进入草图环境。

**说明：如果当前图纸中不止一个视图，则需要先选择父视图才能进入草图环境。**

（2）绘制图 4.5.18 所示的剖切线。

（3）退出草图环境，在 方法 下拉列表中选择 点到点 选项，并取消选中 折叠剖 复选框，单击 确定 按钮完成剖切线的创建。

Step3. 创建点到点剖视图。

（1）选择下拉菜单 插入(S) → 视图(W) → 剖视图(S)... 命令，系统弹出“剖视图”对话框。

（2）定义剖切类型。在 截面线 区域的 定义 下拉列表中选择 选择现有的 选项，然后选择前面绘制的剖切线。

（3）定义铰链线。在 铰链线 区域中激活 指定矢量 按钮，然后选取图 4.5.19 所示的模型边线，确保剖切箭头朝向上侧。

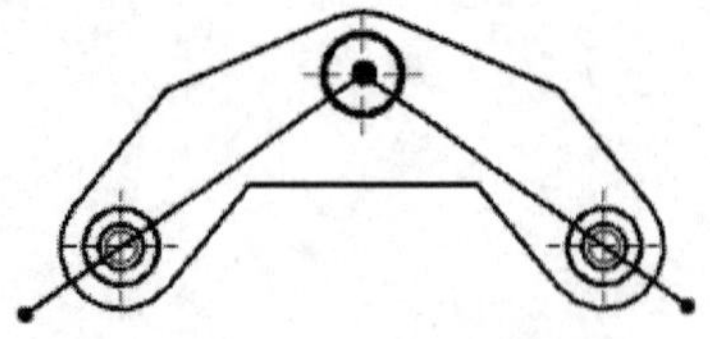

图 4.5.18 绘制剖切线

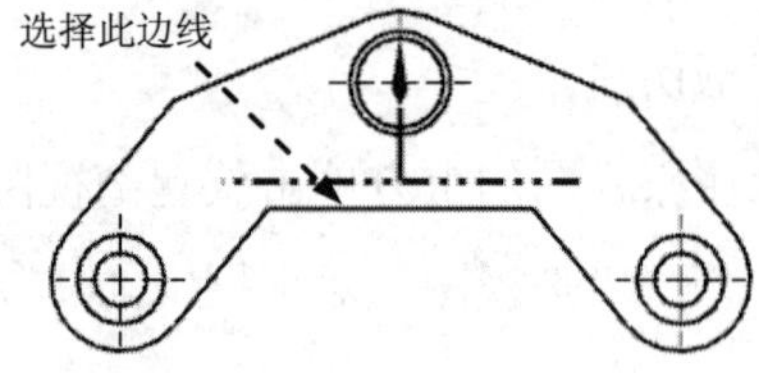


图 4.5.19 定义铰链线

（4）在原视图的上方单击放置点到点剖视图。

（5）单击“剖视图”对话框中的 关闭 按钮，结果如图 4.5.20 所示。

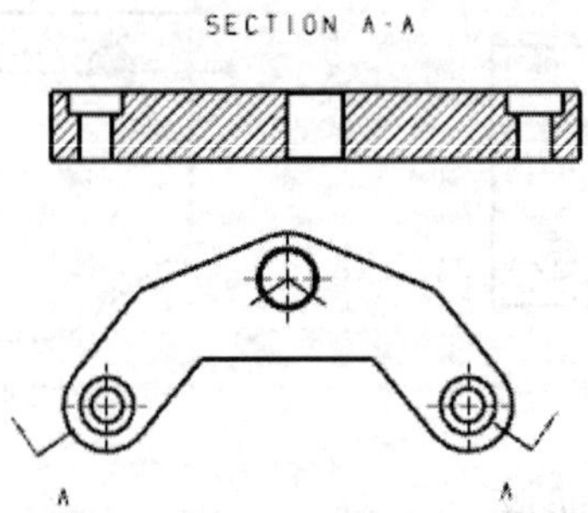


图 4.5.20 展开的点到点剖视图

## 4.5.7 展开的点和角度剖视图

展开的点和角度剖视图可以创建一个无折弯的多段剖视图，创建时通过点构造器来定义剖切线的每个旋转点的位置，并通过输入一个角度值来更改剖切段的角度。下面以图4.5.21 所示为例来说明创建展开的点和角度剖视图的一般操作方法。

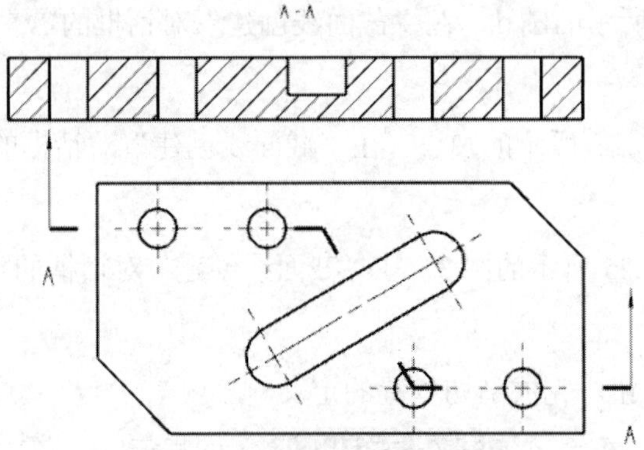


图 4.5.21 展开的点和角度剖视图

Step1. 打开文件 D:\ug11.12\work\ch04.05.07\unfolded_ponit_and_angle.prt，系统进入制图环境。

Step2. 选择命令。选择下拉菜单 插入(S) ➡ 视图(W) ➡ 展开的点和角度剖(N)... 命令，系统弹出如图 4.5.22 所示的“展开剖视图 - 线段和角度”对话框。

Step3. 在系统 选择父视图 的提示下选择图 4.5.23 所示的俯视图作为父视图。

Step4. 定义铰链线。在系统 定义铰链线 - 选择对象以自动判断矢量 的提示下选取图 4.5.23 所示的模型边线，单击 矢量反向 按钮，确保铰链线箭头如图 4.5.23 所示。

图 4.5.22 “展开剖视图–线段和角度”对话框

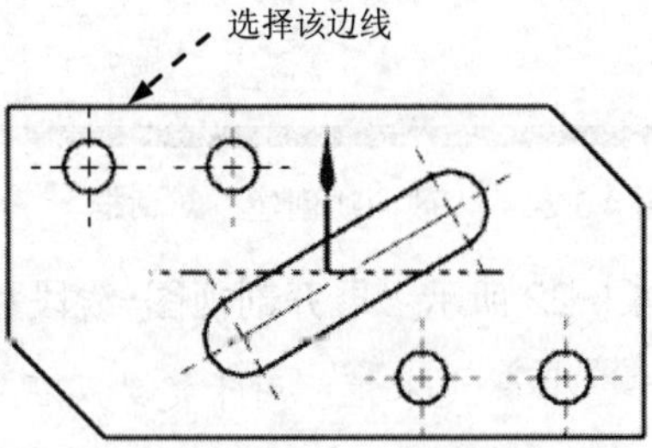


图 4.5.23 定义铰链线

Step5. 选择剖切位置。

（1）单击 应用 按钮，系统弹出如图 4.5.24 所示的“截面线创建”对话框。

（2）选取图 4.5.25 所示的圆 1，在“截面线创建”对话框的角度文本框中输入值 0 并按 Enter 键。

（3）继续选取图 4.5.25 所示的圆 2，在“截面线创建”对话框的角度文本框中输入值 120 并按 Enter 键。

（4）继续选取图 4.5.25 所示的圆 3，在“截面线创建”对话框的角度文本框中输入值 0 并按 Enter 键。

（5）单击 确定 按钮，完成剖切位置的定义。

Step6. 放置剖视图。在系统指出图纸上剖视图的中心的提示下，单击父视图的正上方，完成视图的放置。

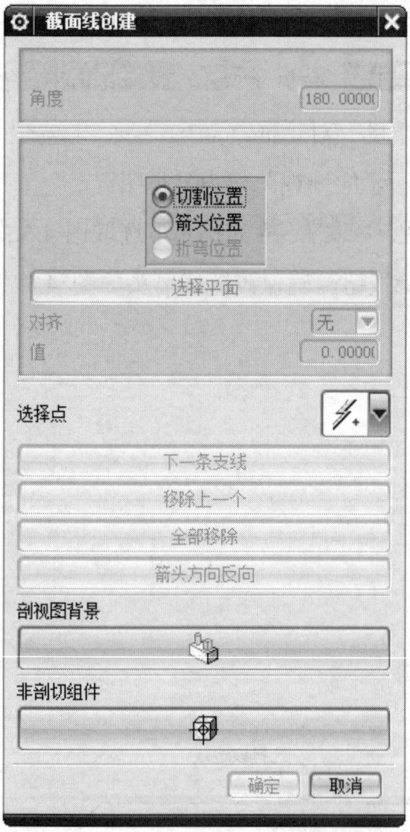


图 4.5.24 “截面线创建”对话框

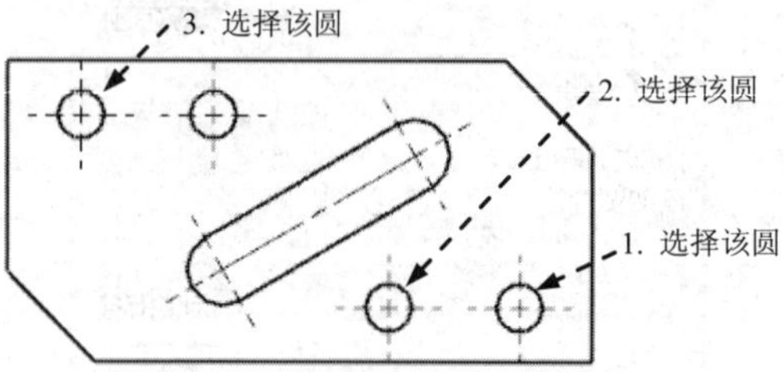


图 4.5.25 定义剖切位置

图 4.5.22 所示“展开剖视图-线段和角度”对话框中选项和按钮的说明如下。

- 距离文本框：用于定义父视图和新创建的剖视图之间的距离。
- 下拉列表：用来定义铰链线上的箭头方向。

- ☑ 关联铰链线 复选框：用来定义剖视图的方向是否和铰链线相关联。
- 正交的 下拉列表：用来定义剖视图的方位。
- ☑ 视图标签 复选框：用来定义是否显示视图的名称标签。
- □ 比例标签 复选框：用来定义是否显示视图的比例标签。
- 视图名 文本框：用来定义新创建的剖视图的名称。
- □ 参考 复选框：用来定义剖视图的显示状态是活动的还是参考的。如果选中该复选框，则剖视图变成参考视图，此时视图中的几何体不再显示，并且直到再次激活之前不会被更新。
- 移动 按钮：在完成剖视图的初次放置后被激活，此时单击该按钮后可以在图纸上定义剖视图的新位置。

图 4.5.24 所示“截面线创建”对话框中选项和按钮的说明如下。

- 角度 文本框：用来定义在选定的旋转点处的剖切段的角度。
- ⊙ 切割位置 单选项：用来定义剖切线中每个剖切段的位置，通过选择点来产生剖切段，默认的第一段与铰链线平行，后面的剖切段则与前一个剖切段相垂直。
- ⊙ 箭头位置 单选项：用来定义剖切线中箭头段的位置，通过单击适当的位置来产生。
- 选择点 下拉列表：用来定义创建剖切线中每个旋转点时的捕捉类型，默认为自动判断的点。
- 移除上一个 按钮：用来移除上一个选取的旋转点。
- 全部移除 按钮：用来移除全部的旋转点。
- 按钮：用来定义剖视图的背景元素。
- 按钮：用来定义剖视图中不需要剖切的组件。

## 4.5.8 定向剖视图

使用“定向剖视图”命令可以创建真实的 3D 或 2D 剖视图。在 3D 剖切中，剖切矢量自动判断为沿曲线的选定位置处曲线的副法向，而 2D 剖切的剖切矢量定义为视图法向。下面以图 4.5.26 所示为例来说明创建定向剖视图的一般操作方法。

Step1. 打开文件 D:\ug11.12\work\ch04.05.08\oriented_setion.prt，系统进入制图环境。

Step2. 选择命令。选择下拉菜单 插入(S) → 视图(W) → 定向剖(T)... 命令，系统弹出如图 4.5.27 所示的“截面线创建”对话框。

Step3. 选择剖切类型。在“截面线创建”对话框中选中 ⊙ 3D 剖切 单选项。

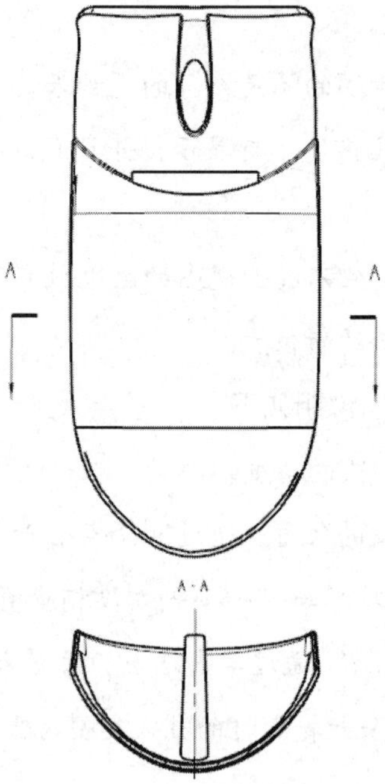


图 4.5.26　定向剖视图（3D）

图 4.5.27　“截面线创建”对话框

Step4. 定义剖切方向。此时系统自动选中了 剖切方向 单选项，在系统 选择点位置处的曲线 的提示下选择图 4.5.28 所示的模型边线，此时会出现剖切方向的箭头，如有必要可单击 箭头方向反向 按钮确保箭头方向向下。

Step5. 定义箭头位置。此时系统自动选中了 箭头位置 单选项，在系统 选择对象以自动判断点 的提示下依次单击图 4.5.29 所示的位置 1 和位置 2。

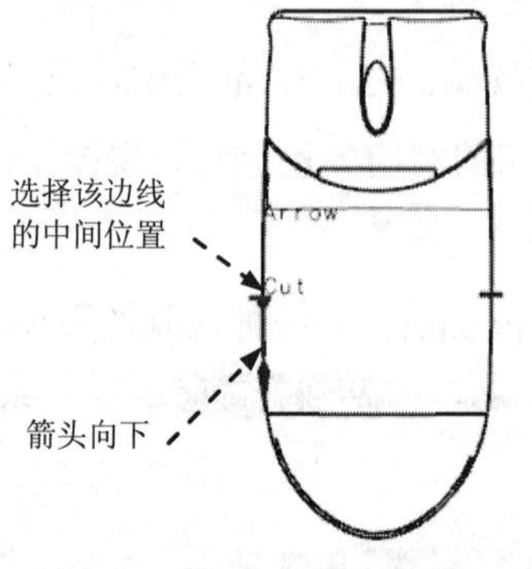


图 4.5.28　定义剖切方向

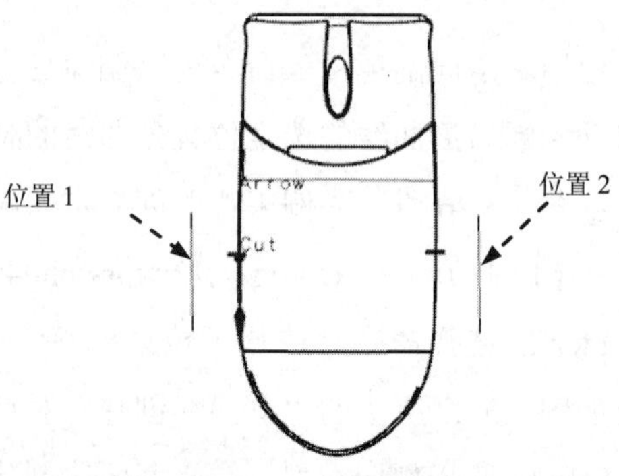


图 4.5.29　定义箭头位置

Step6. 选择剖切位置。采用系统默认的剖切位置，即所选的模型边线的位置。

Step7. 放置剖视图。单击 确定 按钮，系统弹出如图 4.5.30 所示的“定向剖视图”对话框，采用系统默认的参数设置，在系统 指出图纸上剖视图的中心 的提示下单击父视图的正下方，完成视图的放置。

**图 4.5.27 所示“截面线创建”对话框中部分选项的说明如下。**

- ⊙ 3D 剖切 单选项：定义剖切类型为 3D，此时剖切方向为所选曲线的副法线方向。
- ⊙ 2D 剖切 单选项：定义剖切类型为 2D，此时剖切方向垂直于曲线的投影。
- ⊙ 剖切方向 单选项：通过选取曲线上的点来确定剖切方向。
- ⊙ 箭头位置 单选项：用来定义剖切线的两端箭头段的位置，单击适当的点位置来生成箭头段。
- ⊙ 切割位置 单选项：用来定义剖切线的位置，通过选择点来产生剖切段，系统默认的位置为确定剖切方向时的点位置。

Step8. 在“截面线创建”对话框中单击 取消 按钮，结束操作，结果如图 4.5.26 所示。

**说明**：所选择的剖切位置不同，定向剖视图的结果也不同，读者可参考编辑剖切线的方法进行调整，此处不再赘述。图 4.5.31 所示为“2D 剖切”的效果。

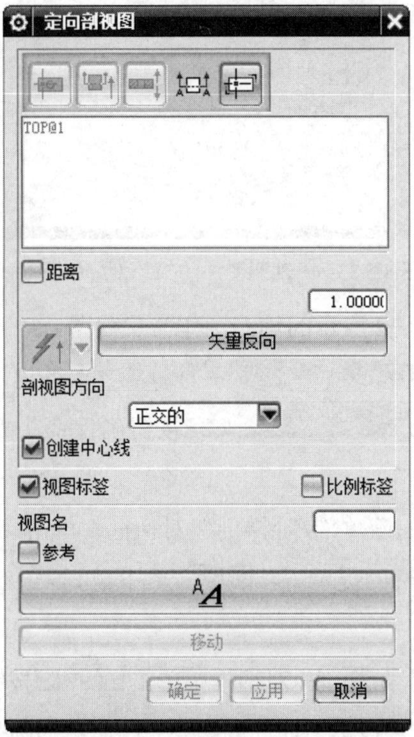


图 4.5.30 “定向剖视图”对话框

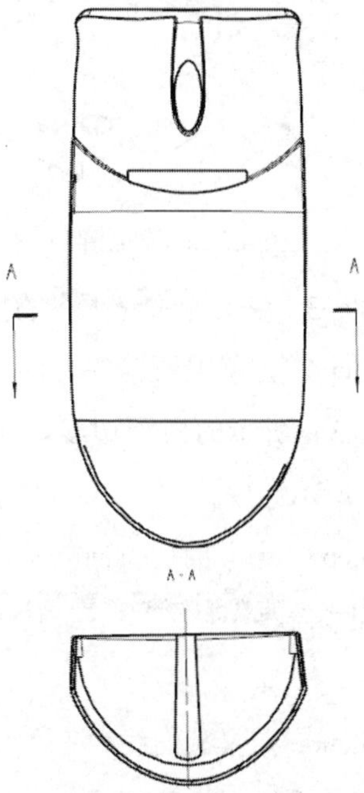


图 4.5.31 定向剖视图（2D）

### 4.5.9 轴测剖视图

轴测剖视图是通过轴测图创建的一个全剖或者阶梯剖视图，剖切线显示在轴测图中。下面以图 4.5.32 所示为例来说明创建轴测剖视图的一般操作方法。

Step1. 打开文件 D:\ug11.12\work\ch04.05.09\pictorial_section.prt，系统进入制图环境。

Step2. 选择命令。选择下拉菜单 插入(S) → 视图(W) → 轴测剖(P)... 命令，系统弹出如图 4.5.33 所示的“轴测图中的简单剖/阶梯剖”对话框。

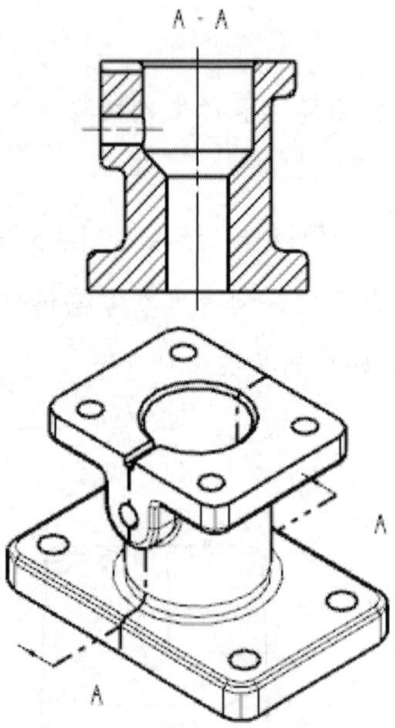


图 4.5.32 轴测剖视图

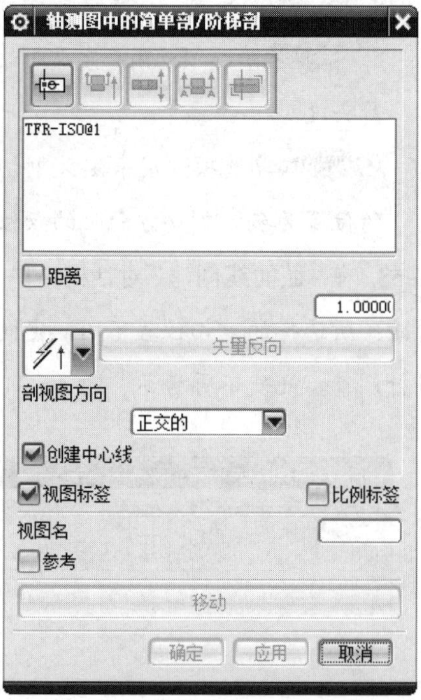


图 4.5.33 “轴测图中的简单剖//阶梯剖”对话框

Step3. 在系统 选择父视图 的提示下选择图 4.5.32 所示的轴测图作为父视图。

Step4. 定义投影箭头方向。在系统 定义箭头方向矢量 - 选择对象以自动判断矢量 的提示下选取图 4.5.34 所示的模型边线，单击 矢量反向 按钮确保箭头方向如图 4.5.34 所示。

Step5. 定义剖切方向矢量。在“轴测图中的简单剖/阶梯剖”对话框中单击 应用 按钮，在系统 定义剖切方向矢量 - 选择对象以自动判断矢量 的提示下从 剖视图方向 下拉列表中选择 ZC 选项。

Step6. 定义截面线。在“轴测图中的简单剖/阶梯剖”对话框中单击 应用 按钮，系统弹出“截面线创建”对话框，确认 切割位置 单选项被选中，选取图 4.5.35 所示的圆弧边线。

Step7. 放置剖视图。单击“截面线创建”对话框中的 确定 按钮，在系统 指出图纸上剖视图的中心 的提示下单击合适的位置，完成视图的放置。

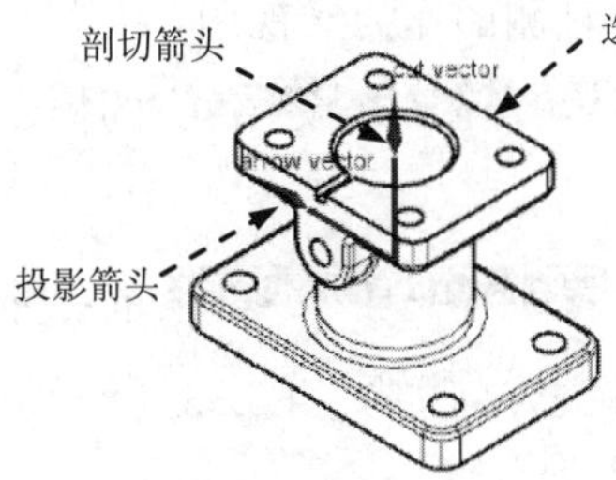


图 4.5.34　定义方向

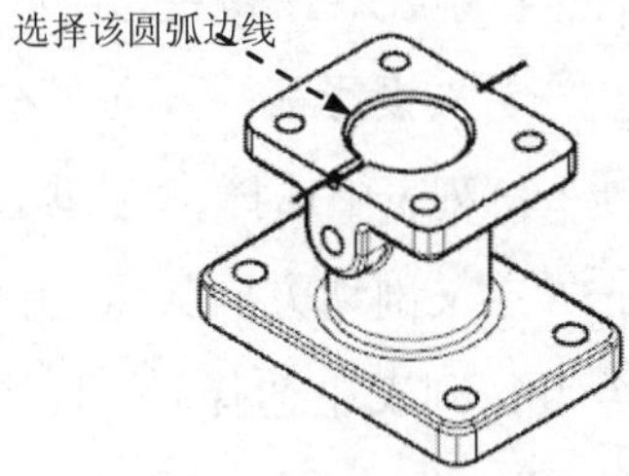


图 4.5.35　定义截面线

Step8. 结束操作。在“轴测图中的简单剖/阶梯剖”对话框中单击 取消 按钮，结束操作，结果如图 4.5.32 所示。

**说明：**系统默认产生的轴测剖视图是沿着投影箭头方向来放置的，并且剖切线两端的箭头位置较远，读者可参考本章中 4.7 节的内容调整箭头段的位置和适当移动视图，此处不再赘述。

## 4.5.10　半轴测剖视图

半轴测剖视图是通过轴测图创建的一个半剖视图，剖切线显示在轴测图中。下面以图 4.5.36 所示为例来说明创建半轴测剖视图的一般操作方法。

Step1. 打开文件 D:\ug11.12\work\ch04.05.10\Half_pictorial.prt，系统进入制图环境。

Step2. 选择命令。选择下拉菜单 插入(S) → 视图(W) → 半轴测剖(I)... 命令，系统弹出如图 4.5.37 所示的“轴测图中的半剖”对话框。

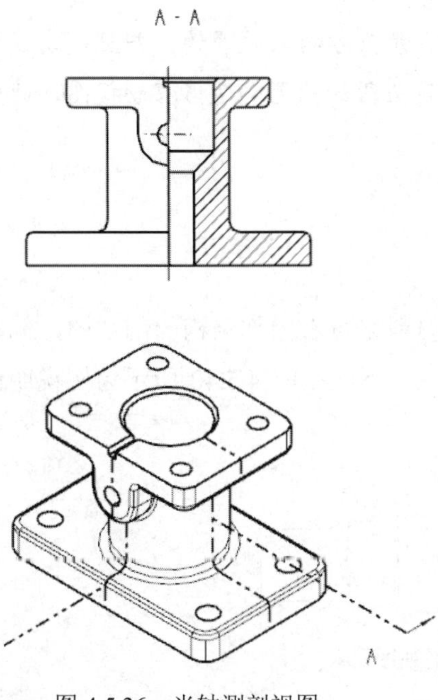


图 4.5.36　半轴测剖视图

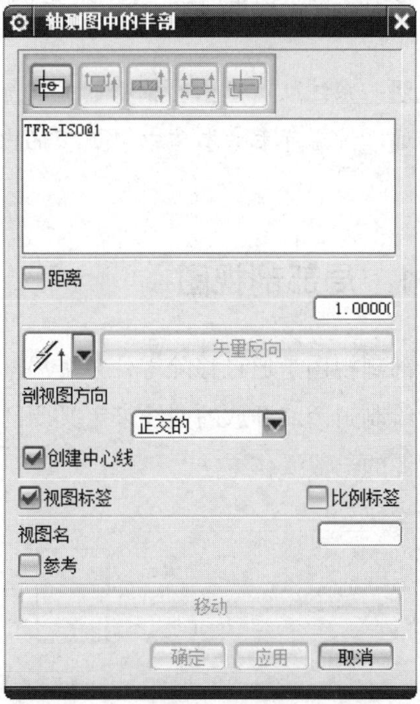


图 4.5.37　“轴测图中的半剖”对话框

Step3. 在系统选择父视图的提示下选择图 4.5.34 所示的轴测图作为父视图。

Step4. 定义投影箭头方向。在系统定义箭头方向矢量 - 选择对象以自动判断矢量的提示下从剖视图方向下拉列表中选择 YC 选项，单击应用按钮。

Step5. 定义剖切方向矢量。在系统定义剖切方向矢量 - 选择对象以自动判断矢量的提示下从剖视图方向下拉列表中选择 ZC 选项，此时父视图上的箭头方向如图 4.5.38 所示，单击应用按钮，此时系统弹出“截面线创建”对话框。

Step6. 定义折弯位置。确认“截面线创建”对话框中的折弯位置单选项被选中，选取图 4.5.39 所示的模型边线 1 的中点。

Step7. 定义剖切位置。确认“截面线创建”对话框中的切割位置单选项被选中，选取图 4.5.39 所示的模型边线 2 的中点。

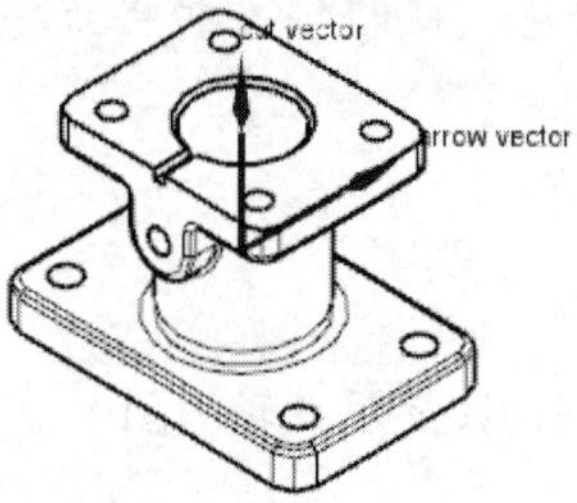

图 4.5.38 定义矢量方向

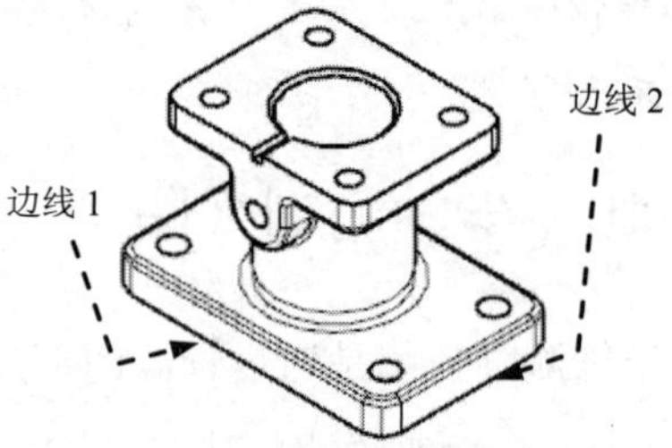

图 4.5.39 定义截面线

Step8. 放置剖视图。单击“截面线创建”对话框中的确定按钮，在系统指出图纸上剖视图的中心的提示下单击合适的位置，完成视图的放置。

Step9.在“轴测图中的半剖”对话框中单击取消按钮，结束操作，结果如图 4.5.36 所示。

**说明：**系统默认产生的轴测剖视图是沿着投影箭头方向来放置的，并且剖切线的箭头位置较远，读者可参考本章中 4.7 节的内容调整箭头段的位置和适当移动视图，此处不再赘述。

## 4.5.11 局部剖视图

局部剖视图是通过移除零件某个局部区域的材料来查看内部结构的剖视图，创建时需要提前绘制封闭或开放的曲线来定义要剖开的区域。下面以图 4.5.40 所示为例说明创建局部剖视图的一般操作方法。

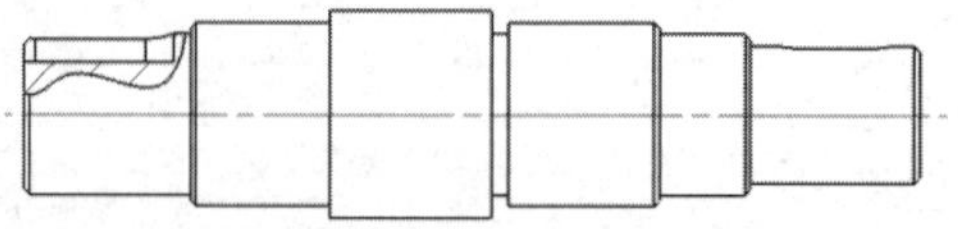
图 4.5.40 局部剖视图

Step1. 打开文件 D:\ug11.12\work\ch04.05.11\breakout_section.prt，系统进入制图环境。

Step2. 绘制草图曲线。

（1）激活要创建局部剖的视图。在部件导航器中右击视图 投影“ORTHO@7”，在系统弹出的快捷菜单中选择 活动草图视图命令，此时将激活该视图为草图视图。

**说明：**如果此时该视图已被激活，则无需进行此步操作。

（2）单击布局功能选项卡，然后在草图区域单击“艺术样条”按钮，系统弹出“艺术样条”对话框，选择通过点类型，在参数化区域中选中☑封闭复选框，绘制图 4.5.41 所示的样条曲线，单击对话框中的< 确定 >按钮。

（3）单击完成草图按钮，完成草图绘制。

Step3. 选择下拉菜单插入(S) → 视图(W) → 局部剖(O)...命令，系统弹出“局部剖”对话框（一）如图 4.5.42 所示。

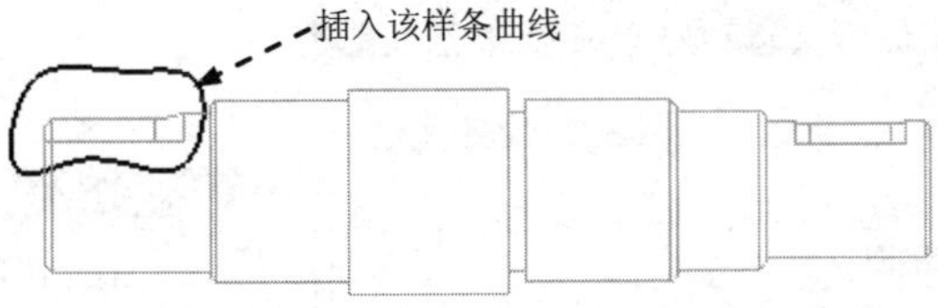


图 4.5.41 插入艺术样条曲线

图 4.5.42 “局部剖”对话框（一）

Step4. 创建局部剖视图。

（1）选择视图。在“局部剖”对话框（一）中选中⊙创建单选项，在系统选择一个生成局部剖的视图的提示下，在对话框中单击选取ORTHO@7为要创建的对象（也可以直接在图纸中选取），此时对话框变成如图 4.5.43 所示的状态。

（2）定义基点。在系统选择对象以自动判断点的提示下，单击“捕捉方式”工具条中的按钮，选取图 4.5.44 所示的基点。

（3）定义拉出的矢量方向。接受系统的默认方向。

（4）选择剖切范围。单击“局部剖”对话框中的“选择曲线”按钮，选择样条曲线作为剖切线，单击应用按钮，再单击取消按钮，完成局部剖视图的创建。

图 4.5.43 “局部剖”对话框（二）

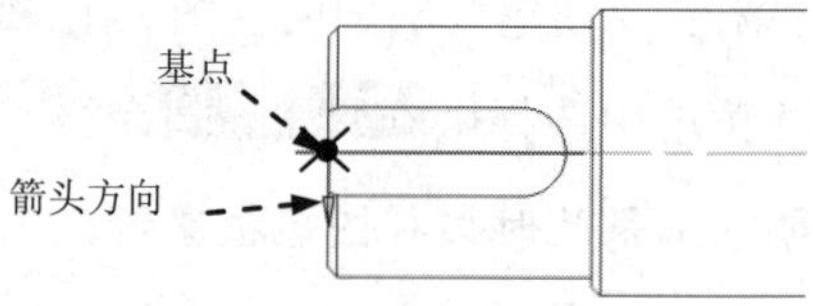


图 4.5.44 选取基点

## 4.5.12 断开视图

使用“断开视图”命令可以创建、修改和更新带有多个边界的压缩视图，由于视图边界发生了变化，因而视图的显示几何体也会随之改变。下面以图 4.5.45 所示为例来说明创建断开视图的一般操作方法。

Step1. 打开文件 D:\ug11.12\work\ch04.05.12\view_break.prt，系统进入制图环境。

Step2. 选择下拉菜单 插入(S) → 视图(W) → 断开视图(K)... 命令（或单击“视图”区域中的按钮），系统弹出“断开视图”对话框，如图 4.5.46 所示。

Step3. 创建断开视图。

（1）选择视图。在系统 选择视图 的提示下选取要断开的模型视图。

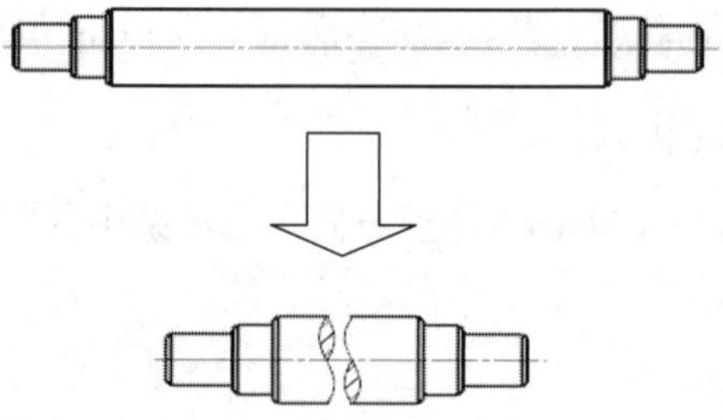

图 4.5.45 断开视图

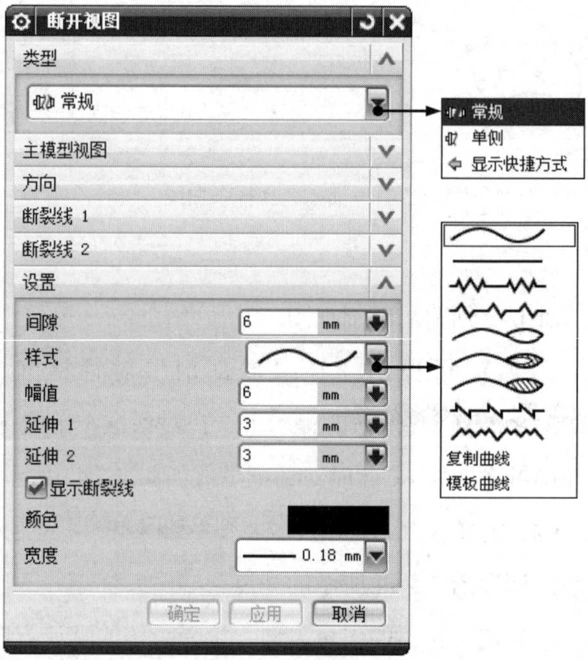


图 4.5.46 “断开视图”对话框

图 4.5.46 所示“断开视图”对话框中选项和按钮的说明如下。

- 常规选项：选择此类型创建的断开视图为两侧断开。
- 单侧选项：选择此类型创建的断开视图为单侧断开。
- 方向区域：定义断开视图的断开方向，可以通过单击其下的指定矢量来确定。
- 断裂线 1区域：用来定义第 1 条断裂线的位置，可以通过单击其下的“点构造器”来指定。
- 断裂线 2区域：用来定义第 2 条断裂线的位置，可以通过单击其下的“点构造器”来指定。
- 设置区域：用来定义断裂线的样式。
  - ☑ 间隙文本框：用来定义视图断开后两条断裂线间的距离。
  - ☑ 样式下拉列表：用来定义两条断裂线的线型。
  - ☑ 幅值文本框：用来定义断裂线的弯曲程度。
  - ☑ 延伸 1文本框：用来定义断裂线的一端超出视图实体轮廓的长度。
  - ☑ 延伸 2文本框：用来定义断裂线的另一端超出视图实体轮廓的长度。

（2）定义断裂线样式。在“断开视图”对话框的样式下拉列表中选择选项，在间隙文本框中输入值 12，其余参数采用系统默认设置。

（3）定义断裂线位置。确认“捕捉方式”工具条中的按钮被按下，依次选取图 4.5.47 所示的边线位置 1 和位置 2。

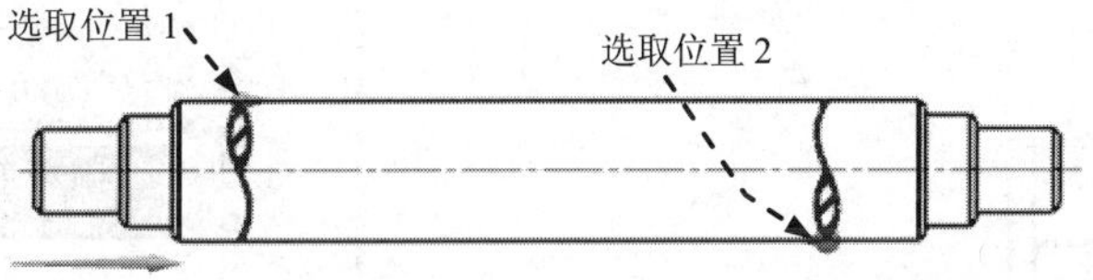


图 4.5.47　定义断裂线位置

（4）单击确定按钮，完成断开视图的创建。

**说明**：如果需要取消视图的断开效果，可以在断裂线上右击，然后在弹出的快捷菜单中选择抑制命令。

# 4.6　创建装配体工程图视图

## 4.6.1　装配体的全剖视图

在创建装配体全剖视图时，有时需要选取不剖切的零部件或特征。下面以图 4.6.1 所示的全剖视图为例，说明创建装配体全剖视图的一般操作方法。

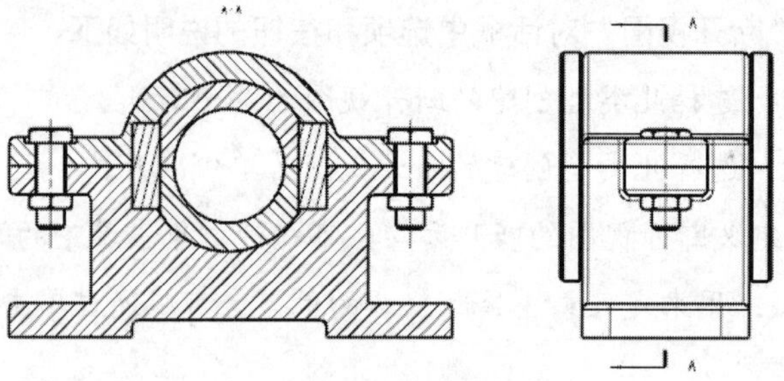

图 4.6.1　装配体全剖视图

Step1. 打开文件 D:\ug11.12\work\ch04.06.01\asm-1.prt，系统进入制图环境。

Step2. 选择命令。选择下拉菜单 插入(S) → 视图(W) → 剖视图(S)... 命令，系统弹出“剖视图”对话框。

Step3. 选择剖切位置。确认“捕捉方式”工具条中的按钮被按下，选取图 4.6.2 所示的边线中点。

Step4. 定义非剖切组件。

（1）在“剖视图”对话框中单击 设置 选项组 非剖切 区域中的 选择对象 (0) 按钮，将其激活。

（2）将资源条切换到“装配导航器”页面，按住 Ctrl 键选取图 4.6.3 所示的四个组件。

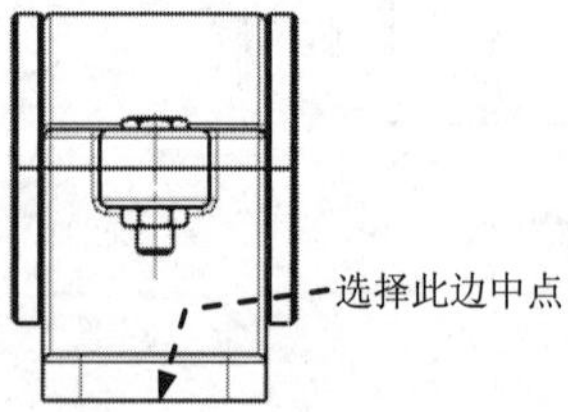


图 4.6.2　定义剖切位置

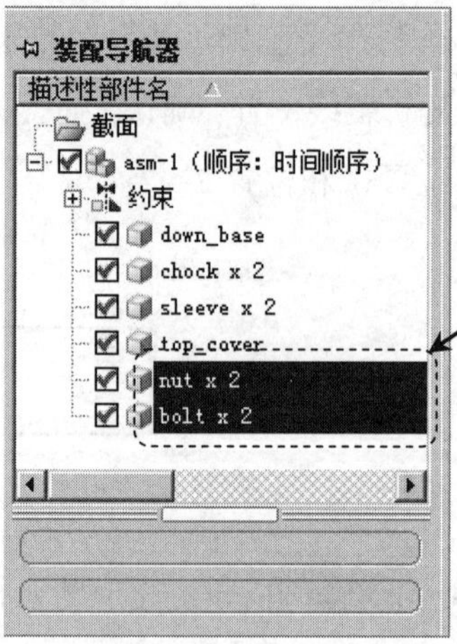


图 4.6.3　装配导航器

Step5. 放置剖视图。在“剖视图”对话框中单击 视图原点 区域中的 指定位置 按钮，将其激活。然后在主视图的正左方单击放置剖视图，然后按 Esc 键结束，完成全剖视图的创建。

## 4.6.2　装配体的半剖视图

下面以图 4.6.4 所示为例来说明创建装配体半剖视图的一般操作方法。

Step1. 打开文件 D:\ug11.12\work\ch04.06.02\asm-2.prt，系统进入制图环境。

Step2. 选择命令。选择下拉菜单 插入(S) → 视图(W) → 剖视图(S)... 命令，系统弹出“剖视图”对话框。

Step3. 定义剖切类型。在 截面线 区域的 方法 下拉列表中选择 半剖 选项。

Step4. 选择剖切位置。确认“捕捉方式”工具条中的 按钮被按下，依次选取图 4.6.5 所示的边线 1 和边线 2，系统自动捕捉圆心位置。

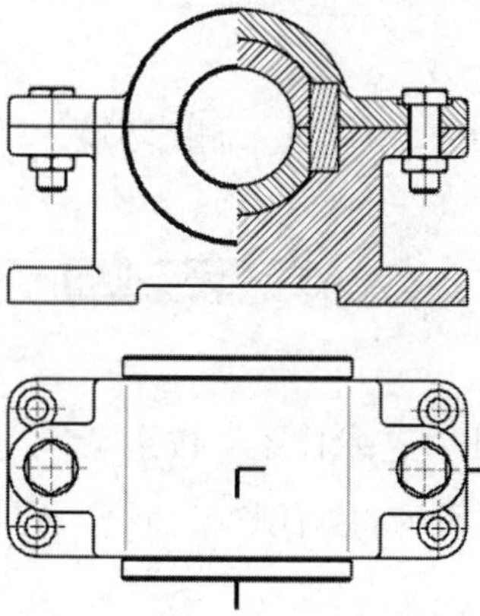

图 4.6.4 半剖视图

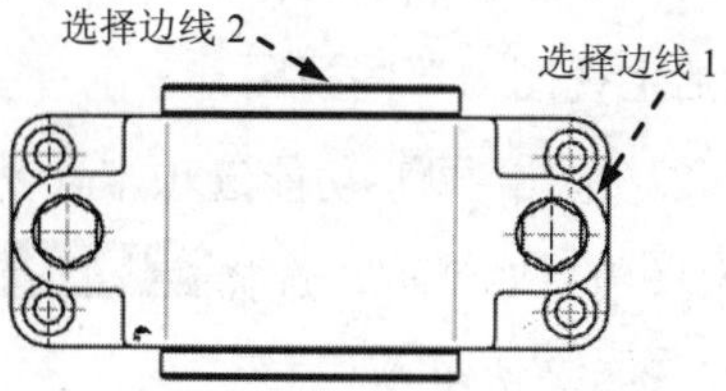


图 4.6.5 定义剖视图对象

Step5. 定义非剖切组件。

(1) 在“剖视图”对话框中单击 设置 选项组 非剖切 区域中的 选择对象 (0) 按钮，将其激活。

(2) 将资源条切换到“装配导航器”页面，按住 Ctrl 键，选取图 4.6.6 所示的四个组件。

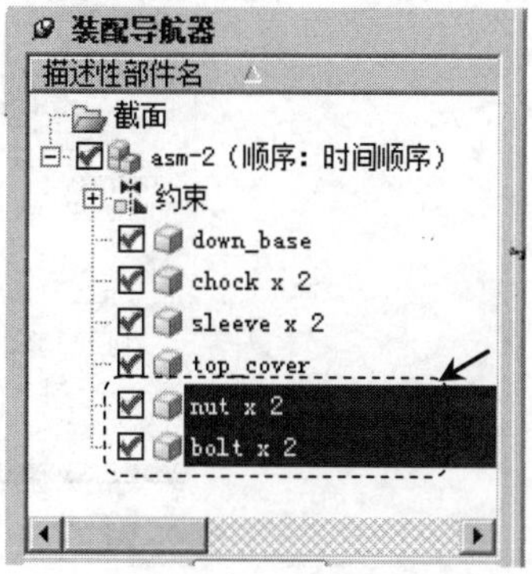


图 4.6.6 装配导航器

Step6. 放置剖视图。在“剖视图”对话框中单击 视图原点 区域中的 指定位置 按钮，将其激活；在父视图的正上方单击放置剖视图，然后按 Esc 键结束，完成剖视图的创建，结果如图 4.6.4 所示。

## 4.6.3 装配体的局部剖视图

下面以图 4.6.7 所示为例来说明创建装配体局部剖视图的一般操作方法。

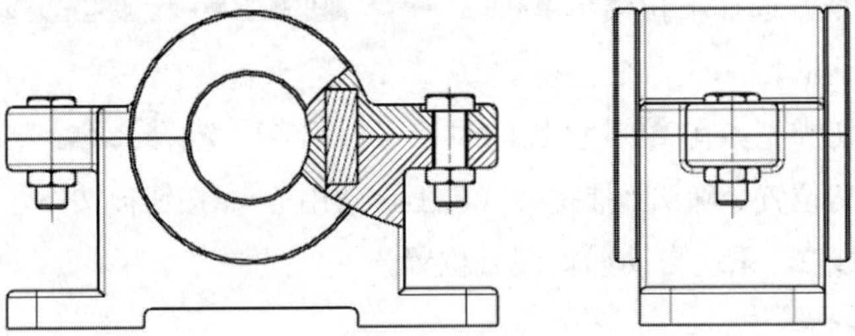

图 4.6.7　局部剖视图

Step1. 打开文件 D:\ug11.12\work\ch04.06.03\asm-3.prt，系统进入制图环境。

Step2. 绘制草图曲线。

（1）在主视图的边界上右击，在系统弹出的快捷菜单中选择 活动草图视图 命令，此时将激活主视图为草图视图。

（2）单击 布局 功能选项卡，然后在 草图 区域单击“艺术样条”按钮，系统弹出“艺术样条”对话框，选择 通过点 类型，绘制图 4.6.8 所示的封闭样条曲线，单击对话框中的 < 确定 > 按钮。

（3）单击 完成草图 按钮，完成草图绘制。

Step3. 选择下拉菜单 插入(S) → 视图(W) → 局部剖(O)... 命令，系统弹出“局部剖”对话框（一），如图 4.6.9 所示。

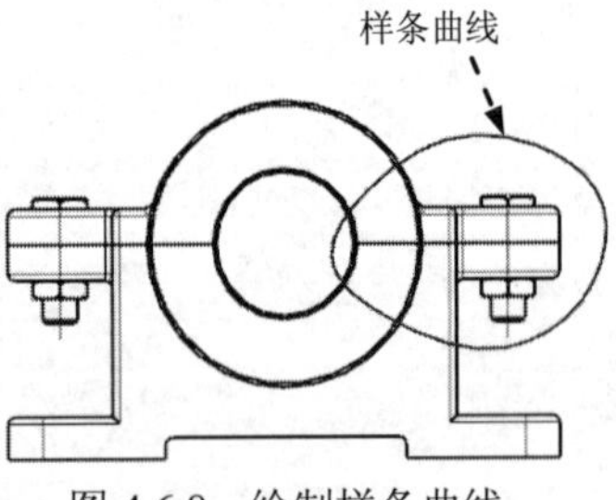


图 4.6.8　绘制样条曲线

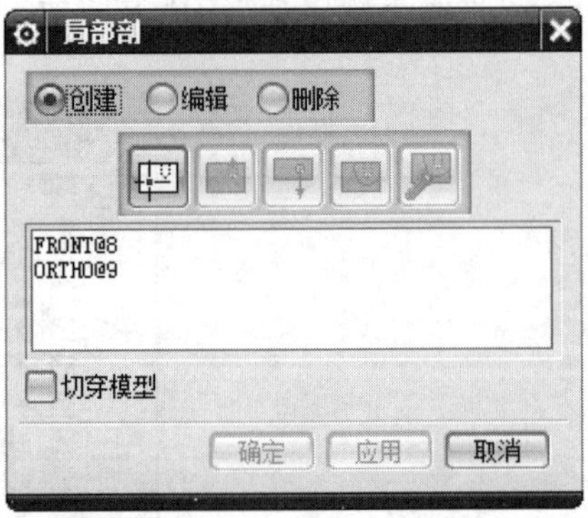


图 4.6.9　“局部剖”对话框（一）

Step4. 创建局部剖视图。

（1）选择视图。在“局部剖”对话框中选中 创建 单选项，在系统 选择一个生成局部剖的视图 的提示下选取主视图。

（2）定义基点。在系统 选择对象以自动判断点 的提示下确认“捕捉方式”工具条中的按钮被按下，选取图 4.6.10 所示的边线中点。

（3）定义拉伸的矢量方向。接受系统的默认拉伸方向（图 4.6.10），单击鼠标中键确认，此时对话框变成如图 4.6.11 所示。

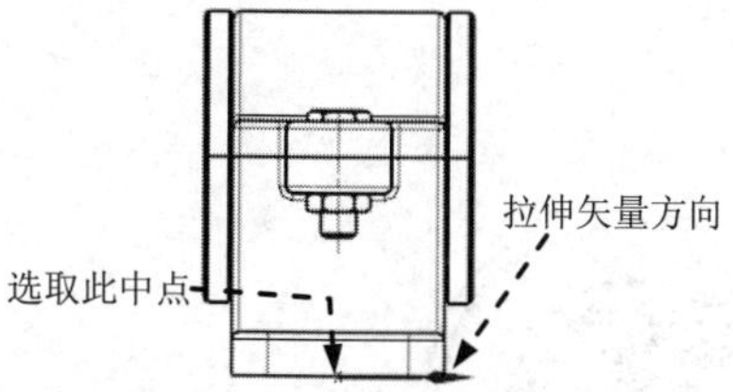

图 4.6.10　定义基点和拉伸矢量

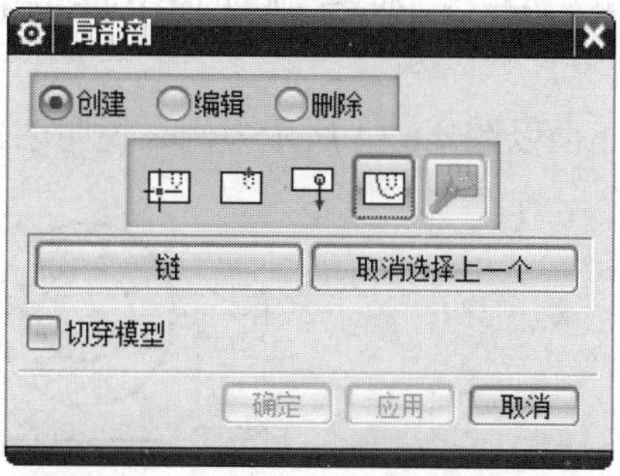

图 4.6.11　“局部剖”对话框（二）

（4）选择剖切线。确认“局部剖”对话框中的“选择曲线”按钮被按下，选择前面绘制的样条曲线作为剖切线。

**说明**：由于所选曲线已经封闭，此时系统会提示**边界不可编辑。请选择“应用”或“取消”。**。

（5）单击 应用 按钮，再单击 取消 按钮，完成局部剖视图的创建。

Step5. 编辑非剖切组件。

（1）选择视图。在图纸中选择前面创建了局部剖视图的主视图，然后右击选择 编辑... 命令，此时系统弹出如图 4.6.12 所示的“基本视图”对话框。

（2）选择组件。在“视图中剖切”对话框中单击 体或组件 区域中的 * 选择对象 (0)，然后将资源条切换到“装配导航器”页面，按住 Ctrl 键，选取图 4.6.13 所示的四个组件，结果如图 4.6.7 所示。

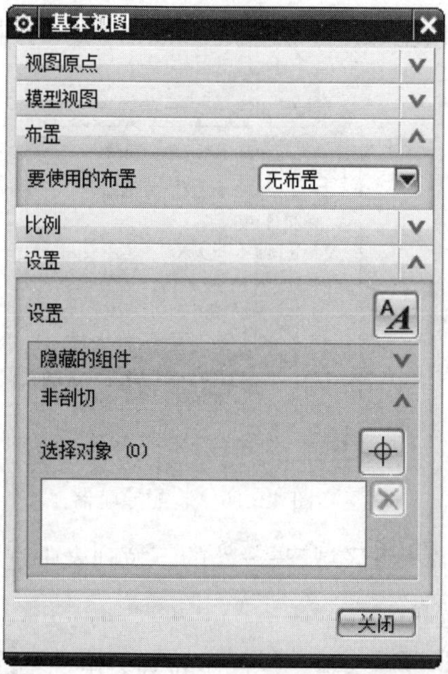

图 4.6.12　“基本视图”对话框

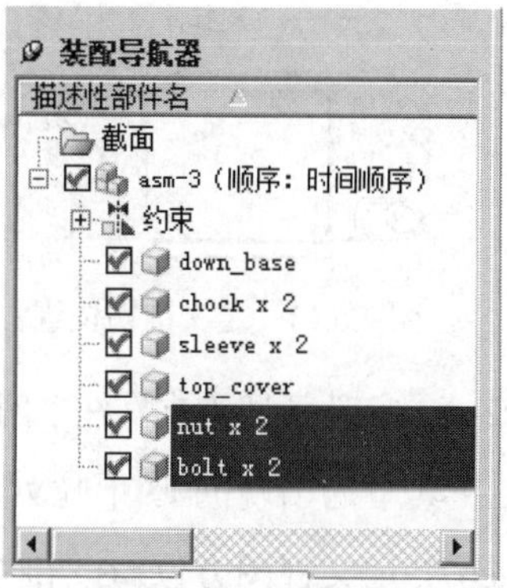

图 4.6.13　选择组件

## 4.6.4 装配体轴测视图的剖视图

下面以图 4.6.14 所示为例来说明创建装配体轴测视图的剖视图的一般操作方法。

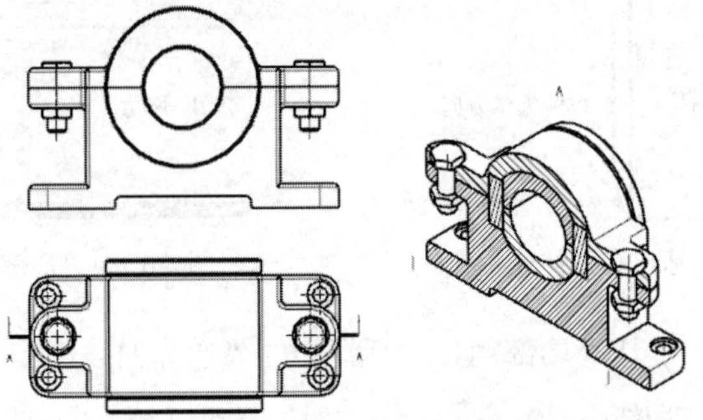

图 4.6.14 轴测图中的全剖视图

Step1. 打开文件 D:\ug11.12\work\ch04.06.04\asm-4.prt，系统进入制图环境。

Step2. 选择命令。选择下拉菜单 插入(S) → 视图(W) → 剖视图(S)... 命令（或单击“视图”区域中的按钮），系统弹出“剖视图”对话框。

Step3. 定义剖切类型。在 截面线 区域的 方法 下拉列表中选择 简单剖/阶梯剖 选项。

Step4. 选择剖切位置。确认“捕捉方式”工具条中的按钮被按下，选取图 4.6.15 所示的圆弧边线。

Step5. 定义非剖切组件。

（1）在“剖视图”对话框中单击 设置 选项组 非剖切 区域中的 选择对象 (0) 按钮，将其激活。

（2）将资源条切换到“装配导航器”页面，按住 Ctrl 键，选取图 4.6.16 所示的四个组件。

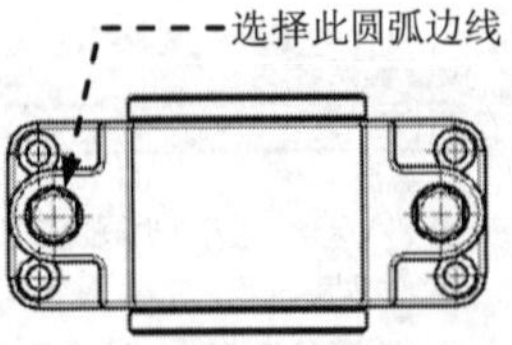


图 4.6.15 定义剖切位置

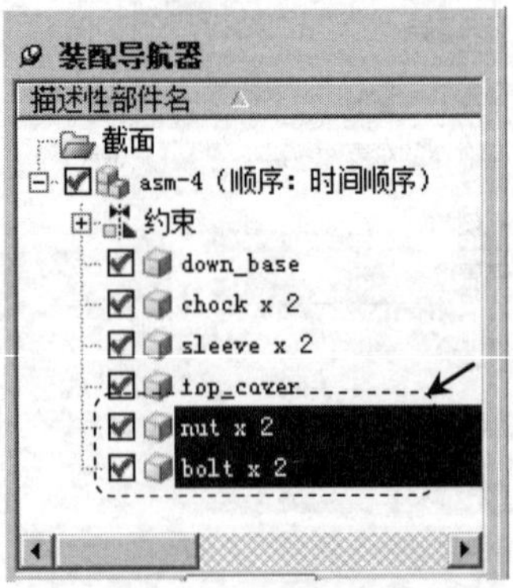


图 4.6.16 装配导航器

Step6. 定义剖切方向。在“剖视图”对话框 铰链线 区域 矢量选项 的下拉列表中选择 已定义 选项，在其下面出现的下拉列表中选择 -XC 选项。

Step7. 定义视图方位。在“剖视图”对话框 视图原点 区域 方向 的下拉列表中选择 剖切现有的 选项，然后选取轴测视图，按 Esc 键结束，完成剖视图的创建。

Step8. 编辑轴测图的视图样式。

**说明：**因为在前面生成的轴测图的剖视图中，局部剖面线显示不正确，所以需要编辑视图样式。

（1）在图纸中选取轴测视图，然后选择下拉菜单 编辑(E) → 设置(S)... 命令，系统弹出“设置”对话框。

（2）在 截面线 下拉列表中选择 设置 选项卡，然后在 剖面线 区域中选中 ☑ 处理隐藏的剖面线 复选框，其余采用系统默认参数。

（3）单击 确定 按钮，完成剖面线的编辑。

## 4.6.5 爆炸图视图

为了清晰地反映装配体中零件的位置关系，可以通过创建其爆炸图视图来达到目的。爆炸图视图是一个模型视图，通常采用轴测视图的方位。下面以图 4.6.17 所示为例来说明创建装配体爆炸图视图的一般操作方法。

Step1. 打开文件 D:\ug11.12\work\ch04.06.05\asm-5.prt，系统进入建模环境并显示已经创建的爆炸图。

**说明：**如果没有进入建模环境，可以选择在 应用模块 功能选项卡 设计 区域单击 建模 按钮，进入到建模环境中。

Step2. 保存工作视图。选择下拉菜单 视图(V) → 操作(O) → 另存为(A)... 命令，系统弹出如图 4.6.18 所示的“保存工作视图”对话框，在 名称 文本框中输入 EXP-1，单击 确定 按钮。

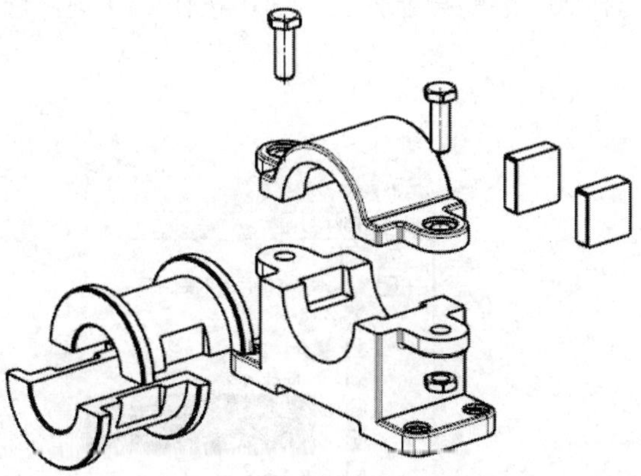

图 4.6.17 爆炸视图

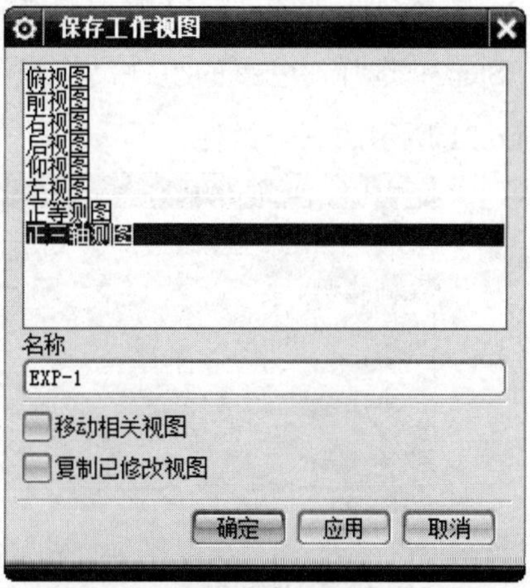


图 4.6.18 “保存工作视图”对话框

Step3. 进入制图环境。在 应用模块 功能选项卡 设计 区域单击 制图 按钮，进入制图环境。

Step4. 创建视图。

（1）选择命令。选择下拉菜单 插入(S) → 视图(W) ▸ → 基本(B)... 命令（或单击“视图”区域中的按钮），系统弹出“基本视图”对话框。

（2）定义视图参数。在“基本视图”对话框模型视图区域的要使用的模型视图下拉列表中选择EXP-1选项，其余参数采用系统默认设置。

（3）放置视图。在图纸上的合适位置单击以放置视图。

（4）在系统弹出的“投影视图”对话框中单击 关闭 按钮，关闭此对话框。

## 4.6.6 隐藏/显示组件

### 1. 隐藏视图中的组件

通过“隐藏视图中的组件”命令可以在指定的装配工程图视图中隐藏所选的组件。下面以图 4.6.19 所示为例介绍在装配体工程图视图中隐藏组件的一般操作方法。

Step1. 打开工程图文件 D:\ug11.12\work\ch04.06.06\asm-6.prt，系统进入制图环境。

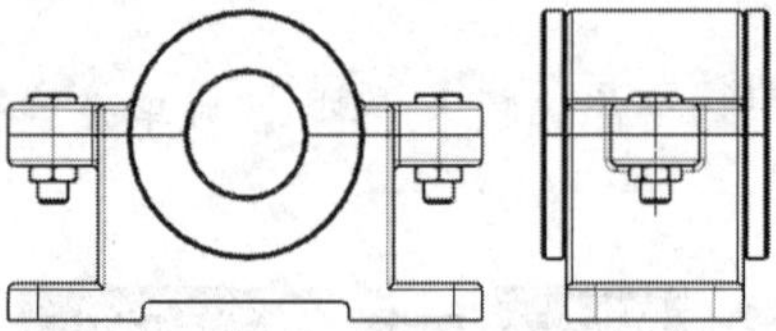
a）隐藏前

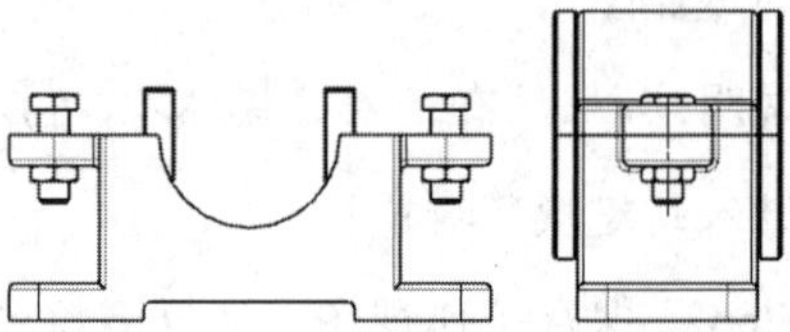
b）隐藏后

图 4.6.19 隐藏组件

Step2. 选择命令。选择下拉菜单 编辑(E) → 视图(W) ▸ → 隐藏视图中的组件(H)... 命令，系统弹出如图 4.6.20 所示的“隐藏视图中的组件”对话框。

Step3. 选择要隐藏的组件。将资源条切换到“装配导航器”页面，按住 Ctrl 键，选取图 4.6.21 所示的三个组件。

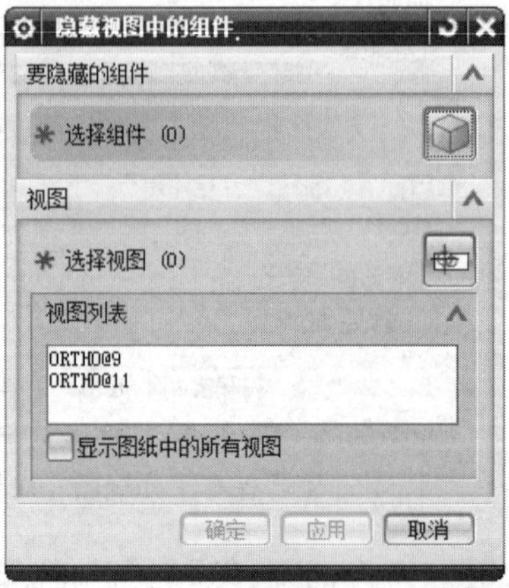


图 4.6.20 “隐藏视图中的组件”对话框

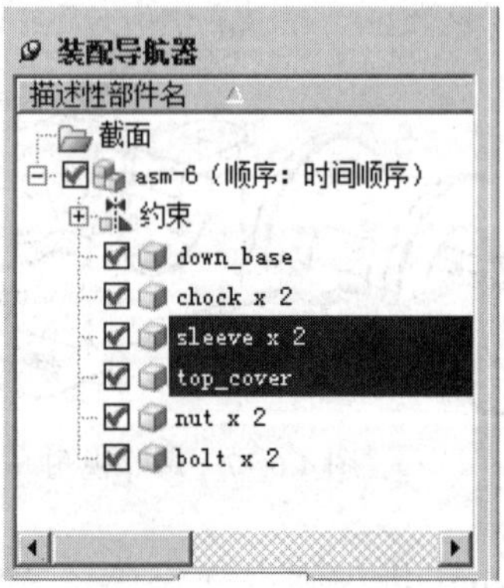


图 4.6.21 选择组件

Step4. 选择视图。在“隐藏视图中的组件”对话框中单击视图区域中的*选择视图 (0)，然后在图样中选择主视图（或者从视图列表列表框中选择ORTHO@9选项）。

**说明：**

- 在隐藏组件后，组件只在所选视图中隐藏，而在其他中视图仍保持可见。
- 可以同时在多个视图中进行组件的隐藏，方法是按住 Shift 键，在视图列表列表框中同时选择多个视图进行组件的隐藏，或者在图样中连续选取要隐藏组件的多个视图。

Step5. 在“隐藏视图中的组件”对话框中单击确定按钮，完成组件的隐藏，结果如图 4.6.19b 所示。

### 2. 显示视图中的组件

下面紧接着上面的操作继续说明显示视图中的组件的操作方法。

Step1. 选择命令。选择下拉菜单编辑(E) → 视图(W) → 显示视图中的组件(M)...命令，系统弹出“显示视图中的组件”对话框。

Step2. 选择视图。单击视图区域中的*选择视图 (0)，然后在图样中选择主视图（或者从视图列表列表框中选择ORTHO@9选项），此时对话框显示如图 4.6.22 所示。

Step3. 选择要显示的组件。在要显示的组件列表框中选择 SLEEVE 选项。

Step4. 单击确定按钮，完成组件的显示，结果如图 4.6.23 所示。

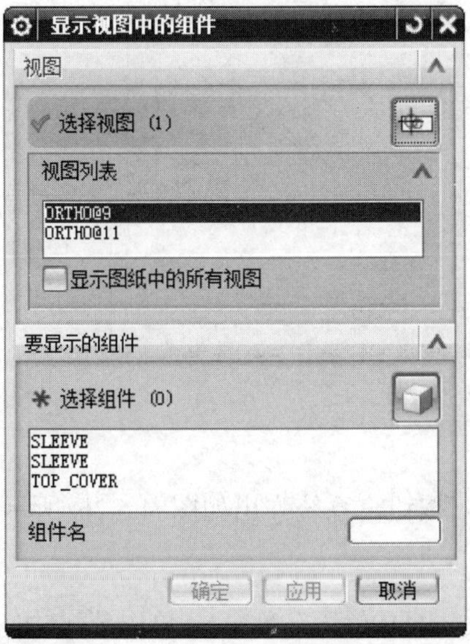


图 4.6.22 “显示视图中的组件”对话框

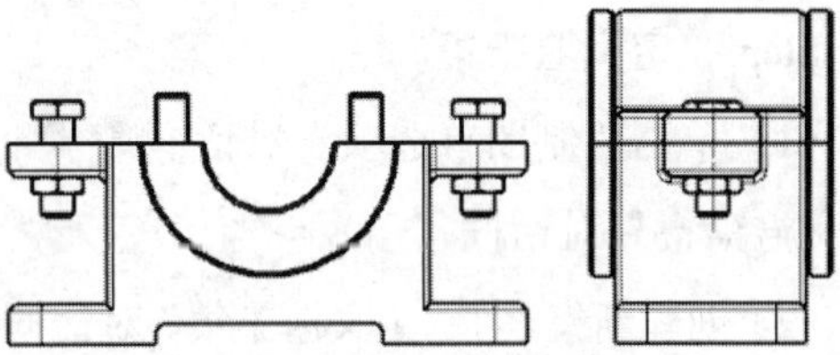

图 4.6.23 显示组件后

## 4.6.7 修改组件的线型

在装配体工程图中有时需要改变部分组件的显示线型，从而达到一定的设计目的。在UG NX 11.0 中可以通过预先定义“渲染集”的方法来实现。下面以图 4.6.24 所示为例，介绍在装配体工程图视图中通过定义渲染集来改变组件显示线型的一般操作方法。

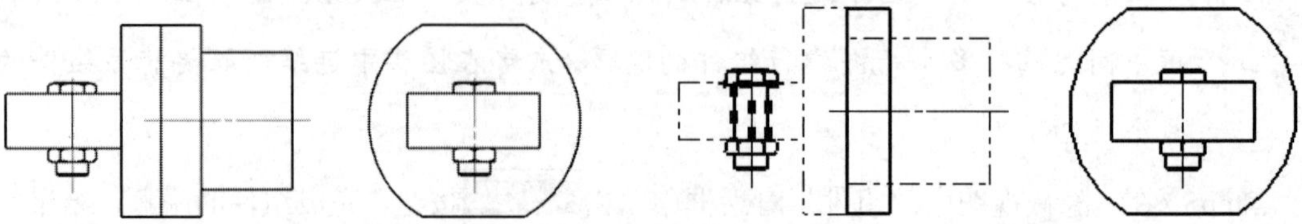

a）修改前　　　　b）修改后

图 4.6.24　修改组件的线型

Step1. 打开工程图文件 D:\ug11.12\work\ch04.06.07\asm-7.prt，系统进入制图环境。

Step2. 选择命令。选择下拉菜单 首选项(P) → 制图(D)... 命令，系统弹出“制图首选项”对话框，在 视图 节点下展开 公共 选项，然后选择 常规 选项卡，如图 4.6.25 所示。

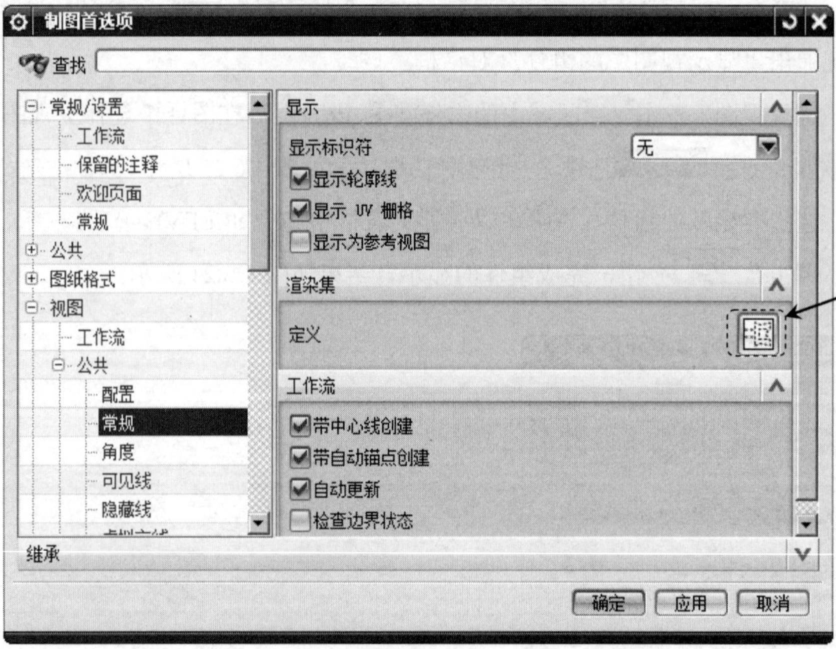


图 4.6.25　“制图首选项”对话框

Step3. 定义渲染集。

（1）单击“制图首选项”对话框 渲染集 区域中的按钮，系统弹出如图 4.6.26 所示的“定义渲染集”对话框（一）。

（2）创建新集。在“定义渲染集”对话框的 当前集 文本框中输入名称 aaa，单击 创建 按钮。

（3）添加渲染集对象。单击 选择实体 按钮，系统弹出“选择实体”对话框，在图样中选择图 4.6.27 所示的组件，再单击“选择实体”对话框中的确定按钮，系统返回到“定义渲染集”对话框。

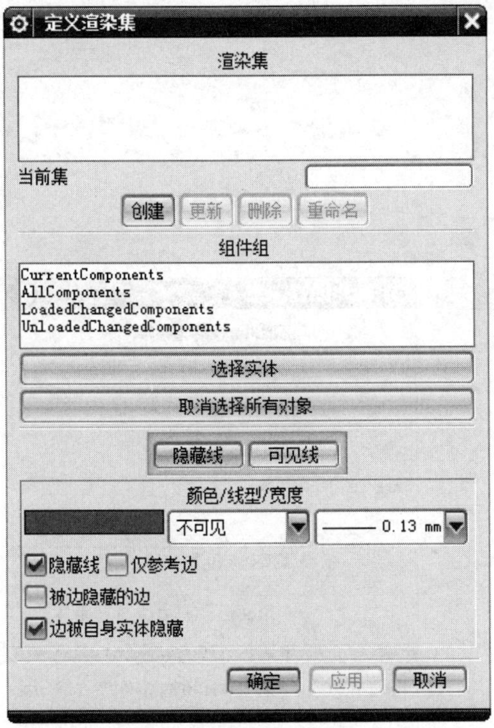


图 4.6.26　“定义渲染集”对话框（一）

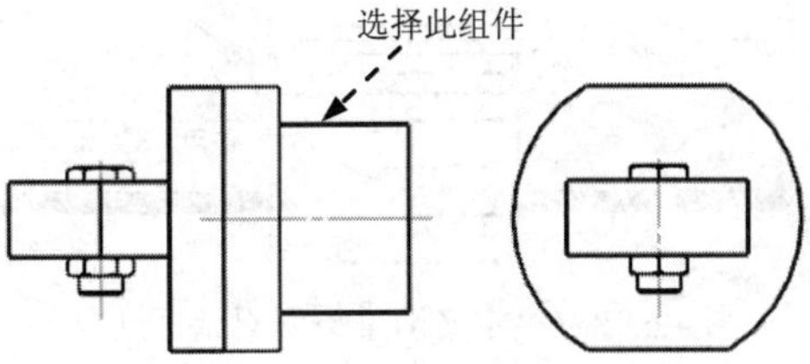


图 4.6.27　选择实体

**说明：**定义渲染集所包含的对象时可以同时选择多个组件。

（4）定义线型。在图 4.6.28 所示的“定义渲染集”对话框（二）中单击可见线按钮，从线型下拉列表中选择—··—··—选项；单击隐藏线按钮，从线型下拉列表中选择------选项；单击确定按钮，完成定义。

（5）单击“制图首选项”对话框中的确定按钮，完成渲染集的定义。

Step4. 编辑视图样式。

（1）在图纸中右击主视图的边界，在弹出的快捷菜单中选择设置(S)...命令，系统弹出“设置”对话框。

（2）在公共节点下选择常规选项卡，在渲染集区域中单击按钮，系统弹出图 4.6.29 所示的“视图中的渲染集”对话框。

（3）在部件中的渲染集列表框中选择AAA选项，然后单击添加按钮，此时AAA选项移动到视图中的有序渲染集列表框中。

（4）单击“视图中的渲染集”对话框中的确定按钮，系统返回到“设置”对话框。

（5）单击“设置”对话框中的确定按钮，结果如图 4.6.24b 所示。

**说明：**已经定义的渲染集可以应用在不同的视图中，用户可根据需要创建多个不同的渲染集。

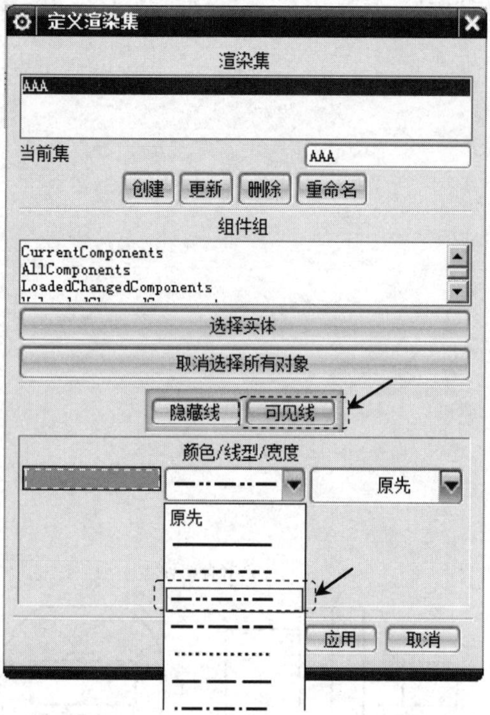


图 4.6.28 “定义渲染集”对话框（二）

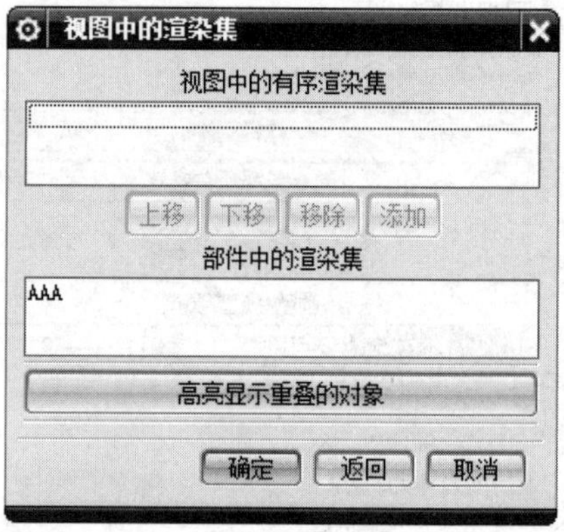


图 4.6.29 “视图中的渲染集”对话框

# 4.7 剖视图的编辑

当剖视图创建完成后，系统自动生成的一些项目有时难以满足使用者需要，这就需要进行手动修改。下面就来介绍有关编辑剖视图的操作。

## 4.7.1 移动截面线的段

下面以图 4.7.1 所示为例介绍移动截面线中的段的一般操作方法。

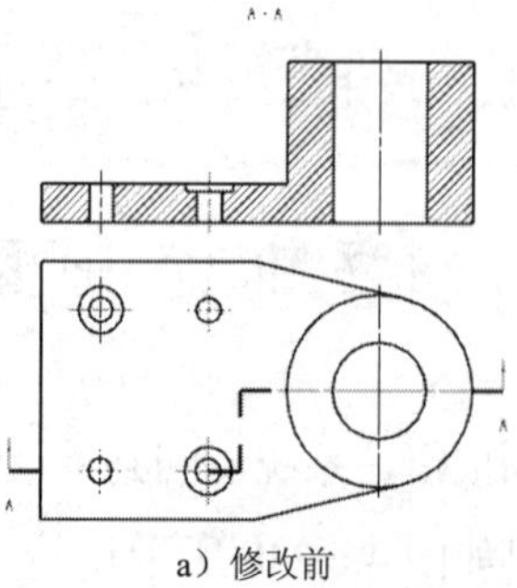

a）修改前

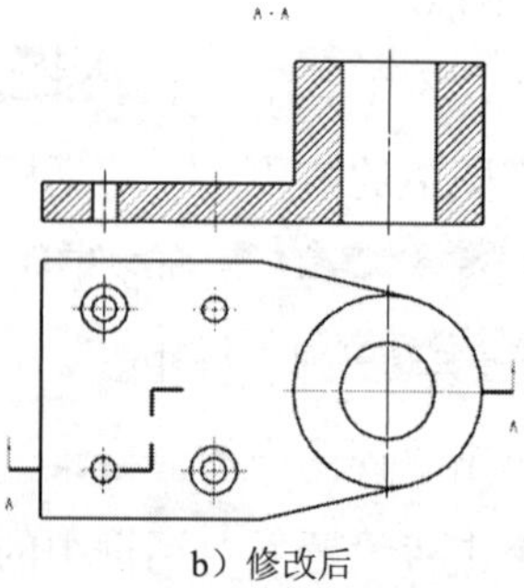

b）修改后

图 4.7.1 移动截面线的段

Step1. 打开工程图文件 D:\ug11.12\work\ch04.07.01\move_segment.prt，系统进入制图环境。

Step2. 选择命令。右击图 4.7.1a 所示的箭头段，在弹出的快捷菜单中选择 编辑... 命令，系统弹出“剖视图”对话框。

Step3. 选择操作。选择图 4.7.2 所示的折弯段（折弯段上的点），拖动至图 4.7.2 所示的位置。

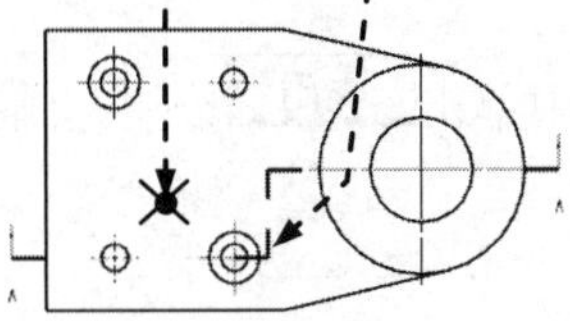


图 4.7.2 选择段

Step4. 在“剖视图”对话框中单击 关闭 按钮，结果如图 4.7.1b 所示。

**说明：**

- 本例是移动截面线中的折弯段，用户也可以选择截面段或箭头段进行移动。
- 如果视图没有自动更新，可以选择 编辑(E) ➡ 视图(W) ➡ 更新(U)... 命令进行更新，具体操作可参考前面章节中的介绍，后面不再赘述。

## 4.7.2 删除截面线的段

下面以图 4.7.3 所示为例介绍删除截面线的段的一般操作方法。

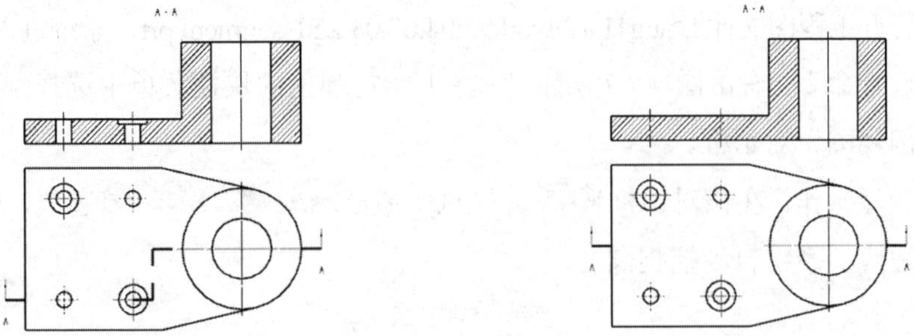

a）修改前　　b）修改后

图 4.7.3 删除截面线的段

Step1. 打开工程图文件 D:\ug11.12\work\ch04.07.02\dele_segment.prt，系统进入制图环境。

Step2. 选择命令。右击图 4.7.4 所示的箭头段，在弹出的快捷菜单中选择 编辑... 命令，系统弹出“剖视图”对话框。

Step3. 选择操作。选中图 4.7.5 所示的折弯段上的点，然后右击在弹出的快捷菜单中选择 删除 命令。

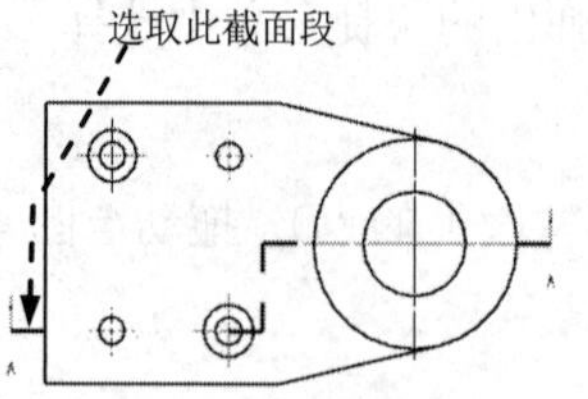


图 4.7.4 选择段

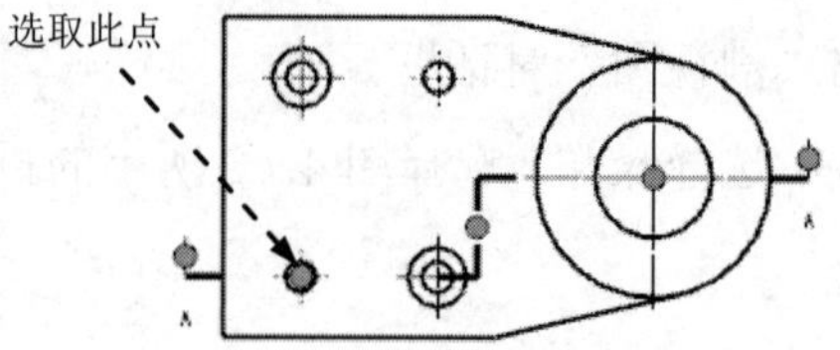


图 4.7.5 选择点

Step4. 在“剖视图”对话框中单击 关闭 按钮，结果如图 4.7.3b 所示。

## 4.7.3 添加截面线的段

下面以图 4.7.6 所示为例介绍添加截面线的段的一般操作方法。

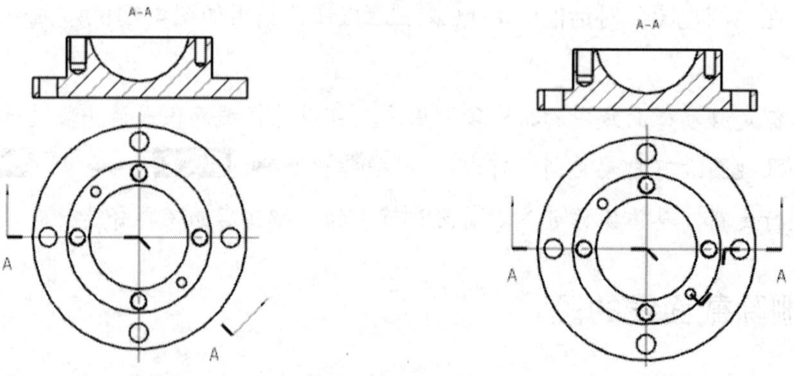


a）修改前　　b）修改后

图 4.7.6 添加截面线的段

Step1. 打开工程图文件 D:\ug11.12\work\ch04.07.03\add_segment.prt，系统进入制图环境。

Step2. 选择命令。右击图 4.7.7 所示的箭头段，在弹出的快捷菜单中选择 编辑... 命令，系统弹出“剖视图”对话框。

Step3. 选择操作。在该对话框 截面线段 区域中激活 指定支线 1 位置 (4) 选项，选择图 4.7.7 所示的圆弧边线，系统自动捕捉圆心。

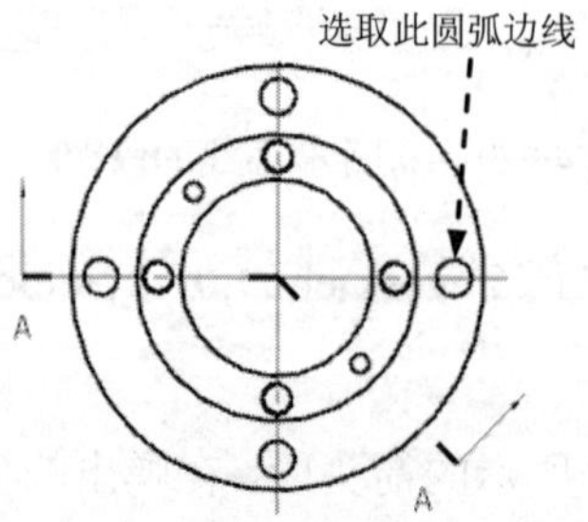


图 4.7.7 选择段

Step4. 在“剖视图”对话框中单击 关闭 按钮，结果如图 4.7.6b 所示。

## 4.7.4 编辑剖视图的标签样式

下面以图 4.7.8 所示为例介绍编辑剖视图的标签样式的一般操作方法。

Step1. 打开工程图文件 D:\ug11.12\work\ch04.07.04\edit_view_label.prt，系统进入制图环境。

Step2. 选择命令。在图纸中右击视图标签 A-A，在弹出的快捷菜单中选择 设置(S)... 命令，系统弹出如图 4.7.9 所示的“设置”对话框。

Step3. 设置标签。在“设置”对话框的 公共 节点下选择 视图标签 选项卡，在 格式 区域的 字母 文本框中输入文本 B，在 截面线 节点下选择 标签 选项卡，在 标签 区域的 字符高度因子 文本框中输入数值 2，其余参数采用默认设置。

Step4. 在“设置”对话框中单击 确定 按钮，结果如图 4.7.8b 所示。

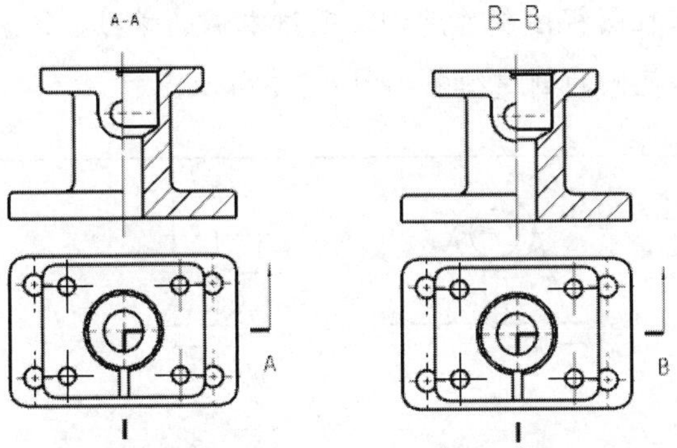


a）编辑前　　b）编辑后

图 4.7.8 编辑视图标签

图 4.7.9 “设置”对话框

图 4.7.9 所示“设置”对话框“标签”选项卡中的选项和按钮的说明如下。

- 位置下拉列表：用来定义视图标签的位置，默认为视图的上面。
- 视图标签类型下拉列表：用来定义是否显示视图的名称标签。
- 前缀文本框：用于输入视图标签中字母前面出现的文本内容。
- 字母格式下拉列表：用来定义视图标签中字母的组合方式。
- 字符高度因子文本框：用来定义视图标签中字母的大小比例。
- 文本区域：用来定制或定义视图标签的文本属性等。

# 4.8 工程图视图范例

## 4.8.1 范例 1——创建基本视图

### 范例概述

这是一个简单的工程图视图制作范例，通过本例的学习，读者可以熟悉创建基本视图的一般操作步骤。本范例的创建结果如图 4.8.1 所示。

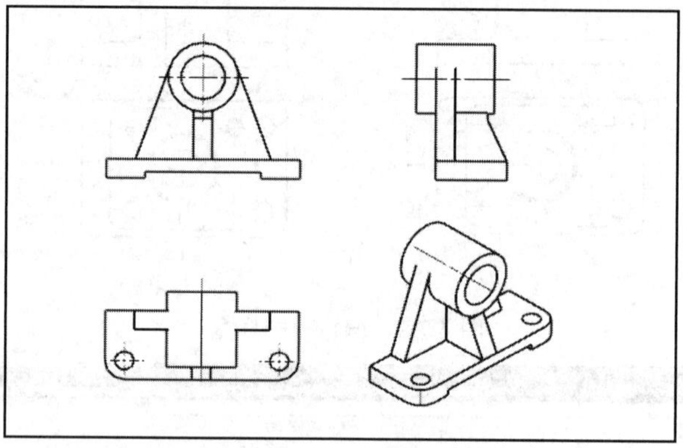

图 4.8.1 创建基本视图

Step1. 打开文件 D:\ug11.12\work\ch04.08\ex01.prt，进入建模环境，零件模型如图 4.8.2 所示。

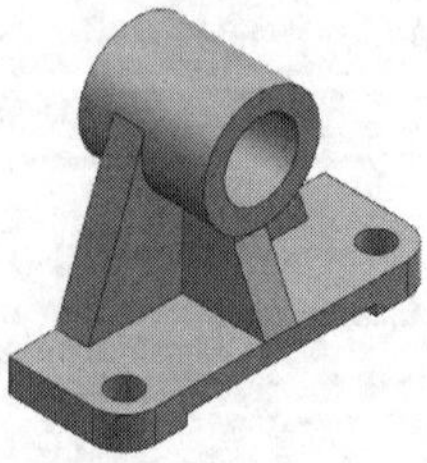

图 4.8.2 零件模型

Step2. 进入制图环境。在应用模块功能选项卡设计区域单击制图按钮，进入制图环境。

Step3. 新建图纸页。选择下拉菜单 插入(S) → 图纸页(H)... 命令（或单击“新建图纸页”按钮），系统弹出“图纸页”对话框，在其中选择图 4.8.3 所示的选项，单击 确定 按钮。

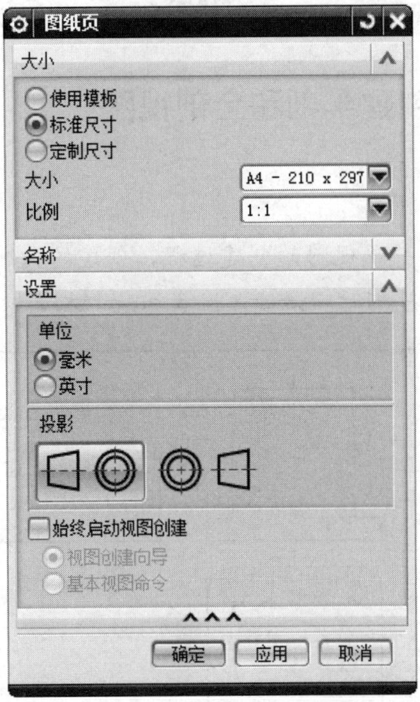


图 4.8.3　“图纸页”对话框

Step4. 创建主视图。选择下拉菜单 插入(S) → 视图(W) → 基本(B)... 命令（或单击“视图”区域中的按钮），系统弹出“基本视图”对话框，在 模型视图 区域的 要使用的模型视图 下拉列表中选择 右视图 选项，其余参数采用系统默认设置；在图纸页的合适位置单击以放置视图。

Step5. 创建俯视图和左视图。此时系统自动弹出“投影视图”对话框，采用默认设置，在主视图的正下方单击放置俯视图；继续在主视图的正右方单击放置左视图；单击 关闭 按钮，关闭“投影视图”对话框，此时结果如图 4.8.4 所示。

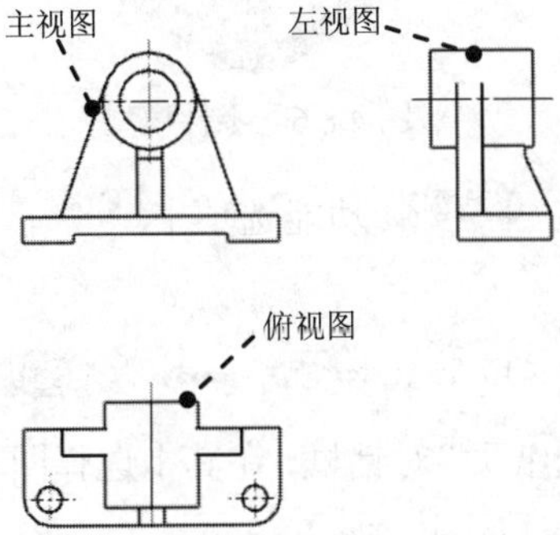


图 4.8.4　放置视图

Step6. 放置轴测图。选择下拉菜单 插入(S) → 视图(W) ▸ → 基本(B)... 命令，系统弹出“基本视图”对话框；在“基本视图”对话框 模型视图 区域的 要使用的模型视图 下拉列表中选择 正等测图 选项，其余参数采用系统默认设置；在图纸的合适位置单击以放置轴测视图，结果如图 4.8.1 所示。

Step7. 选择下拉菜单 文件(F) → 保存(S) 命令，保存文件。

## 4.8.2 范例 2——创建半剖和全剖视图

### 范例概述

本范例介绍了全剖、半剖视图的创建过程，创建的关键在于剖视图父视图的选择和剖切线的绘制，在学习本范例时，请读者注意总结。本范例的创建结果如图 4.8.5 所示。

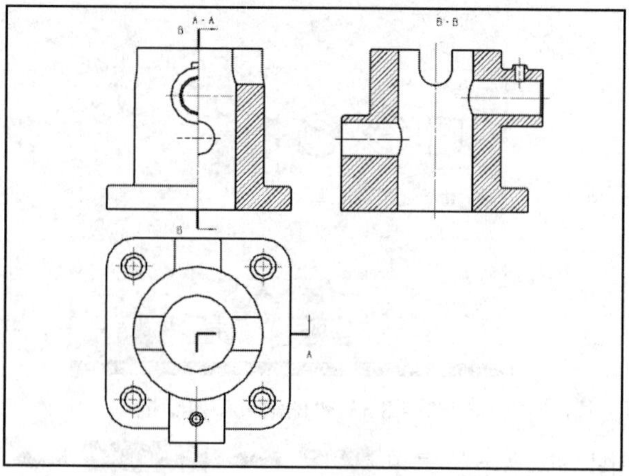


图 4.8.5　创建全剖视图和半剖视图

Step1. 打开文件 D:\ug11.12\work\ch04\ch04.08\ex02.prt，进入建模环境，零件模型如图 4.8.6 所示。

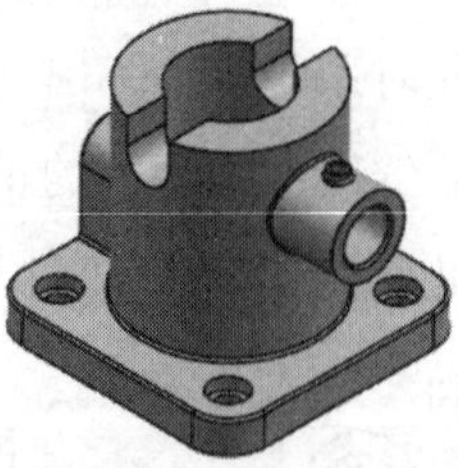

图 4.8.6　零件模型

Step2. 进入制图环境。在 应用模块 功能选项卡 设计 区域单击 制图 按钮，进入制图环境。

Step3. 新建图纸页。选择下拉菜单 插入(S) → 图纸页(H)... 命令（或单击“新建图纸页”按钮 ），系统弹出“图纸页”对话框，在其中选择图 4.8.7 所示的选项，单击 确定按钮。

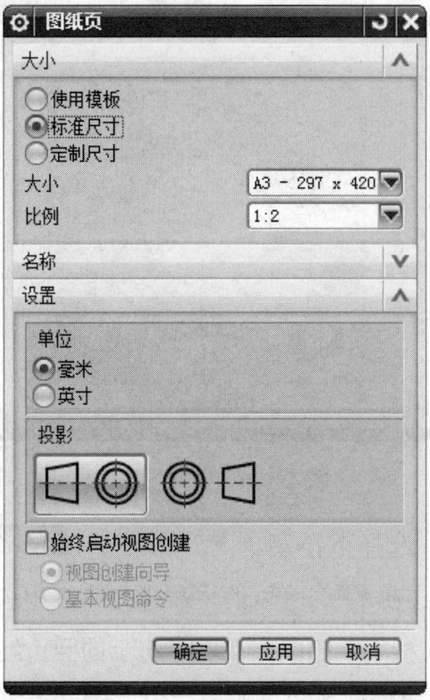


图 4.8.7 “图纸页”对话框

Step4. 创建俯视图。选择下拉菜单 插入(S) → 视图(W) → 基本(B)... 命令（或单击“视图”区域中的按钮），系统弹出“基本视图”对话框，模型视图 区域的 要使用的模型视图 下拉列表中选择 俯视图 选项，单击“定向视图工具”按钮，系统弹出如图 4.8.8 所示的“定向视图工具”对话框和如图 4.8.9 所示的“定向视图”预览窗口；在“定向视图工具”对话框中单击 法向 区域中的 指定矢量，在“定向视图”预览窗口中选择图 4.8.9 所示的 Z 轴；在“定向视图工具”对话框中单击 X 向 区域中的 指定矢量，在“定向视图”预览窗口中选择图 4.8.9 所示的 Y 轴，此时“定向视图”预览窗口显示如图 4.8.10 所示；在“定向视图工具”对话框中单击 确定 按钮，系统返回到“基本视图”对话框，在图纸中的合适位置单击以放置视图；系统自动弹出“投影视图”对话框，单击 关闭 按钮，关闭“投影视图”对话框。

图 4.8.8 “定向视图工具”对话框

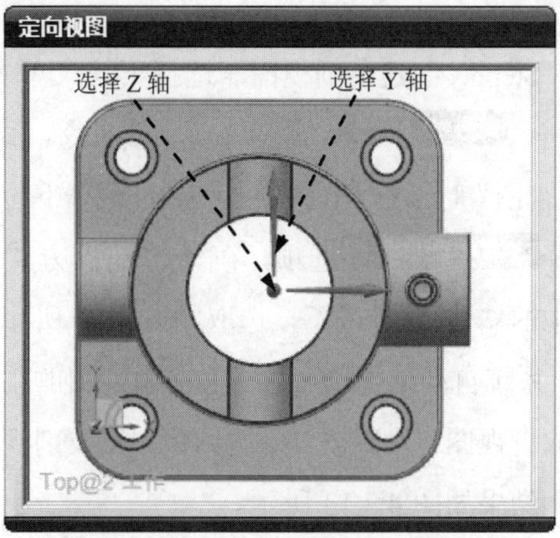


图 4.8.9 “定向视图”预览窗口

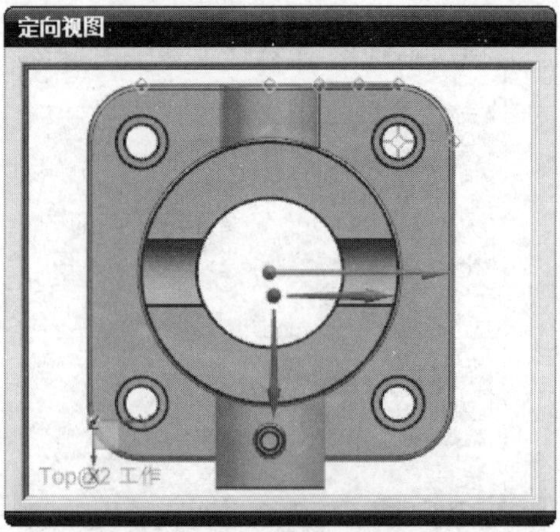


图 4.8.10 定义视图方向

Step5. 创建半剖视图。选择下拉菜单 插入(S) → 视图(W) → 剖视图(S)... 命令，系统弹出“剖视图”对话框；在 截面线 区域的 方法 下拉列表中选择 半剖 选项。确认“捕捉方式”工具条中的 ⊙ 按钮被按下，选取图 4.8.11 所示的圆边线两次，系统自动捕捉圆心位置；在俯视图的正上方单击放置剖视图，然后按 Esc 键结束，完成剖视图的创建，结果如图 4.8.12 所示。

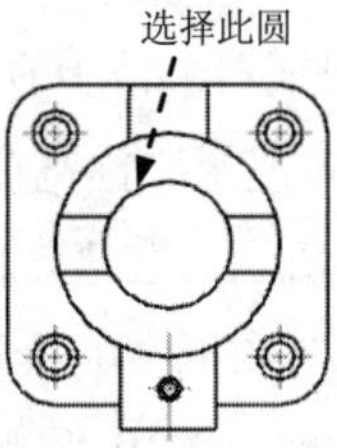


图 4.8.11 选择剖切位置

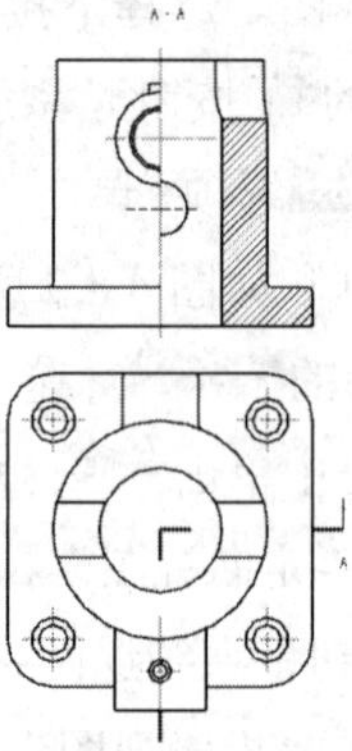

图 4.8.12 创建半剖视图

Step6. 创建全剖视图。选择下拉菜单 插入(S) → 视图(W) → 剖视图(S)... 命令，系统弹出“剖视图”对话框；在 截面线 区域的 方法 下拉列表中选择 简单剖/阶梯剖 选项，确认“捕捉方式”工具条中的 ⊙ 按钮被按下，选取图 4.8.13 所示的圆边线，系统自动捕捉圆心位置；在俯视图的正右方单击放置视图，然后按 Esc 键结束，完成剖视图的创建，结果如图 4.8.13 所示。

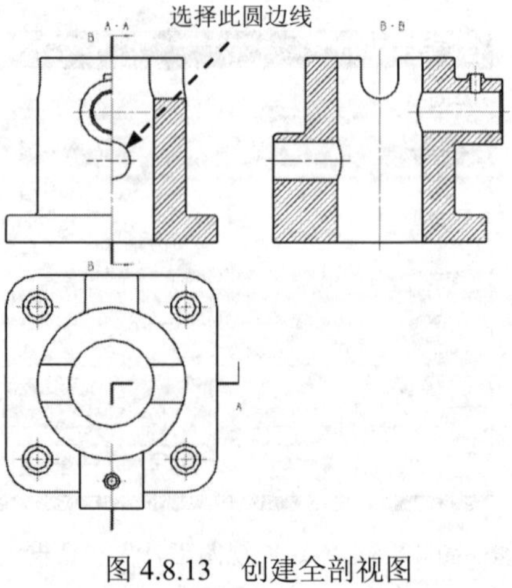


图 4.8.13 创建全剖视图

Step7. 选择下拉菜单 文件(F) → 保存(S) 命令，保存文件。

## 4.8.3　范例 3——创建阶梯剖和局部剖视图

**范例概述**

本范例介绍了创建阶梯剖和局部剖视图的过程，创建的关键在于父视图的选择和剖切线的绘制，在学习本范例时，请读者注意总结。本范例的工程图视图如图 4.8.14 所示。

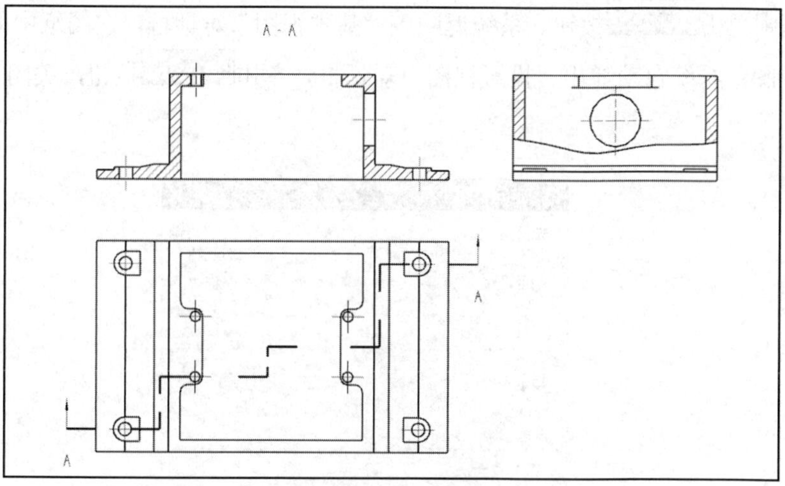


图 4.8.14　创建阶梯剖和局部剖视图

Step1. 打开文件 D:\ug11.12\work\ch04.08\ex03.prt，进入建模环境，零件模型如图 4.8.15 所示。

Step2. 进入制图环境。在 应用模块 功能选项卡 设计 区域单击 制图 按钮，进入制图环境。

Step3. 新建图纸页。选择下拉菜单 插入(S) → 图纸页(H)... 命令（或单击“新建图纸页”按钮），系统弹出“图纸页”对话框，在其中选择图 4.8.16 所示的选项，单击 确定 按钮。

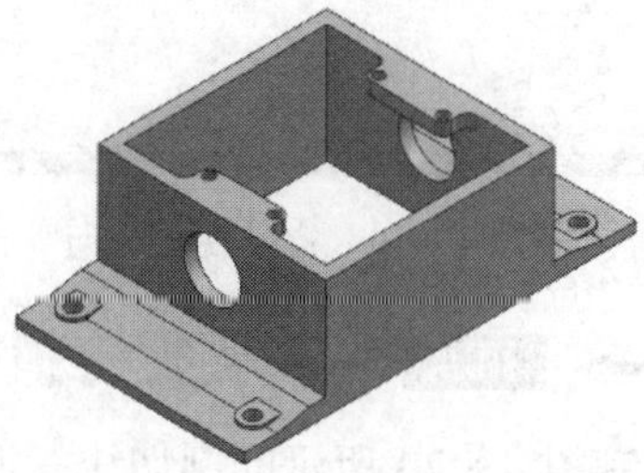

图 4.8.15　零件模型

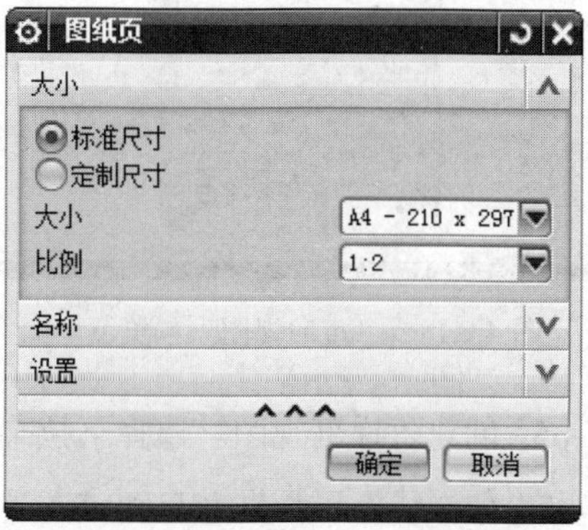


图 4.8.16　“图纸页”对话框

Step4. 创建俯视图。选择下拉菜单 插入(S) → 视图(W) ▸ → 基本(B)... 命令（或单击“视图”区域中的按钮），系统弹出“基本视图”对话框，模型视图 区域的 要使用的模型视图 下拉列表中选择 俯视图 选项，单击“定向视图工具”按钮，系统弹出如图 4.8.17 所示的“定向视图工具”对话框和图 4.8.18 所示的“定向视图”预览窗口；在“定向视图工具”对话框中单击 法向 区域中的 指定矢量，在“定向视图”预览窗口中选择图 4.8.18 所示的 Z 轴；在“定向视图工具”对话框中单击 X 向 区域中的 指定矢量，在“定向视图”预览窗口中选择图 4.8.18 所示的 Y 轴，此时“定向视图”预览窗口显示如图 4.8.19 所示；在“定向视图工具”对话框中单击 确定 按钮，系统返回到“基本视图”对话框，在图纸中的合适位置单击以放置视图；系统自动弹出“投影视图”对话框，单击 关闭 按钮，关闭“投影视图”对话框。

图 4.8.17 “定向视图工具”对话框

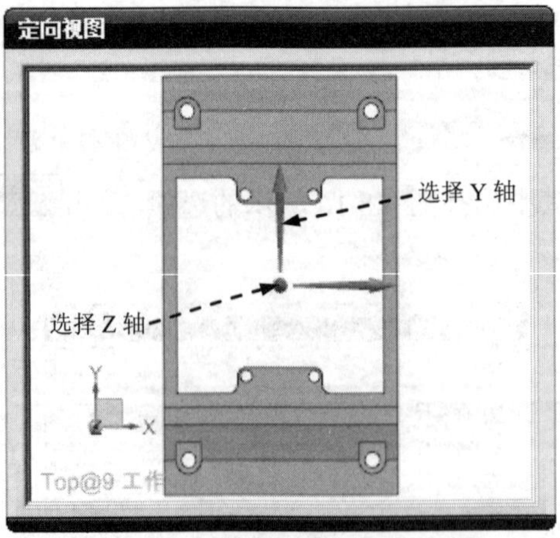


图 4.8.18 “定向视图”预览窗口

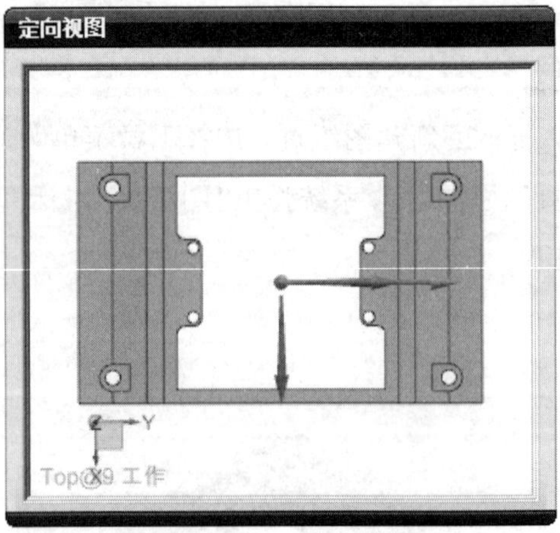


图 4.8.19 定义视图方向

Step5. 创建阶梯剖视图。选择下拉菜单 插入(S) → 视图(W) → 剖切线(L)... 命令，系统弹出“截面线”对话框并自动进入草图环境；绘制图 4.8.20 所示的剖切线；退出草图环境，系统返回到“截面线”对话框，在该对话框的 方法 下拉列表中选择 简单剖/阶梯剖 选项，单击 确定 按钮完成剖切线的创建；选择下拉菜单 插入(S) → 视图(W) → 剖视图(S)... 命令，系统弹出“剖视图”对话框；在 截面线 区域的 定义 下拉列表中选择 选择现有的 选项，然后选择前面绘制的剖切线；在原视图的上方单击放置阶梯剖视图；单击“剖视图”对话框中的 关闭 按钮；结果如图 4.8.21 所示。

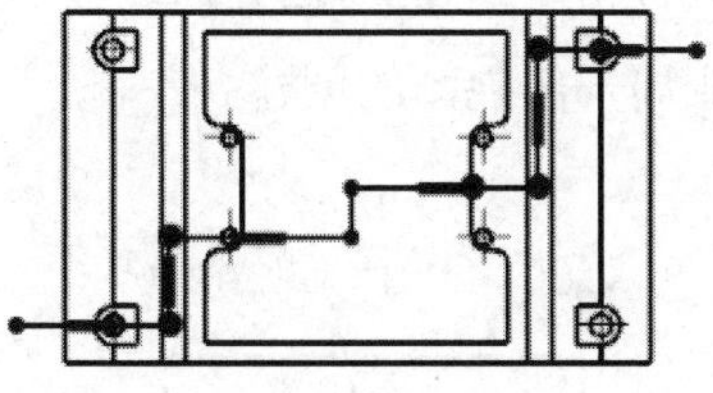

图 4.8.20　绘制剖切线

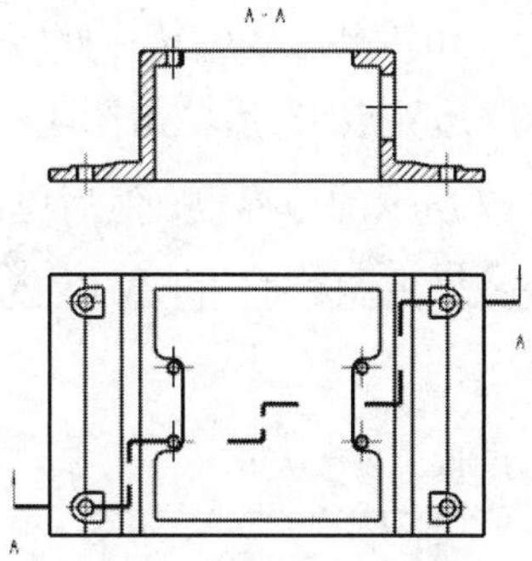


图 4.8.21　创建阶梯剖视图

Step6. 创建左视图。在图样中单击阶梯剖视图的边界（或在“部件导航器”中选中该视图），选择下拉菜单 插入(S) → 视图(W) → 投影(J)... 命令，系统弹出“投影视图”对话框；移动鼠标指针到阶梯剖视图的正右方，单击以放置左视图；单击“投影视图”对话框中的 关闭 按钮，关闭该对话框，结果如图 4.8.22 所示。

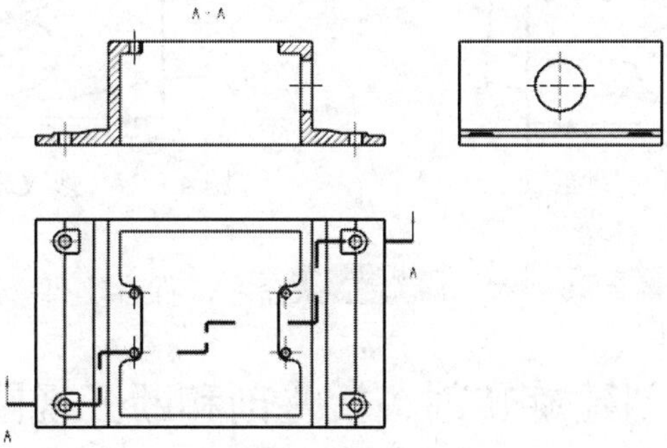


图 4.8.22　创建左视图

Step7. 绘制草图曲线。在左视图的边界上右击，在系统弹出的快捷菜单中选择 活动草图视图 命令，此时将激活左视图为草图视图；单击“草图工具”工具条中的“艺术样条”按钮，系统弹出“艺术样条”对话框，选择 通过点 类型，绘制图 4.8.23 所示的样条曲线，单击对话框中的 <确定> 按钮；单击“草图工具”工具条中的 完成草图 按钮，完成草图绘制。

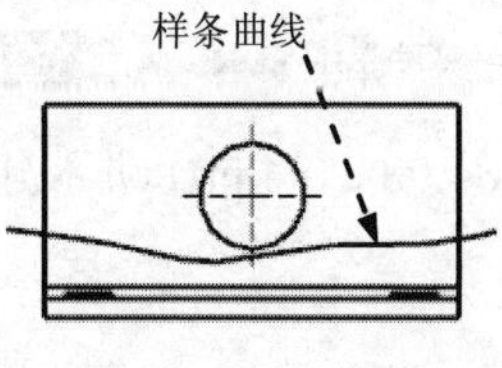


图 4.8.23　绘制样条曲线

Step8. 创建局部剖视图。选择下拉菜单 插入(S) → 视图(W) → 局部剖(O)... 命令，系统弹出“局部剖”对话框，在其中选中 ⊙ 创建 单选项，在系统 选择一个生成局部剖的视图 的提示下选取左视图，在系统 选择对象以自动判断点 的提示下确认“捕捉方式”工具条中的 ⊙ 按钮被按下，选取图 4.8.24 所示的边线中点；接受系统的默认拉伸方向，单击鼠标中键确认；确认“局部剖”对话框中的“选择曲线”按钮被按下，选择前面绘制的样条曲线作为剖切线，单击鼠标中键确认，此时样条曲线自动封闭且出现边界点（图 4.8.25）；单击图 4.8.25 所示的边界点，然后单击图 4.8.25 所示的位置 1，此时边界曲线显示为图 4.8.26 所示，单击图 4.8.27 所示的边界点，然后单击图 4.8.27 所示的位置 2，此时边界曲线显示为 4.8.27 所示；单击 应用 按钮，再单击 取消 按钮，完成局部剖视图的创建。

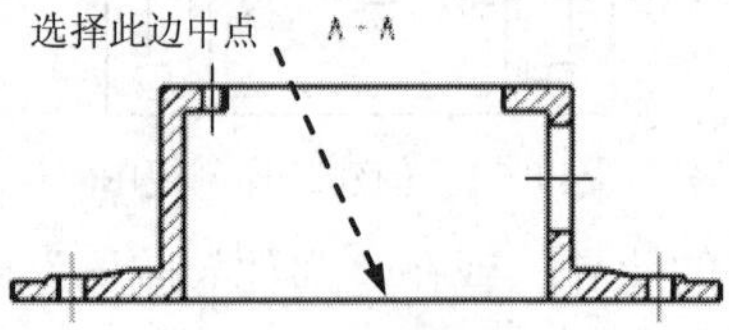


图 4.8.24　选取基点

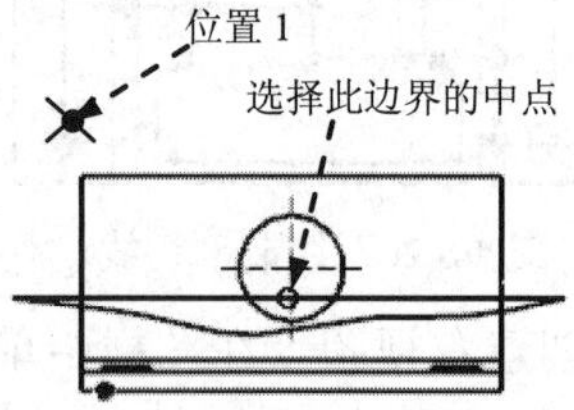


图 4.8.25　修改边界曲线（一）

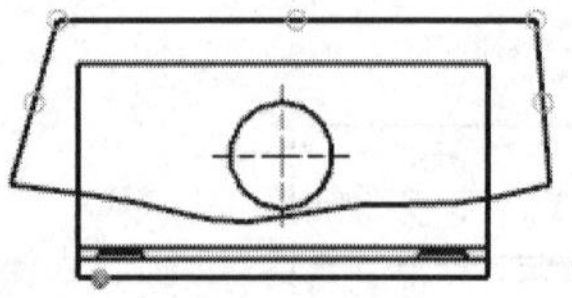

图 4.8.26　修改边界曲线（二）

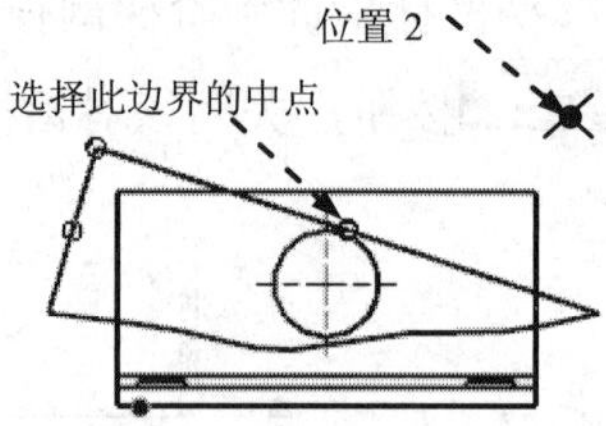


图 4.8.27　修改边界曲线（三）

Step9. 选择下拉菜单 文件(F) → 保存(S) 命令，保存文件。

### 4.8.4　范例 4——创建旋转剖、折叠剖和断开视图

#### 范例概述

本范例介绍了创建旋转剖、折叠剖以及断开等视图的过程，创建的关键在于剖切线的绘制、铰链线的定义。在学习本范例时，请读者注意视图位置方位的选择。本范例的工程图视图如图 4.8.28 所示。

Step1. 创建图纸页并预设置。

（1）选择命令。选择下拉菜单 文件(F) → 打开(O)... 命令，在弹出的“打开”对话框中选择文件 D:\ug11.12\work\ch04.08\ex04.prt，进入建模环境，零件模型如图 4.8.29 所示。

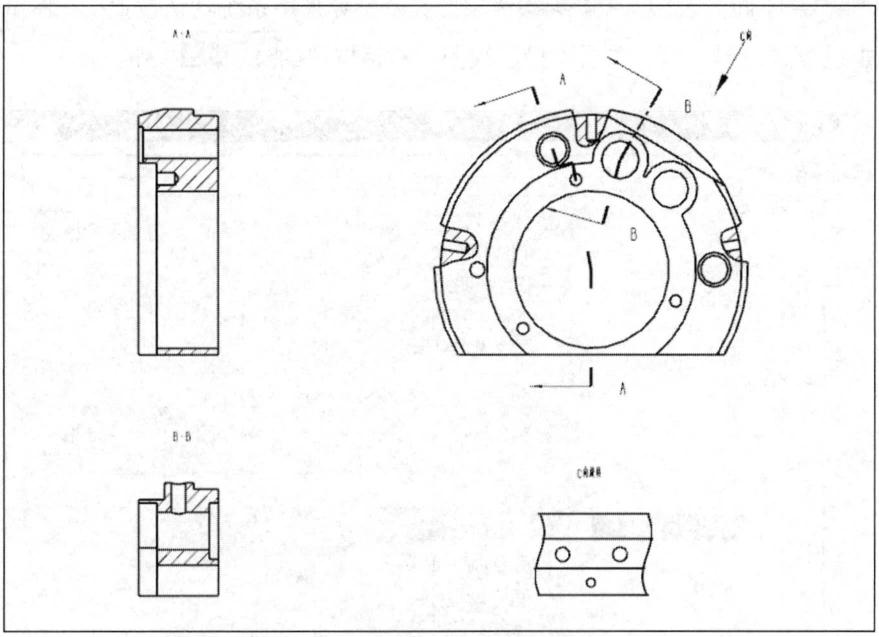

图 4.8.28　创建旋转剖、折叠剖和断开视图

图 4.8.29　零件模型

（2）新建图纸。选择下拉菜单 文件(F) → 新建(N)... 命令，在系统弹出的“新建”对话框中单击 图纸 选项卡，在 模板 区域中选择 A3 - 无视图 模板，然后单击 确定 按钮，进入制图环境。

**说明**：如果弹出“视图创建向导”对话框，则单击“取消”按钮。

（3）设置制图首选项。选择下拉菜单 首选项(P) → 制图(D)... 命令，系统弹出“制图首选项”对话框，在 视图 节点下展开 公共 选项，然后选择 常规 选项卡。

（4）在对话框中进行如图 4.8.30 所示的参数设置，单击 确定 按钮，完成视图首选项的设置。

**说明**：这里取消选中 带中心线创建 复选框是为了避免产生过多的中心线，读者可根据需要进行必要的参数设置。

Step2. 创建主视图。选择下拉菜单 插入(S) → 视图(W) → 基本(B)... 命令（或单击“视图”区域中的按钮），系统弹出“基本视图”对话框，在 模型视图 区域的

要使用的模型视图 下拉列表中选择 俯视图 选项，其余参数采用系统默认设置；在图纸页的合适位置单击以放置视图，然后单击"投影视图"对话框中的 关闭 按钮。

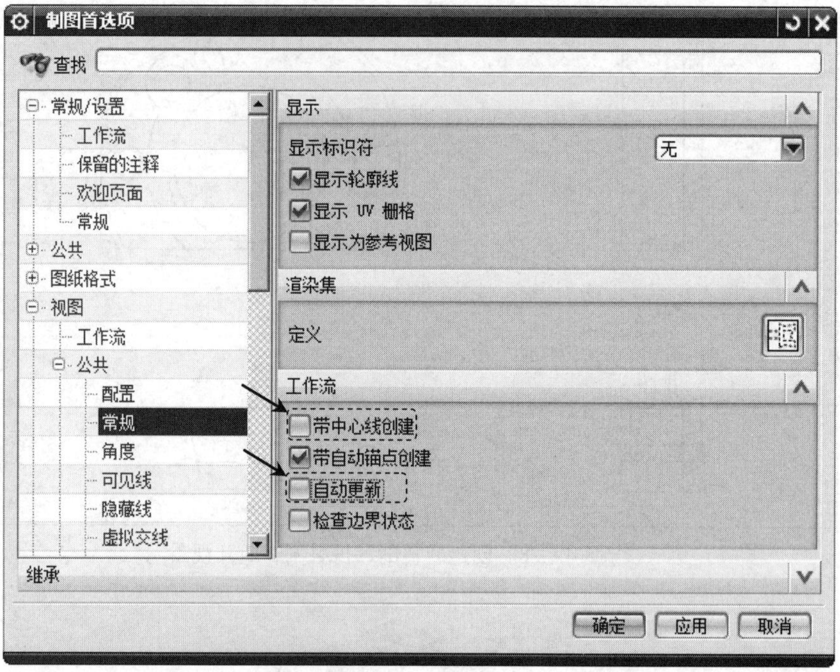

图 4.8.30　"制图首选项"对话框

Step3. 创建旋转剖视图。选择下拉菜单 插入(S) ➡ 视图(W) ➡ 剖视图(S)... 命令，系统弹出"剖视图"对话框；在 截面线 区域的 方法 下拉列表中选择 旋转 选项；确认"捕捉方式"工具条中的 ⊙ 按钮被按下，选取图 4.8.31 所示的圆弧边线 1 定义旋转中心；确认"捕捉方式"工具条中的 ∕ 按钮被按下，选取图 4.8.31 所示的边线的中点定义第一个剖切位置；确认"捕捉方式"工具条中的 ⊙ 按钮被按下，选取图 4.8.31 所示的圆弧边线 2 定义第二个剖切位置；在系统 指出图纸上剖视图的中心 的提示下单击父视图的左侧完成视图的放置，结果如图 4.8.32 所示。

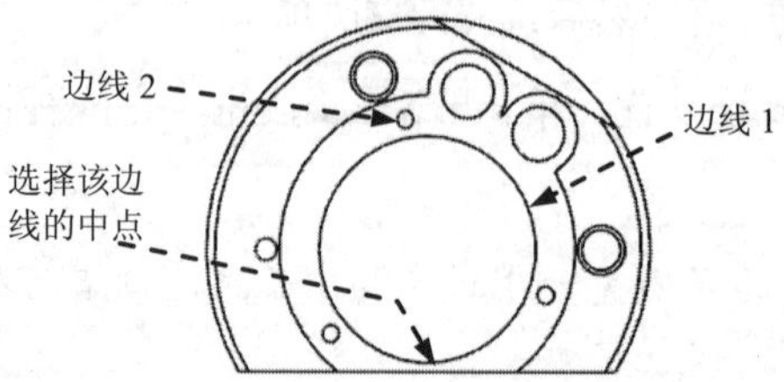

图 4.8.31　定义剖视图对象　　　　图 4.8.32　旋转剖视图

Step4. 添加剖切段。右击图 4.8.33a 所示的箭头段，在弹出的快捷菜单中选择 编辑... 命令，系统弹出"剖视图"对话框，在该对话框 截面线段 区域中激活 ✓ 指定支线 2 位置 (2) 选项，

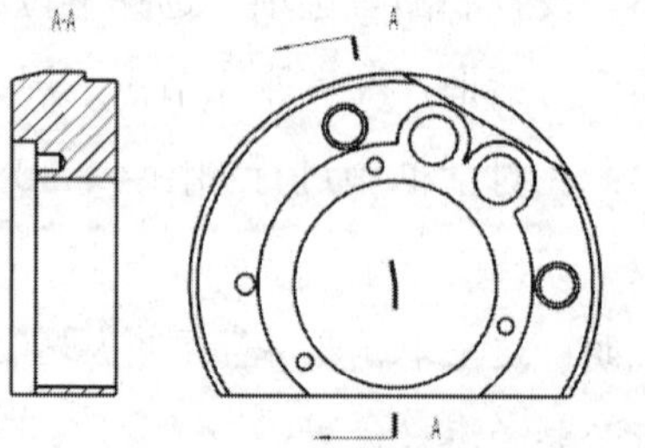

然后单击图 4.8.33a 所示的边线 3，此时剖切线显示如图 4.8.33b 所示；按 Esc 键结束命令。

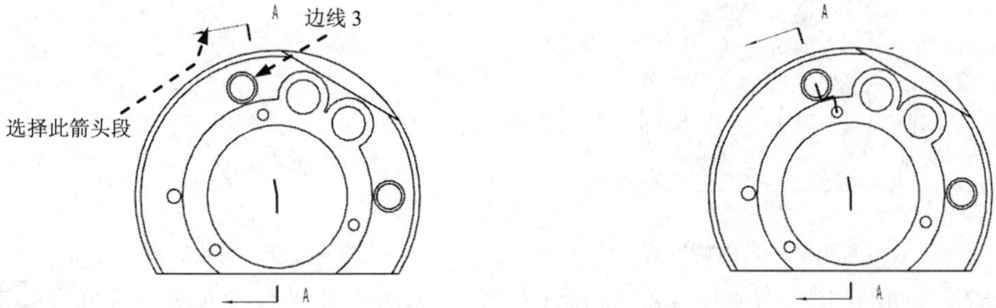

a）添加前　　　　b）添加后

图 4.8.33　添加剖切段

Step5. 更新旋转剖视图。选择下拉菜单 编辑(E) → 视图(W) → 更新(U)... 命令，此时系统自动选取了需要更新的视图，单击 确定 按钮，完成视图的更新，结果如图 4.8.34 所示。

Step6. 创建折叠剖视图。在图 4.8.35 所示的视图边界上右击，在弹出的快捷菜单中选择 活动草图视图 命令，此时将激活该视图为草图视图；单击“草图”区域中的“直线”按钮，绘制图 4.8.35 所示的直线（与模型边线垂直），然后选择命令将所绘制的直线转化为参考线；单击“草图”区域中的 完成草图 按钮，完成草图绘制；选择下拉菜单 插入(S) → 视图(W) → 剖视图(S)... 命令，系统弹出“剖视图”对话框；在 截面线 区域 方法 的下拉列表中选择 点到点 选项，选择图 4.8.36 所示的俯视图作为创建折叠剖视图的父视图；选取图 4.8.35 中绘制的直线，单击按钮确保铰链线箭头如图 4.8.36 所示；确认“捕捉方式”工具条中的按钮被按下，选取图 4.8.36 所示的圆弧边线 1、边线 2 和直线的端点，单击鼠标中键完成剖切位置的定义，并选中 创建折叠剖视图 复选框；在系统 指出图纸上剖视图的中心 的提示下单击俯视图的左上方完成视图的放置，然后将其拖拽放在合适的位置，结果如图 4.8.37 所示。

**说明**：在绘制直线无法捕捉到对象时，需要在选择工具条选择范围的下拉列表中选择 整个装配 选项。

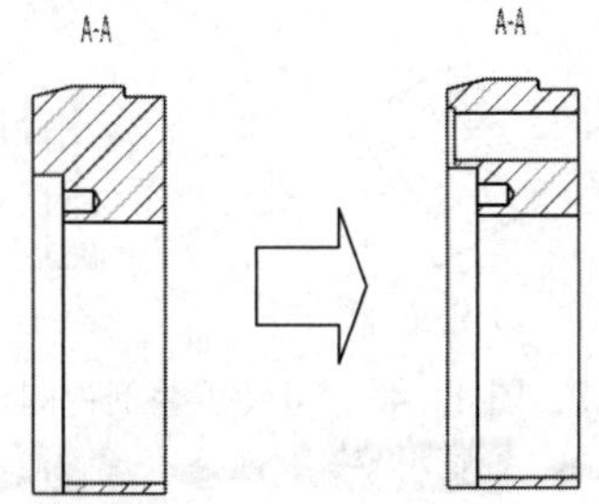

a）更新前　　b）更新后

图 4.8.34　更新剖视图

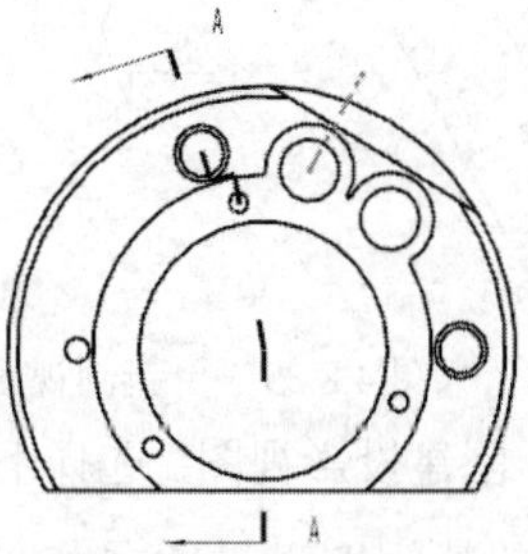


图 4.8.35　绘制草图直线

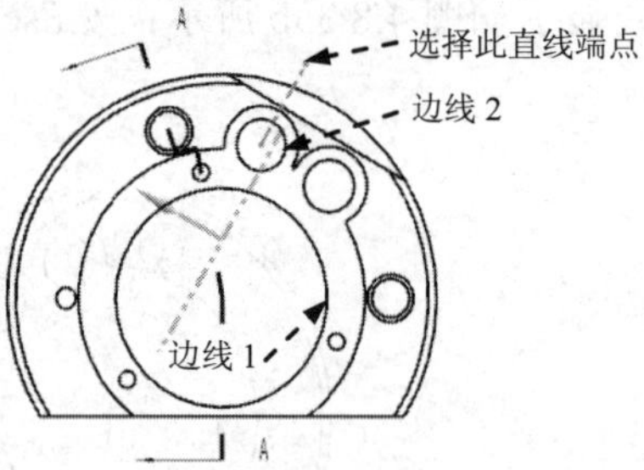


图 4.8.36　定义剖切位置

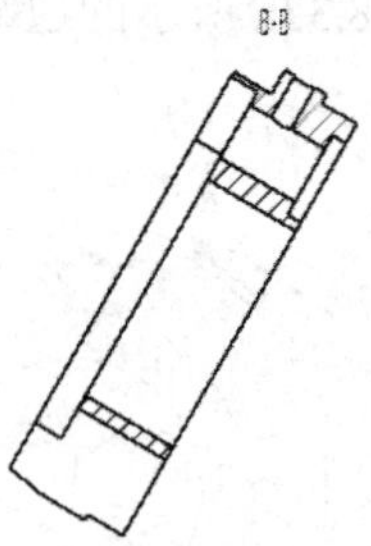


图 4.8.37　创建折叠剖视图

Step7. 移动剖切段。右击图 4.8.38a 所示的箭头段，在弹出的快捷菜单中选择 编辑... 命令，系统弹出“剖视图”对话框，选择图 4.8.38a 所示的箭头段移至图 4.8.38b 所示的位置，此时剖切线显示如图 4.8.38b 所示；按 Esc 键结束命令。

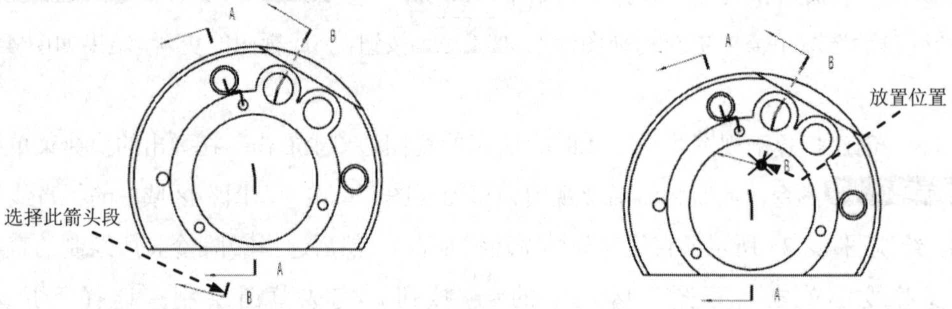


a）移动前　　b）移动后

图 4.8.38　移动剖切段

Step8. 更新折叠剖视图。选择下拉菜单 编辑(E) → 视图(W) → 更新(U)... 命令，此时系统自动选取了需要更新的视图，单击 确定 按钮，完成视图的更新，结果如图 4.8.39 所示。

Step9. 定义折叠剖视图样式。单击图 4.8.40a 所示视图的边界，在系统弹出的工具条中单击 A 按钮，弹出“设置”对话框；单击 ⊞ 公共 节点下的 角度 选项，在 角度 文本框中输入值 30，单击 确定 按钮，结果如图 4.8.40b 所示。

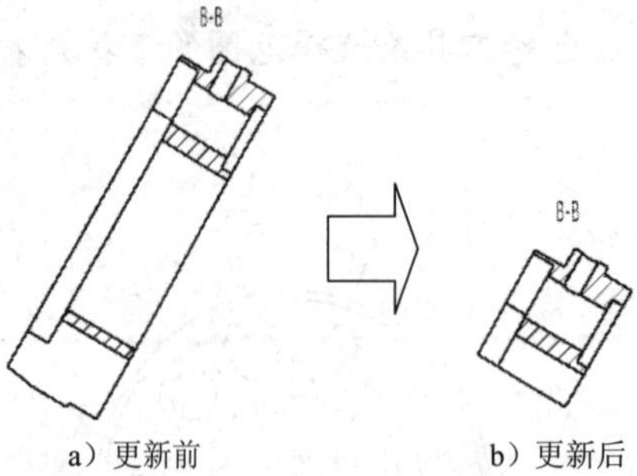


a）更新前　　b）更新后

图 4.8.39　更新剖视图

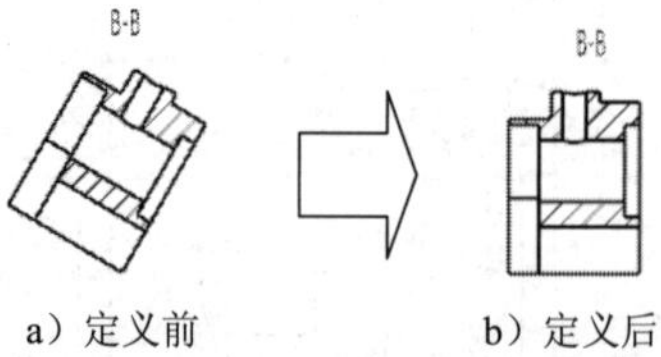


a）定义前　　b）定义后

图 4.8.40　定义折叠剖视图样式

Step10. 创建投影视图。选择下拉菜单 插入(S) → 视图(W) ▸ → 投影(J)... 命令，系统弹出“投影视图”对话框；在 放置 区域的 方法 下拉列表中选择 垂直于直线 选项，然后单击 指定矢量 区域将其激活，选择图 4.8.41 所示的边线，在合适的位置单击放置投影视图，结果如图 4.8.42 所示。

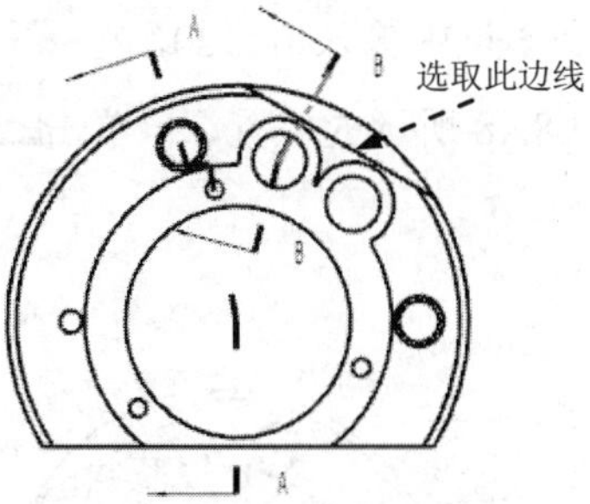


图 4.8.41 定义参照对象

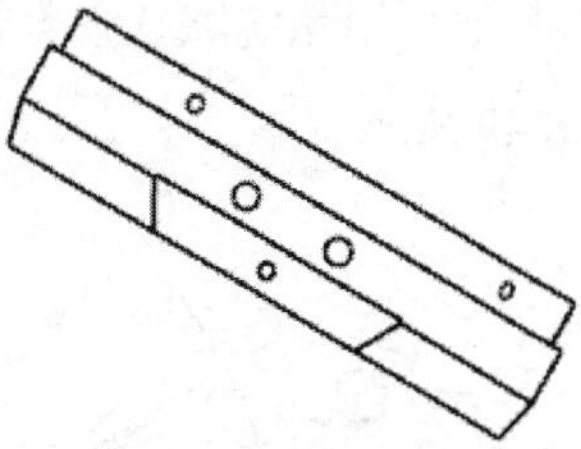

图 4.8.42 创建投影视图

Step11. 定义投影视图样式。单击图 4.8.42 所示视图的边界，在系统弹出的对话框中单击按钮，弹出“设置”对话框；单击⊞ 公共节点下的角度选项，在角度文本框中输入值 30，单击确定按钮，结果如图 4.8.43 所示。

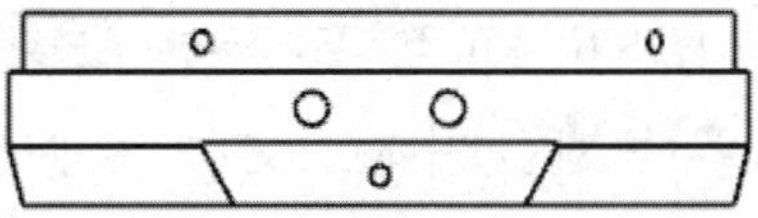

图 4.8.43 定义视图样式

Step12. 创建断开视图。选择下拉菜单插入(S) → 视图(W) → 断开视图(K)...命令（或单击“图纸”工具条中的按钮），系统弹出“断开视图”对话框；在类型下拉列表中选择单侧选项，在设置区域样式下拉列表中选择选项；幅值文本框中输入值 3，在延伸 1文本框中输入值 0，在延伸 2文本框中输入值 0；在系统选择视图的提示下选取投影视图为要断开的模型视图，然后单击图 4.8.44 所示的位置 1，单击按钮调整箭头至图 4.8.44 所示的方向，单击应用按钮完成操作，结果如图 4.8.45 所示；再次选取投影视图为要断开的模型视图，在“断开视图”对话框方向区域的方位下拉列表中选择平行选项，然后单击图 4.8.46 所示的位置 2，单击按钮调整箭头方向，单击确定按钮完成断开视图的创建，结果如图 4.8.47 所示。

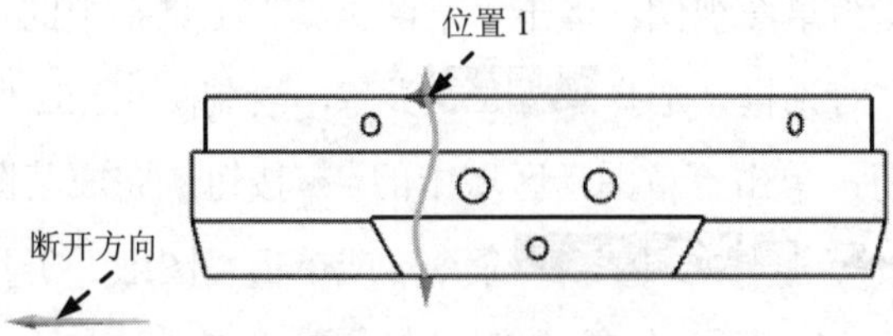


图 4.8.44 定义锚点位置（一）

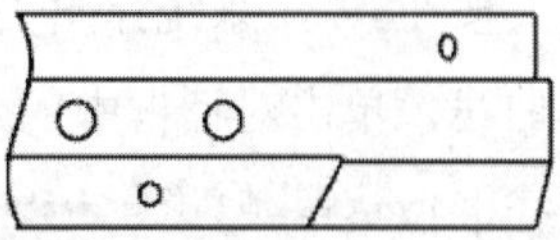

图 4.8.45 创建断开视图（一）

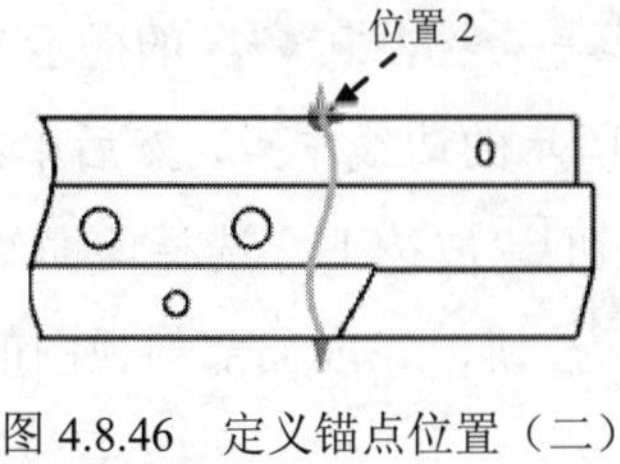


图 4.8.46 定义锚点位置（二）

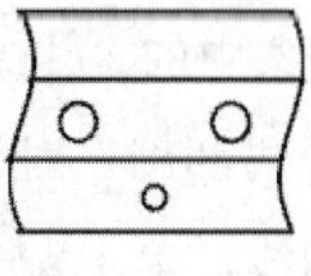

图 4.8.47 创建断开视图（二）

Step13. 创建方向箭头。选择下拉菜单 GC 工具箱 → 注释 → 方向箭头... 命令，系统弹出“方向箭头”对话框；在 位置 区域的 角度 文本框中输入值-120，在 文本 文本框中输入“C 向”，其他采用系统默认参数设置，单击图 4.8.48 所示的位置，再单击 确定 按钮，结果如图 4.8.49 所示。

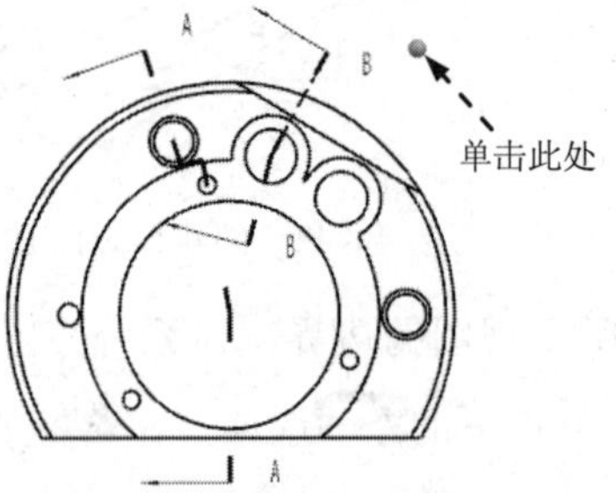


图 4.8.48　定义起点位置

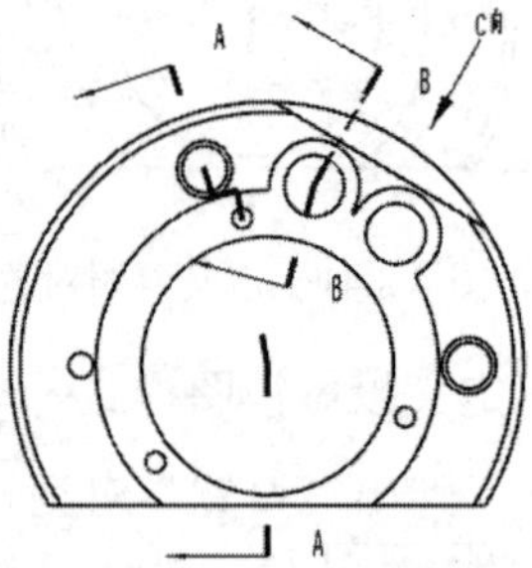


图 4.8.49　创建方向箭头

Step14. 创建文本注释。选择下拉菜单 插入(S) → 注释(A) → 注释(N)... 命令，系统弹出“注释”对话框；在 文本输入 区域中输入文本“C 向旋转”(输入不包括引号)，其他采用系统默认参数设置，单击图 4.8.50 所示的位置，再单击 确定 按钮，结果如图 4.8.51 所示。

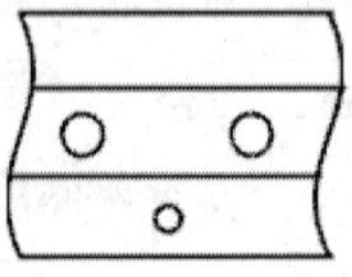

图 4.8.50　定义文本位置

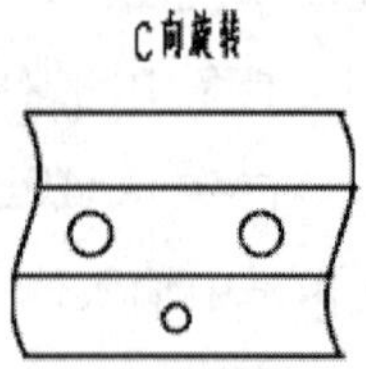


图 4.8.51　创建文本注释

Step15. 创建局部剖视图。单击俯视图的边界，在系统弹出的对话框中单击 按钮，弹出“设置”对话框；单击 隐藏线 选项卡，在线条样式下拉列表中选择 --------- 选项，然后单击 确定 按钮，完成操作；在俯视图的边界上右击，在系统弹出的快捷菜单中选择 激活草图 命令，此时将激活俯视图为草图视图；单击“草图工具”工具条中的“艺术样条”按钮，系统弹出“艺术样条”对话框，选择 通过点 类型，绘制图 4.8.52 所示的样条曲线，单击对话框中的 < 确定 > 按钮；单击“草图”区域中的 完成草图 按钮，完成草图绘制；选择下拉菜单 插入(S) → 视图(W) → 局部剖(O)... 命令（或单击“图纸”工具条中的 按钮），系统弹出“局部剖”对话框；在其中选中 ⊙ 创建 单选项，在系统 **选择一个生成局部剖的视图** 的提示下选取俯视图，在系统 **选择对象以自动判断点** 的提示下确认“捕捉方式”工具条中的 按钮被按下，选取图 4.8.53 所示的边线中点，然后单击 视图法向 按钮；确认“局部剖”对话框中的“选择曲线”按钮 被按下，选择前面绘制的样条曲线作为剖切线，单击 应用 按钮，再单击 取消 按钮，完成局部剖视图的创建。

Step16. 创建其他局部剖视图。参照 Step15 的详细操作步骤绘制图 4.8.54 所示的两条样条曲线，并分别创建其他两处局部剖视图，结果如图 4.8.55 所示。

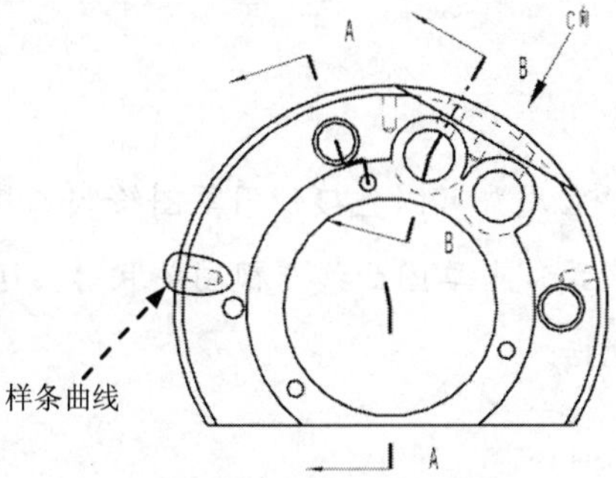


图 4.8.52　绘制样条曲线

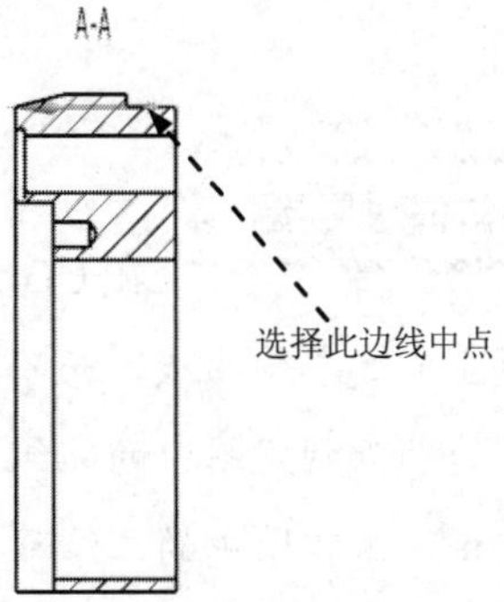


图 4.8.53　选取点

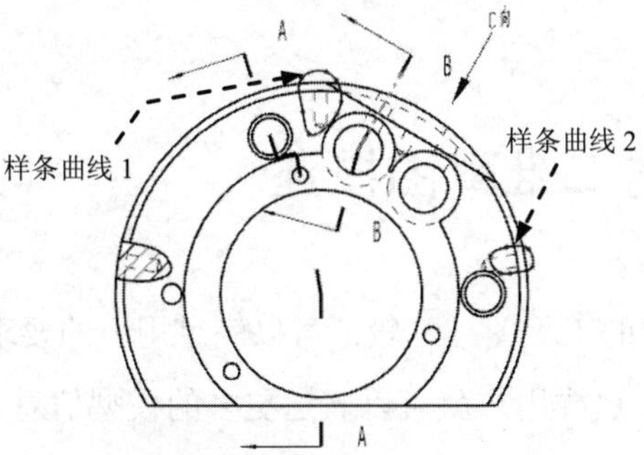


图 4.8.54　绘制样条曲线

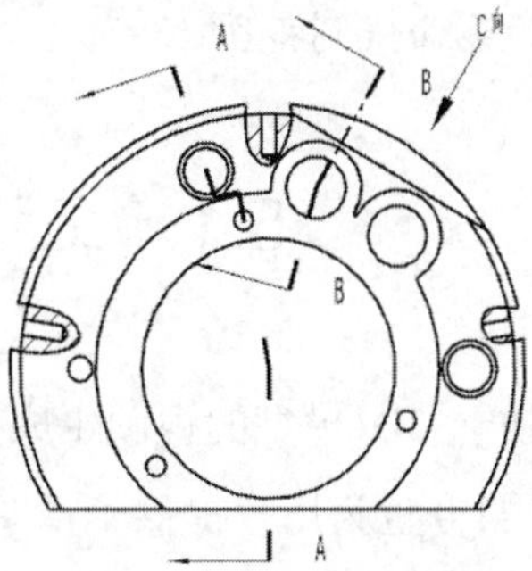


图 4.8.55　创建其他局部剖视图

Step17. 隐藏边线。单击俯视图的边界，在系统弹出的对话框中单击 A 按钮，弹出"设置"对话框；单击 隐藏线 选项卡，在线条样式下拉列表中选择 不可见 选项，单击 确定 按钮，完成操作。

Step18. 选择下拉菜单 文件(F) → 保存(S) 命令，保存文件。

# 第 5 章　工程图中的二维草图

**本章提要**

在 UG NX 11.0 的工程图环境中，用户可以直接使用草图绘制工具在图纸页上创建草图曲线，而不需要进入视图的扩展模式。当草图曲线与视图关联时，还可以关联地约束到视图中的几何体上。本章主要内容包括:

- 工程图中的二维草图概述;
- 绘制二维草图曲线;
- 投影曲线到视图。

## 5.1　工程图中的二维草图概述

使用基于 3D 模型的视图生成方法来创建的工程图，一般都可以满足用户的要求，但是 UG NX 11.0 也为用户提供了草图绘制功能，这样用户就可以表达更多的模型信息。利用工程图模块中的草图绘制功能，用户可以在没有零件模型的情况下，直接绘制一个完整的工程图，这其中包括曲线的绘制、编辑、区域的填充和线型的修改等。

工程图环境中的草图绘制工具与建模环境中的草图绘制工具的使用方法是相同的，因此，关于草图绘制工具的使用本书中将不进行具体介绍，而只对工程图特有的草图绘制命令和技巧进行说明（草图绘制的具体操作请参考机械工业出版社“UG NX 11.0 工程应用精解丛书”的相关书籍）。在工程图环境中绘制草图曲线时，首先需要确定草图绘制平面，系统默认的草图绘制平面为当前活动的图纸页，用户通过激活某个视图为活动草图视图，然后选择下拉菜单 插入(S) ➡ 草图曲线(S) ▸ 命令，即可绘制或编辑草图。

## 5.2　绘制草图曲线

### 5.2.1　在图纸页上绘制草图曲线

Step1. 打开文件 D:\ug11.12\work\ch05.02\sketch_curve_01.prt，进入制图环境。

Step2. 确认“部件导航器”显示如图 5.2.1 所示，此时图纸页 SHT1 为活动。

Step3. 选择下拉菜单 插入(S) ➡ 草图曲线(S) ▸ ➡ 多边形(Y)... 命令（或单击“布局”选项卡“草图”区域中的 按钮），系统弹出“多边形”对话框。

Step4. 在系统提示选择点以指定中心和选择点以指定大小下单击图纸上的两个点放置多边形，单击关闭按钮，关闭“多边形”对话框。

Step5. 单击“布局”选项卡“草图”区域中的完成草图按钮，完成草图绘制，此时“部件导航器”显示如图 5.2.2 所示。

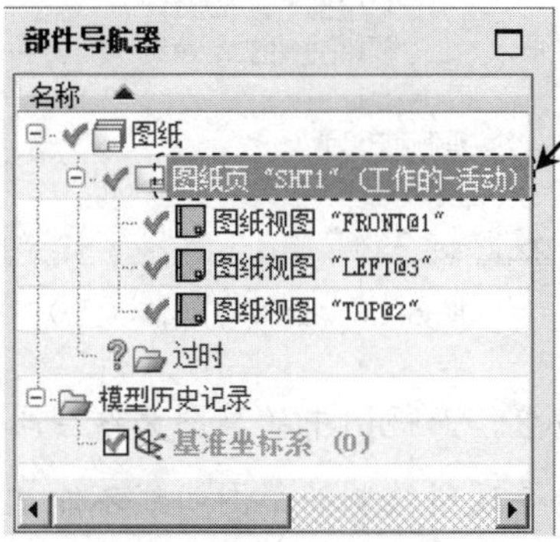


图 5.2.1 部件导航器（一）

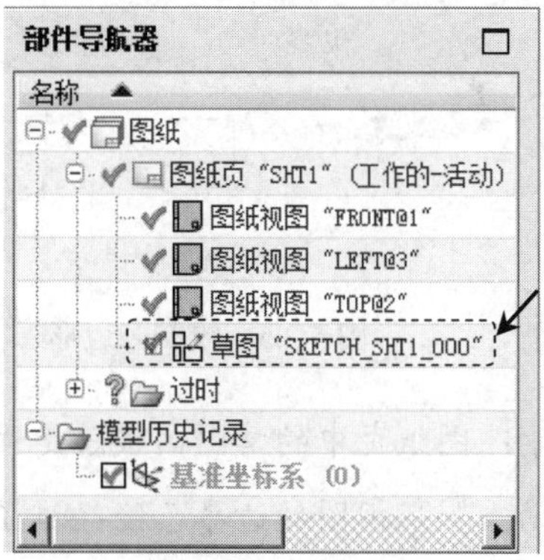


图 5.2.2 部件导航器（二）

## 5.2.2 在视图中绘制草图曲线

Step1. 打开文件 D:\ug11.12\work\ch05.02\sketch_curve_02.prt，进入制图环境。

Step2. 在“部件导航器”中右击图 5.2.3 所示的图纸视图 "FRONT@1"节点，在弹出的快捷菜单中选择活动草图视图命令，此时“部件导航器”显示如图 5.2.4 所示。

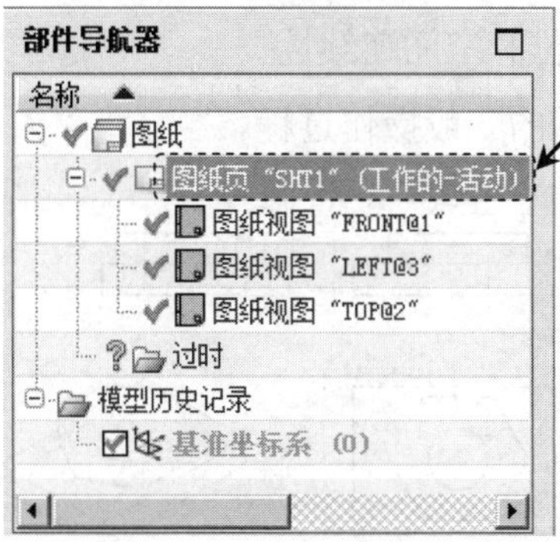


图 5.2.3 部件导航器（三）

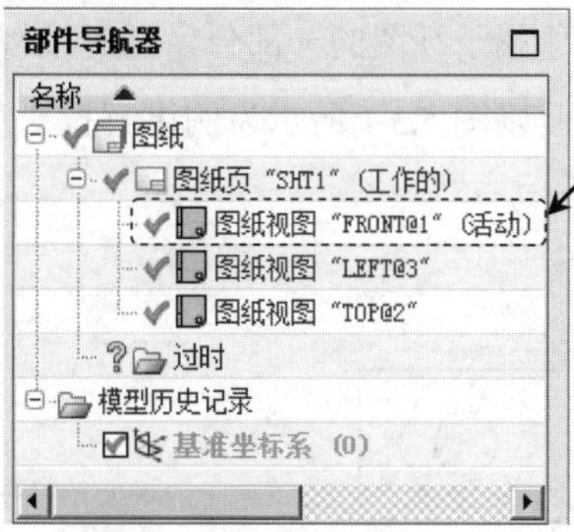


图 5.2.4 部件导航器（四）

Step3. 选择下拉菜单插入(S) → 草图曲线(S) → 多边形(Y)...命令（或单击“布局”选项卡“草图”区域中的按钮），系统弹出“多边形”对话框。

Step4. 在系统提示选择点以指定中心和选择点以指定大小下在图 5.2.5 所示的前视图边界内部和外部分别单击两个点放置多边形，单击关闭按钮，关闭“多边形”对话框。

Step5. 单击“布局”选项卡“草图”区域中的完成草图按钮，完成草图绘制，此时“部件导航器”显示为图 5.2.6 所示。

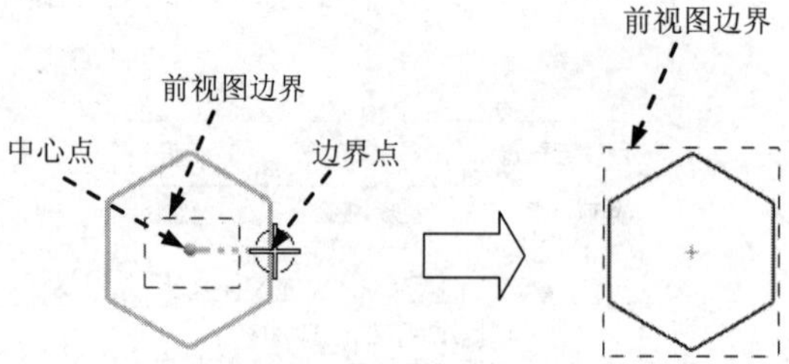

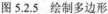

图 5.2.5　绘制多边形

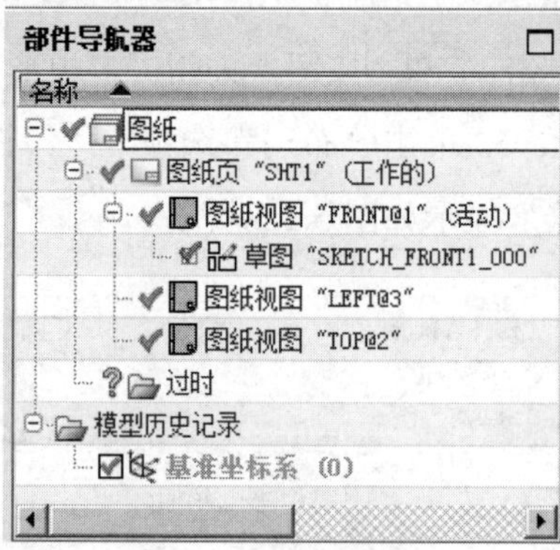


图 5.2.6　部件导航器（五）

**说明：**图纸页中的草图曲线总是固定在绘制的位置，而视图中的草图曲线会跟随视图进行移动。如果视图的边界已经经过了调整，可能会导致所绘制的草图曲线不能完全显示出来。

## 5.3　投影草图曲线至视图

使用“投影到视图”命令可以将一个视图的草图曲线投影到其他视图中，投影时可以选择一个或两个垂直于源视图的平面。需要注意的是，要投影的对象必须是和视图相关的，即该对象属于视图的一部分，同时源视图必须具有方位和空间连续性。

下面以图 5.3.1 所示为例讲解投影草图曲线到视图的一般操作过程。

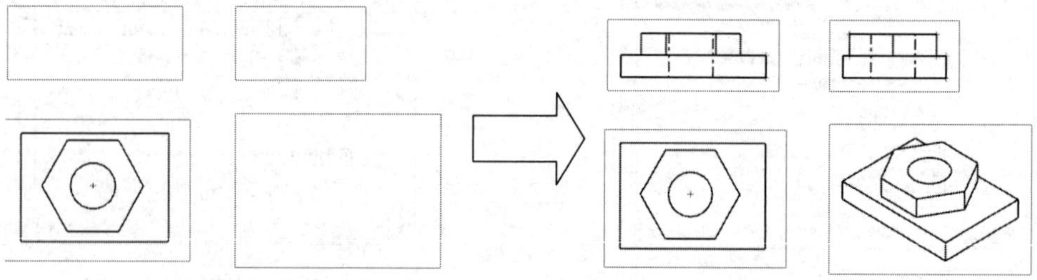

a）投影前　　b）投影后

图 5.3.1　投影到视图

### Task1．打开文件

打开文件 D:\ug11.12\work\ch05.03\project2view.prt，进入制图环境。

### Task2．投影矩形草图曲线

Step1．选择下拉菜单 插入(S) → 草图曲线(S) → 投影到视图(W)... 命令，系统弹出“投影到视图”对话框，如图 5.3.2 所示。

Step2. 在类型下拉列表中选择在两个平面上选项。

Step3. 确认对话框中的* 选择曲线或点 (0)被激活，选择图 5.3.3 所示的两条草图曲线，单击鼠标中键确认。

Step4. 确认对话框中的* 选择视图 (0)被激活，在图纸上选择其余三个视图（或者从视图列表中进行选择）。

Step5. 在“投影到视图”对话框投影平面 1区域的方法下拉列表中选择深度值选项，在其下的值文本框中输入值-40。

Step6. 在“投影到视图”对话框投影平面 2区域的方法下拉列表中选择深度值选项，在其下的值文本框中输入值-20，按 Enter 键，此时图纸如图 5.3.4 所示。

Step7. 在“投影到视图”对话框中展开设置区域，设置如图 5.3.5 所示的曲线类型参数。

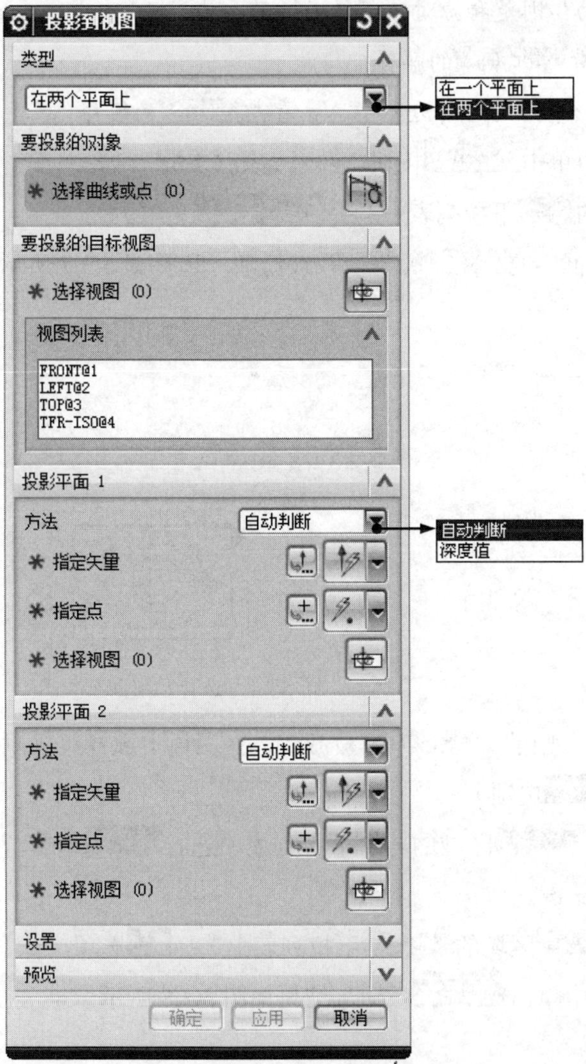


图 5.3.2 “投影到视图”对话框

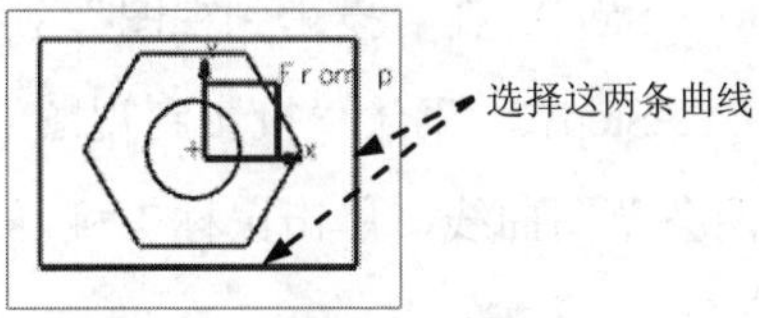


图 5.3.3 选择草图曲线

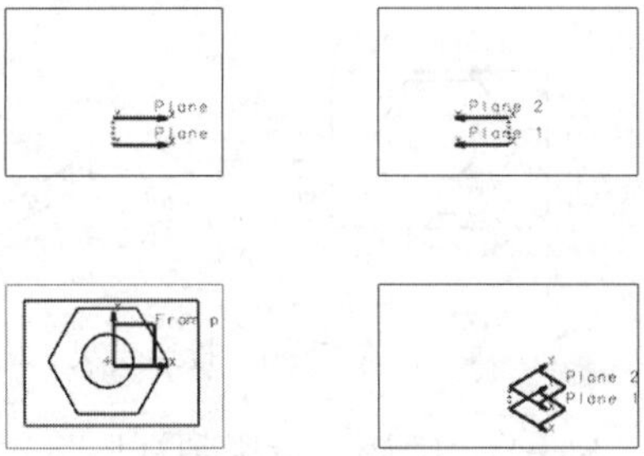

图 5.3.4 定义投影平面

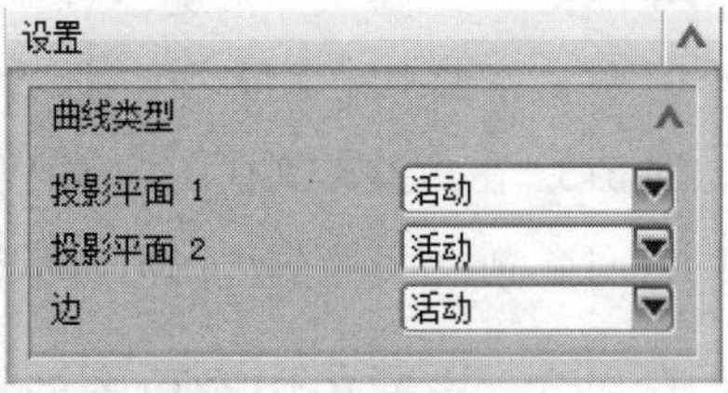


图 5.3.5 设置曲线类型

图 5.3.2 所示“投影到视图”对话框中部分选项说明如下。

- 类型下拉列表：用于设置投影的类型，包括在两个平面上和在一个平面上两种。
- 投影平面 1 区域：只在选择在两个平面上类型时被激活，如果选择在一个平面上类型，则显示为投影平面。此区域用于定义投影平面在空间中的位置。
  - ☑ 方法下拉列表：用来定义设置投影平面的方法，包括自动判断和深度值两个选项。当选择自动判断选项时，用户需要指定矢量、点和视图来确定投影平面的位置；当选择深度值选项时，用户需要给定深度值来确定投影平面。
- 设置区域：用来定义投影后曲线的类型。
  - ☑ 投影平面 1 下拉列表：定义在投影平面 1 的位置上投影得到的曲线的类型，包括“活动”“参考”“无”。其中“无”表示不投影，“参考”的曲线为双点画线的参考线，“活动”则是和源对象属性一致的曲线。
  - ☑ 投影平面 2 下拉列表：参看投影平面 1 的解释。
  - ☑ 边下拉列表：定义在投影平面之间的边类型，参看投影平面 1 的解释。

Step8. 在“投影到视图”对话框中单击应用按钮，结果如图 5.3.6 所示。

Step9. 在“投影到视图”对话框的类型下拉列表中选择在一个平面上选项。

Step10. 确认“投影到视图”对话框中的* 选择曲线或点 (0)被激活，选择图 5.3.7 所示的两条草图曲线，单击鼠标中键确认。

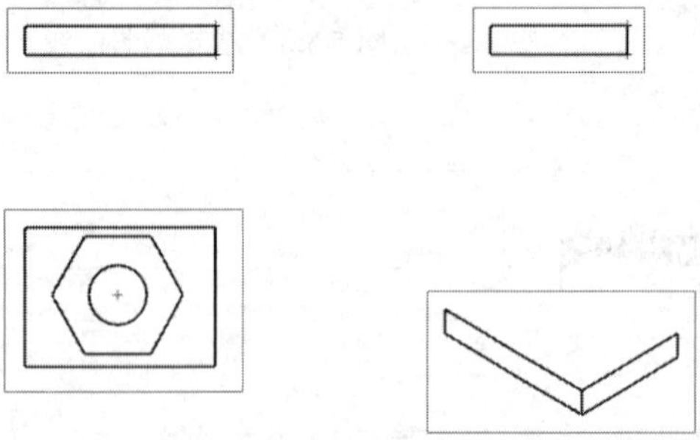

图 5.3.6 投影结果（一）

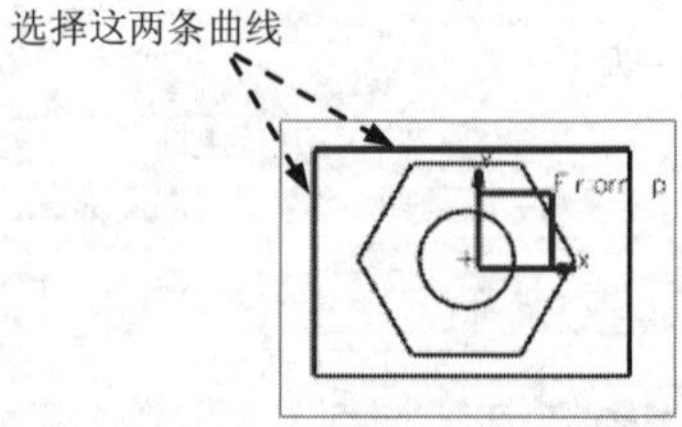


图 5.3.7 选择草图曲线

Step11. 确认“投影到视图”对话框中的* 选择视图 (0)被激活，在图样上选择等轴测视图（或者从视图列表列表框中选择TFR-ISO@4选项）。

Step12. 在“投影到视图”对话框投影平面区域的方法下拉列表中选择深度值选项，在其下的值文本框中输入值-20，按 Enter 键。

Step13. 在“投影到视图”对话框设置区域的投影平面下拉列表中选择活动选项。

Step14. 在“投影到视图”对话框中单击< 确定 >按钮，结果如图 5.3.8 所示。

## Task3. 投影多边形草图曲线

Step1. 选择下拉菜单 插入(S) → 草图曲线(S) → 投影到视图(V)... 命令，系统弹出“投影到视图”对话框。

Step2. 在 类型 下拉列表中选择 在两个平面上 选项。

Step3. 确认“投影到视图”对话框中的 * 选择曲线或点 (0) 被激活，选择图 5.3.9 所示的多边形草图曲线，单击鼠标中键确认。

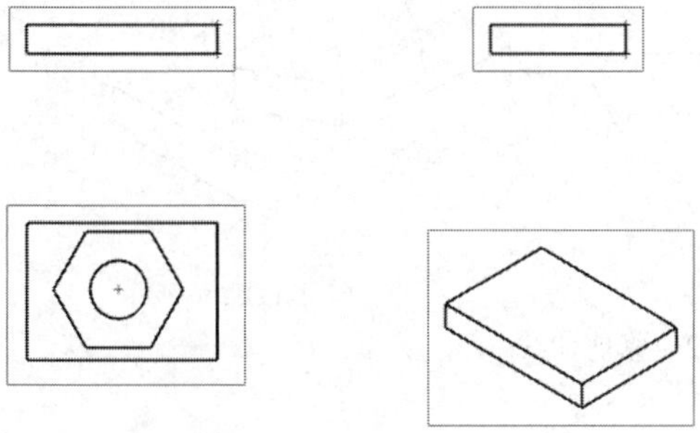

图 5.3.8 投影结果（二）

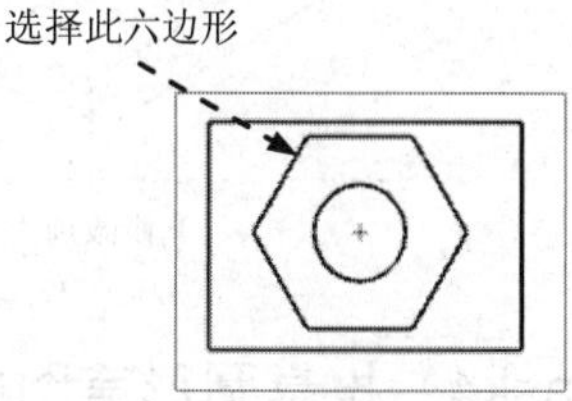


图 5.3.9 选择草图曲线

Step4. 确认“投影到视图”对话框中的 * 选择视图 (0) 被激活，在图样上选择其余三个视图（或者从 视图列表 列表中进行选择）。

Step5. 在“投影到视图”对话框 投影平面 1 区域的 方法 下拉列表中选择 深度值 选项，在其下的 值 文本框中输入值 0。

Step6. 在“投影到视图”对话框 投影平面 2 区域的 方法 下拉列表中选择 深度值 选项，在其下的 值 文本框中输入值-20。

Step7. 在“投影到视图”对话框的 设置 区域中设置曲线类型均为 活动。

Step8. 在“投影到视图”对话框中单击 < 确定 > 按钮，结果如图 5.3.10 所示。

Step9. 在“部件导航器”中双击图 5.3.11 所示的草图节点，激活该草图。

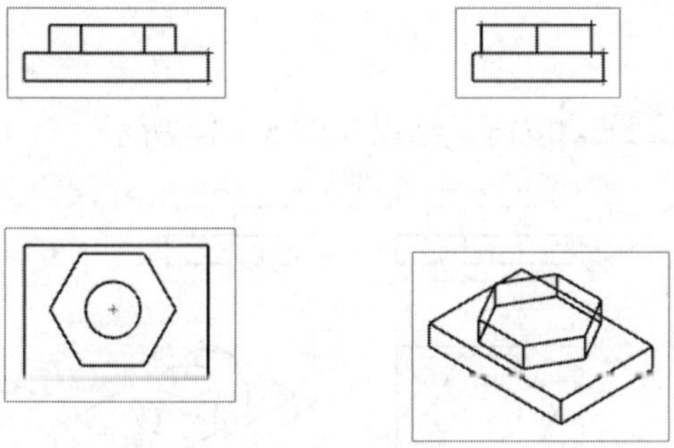

图 5.3.10 投影结果（三）

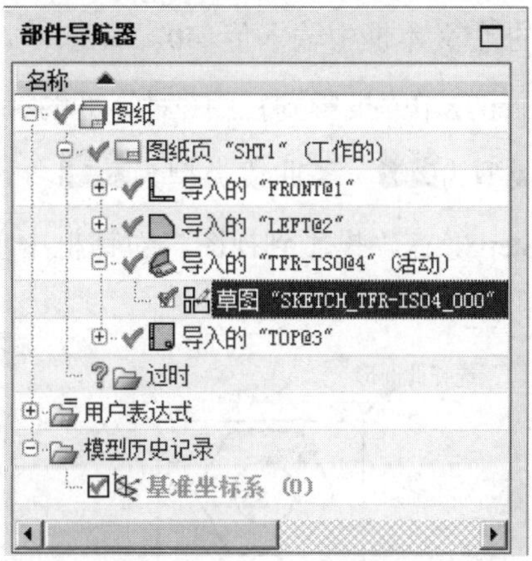


图 5.3.11 部件导航器

Step10. 选择下拉菜单 编辑(E) → 草图曲线(K)... → 快速修剪(Q)... 命令（或单击“布局”选项卡“草图”区域中的按钮），系统弹出“快速修剪”对话框。

Step11. 在草图中选择多余的线条进行修剪，单击“布局”选项卡“草图”区域中的完成草图按钮，结果如图 5.3.12b 所示。

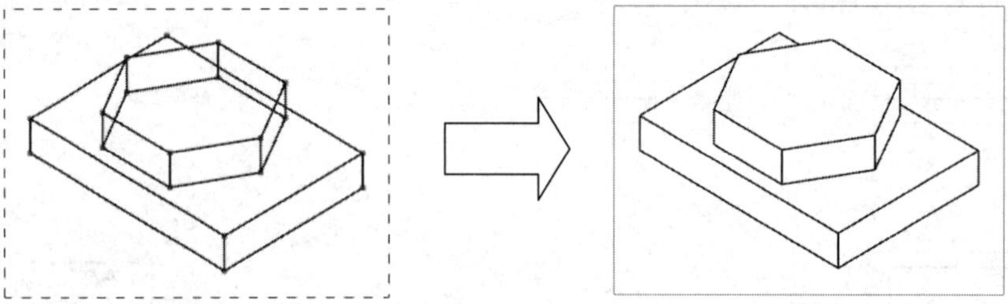

a）修改前　　b）修改后

图 5.3.12　修剪曲线

## Task4. 投影圆形草图曲线

Step1. 选择下拉菜单 插入(S) → 草图曲线(S) → 投影到视图(W)... 命令，系统弹出“投影到视图”对话框。

Step2. 在类型下拉列表中选择在两个平面上选项。

Step3. 确认“投影到视图”对话框中的* 选择曲线或点 (0)被激活，选择图 5.3.13 所示的圆形草图曲线，单击鼠标中键确认。

Step4. 确认“投影到视图”对话框中的* 选择视图 (0)被激活，在图样上选择其余三个视图（或者从视图列表列表框中进行选择）。

Step5. 在“投影到视图”对话框投影平面 1区域的方法下拉列表中选择深度值选项，在其下的值文本框中输入值 0。

Step6. 在“投影到视图”对话框投影平面 2区域的方法下拉列表中选择深度值选项，在其下的值文本框中输入值-40。

Step7. 在“投影到视图”对话框的设置区域的设置投影平面 1曲线类型为活动，投影平面 2曲线类型为无，边曲线类型为参考。

Step8. 在“投影到视图”对话框中单击< 确定 >按钮，结果如图 5.3.14 所示。

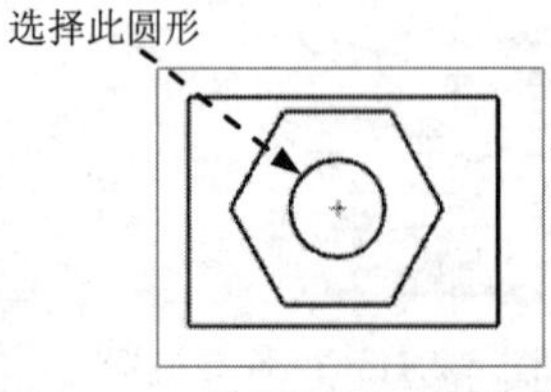


图 5.3.13　选择圆形草图曲线

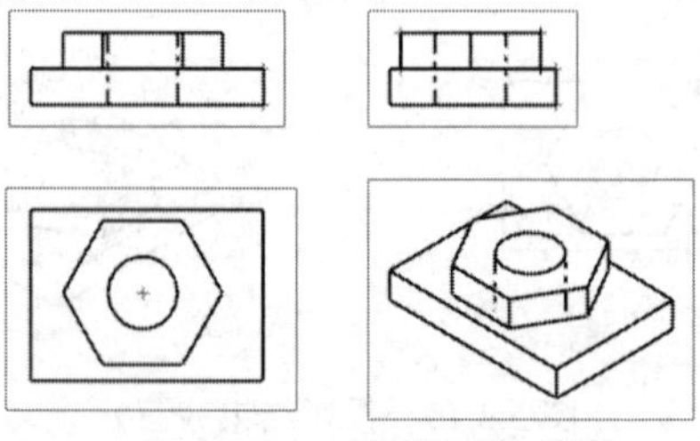

图 5.3.14　投影结果（四）

## Task5．整理草图曲线

参照 Task2 中的操作方法修剪等轴测视图中的多余曲线，结果如图 5.3.15 所示。

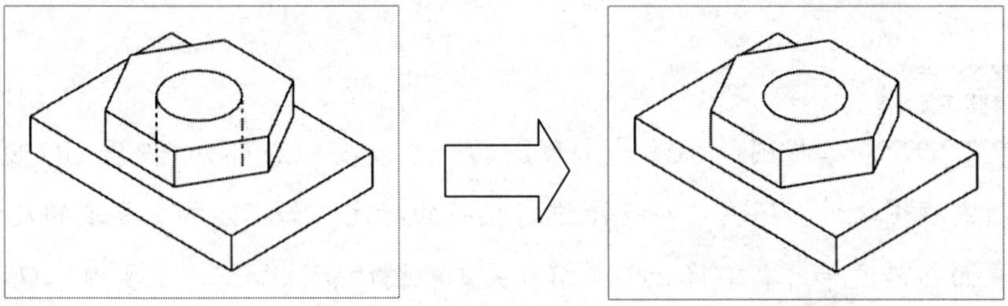

a）修改前　　b）修改后

图 5.3.15　修剪曲线

# 第 6 章 工程图的标注

**本章提要**

工程图的标注是工程图的一个重要组成部分。使用 UG 创建工程图，除了创建所需视图之外，还需要对视图进行相关的标注，如标注加工要求的尺寸精度、形位公差和表面粗糙度等。本章将着重介绍有关工程图的标注知识，主要内容包括:

- 工程图标注概述;
- 尺寸标注;
- 注释文本和基准特征符号;
- 几何公差和表面粗糙度符号;
- 中心线、标识符号和用户定义符号。

## 6.1 工程图标注概述

工程图的标注是工程图的一个重要组成部分。在产品的研发、设计和制造等过程中的设计要求，如加工要求的尺寸精度、形位公差和表面粗糙度等，都需要借助工程图中相应的视图和标注将其表达清楚。UG 工程图具有方便、强大的尺寸标注功能。

## 6.2 尺 寸 标 注

### 6.2.1 尺寸标注命令

UG NX 11.0 为用户提供了一个方便、快捷的尺寸标注功能，下面对尺寸标注的下拉菜单、工具条和有关对话框进行介绍。

#### 1. 下拉菜单和工具条

选择下拉菜单 插入(S) ➡ 尺寸(M) ▸ 命令，系统弹出如图 6.2.1 所示的“尺寸”菜单；或者通过选择图 6.2.2 所示的 主页 功能选项卡 尺寸 区域的命令按钮进行尺寸标注。在标注的任一尺寸上右击，在弹出的快捷菜单中选择 编辑... 命令，系统会弹出图 6.2.3 所示的“尺寸编辑”界面。

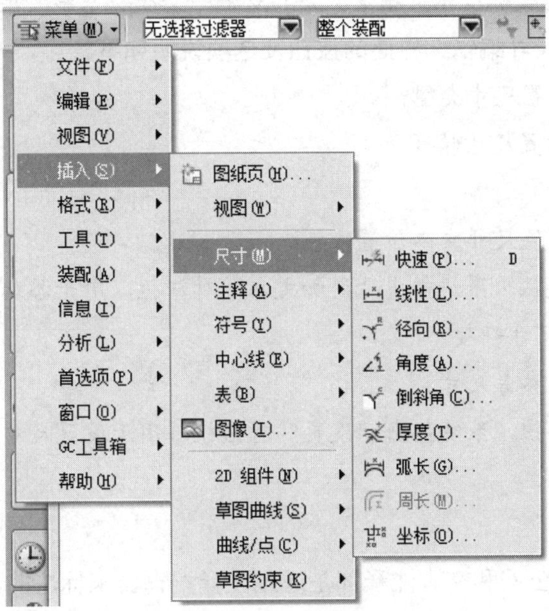


图 6.2.1 “尺寸”菜单

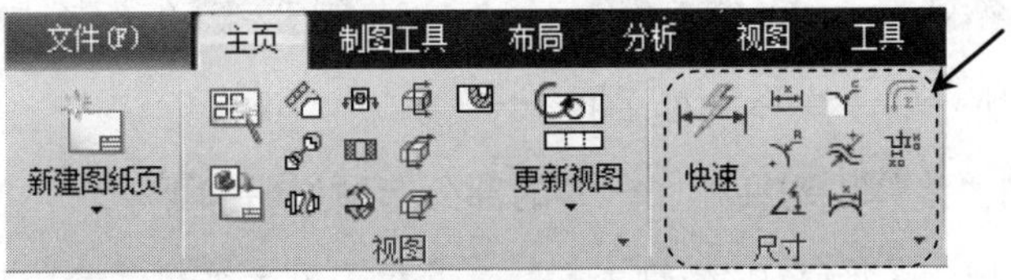


图 6.2.2 “主页”功能选项卡“尺寸”区域

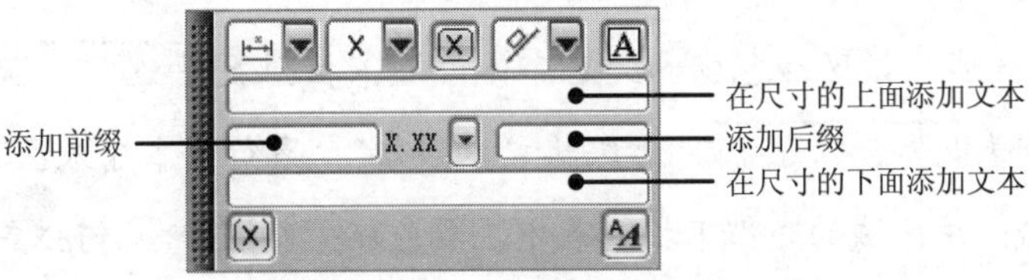


图 6.2.3 “尺寸编辑”界面

图 6.2.2 所示的“主页”功能选项卡“尺寸”区域的按钮说明如下。

- ：允许用户使用系统功能创建尺寸，以便根据用户选取的对象以及光标位置自动判断尺寸类型创建一个尺寸。
- ：在两个对象或点位置之间创建线性尺寸。
- ：创建圆形对象的半径或直径尺寸。
- ：在两条不平行的直线之间创建一个角度尺寸。
- ：在倒斜角曲线上创建倒斜角尺寸。
- ：创建一个厚度尺寸，测量两条曲线之间的距离。
- ：创建一个弧长尺寸来测量圆弧周长。
- ：创建周长约束以控制选定直线和圆弧的集体长度。

- ⊞: 创建一个坐标尺寸，测量从公共点沿一条坐标基线到某一位置的距离。

图 6.2.3 所示的"尺寸编辑"界面的按钮及选项说明如下。

- ⊞▼: 用于设置尺寸类型。
- X▼: 用于设置尺寸精度。
- [X]: 检测尺寸。
- ✐▼: 用于设置尺寸文本位置。
- A: 单击该按钮，系统弹出"附加文本"对话框，用于添加注释文本。
- ▼: 用于设置尺寸精度。
- (x): 用于设置参考尺寸。
- ᴬA: 单击该按钮，系统弹出"设置"对话框，用于设置尺寸显示和放置等参数。

### 2. 注释编辑器

制图环境中的几何公差和文本注释都是通过注释编辑器来标注的，因此，在这里先介绍一下注释编辑器的用法。

选择下拉菜单 插入(S) ➡ 注释(A) ➡ A 注释(N)... 命令（或单击"注释"按钮 A），弹出图 6.2.4 所示的"注释"对话框（一）。

图 6.2.4 所示的"注释"对话框（一）的部分选项说明如下。

- 编辑文本 区域：该区域（"编辑文本"工具栏）用于编辑注释，其主要功能和 Word 等软件的功能相似。

- 格式设置 区域：该区域包括"文本字体设置下拉列表 alien ▼""文本大小设置下拉列表 0.25 ▼""编辑文本按钮""多行文本输入区"。

- 符号 区域：该区域的 类别 下拉列表中主要包括"制图""几何公差""分数""定制符号""用户定义""关系"几个选项。

  ☑ ⬚制图 选项：使用图 6.2.4 所示的 ⬚制图 选项可以将制图符号的控制字符输入到编辑窗口。

  ☑ ⬚形位公差 选项：图 6.2.5 所示的 ⬚形位公差 选项可以将几何公差符号的控制字符输入到编辑窗口和检查几何公差符号的语法。几何公差窗格的上面有四个按钮，它们位于一排。这些按钮用于输入下列几何公差符号的控制字符："插入单特征控制框""插入复合特征控制框""开始下一个框""插入框分隔线"。这些按钮的下面是各种公差特征符号按钮、材料条件按钮和其他几何公差符号按钮。

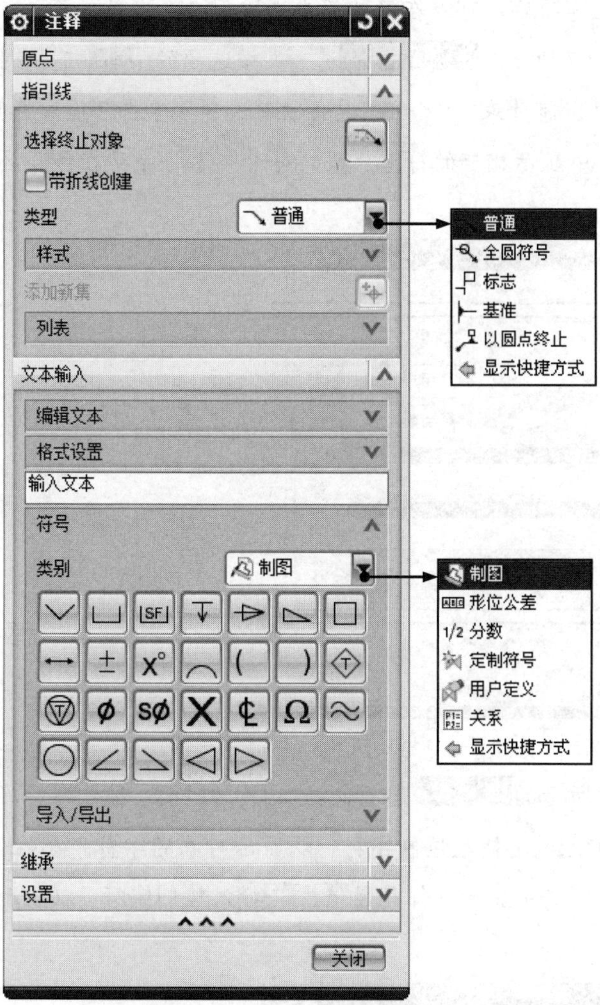


图 6.2.4　“注释”对话框（一）

图 6.2.5　“注释”对话框（二）

☑ 分数选项：图 6.2.6 所示的分数选项分为上部文本和下部文本，通过更改分数类型，可以分别在上部文本和下部文本中插入不同的分数类型。

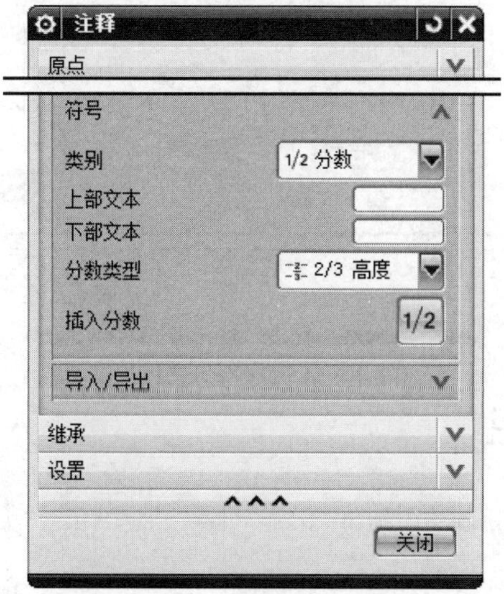


图 6.2.6　“注释”对话框（三）

☑ 定制符号选项：选择此选项后，可以在符号库中选取用户自定义的符号。

☑ 用户定义选项：图 6.2.7 所示为用户定义选项。该选项的符号库下拉列表中提供了“显示部件”“当前目录”“实用工具目录”选项。单击“插入符号”按钮后，在文本窗口中显示相应的符号代码，符号文本将显示在预览区域中。

图 6.2.7 “注释”对话框（四）

☑ 关系选项：图 6.2.8 所示的关系选项包括四种：插入控制字符，以在文本中显示表达式的值；插入控制字符，以显示对象的字符串属性值；插入控制字符，以在文本中显示部件属性值；插入控制字符，以显示图纸页的属性值。

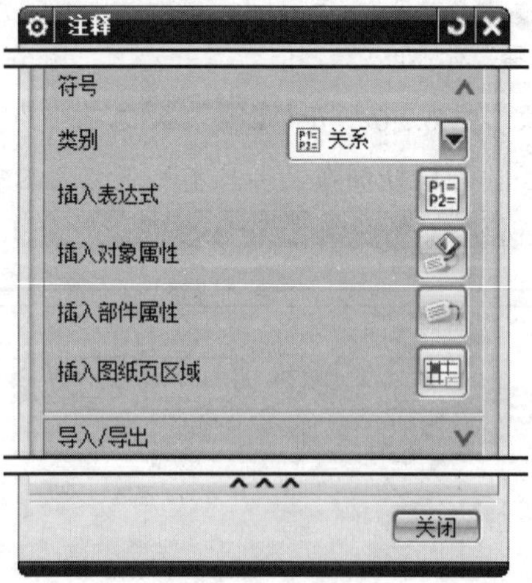


图 6.2.8 “注释”对话框（五）

## 6.2.2 创建尺寸标注

下面介绍常用尺寸标注的操作方法。

### 1. 线性尺寸

选取命令，系统弹出如图 6.2.9 所示的“线性尺寸”对话框。

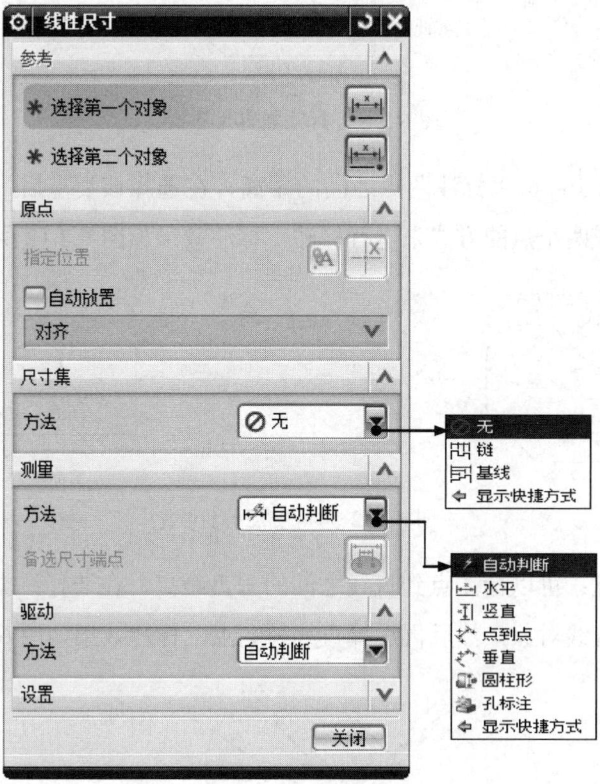


图 6.2.9　“线性尺寸”对话框

根据定义“测量”和“尺寸集”方法的不同，可以将其划分为以下几种类型。

- 水平尺寸：可以标注两点之间的水平距离，在选择该类型后，用户可以选择一个对象、两个点一个对象与一个点等多种方式来进行标注，标注效果如图 6.2.10 所示。

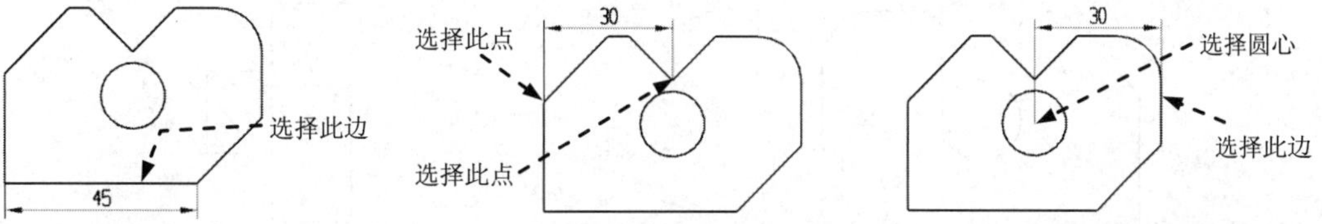


a）一个对象　b）两个点　c）一个点和一个对象

图 6.2.10　标注水平尺寸

- 竖直尺寸：可以标注两点之间的竖直距离，在选择该类型后，用户可以选择一个对象、两个点一个对象与一个点等多种方式来进行标注，标注效果如图 6.2.11 所示。

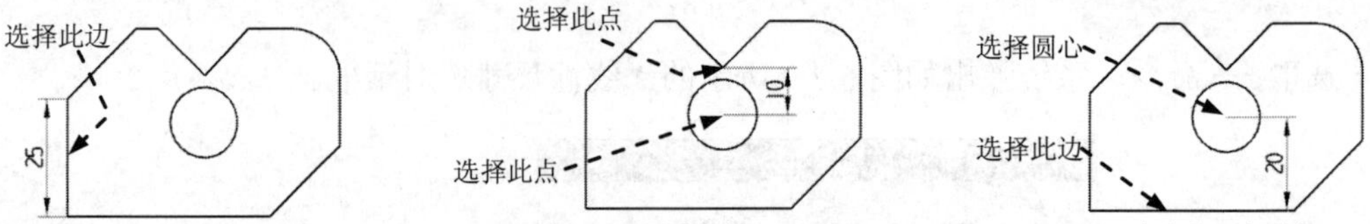


a）一个对象　　b）两个点　　C）一个点和一个对象

图 6.2.11　标注竖直尺寸

- 点到点尺寸：可以标注两点之间的距离，在选择该类型后，用户可以选择一个对象的点或两个点的方式来进行标注，标注效果如图 6.2.12 所示。

a）一个对象　　b）两个点

图 6.2.12　标注点到点尺寸

- 垂直尺寸：可以标注点到直线之间的垂直距离，在选择该类型后，用户应首先选择一个直线对象，然后再选择直线外一点，标注效果如图 6.2.13 所示。

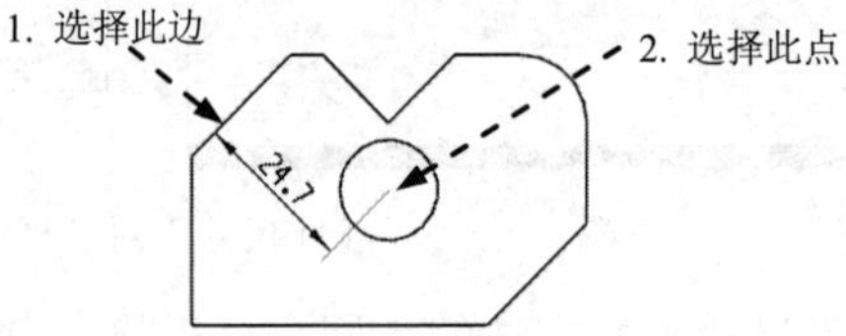


图 6.2.13　标注垂直尺寸

- 圆柱式尺寸：可以使用线性标注的形式标注圆柱的直径尺寸，标注效果如图 6.2.14 所示。

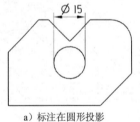

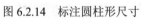

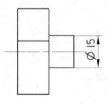

a）标注在圆形投影　　b）标注在侧面投影

图 6.2.14　标注圆柱形尺寸

- 孔标注尺寸：可以使用线性标注的形式标注孔柱的直径尺寸，标注效果如图 6.2.15 所示。
- 链尺寸：可以标注在水平（竖直或点到点）方向上的一系列首尾相接的线性尺

寸，标注效果如图 6.2.16 所示。

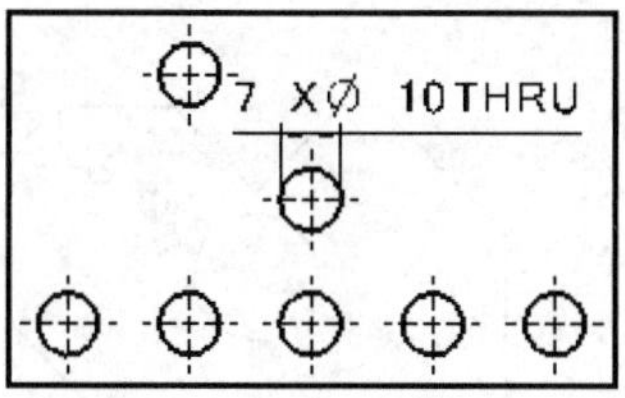


图 6.2.15　标注孔柱尺寸

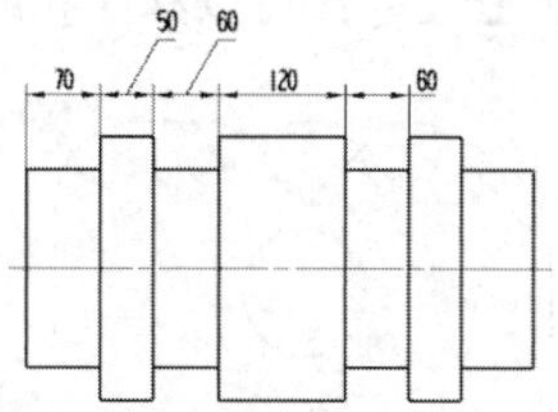


图 6.2.16　标注链尺寸（水平）

- 基线尺寸：可以标注在水平（竖直、点到点或垂直）方向上的一个尺寸系列，该系列的所有尺寸具有同一条标注基线，标注效果如图 6.2.17 所示。

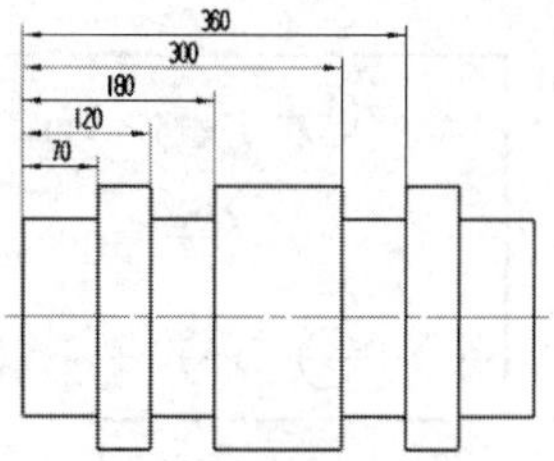


图 6.2.17　标注基线尺寸（水平）

## 2. 半径尺寸

选取命令，系统弹出如图 6.2.18 所示的“半径尺寸”对话框。

图 6.2.18　“半径尺寸”对话框

根据定义“测量”方法的不同，可以将其划分为以下几种类型。

- 径向尺寸：可以标注圆的半径尺寸，此时有尺寸线通过圆心，标注效果如图 6.2.19

所示。

- 直径尺寸：可以标注孔的直径，标注效果如图 6.2.20 所示。

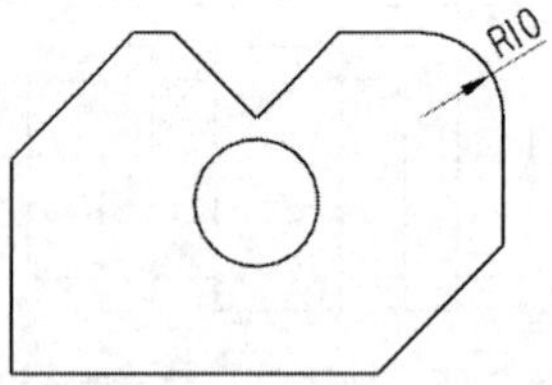


图 6.2.19　标注径向尺寸

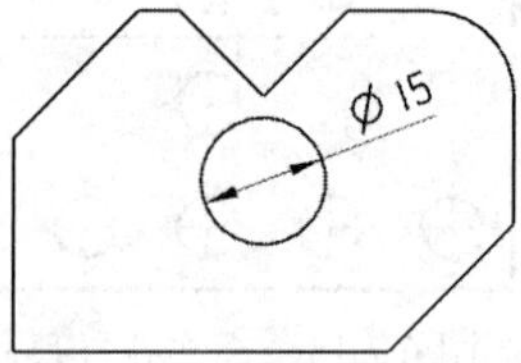


图 6.2.20　标注直径尺寸

- 孔标注尺寸：可以使用径向标注的形式标注孔柱的直径尺寸，标注效果如图 6.2.21 所示。

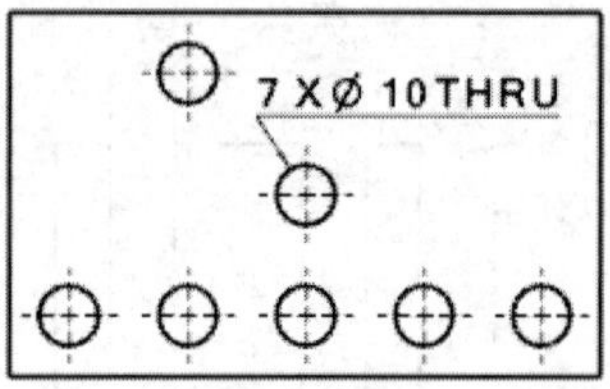


图 6.2.21　标注孔柱尺寸

### 3. 角度尺寸

角度尺寸可以标注两条直线之间的夹角，选择直线的顺序与标注结果无关，标注效果如图 6.2.22 所示。

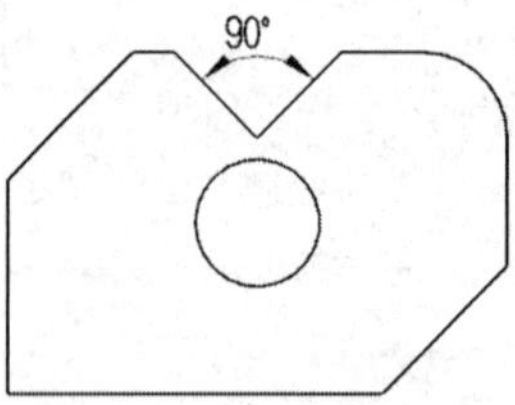


图 6.2.22　标注角度尺寸

### 4. 倒斜角尺寸

倒斜角尺寸可以标注直线的水平或竖直距离及倾斜角度，在选择该类型后，用户应选择一个直线对象，标注效果如图 6.2.23 所示。

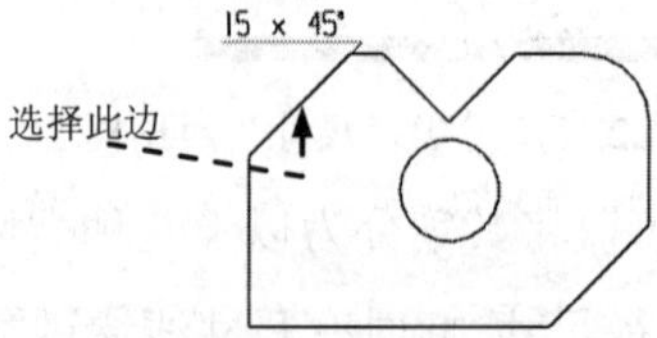


图 6.2.23　标注倒斜角尺寸

5. 坐标尺寸

坐标尺寸可以标注一个点相对于坐标原点的水平和竖直距离，在标注时用户需要首先定义坐标原点，标注效果如图 6.2.24 所示。

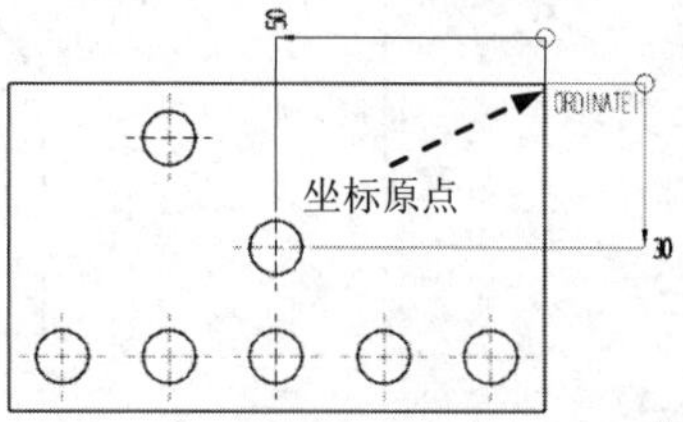


图 6.2.24　标注坐标尺寸

# 6.3　注 释 文 本

## 6.3.1　创建注释文本

在工程图中通常会有必要的文字说明，即技术要求，如工件的热处理要求、装配要求等。下面以图 6.3.1 所示为例来讲解创建注释文本的一般操作方法。

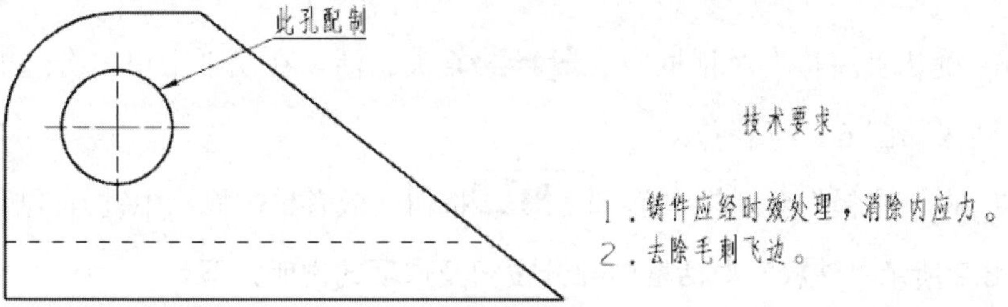


图 6.3.1　标注注释文本

Step1. 打开文件 D:\ug11.12\work\ch06.03\note.prt，系统进入制图环境。

Step2. 选择下拉菜单 插入(S) → 注释(A) → A 注释(N)... 命令（或单击“注释”区域中的 A 按钮），弹出如图 6.3.2 所示的“注释”对话框。

Step3. 在“注释”对话框的文字输入区中清除已有文字，然后输入文字“此孔配制”。

Step4. 在“注释”对话框的 指引线 区域中单击“选择终止对象”按钮，在图纸上单击图 6.3.3 所示的位置 1 并拖动鼠标指针，此时会出现指引线，然后单击位置 2 放置注释文本。

**说明：**如果直接在图纸上单击某个位置，将会创建不带指引线的注释文本。用户可以通过编辑注释的方式来给注释文本添加几条必要的指引线。

Step5. 在“注释”对话框中展开 编辑文本 区域（图 6.3.4 所示），单击按钮清除文本，然后在文本输入区中重新输入图 6.3.5 所示的文字内容。

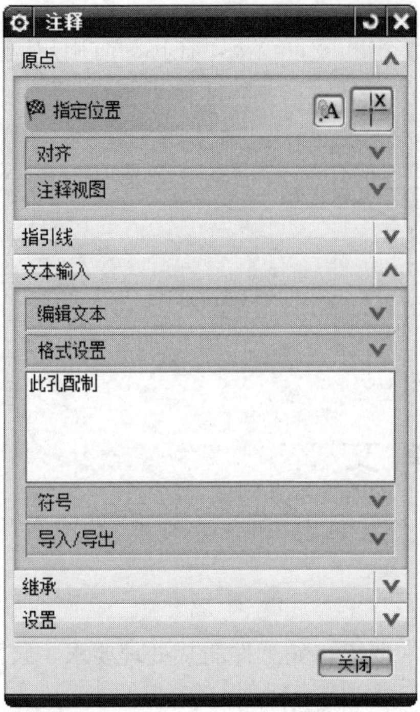


图 6.3.2　“注释”对话框

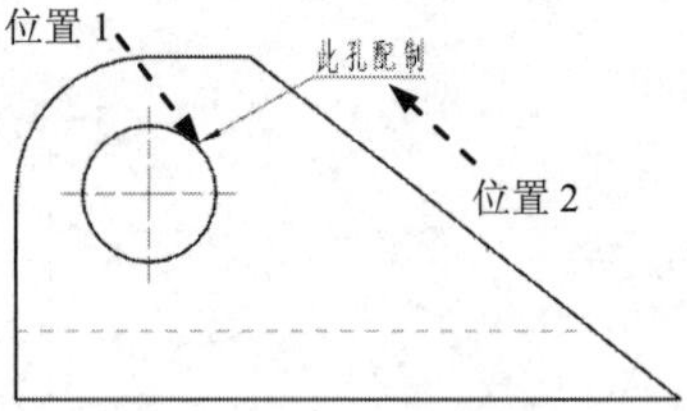


图 6.3.3　注释文本

图 6.3.4　“编辑文本”区域

图 6.3.5　输入文本

Step6. 确认“注释”对话框中的指定位置被激活，在图纸上单击合适的位置放置注释文本，结果如图 6.3.1 所示。

Step7. 在“注释”对话框中单击关闭按钮（或者单击鼠标中键），结束命令。

**图 6.3.2 所示“注释”对话框中部分按钮及选项的说明如下。**

- 指引线区域：主要用于定义指引线的类型和样式（图 6.3.6 所示）类型下拉列表中包含有“普通”“全圆符号”“标志”“基准”“以圆点终止”五种类型，标注效果如图 6.3.7 所示，选择不同的指引线类型会有不同的样式参数。

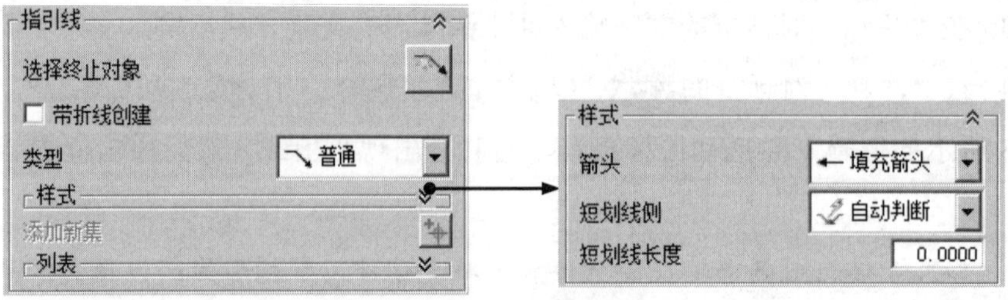


图 6.3.6　“指引线”区域

- 编辑文本区域：主要包括清除、剪切、粘贴和复制文本等功能，如图 6.3.8 所示。
- 格式设置区域：主要定义文本字体、文本比例因子和文本格式等，如图 6.3.9 所示。

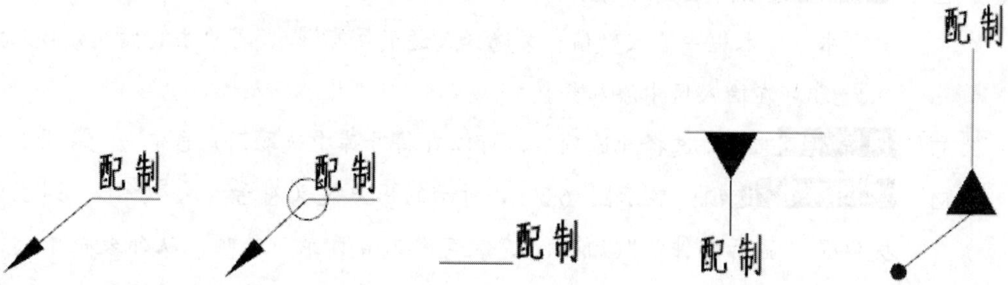


a）普通　b）全圆符号　c）标志　d）基准　e）以圆点终止

图 6.3.7　指引线类型

图 6.3.8　“编辑文本”区域

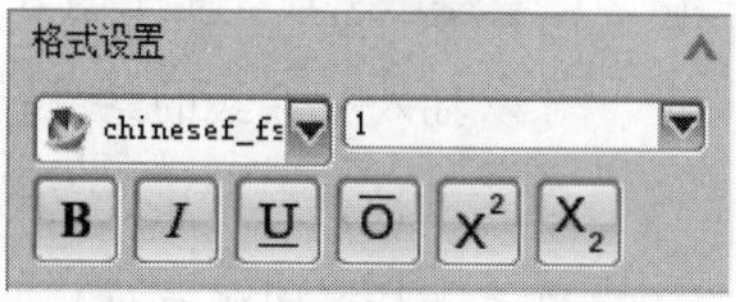


图 6.3.9　“格式设置”区域

- 符号区域：提供了“制图”“几何公差”“分数”“定制符号”“用户定义”“关系”几个类型的符号。

☑ 制图选项：显示图 6.3.10 所示的制图符号，单击某个符号按钮即可添加相应的符号代码到输入区中。

☑ 形位公差选项：显示图 6.3.11 所示的几何公差符号，单击某个符号按钮即可添加相应的符号代码到输入区中。需要注意的是，在标准下拉列表中选择不同的标准，所激活的符号按钮有所不同；单击“验证框语法”按钮，可以检查输入区的几何公差框的语法是否符合规范。

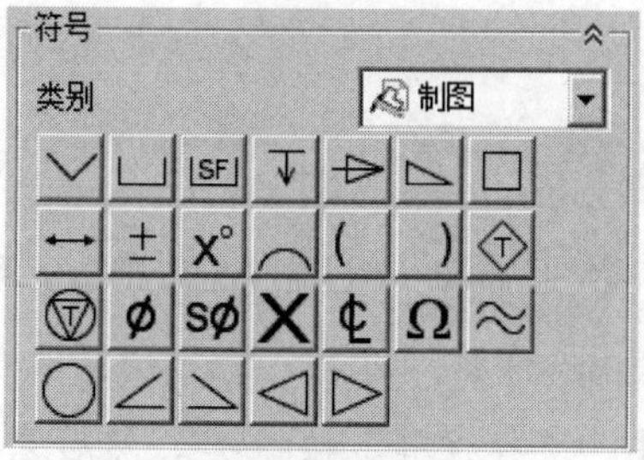


图 6.3.10　制图符号

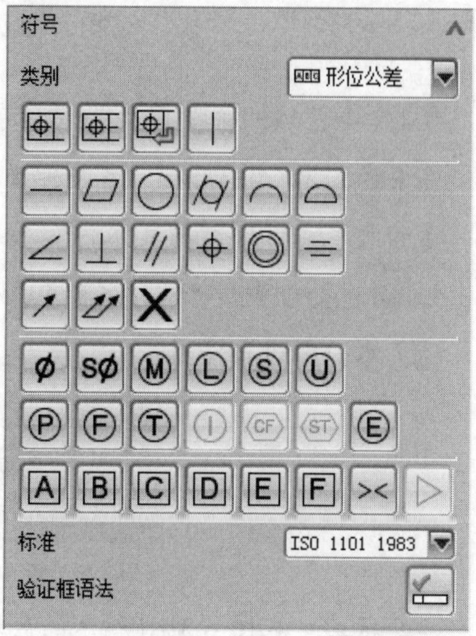


图 6.3.11　几何公差符号

☑ 分数选项：显示图 6.3.12 所示的分数符号。通过分别在“上部文本”“下部文本”文本框中输入数值，并选择合适的分数类型，再单击“插入分数”按钮即可在输入区中添加分数。

☑ 定制符号选项：选择此选项后，可以在符号库中选取用户自定义的符号。

☑ 用户定义选项：显示图 6.3.13 所示的用户定义符号。符号库下拉列表中提供了“显示部件”“当前目录”“实用工具目录”选项。从列表框中选择某种符号后，单击“插入符号”按钮可将相应的符号代码添加到输入区中。

☑ 关系选项：显示图 6.3.14 所示的关系符号。单击“插入表达式”按钮，可以插入关系式的结果值；单击“插入对象属性”按钮，可以插入某个对象的属性值；单击“插入部件属性”按钮，可以插入当前部件的属性值；单击“插入图纸页区域”按钮，可以插入图纸页的属性值。

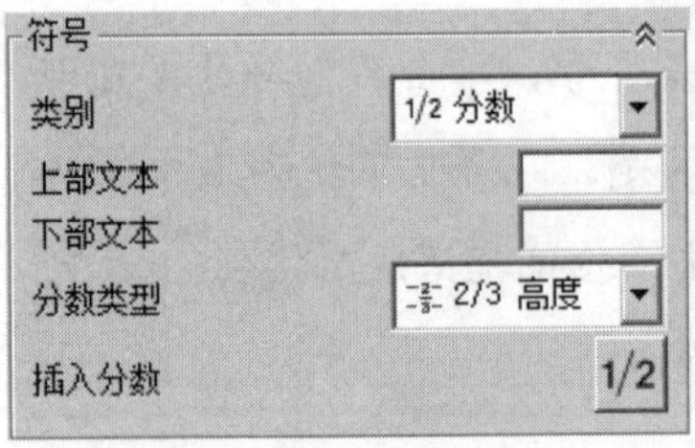


图 6.3.12 分数符号

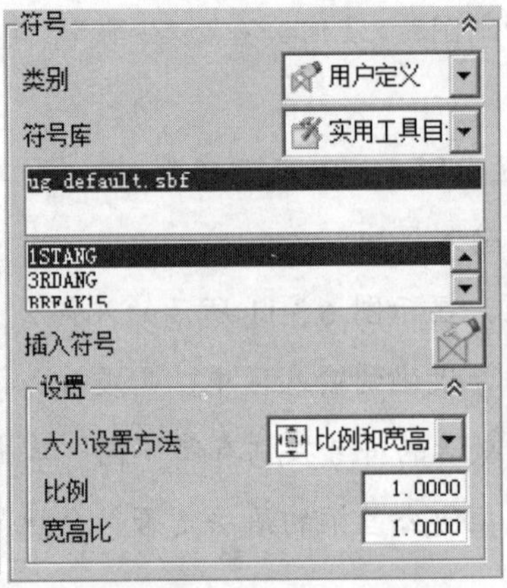


图 6.3.13 用户定义符号

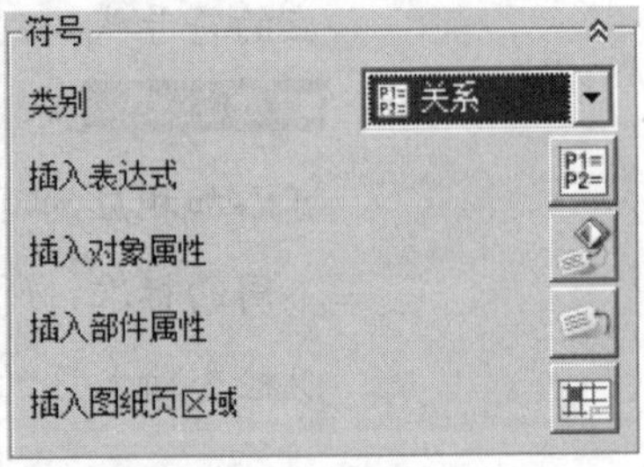


图 6.3.14 关系符号

● 导入/导出区域：主要用于导入和导出文本内容，如图 6.3.15 所示。单击“插入文件中的文本”按钮，系统弹出“从文件中读取注释”对话框，此时选择提前创建的文本文件即可将文本内容导入到输入区中；单击“注释另存为文本文件”按钮，系统弹出“保存注释至文件”对话框，此时输入文件名称即可将输入区中的文本内容进行保存。

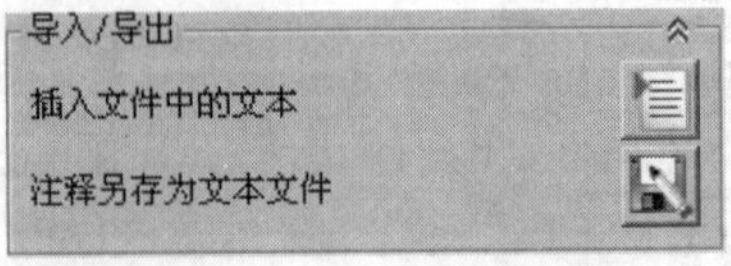


图 6.3.15 “导入/导出”区域

● 继承区域：在图 6.3.16 所示的区域中单击“选择注释”按钮，然后选择图纸中提前创建的其他注释文本，即可将其他注释文本的属性等参数继承过来。

图 6.3.16　“继承”区域

- 设置区域：主要设置文本的样式、斜体角度、粗体宽度和文本对齐的方式，如图 6.3.17 所示。单击“设置”按钮，系统弹出“设置”对话框，用户可以详细地设置文字的字符大小、间距因子、宽高比、字体和字体粗细等参数。

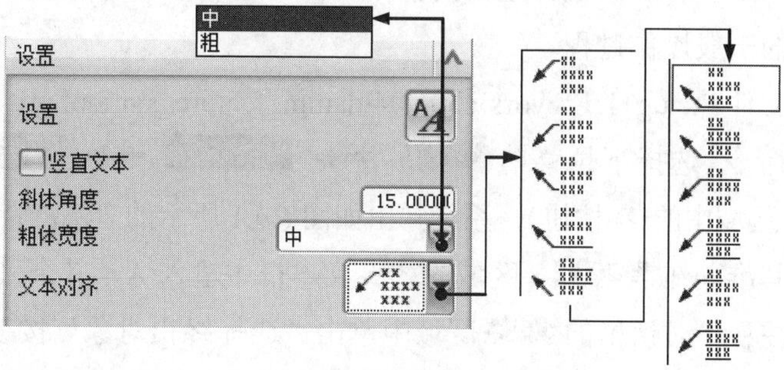


图 6.3.17　“设置”区域

## 6.3.2　编辑注释文本

要编辑某个注释文本，可以采用以下方法来完成。

方法一：在图纸中直接双击要编辑的注释文本。

方法二：在图纸中右击要编辑的注释文本，在弹出的快捷菜单中选择 编辑(E)... 命令。

方法三：选择下拉菜单 编辑(E) → 注释(O) → 注释对象(O) 命令，然后在图纸中选取要编辑的注释文本，系统弹出“注释”对话框，即可进行注释文本的编辑。

方法四：选择下拉菜单 编辑(E) → 注释(O) → 文本(E)... 命令，系统弹出如图 6.3.18 所示的“文本”对话框，在图纸中选取要编辑的注释文本，即可进行注释文本的编辑。

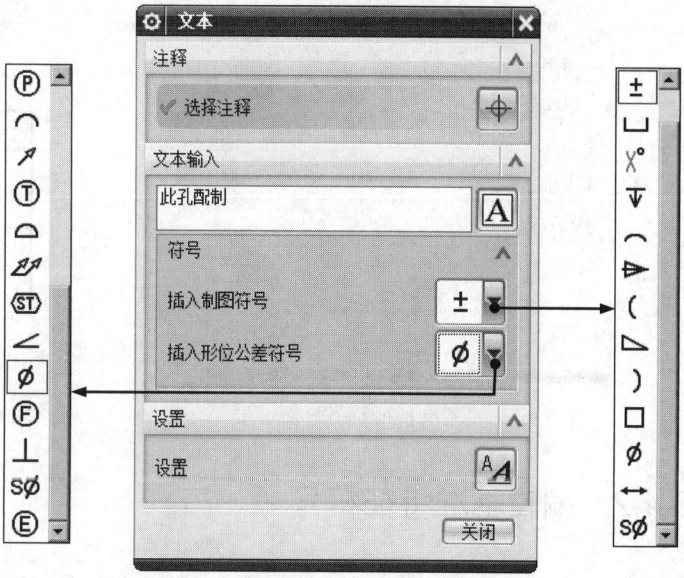


图 6.3.18　“文本”对话框

注意：在方法一、二、三中系统弹出的是“注释”对话框，在方法四中系统弹出的是“文本”对话框。

# 6.4 基准特征符号

## 6.4.1 创建基准特征符号

基准特征符号是一种表示设计基准的符号，在创建工程图中也是必要的。下面介绍创建基准特征符号的一般操作过程。

Step1. 打开文件 D:\ug11.12\work\ch06.04\datum_feature_symbol.prt。

Step2. 选择命令。选择下拉菜单 插入(S) → 注释(A) → 基准特征符号(R)... 命令（或单击“注释”区域中的按钮），系统弹出如图 6.4.1 所示的“基准特征符号”对话框。

Step3. 创建基准。在 基准标识符 区域的 字母 文本框中输入 A，其余采用默认设置。

Step4. 在“注释”对话框的 指引线 区域中单击“选择终止对象”按钮，选择图 6.4.2 所示的标注位置向下拖动，然后按住 Shift 键拖动到放置位置，单击放置基准符号。

Step5. 在“基准特征符号”对话框中单击 关闭 按钮（或者单击鼠标中键），结果如图 6.4.2 所示。

**说明**：基准特征符号的样式与制图标准有关，有关样式的定制方法可参考制图标准一节的相关内容。

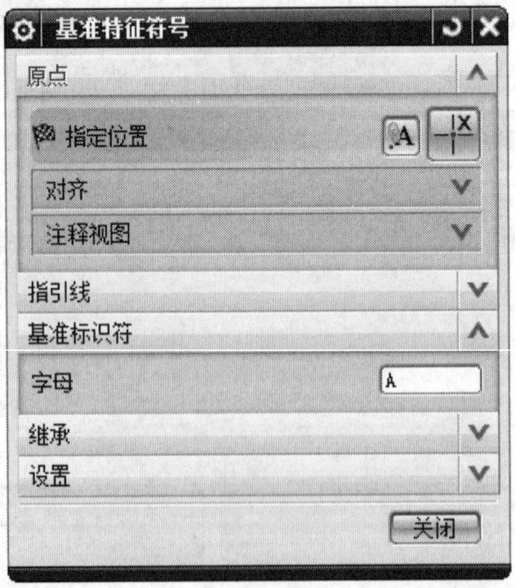


图 6.4.1 “基准特征符号”对话框

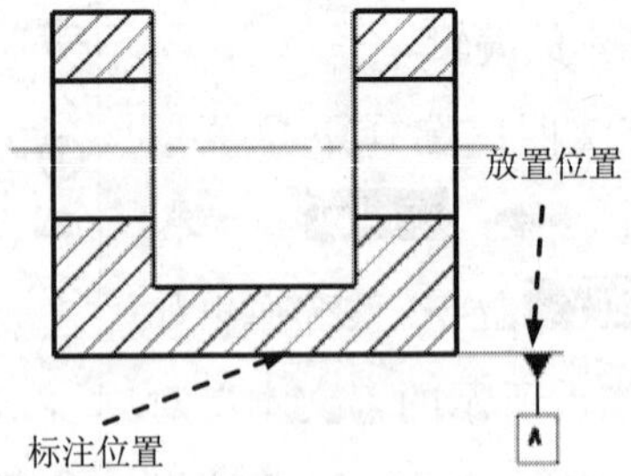


图 6.4.2 标注基准特征符号

## 6.4.2 编辑基准特征符号

要编辑基准特征符号，可以采用以下方法来完成。

方法一：在图纸中直接双击要编辑的基准特征符号。

方法二：在图纸中右击要编辑的基准特征符号，在弹出的快捷菜单中选择 编辑(E)... 命令。

方法三：选择下拉菜单 编辑(E) → 注释(O) → 注释对象(O) 命令，然后在图纸中选取要编辑的基准特征符号，系统弹出“基准特征符号”对话框，即可进行基准特征符号的编辑。

方法四：选择下拉菜单 编辑(E) → 注释(O) → 文本(E)... 命令，系统弹出“文本”对话框，在图纸中选取要编辑的基准特征符号，此时对话框显示为图 6.4.3 所示的状态，可以编辑基准特征符号的文本。

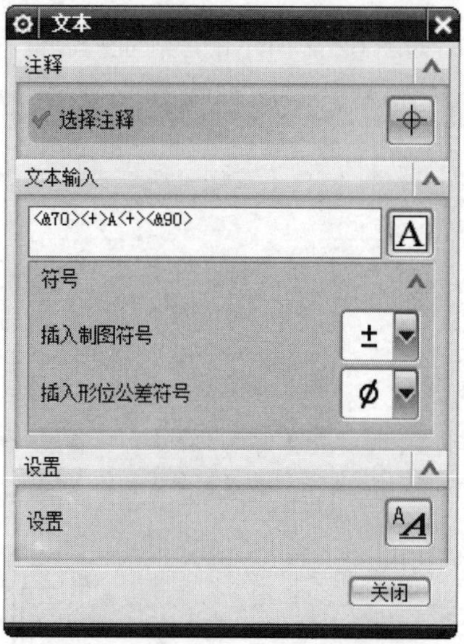


图 6.4.3　“文本”对话框

**注意**：在方法一、二、三中系统弹出的是“基准特征符号”对话框，在方法四中系统弹出的是“文本”对话框。

# 6.5　几何公差符号

## 6.5.1　创建几何公差符号

几何公差用来表示加工完成的零件的实际几何与理想几何之间的误差，包括形状公差和位置公差，是工程图中非常常见和重要的技术参数。下面以图 6.5.1 所示为例来介绍创建几何公差符号的一般操作过程。

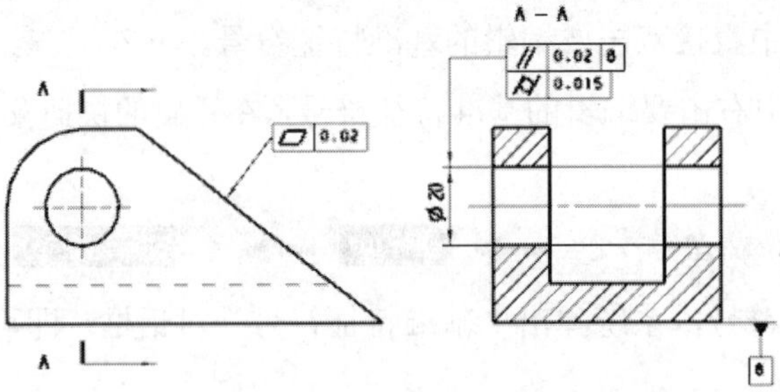


图 6.5.1　标注几何公差符号

Step1. 打开文件 D:\ug11.12\work\ch06.05\feature_control.prt。

Step2. 创建平面度公差。

(1) 选择下拉菜单 插入(S) → 注释(A) → 特征控制框(E)... 命令（或单击“注释”区域中的 按钮），系统弹出如图 6.5.2 所示的“特征控制框”对话框。

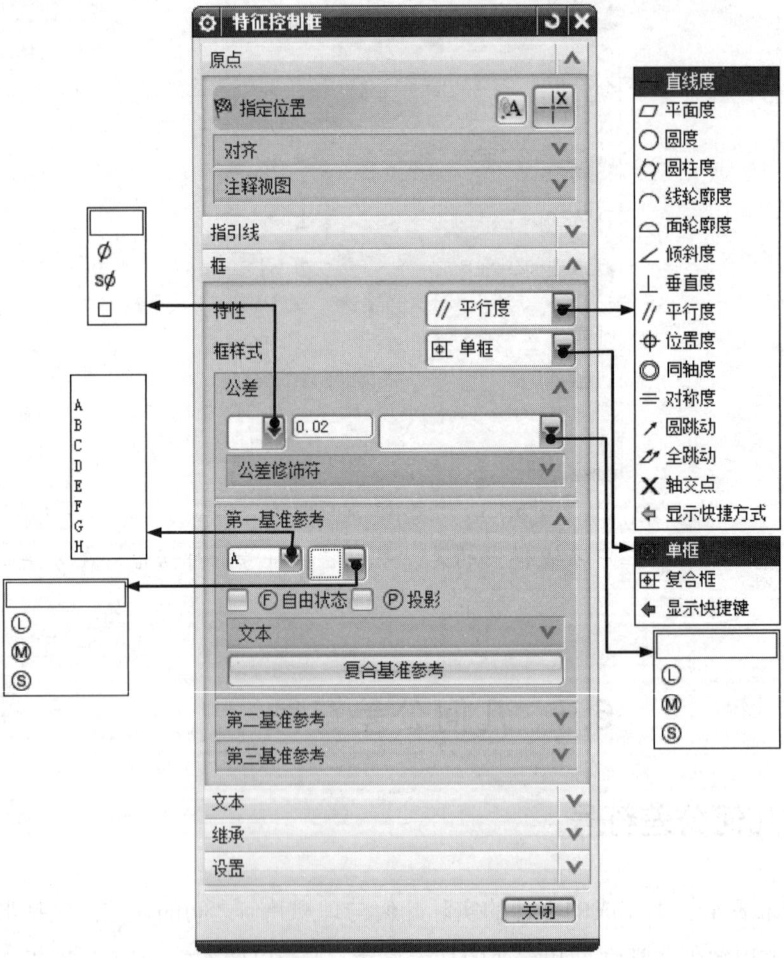


图 6.5.2　“特征控制框”对话框

图 6.5.2 所示“特征控制框”对话框中部分选项及按钮的说明如下。

- 特性 下拉列表：用来选择几何公差的类型，系统默认为 直线度 类型。

- 框样式下拉列表：用来选择框的样式，包含单框和复合框两种类型。如果在同一个元素上标注多个几何公差时，应选择单框类型并多次添加，添加时系统会自动吸附到已经创建的几何公差框上，添加结果如图 6.5.3a 所示；如果多行几何公差的特征类型相同，只是公差值或基准不同，可以采用复合框类型，此时会激活图 6.5.4 所示的列表区域，在列表框中选择某个选项后即可进行相应的定义，添加结果如图 6.5.3b 所示。

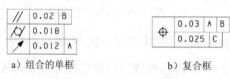

a）组合的单框　　b）复合框

图 6.5.3　形位公差框样式

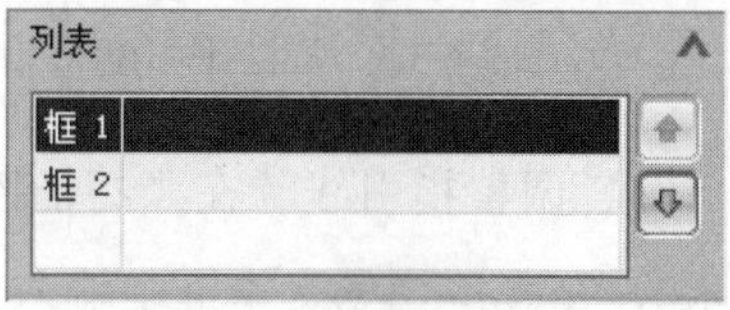


图 6.5.4　复合框的列表

- 公差区域：用于定义几何公差的数值和相关符号。
  - ☑ 下拉列表：用来定义公差值的前缀符号，包括直径符号Ø、球体直径符号SØ和正方形符号□。
  - ☑ 0.0文本框：用来输入公差的数值。
  - ☑ 下拉列表：用来定义公差值的后缀符号，包括最小实体状态符号Ⓛ、最大实体状态符号Ⓜ和不考虑特征大小符号Ⓢ。
- 公差修饰符区域：用来定义公差值的修饰符号。
- 第一基准参考区域：用来定义公差值的第一个参考基准。
  - ☑ 下拉列表：用来定义第一个基准的符号，可从列表中选择或手工输入。
  - ☑ 下拉列表：用来定义第一个基准符号的后缀符号。
- 第二基准参考和第三基准参考区域：与第一基准参考区域相似，不再赘述。
- 文本区域：用来定义显示在公差特征框上的文本内容，可以插入相关制图等符号。
- 设置区域：用来定义公差特征框中的文字样式。

（2）定义公差。在特性下拉列表中选择平面度选项，在框样式下拉列表中选择单框选项，在公差区域的0.0文本框中输入值 0.02，其余采用默认设置。

（3）放置公差框。选择图 6.5.5 所示的边线按下鼠标左键并拖动到放置位置，单击此位置以放置几何公差框。

Step3. 创建平行度公差。

（1）在“特征控制框”对话框的特性下拉列表中选择平行度选项，在框样式下拉列表中选择单框选项，在公差区域的0.0文本框中输入值 0.02，在第一基准参考区域的下拉列表中选择B选项，其余采用默认设置。

（2）放置公差框。选择图 6.5.6 所示的尺寸按下鼠标左键并拖动，此时出现公差框预览。

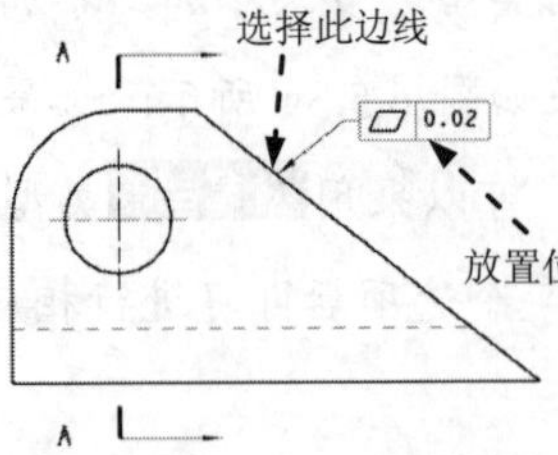


图 6.5.5　标注平面度公差

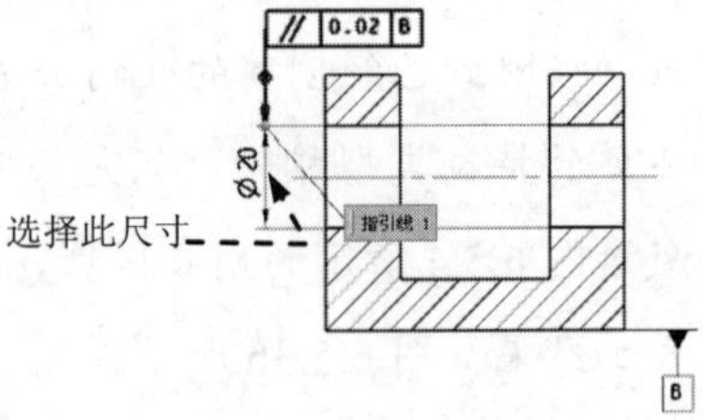


图 6.5.6　标注平行度公差

（3）调整指引线。在“特征控制框”对话框中展开指引线区域中的样式区域（图 6.5.7 所示），在短划线长度文本框中输入值 15，单击图 6.5.8 所示的放置位置以放置几何公差框。

（4）在“特征控制框”对话框中单击关闭按钮（或者单击鼠标中键），结束命令。

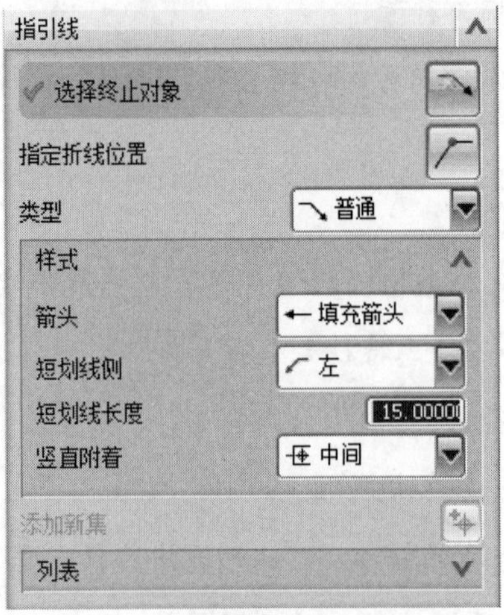


图 6.5.7　“指引线”区域

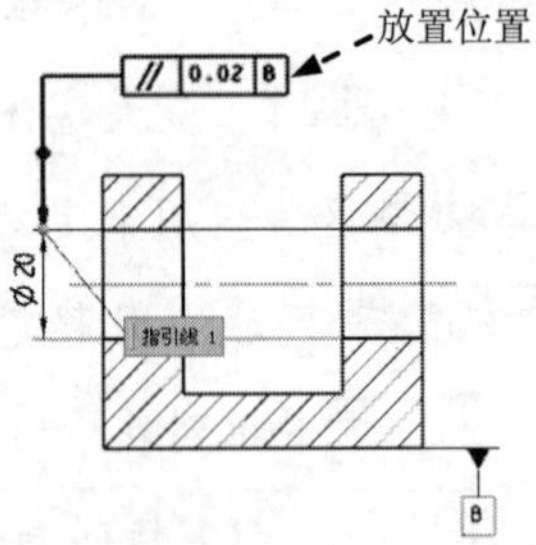


图 6.5.8　放置几何公差

Step4. 添加圆柱度公差。

（1）选择下拉菜单插入(S) → 注释(A) → 特征控制框(E)... 命令（或单击“注释”区域中的按钮），系统弹出“特征控制框”对话框。

（2）定义公差。在特性下拉列表中选择圆柱度选项，在框样式下拉列表中选择单框选项，在公差区域的0.0文本框中输入值 0.015，在第一基准参考区域的下拉列表中选择空白选项，其余采用默认设置。

（3）放置公差框。确认“特征控制框”对话框中的指定位置被激活，移动鼠标指针到图 6.5.9 所示的位置，系统自动进行捕捉放置，单击此位置以放置几何公差框。

（4）在“特征控制框”对话框中单击关闭按钮（或者单击鼠标中键），结果如图 6.5.1 所示。

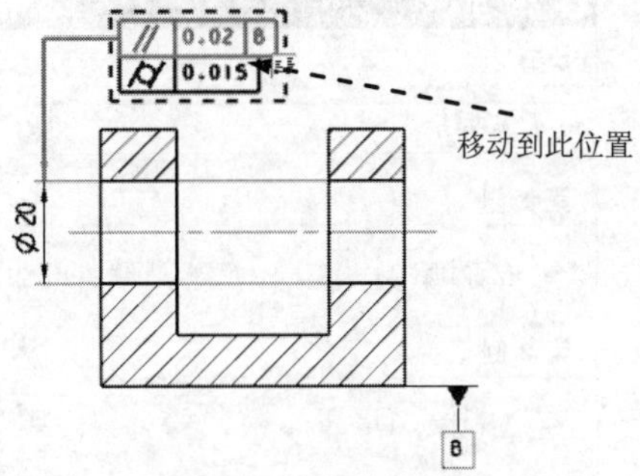


图 6.5.9 放置形位公差

## 6.5.2 编辑几何公差符号

要编辑几何公差符号，可以采用以下方法来完成。

方法一：在图样中直接双击要编辑的几何公差符号。

方法二：在图样中右击要编辑的几何公差符号，在弹出的快捷菜单中选择 编辑(E)... 命令。

方法三：选择下拉菜单 编辑(E) → 注释(A) → 注释对象(O) 命令，然后在图样中选取要编辑的几何公差符号，系统弹出“特征控制框”对话框，即可进行编辑。

编辑几何公差符号和创建几何公差的对话框一样，操作方法也相同，此处不再赘述。

# 6.6 中心线符号

UG NX 11.0 提供了很多中心线类型的符号，如中心标记、螺栓圆、圆形、对称、2D 中心线和 3D 中心线，可以进一步丰富和完善工程图。

## 6.6.1 2D 中心线

2D 中心线通过选择两条边、两条曲线或者两个点来创建。下面介绍创建 2D 中心线的一般操作过程。

Step1. 打开文件 D:\ug11.12\work\ch06.07\utility_symbol.prt。

Step2. 选择命令。选择下拉菜单 插入(S) → 中心线(E) → 2D 中心线... 命令，系统弹出“2D 中心线”对话框，如图 6.6.1 所示。

Step3. 定义中心线。依次选择图 6.6.2 所示的两条边线，在 尺寸 区域中选中 ☑ 单独设置延伸 复选框，此时中心线的两个端点上显示出两个箭头，分别拖动两个箭头，结果如图 6.6.3 所示。

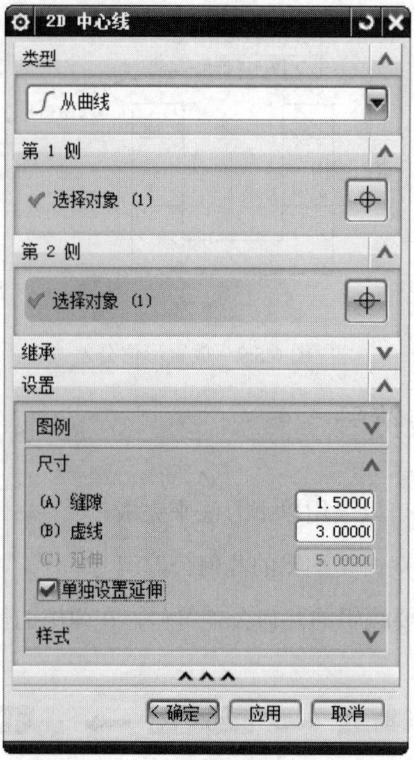

图 6.6.1 “2D 中心线”对话框

Step4. 单击“2D 中心线”对话框中的 < 确定 > 按钮，完成中心线的创建。

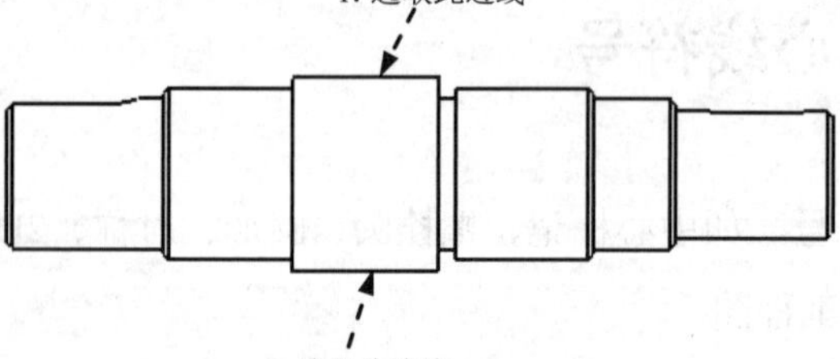

图 6.6.2 选取边线

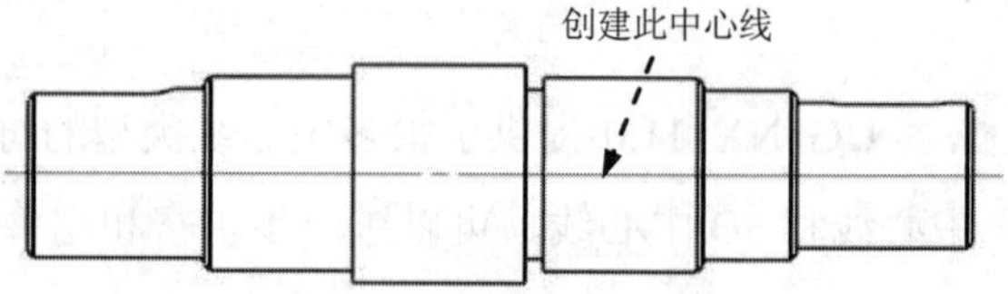

图 6.6.3 创建中心线

## 6.6.2 3D 中心线

3D 中心线是通过选择扫掠面或分析面来创建的中心线符号，用户可以选择圆柱面、圆锥面、直纹面、拉伸面、回转面和环面等。下面介绍创建 3D 中心线的一般操作过程。

Step1. 打开文件 D:\ug11.12\work\ch06.07\3D_centerline.prt。

Step2. 选择命令。选择下拉菜单 插入(S) → 中心线(E) → 3D 中心线... 命令，系统弹出如图 6.6.4 所示的“3D 中心线”对话框。

图 6.6.4 所示“3D 中心线”对话框中按钮及选项的说明如下。

- 按钮：用于选择创建 3D 中心线的圆柱面或圆锥面等。
- 对齐中心线复选框：在创建多条 3D 中心线时，如果选中该复选框，则第一条中心线的端点投影到其他面的轴上，其余的中心线与第一条中心线对齐。取消该复选框时，则可以创建具有各自不同长度的中心线。
- 方法下拉列表：定义创建中心线时的偏置方法，包括有无、距离和对象等选项。
  - ☑ 无选项：表示不进行中心线的偏置。
  - ☑ 距离选项：选择该选项，会激活偏置距离文本框，用户可输入偏置距离的数值，此时创建的中心线和选择无选项时从外观上看没有任何区别，但在标注尺寸时系统会将偏置距离计算在内。
  - ☑ 对象选项：选择该选项，会激活* 选择对象 (0)，用户需要选择某个制图对象来定义偏置位置，此时的偏置距离是偏置位置与实际圆柱中心线之间的垂直距离。与选择距离选项时类似，此时创建的中心线和选择无选项时从外观上看没有任何区别，但在标注尺寸时系统会将偏置距离计算在内。

Step3. 定义中心线。在图样上选择图 6.6.5 所示的圆柱面。

Step4. 单击“3D 中心线”对话框中的< 确定 >按钮，完成中心线的创建，结果如图 6.6.6 所示。

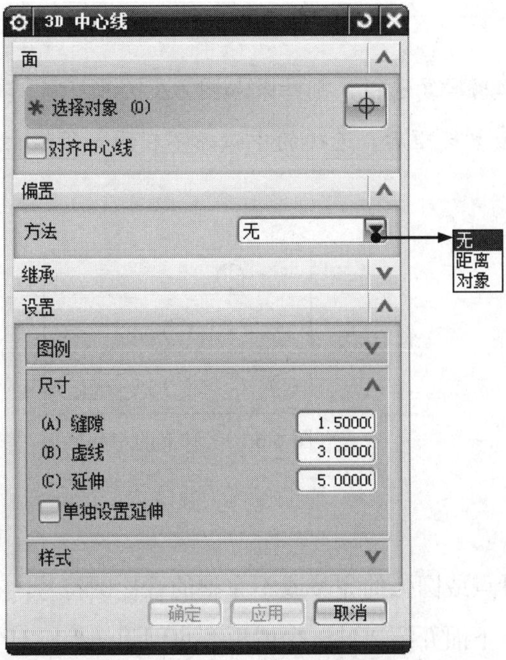


图 6.6.4　“3D 中心线”对话框

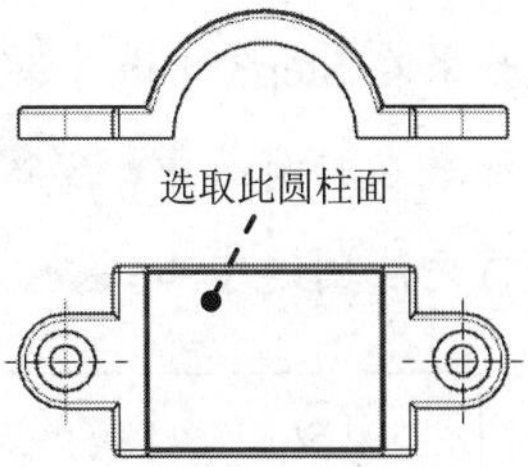


图 6.6.5　选取面

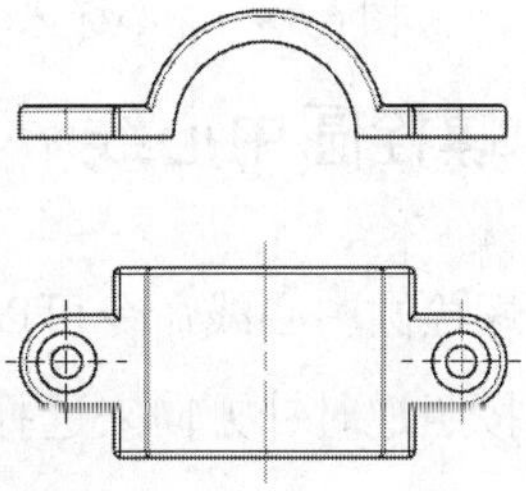

图 6.6.6　创建 3D 中心线

## 6.6.3　中心标记

使用中心标记命令可以创建通过点或圆弧的中心标记符号。下面介绍创建中心标记符号的一般操作过程。

Step1. 打开文件 D:\ug11.12\work\ch06.07\center_mark.prt。

Step2. 选择命令。选择下拉菜单 插入(S) → 中心线(E) → 中心标记(M)... 命令，系统弹出如图 6.6.7 所示的“中心标记”对话框。

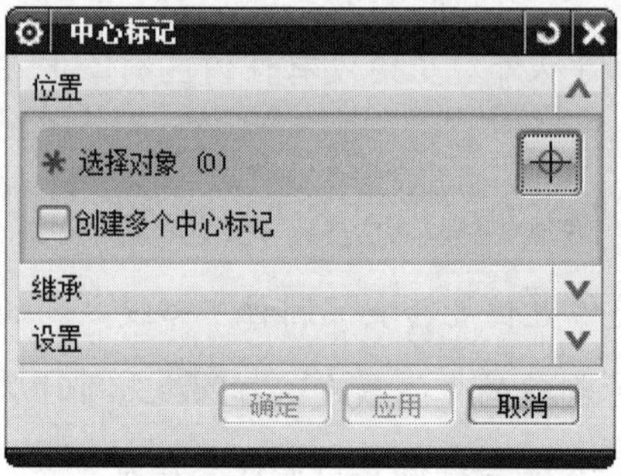


图 6.6.7　“中心标记”对话框

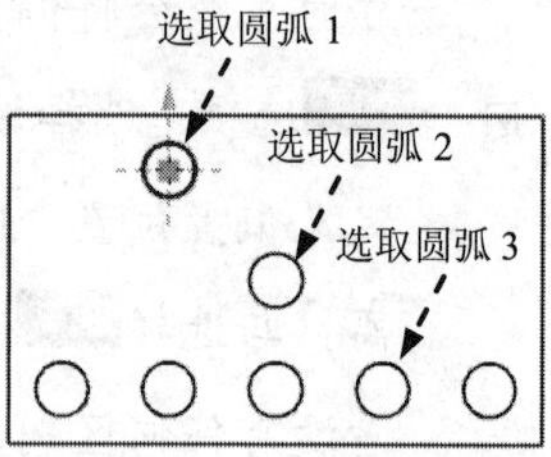


图 6.6.8　选取圆弧

Step3. 选择圆弧。在图样上选择图 6.6.8 所示的圆弧 1，此时中心标记如图 6.6.8 所示，依次选取其余的两个圆弧。

Step4. 单击“中心标记”对话框中的 < 确定 > 按钮，结果如图 6.6.9 所示。

**说明：**

- 如果在 Step3 中选中 ☑ 创建多个中心标记 复选框，则结果如图 6.6.10 所示。
- 如果在取消选中 ☐ 创建多个中心标记 复选框后，选择的中心点不在同一条线上，系统将无法创建中心线。

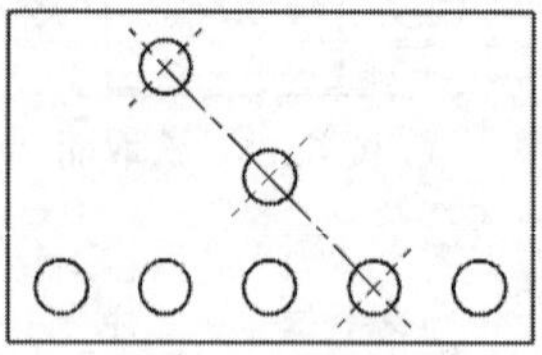

图 6.6.9　中心标记

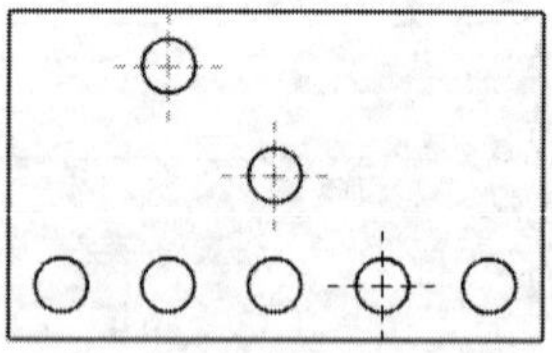

图 6.6.10　独立的中心标记

## 6.6.4　螺栓圆中心线

使用螺栓圆中心线命令可以创建通过点或圆弧的完整或不完整的螺栓圆符号，在创建时应注意按照逆时针方向来选择通过点。下面介绍通过三个或更多点创建螺栓圆符号的一般操作过程。

Step1. 打开文件 D:\ug11.12\work\ch06.07\bolt_circle.prt。

Step2. 选择命令。选择下拉菜单 插入(S) → 中心线(E) → 螺栓圆(B)... 命令，系统弹出如图 6.6.11 所示的“螺栓圆中心线”对话框。

Step3. 选择类型。在“螺栓圆中心线”对话框的 类型 下拉列表中选择 通过 3 个或多个点 选项。

Step4. 选择通过点。确认“捕捉”区域中的 ⊙ 被激活，在图样上依次选择图 6.6.12 所示的 4 个圆弧。

图 6.6.11 “螺栓圆中心线”对话框

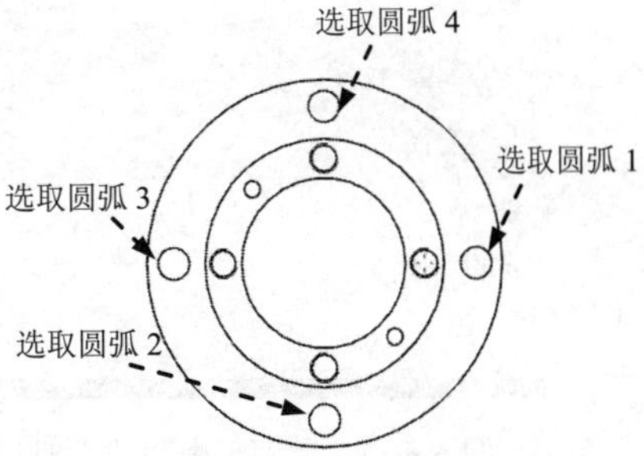


图 6.6.12 选取圆弧

Step5. 单击“螺栓圆中心线”对话框中的 < 确定 > 按钮，结果如图 6.6.13 所示。

**说明：** 如果取消选中 □ 整圆 复选框，则创建的螺栓圆中心线如图 6.6.14 所示。

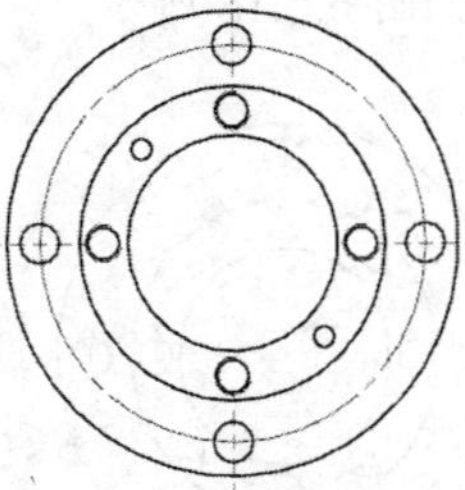

图 6.6.13 螺栓圆中心线

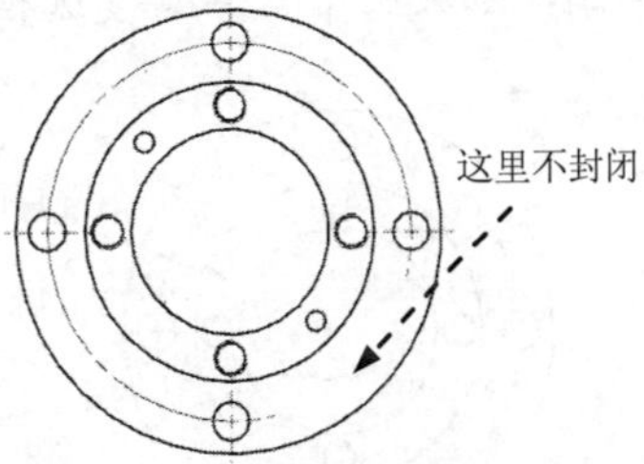


图 6.6.14 非整圆的螺栓圆

## 6.6.5 圆形中心线

创建圆形中心线与创建螺栓圆中心线的方法类似，所产生的圆形中心线只是通过所选的点，并不会在所选点的位置产生额外的中心线，在创建时同样应注意按照逆时针方向来选择通过点。下面介绍通过中心点创建圆形中心线的一般操作过程。

Step1. 打开文件 D:\ug11.12\work\ch06.07\circle.prt。

Step2. 选择命令。选择下拉菜单 插入(S) → 中心线(E) → 圆形(C)... 命令，系统弹出如图 6.6.15 所示的“圆形中心线”对话框。

Step3. 选择类型。在“圆形中心线”对话框的 类型 下拉列表中选择 中心-点 选项。

Step4. 选择通过点。确认“捕捉”区域中的⊙被激活，在图样上依次选择图 6.6.16 所示的 2 个圆弧，取消选中 □ 整圆 复选框，此时显示的圆形中心线如图 6.6.16 所示。

Step5. 在“圆形中心线”对话框中展开 设置 区域，选中 ☑ 单独设置延伸 复选框，并分别拖动中心线两端的箭头改变中心线的长度。

图 6.6.15 “圆形中心线”对话框

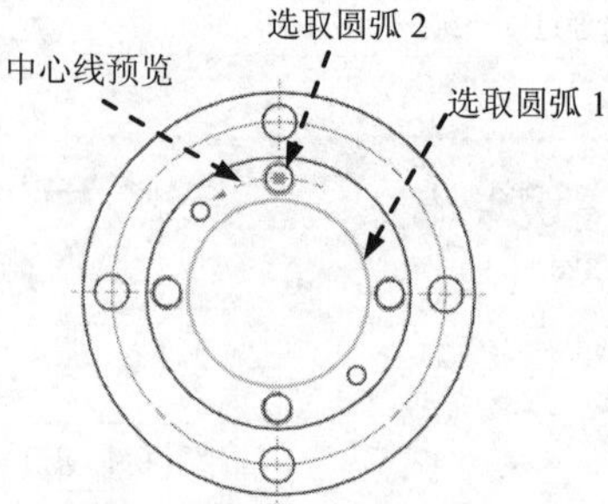


图 6.6.16 选取圆弧

**说明**：如果在这里单击某一端的箭头，会出现动态输入框，用户可以输入相应的弧长数值来确定中心线的长度。

Step6. 单击“圆形中心线”对话框中的 < 确定 > 按钮，结果如图 6.6.17 所示。

**说明**：如果选中 ☑ 整圆 复选框，则创建的圆形中心线如图 6.6.18 所示。

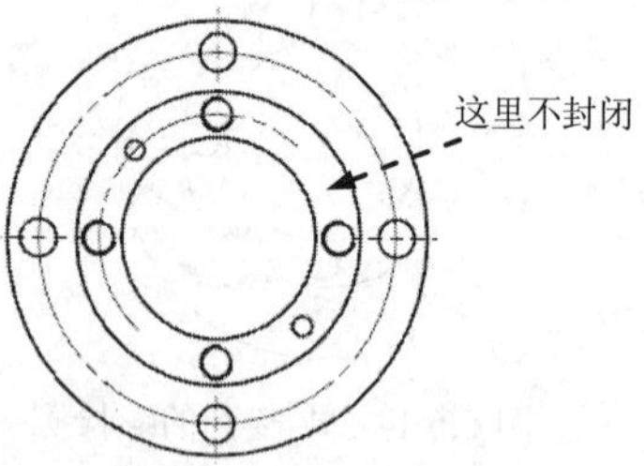


图 6.6.17 非整圆的圆形中心线

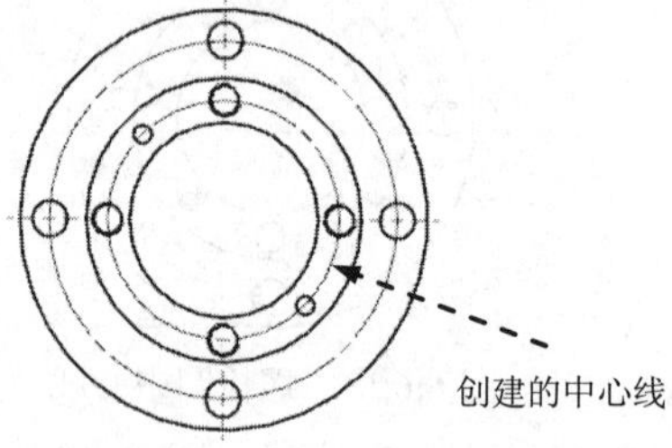


图 6.6.18 整圆的圆形中心线

## 6.6.6 对称中心线

使用“对称中心线”命令可以创建对称中心线，用来指明几何体中的对称位置。下面介绍创建对称中心线的一般操作过程。

Step1. 打开文件 D:\ug11.12\work\ch06.07\symmtrical.prt。

Step2. 选择命令。选择下拉菜单 插入(S) → 中心线(E) → 对称(S)... 命令，系统弹出如图 6.6.19 所示的“对称中心线”对话框。

Step3. 定义对称中心线。在“对称中心线”对话框的类型下拉列表中选择起点和终点选项，在图样上依次选择图 6.6.20 所示的两个圆弧的圆心点。

Step4. 在“对称中心线”对话框中选中☑单独设置延伸复选框，分别拖动对称中心线两端的箭头改变其长度。

Step5. 单击“对称中心线”对话框中的应用按钮，结果如图 6.6.21 所示。

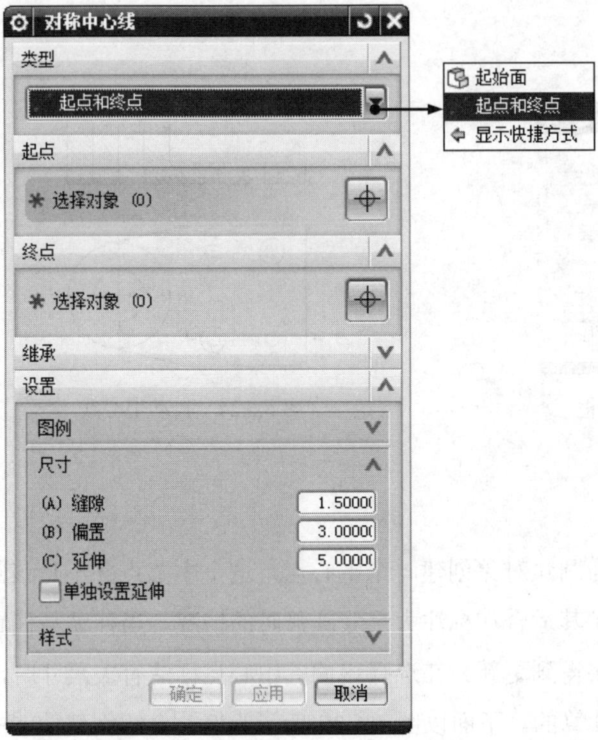


图 6.6.19 “对称中心线”对话框

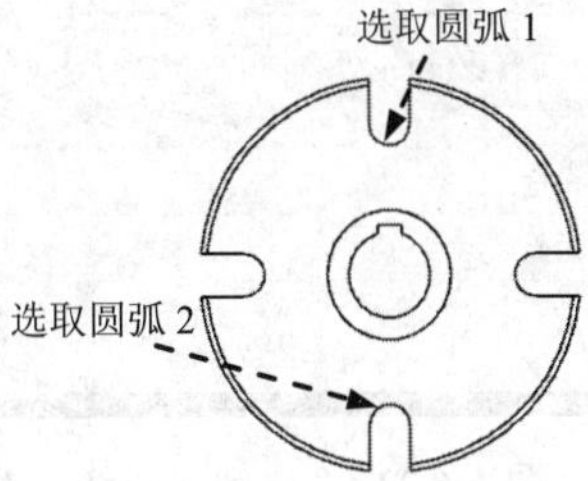


图 6.6.20 定义起始点

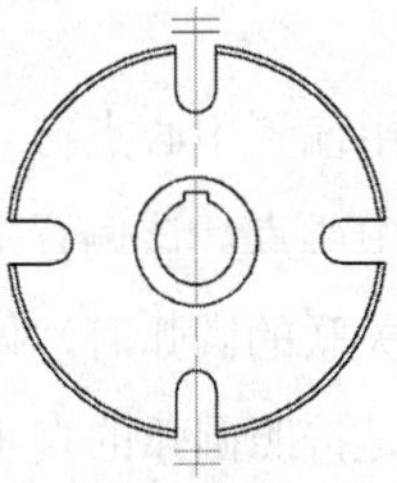

图 6.6.21 对称中心线（一）

Step6. 在“对称中心线”对话框的类型下拉列表中选择起始面选项，在图样上选择图 6.6.22a 所示的圆柱面投影，单击“对称中心线”对话框中的< 确定 >按钮，结果如图 6.6.22b 所示。

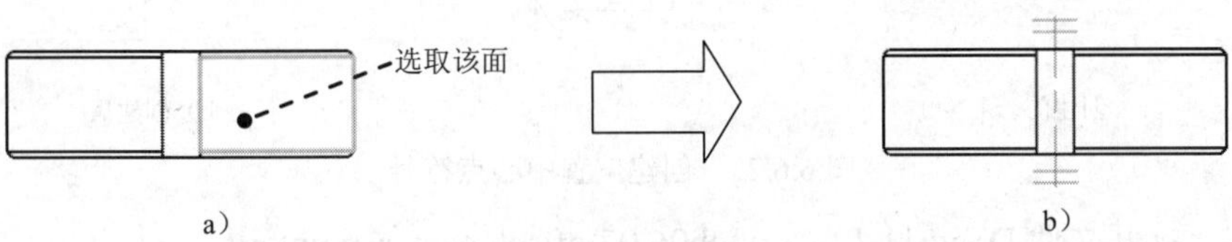


图 6.6.22 对称中心线（二）

## 6.6.7 自动中心线

使用自动中心线命令可以由系统自动判断圆孔和圆柱等制图对象，并生成对应的中心线，创建后的中心线和使用其他命令创建的中心线并无区别。下面介绍创建自动中心线的一般操作过程。

Step1. 打开文件 D:\ug11.12\work\ch06.07\auto_centerline.prt。

Step2. 选择命令。选择下拉菜单 插入(S) → 中心线(E) → 自动(A)... 命令，系统弹出如图 6.6.23 所示的“自动中心线”对话框。

Step3. 在图样上选择图 6.6.24 所示的两个视图，单击“自动中心线”对话框中的 < 确定 > 按钮，结果如图 6.6.24 所示。

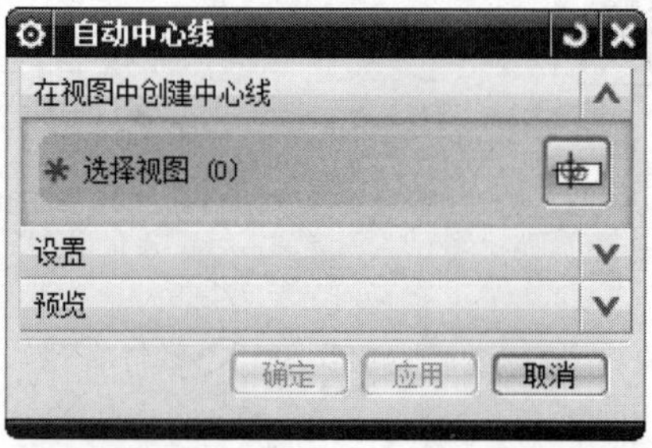


图 6.6.23 “自动中心线”对话框

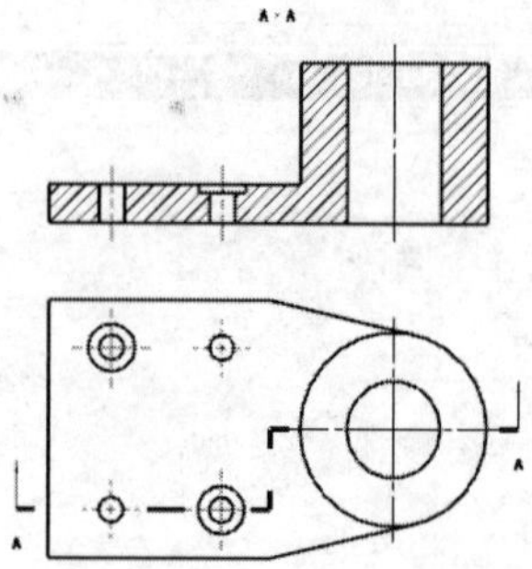


图 6.6.24 自动中心线

## 6.6.8 偏置中心点符号

使用偏置中心点符号命令可以为圆弧对象创建一个中心点，这个中心点并不是该圆弧的真实中心点。该偏置中心点符号尤其适合在标注大尺寸圆弧时的情况。当移动与偏置中心点相关联的圆弧时，偏置中心点将得到更新。在选择该偏置中心点标注有关尺寸时，尺寸数值是按照圆弧的真实中心点来计算的。下面以图 6.6.25 所示为例，介绍创建偏置中心点符号的一般操作过程。

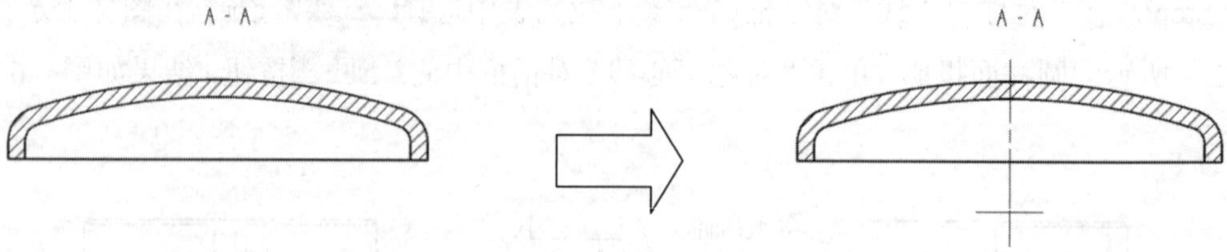


a）创建前　　b）创建后

图 6.6.25 创建偏置中心点符号

Step1. 打开文件 D:\ug11.12\work\ch06.07\offset_center_point.prt。

Step2. 选择命令。选择下拉菜单 插入(S) → 中心线(E) → 偏置中心点符号(O)... 命令，系统弹出如图 6.6.26 所示的“偏置中心点符号”对话框。

**图 6.6.26 所示“偏置中心点符号”对话框中常用按钮及选项的说明如下。**

- 按钮：用来选择需要产生偏置中心点的制图对象。
- 偏置 下拉列表：用于定义偏置中心点的偏置距离的计算方法。

☑ 从圆弧算起的水平距离：选择该选项，偏置中心点将放置在水平方向上，偏置距离是从圆弧边缘开始计算的。

☑ 从中心算起的水平距离：选择该选项，偏置中心点将放置在水平方向上，偏置距离是从圆弧中心开始计算的。

图 6.6.26 “偏置中心点符号”对话框

☑ 从某个位置算起的水平距离：选择该选项，偏置中心点将放置在水平方向上，用户需要额外指定一个光标位置，此时偏置距离是从该光标位置到圆弧中心计算的。

☑ 从圆弧算起的竖直距离：选择该选项，偏置中心点将放置在竖直方向上，偏置距离是从圆弧边缘开始计算的。

☑ 从中心算起的竖直距离：选择该选项，偏置中心点将放置在竖直方向上，偏置距离是从圆弧中心开始计算的。

☑ 从某个位置算起的竖直距离：选择该选项，偏置中心点将放置在竖直方向上，用户需要额外指定一个光标位置，此时偏置距离是从该光标位置到圆弧中心计算的。

- 距离文本框：用来定义偏置距离。注意输入的数值可以是正值或负值，但不能大于圆弧的半径数值，如图 6.6.27 所示。
- 按钮：用来选择要继承的中心点符号。
- 显示为下拉列表：用来控制偏置中心点的显示模式，包含中心-点、中心线和延伸的中心线等三种模式。需要注意的是，制图标准中定义的样式不同，其结果会有差异，图 6.6.28 所示为 ISO 制图标准的标注效果。

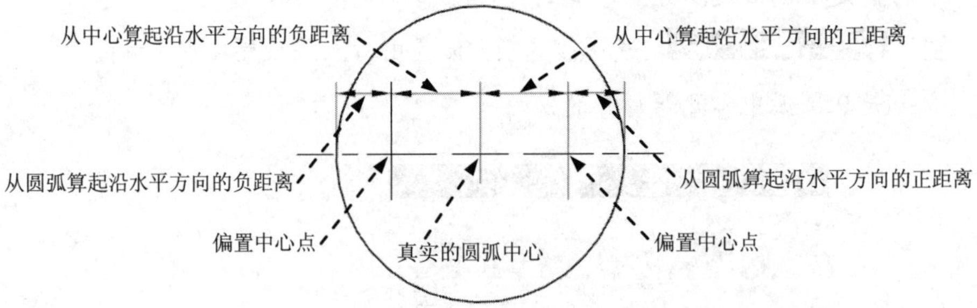


图 6.6.27　偏置中心点

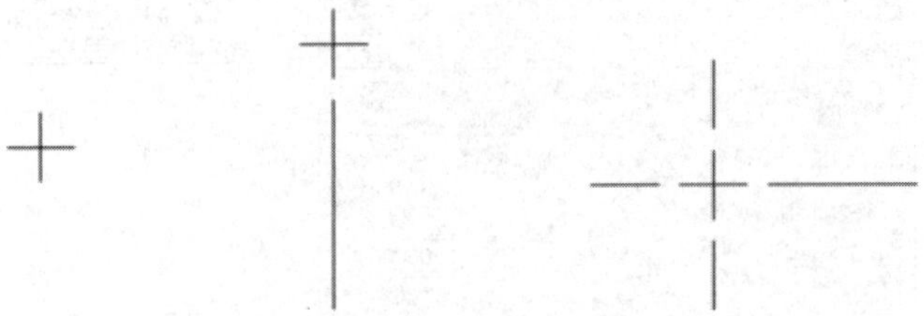

a）中心点　　b）中心线（竖直距离）　　c）延伸的中心线（水平距离）

图 6.6.28　偏置中心点显示模式

Step3. 设置符号参数。在“偏置中心点符号”对话框的偏置下拉列表中选择从圆弧算起的竖直距离选项，在距离文本框中输入值 30，在尺寸区域的显示为下拉列表中选择延伸的中心线选项，其余采用系统默认参数设置。

Step4. 在图样中选取图 6.6.29 所示的圆弧边线，单击“偏置中心点符号”对话框中的< 确定 >按钮，结果如图 6.6.25b 所示。

Step5. 标注尺寸。

（1）选择下拉菜单插入(S) → 尺寸(M) → 径向(R)...命令，系统弹出“半径尺寸”对话框，在测量区域的方法下拉列表中选择径向选项，并选中☑ 创建带折线的半径复选框。

（2）在图样中选取图 6.6.29 所示的圆弧边线，然后选取刚刚创建的偏置中心点符号，单击图 6.6.30 所示的折叠位置，在合适的位置单击放置该尺寸。

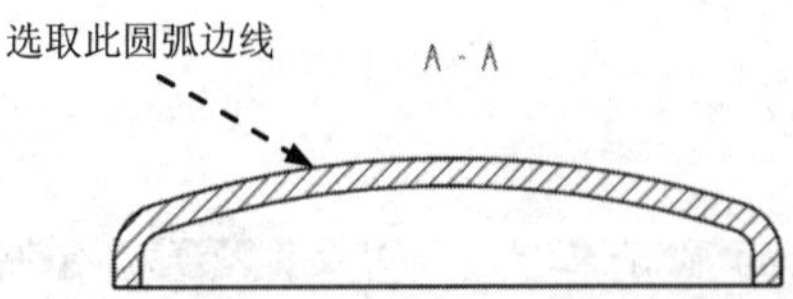


图 6.6.29　选取圆弧边线

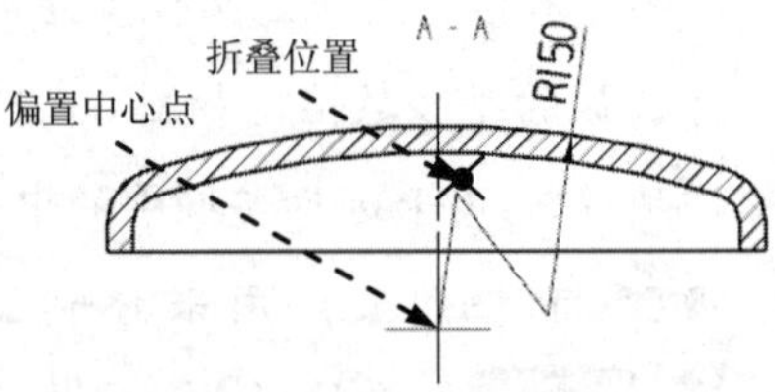


图 6.6.30　标注尺寸

# 6.7 标识符号

## 6.7.1 标识符号概述

标识符号是一种由规则图形和文本组成的符号，在创建工程图中也是必要的。在 UG NX 11.0 中可以创建图 6.7.1 所示的 11 种标识符号类型，其中圆形符号通过直径来测量，圆角方块通过长度来测量，其他符号则是通过外接圆来测量。标识符号既可以与制图对象关联，也可以作为独立的符号放置在图样上。

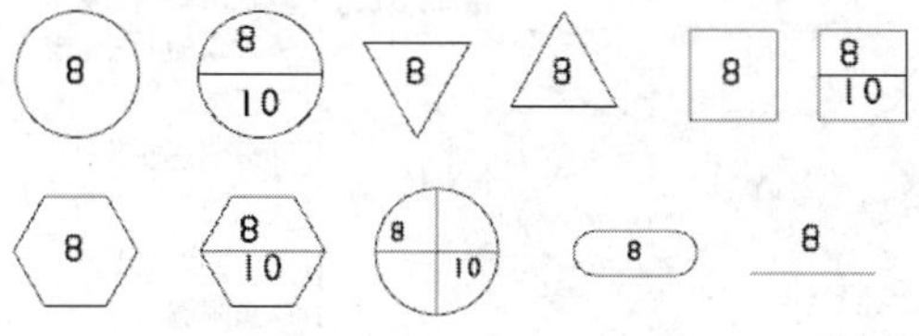


图 6.7.1 标识符号类型

## 6.7.2 创建标识符号

下面以图 6.7.2 所示为例来介绍创建标识符号的一般操作过程。

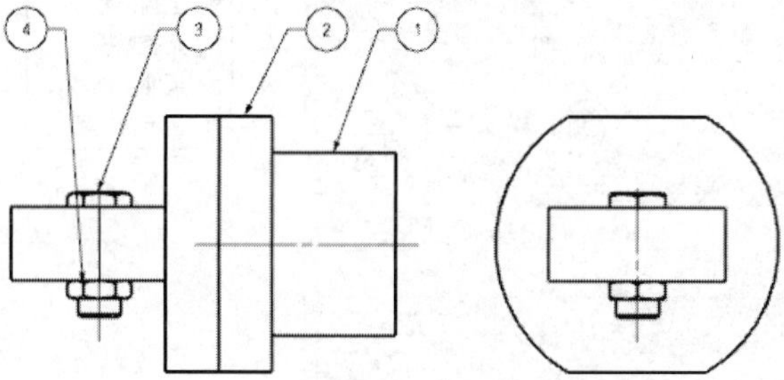


图 6.7.2 创建标识符号

Step1. 打开文件 D:\ug11.12\work\ch06.08\id_symbol.prt。

Step2. 选择命令。选择下拉菜单 插入(S) → 注释(A) → 符号标注(B)... 命令，系统弹出如图 6.7.3 所示的"符号标注"对话框。

Step3. 定义第 1 个符号参数。在 文本 区域的 文本 文本框中输入值 1，其余参数保持不变。

Step4. 指定指引线。单击对话框 指引线 区域中的"选择终止对象"按钮，选择图 6.7.4 所示的点为引线的放置点。

Step5. 放置标识符号。单击图 6.7.4 所示的放置位置以放置标识符号。

Step6. 定义第 2 个符号参数。在文本区域的文本文本框中输入值 2，其余参数保持不变。

Step7. 单击对话框指引线区域中的“选择终止对象”按钮，选择图 6.7.5 所示的点为引线的放置点。

Step8. 放置标识符号。移动鼠标指针到图 6.7.5 所示的位置，系统自动捕捉到第一个标识符号并与之对齐。

Step9. 参照 Step6～Step8 的操作步骤完成其余标识符号 3、4 的标注。

Step10. 单击“符号标注”对话框中的关闭按钮，结果如图 6.7.2 所示。

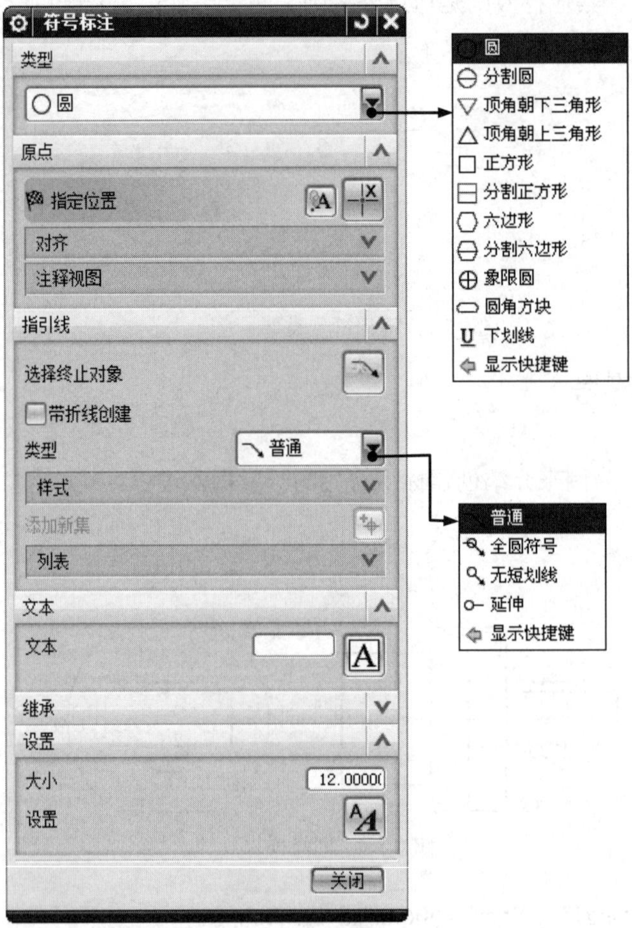


图 6.7.3 “符号标注”对话框

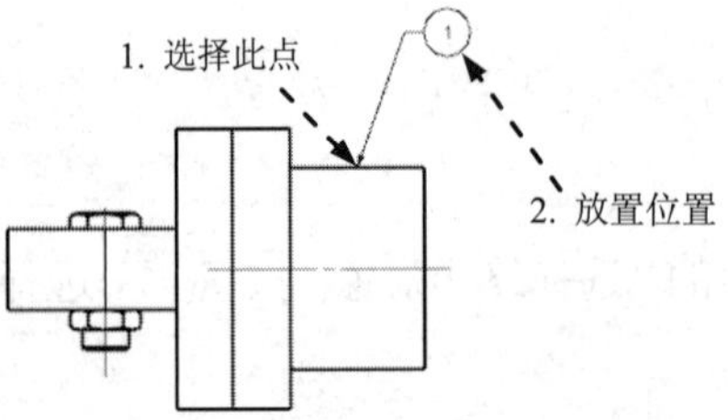


图 6.7.4 创建第 1 个标识符号

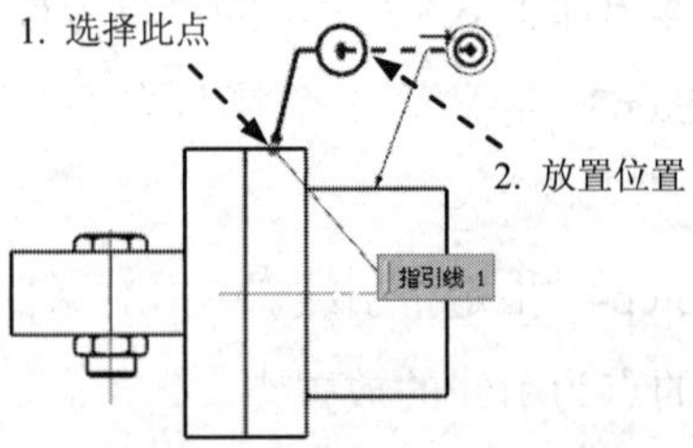


图 6.7.5 创建第 2 个标识符号

## 6.7.3　编辑标识符号

要编辑标识符号，可以采用以下方法来完成。

方法一：在图样中直接双击要编辑的标识符号。

方法二：在图样中右击要编辑的标识符号，在弹出的快捷菜单中选择 编辑(E)... 命令。

方法三：选择下拉菜单 编辑(E) → 注释(O) → 注释对象(O) 命令，然后在图样中选取要编辑的标识符号，此时系统弹出“符号标注”对话框，即可进行标识符号的编辑。

下面以图 6.7.6 所示为例来介绍编辑标识符号的一般操作过程。

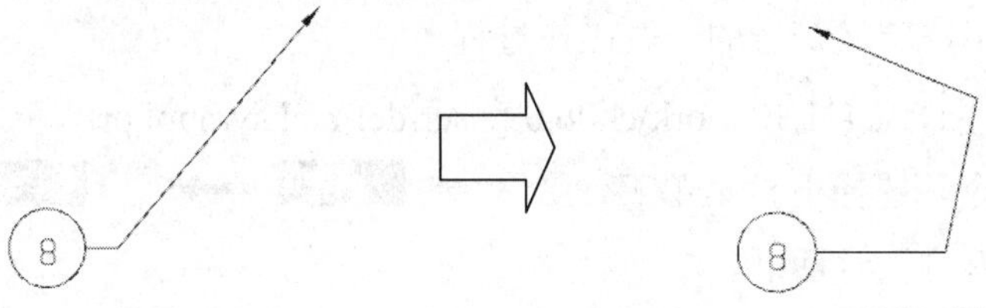


a）编辑前　　　b）编辑后

图 6.7.6　编辑标识符号

Step1. 打开文件 D:\ug11.12\work\ch06.08\ID_edit.prt。

Step2. 选择命令。选择下拉菜单 编辑(E) → 注释(O) → 注释对象(O) 命令，然后在图样中选取唯一的标识符号，系统弹出“符号标注”对话框。

Step3. 编辑短划线长度。在图 6.7.7a 中拖动短划线的箭头向右移到图中所示的新位置（也可以在 短划线长度 文本框中输入数值 20），结果如图 6.7.7b 所示。

a）编辑前　　　b）编辑后

图 6.7.7　编辑短划线长度

Step4. 调整指引线端点。单击图 6.7.7b 中所示的位置，此时指引线的箭头位置发生改变，如图 6.7.8a 所示。

Step5. 添加折线。在“符号标注”对话框中单击“指定折线位置”按钮，结果如图 6.7.8b 所示。

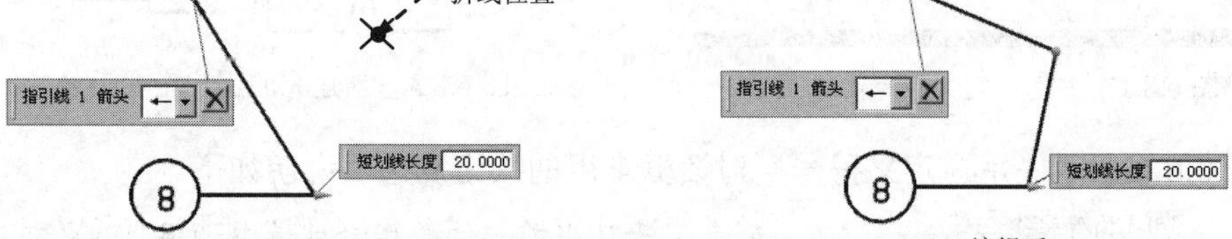


a）编辑前　　　b）编辑后

图 6.7.8　添加折线

**说明**：单击按钮后，如果在图样中连续单击可以添加多段折线。

Step6. 单击“符号标注”对话框的 关闭 按钮，结果如图 6.7.2 所示。

# 6.8 用户定义符号

UG NX 11.0 提供了常见符号的标注命令，但有时这些命令不能满足制图的需要。通过用户自定义符号命令可以在图样上放置已经创建好的各种符号，这些符号存放在自定义符号库中。在图样上用户定义符号既可以单独出现，也可以添加到现有的制图对象中。

下面介绍添加用户定义符号的一般操作过程。

Step1. 打开文件 D:\ug11.12\work\ch06.09\user-defined symbol.prt。

Step2. 选择命令。选择下拉菜单 插入(S) → 符号(Y) → 用户定义(D)... 命令，系统弹出“用户定义符号”对话框。

**说明**：用户定义(D)... 命令系统默认没有显示在下拉菜单中，需要通过定制才可以使用，具体定制方法参见“用户界面简介”章节内容。

Step3. 在“用户定义符号”对话框中设置图 6.8.1 所示的参数。

Step4. 放置符号。单击“用户定义符号”对话框中的按钮，选取图 6.8.2 所示的尺寸和放置位置。

Step5. 单击 取消 按钮，结果如图 6.8.3 所示。

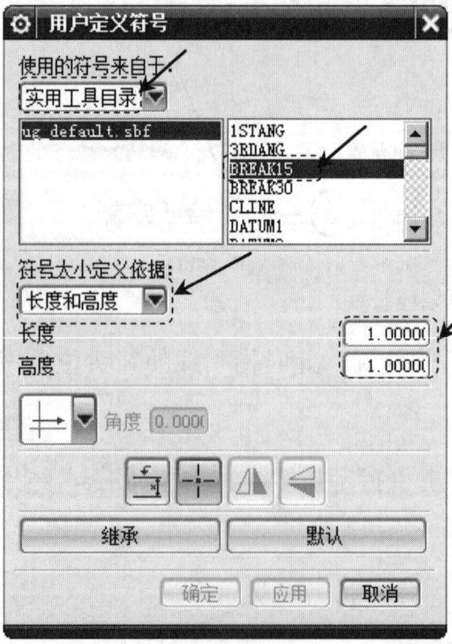


图 6.8.1 “用户定义符号”对话框

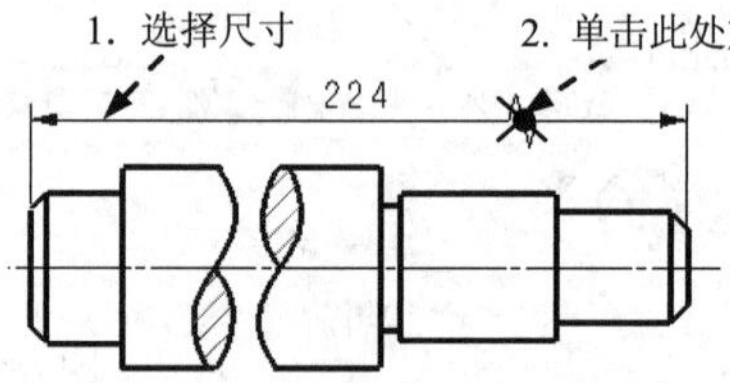


图 6.8.2 用户定义符号的创建

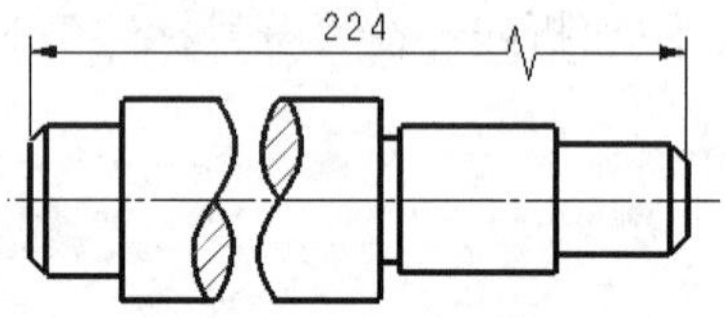


图 6.8.3 创建完的用户定义符号

**图 6.8.1 所示“用户定义符号”对话框常用的按钮及选项说明如下。**

- 使用的符号来自于: ：该下拉列表用于从当前部件或指定目录中调用“用户定义符号”。

☑ 部件：使用该项将显示当前部件文件中所使用的符号列表。

☑ 当前目录：使用该项将显示当前目录部件所用的符号列表。

☑ 实用工具目录：使用该项可以从“实用工具目录”中的文件选择符号。

- 符号大小定义依据：在该项中可以使用长度、高度或比例和宽高比来定义符号的大小。
- 符号方向：使用该项可以对图样上的独立符号进行定位。

☑ ：用来定义与 XC 轴方向平行的矢量方向的角度。

☑ ：用来定义与 YC 轴方向平行的矢量方向的角度。

☑ ：用来定义与所选直线平行的矢量方向。

☑ ：用从一点到另外一点所形成的直线来定义矢量方向。

☑ ；用来在显示符号的位置输入一个角度。

- ：用来将符号添加到制图对象中去。
- ：用来指明符号在图样中的位置。

# 第 7 章 工程图的表格

**本章提要**

表格是工程图的一个重要组成部分，在工程图中添加表格，可以更好地管理和显示数据。本章将详细介绍表格的相关操作、零件明细栏的创建与定制、标题栏的创建和图纸模板的定制，具体包括以下内容：

- 工程图表格概述；
- 表格注释；
- 零件明细栏；
- 标题栏；
- 定制图纸模板。

## 7.1 工程图表格概述

在工程图中，表格是十分常见的组成部分。表格主要用于制作标题栏、明细栏、明细栏手册和参数系列统计表等，起着展示和归纳信息的作用。表格的绘制通常采用系统提供的表格绘制命令，通过对表格的放置方向、单元格大小和内容的定义，并结合一些参数，实现装配环境下零件的重复区域列表、过滤和参数计算等自动功能。

由于标题栏、明细栏等类型表格的应用较为频繁，且要求具有规范性和统一性，通常可将制作好的表格进行保存，以后可以直接调用。这样不仅节省了工程图的制作时间，提高了工作效率，还能使生成的工程图规范统一。

## 7.2 表 格 注 释

### 7.2.1 创建表格

Step1. 打开文件 D:\ug11.12\work\ch07.02\table_note.prt，系统进入制图环境。

Step2. 选择下拉菜单 插入(S) → 表(B) → 表格注释(T)... 命令，系统弹出如图 7.2.1 所示的“表格注释”对话框。

Step3. 采用图 7.2.1 所示的参数设置，在图纸上合适的位置单击以放置表格，结果如图 7.2.2 所示。

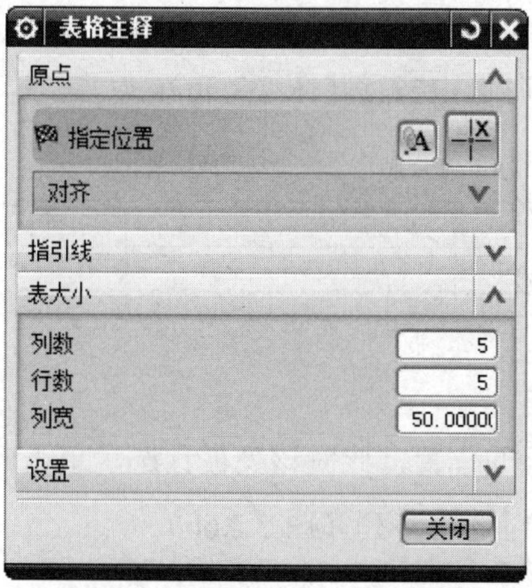


图 7.2.1　“表格注释”对话框

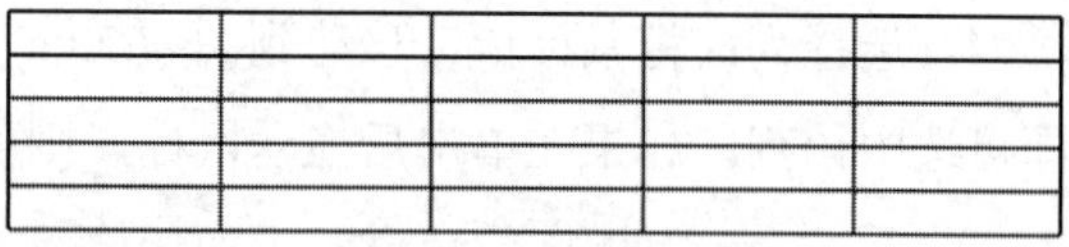

图 7.2.2　放置表格

Step4. 在“表格注释”对话框中单击关闭按钮（或者单击鼠标中键），结束命令。

**说明：表格默认的对齐位置在左上角，用户可以通过修改注释首选项进行修改。**

## 7.2.2　编辑表格

下面紧接着上一节的操作继续来介绍编辑表格的一般操作方法。

### 1. 表格的选择

表格的选择包括整个表格的选择、单元格的选择、行的选择和列的选择。

（1）选择整个表格：将鼠标指针移动到图 7.2.3 所示的表格左上角，此时会出现一个小方形的标记，单击该标记即可选择整个表格，按 Esc 键即可取消选择（后面不再赘述）。

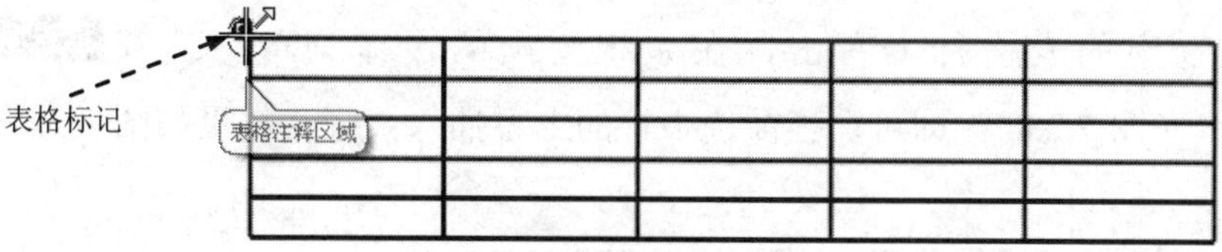


图 7.2.3　选择整个表格

（2）选择单元格：单击某个单元格，即可选中该单元格（图 7.2.4a）。如果单击某个单元格并拖动鼠标，则可同时选中多个单元格（图 7.2.4b）。

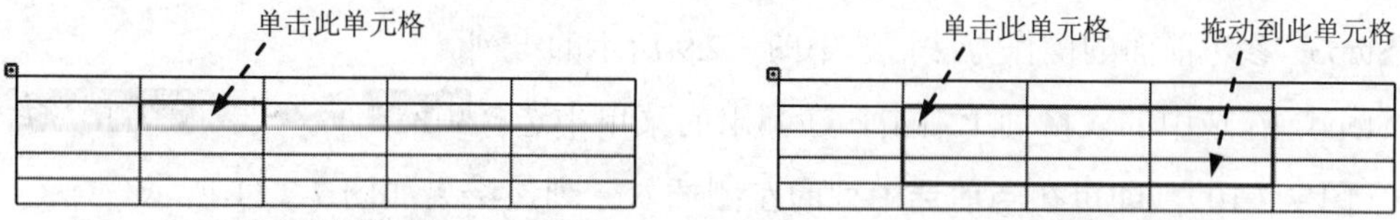


a）选择单个单元格　　b）选择多个单元格

图 7.2.4　选择单元格

（3）选择行：将鼠标指针移动到图 7.2.5a 所示的位置，此时该行被预选，单击此位置即可选中该行。如果在单击后拖动鼠标，则可同时选中多行（图 7.2.5b）。

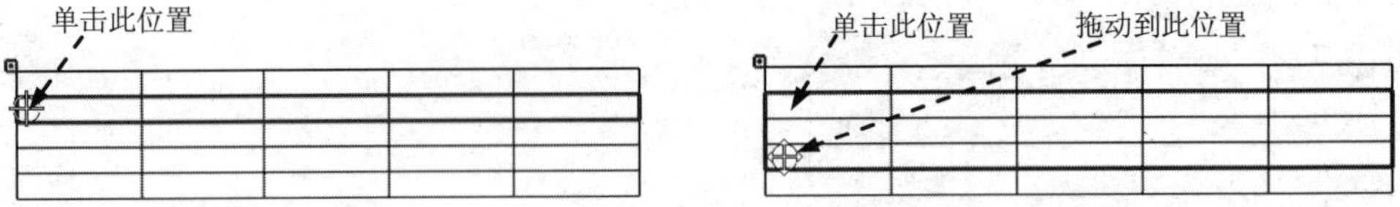


a）选择单行　　b）选择多行

图 7.2.5　选择行

（4）选择列：将鼠标指针移动到图 7.2.6a 所示的位置，此时该列被预选，单击此位置即可选中该列。如果在单击后拖动鼠标，则可同时选中多列（图 7.2.6b）。

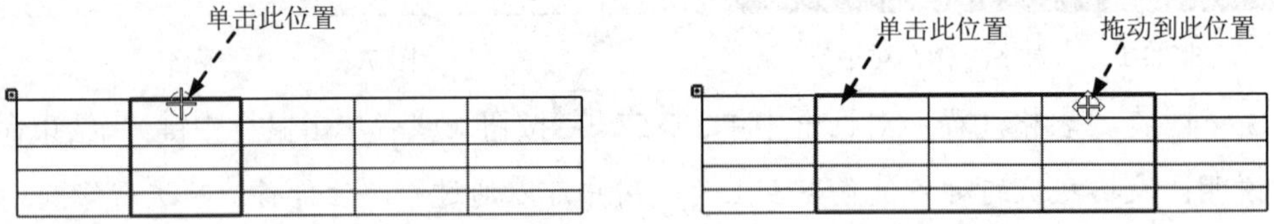


a）选择单列　　b）选择多列

图 7.2.6　选择列

**说明：** 在选择表格时应注意系统的预选提示，当鼠标指针在四周边界附近时比较容易选中行或列。

### 2. 插入行/列

按照系统默认的表格参数创建的表格是五行五列，用户可以在创建时修改相应的数值，从而得到期望数目的表格。在创建表格后，用户可以通过插入行或列的方法来修改表格。下面紧接着上一节的操作继续来介绍插入行或列的一般操作方法。

Step1. 参考前面的操作方法，选中图 7.2.7a 所示的一行。

Step2. 在选中的表格行上右击，在系统弹出的快捷菜单中选择 插入 ▸ ➡ 行上方(A) 命令（图 7.2.8），即可在当前选中行的上方插入一行，结果如图 7.2.7b 所示。

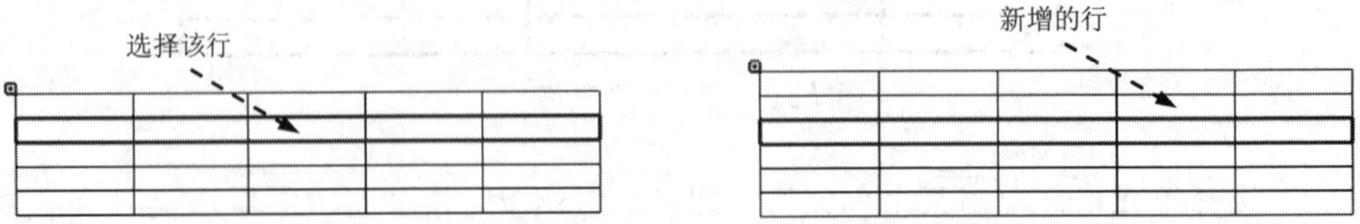


a）插入行前　　b）插入行后

图 7.2.7　插入行

Step3. 参考前面的操作方法，选中图 7.2.9 所示的一列。

Step4. 在选中的表格列上右击，在弹出的菜单中选择 插入 ▸ ➡ 在左侧插入列(L) 命令（图 7.2.10），即可在当前选中列的左侧插入一列，结果如图 7.2.11 所示。

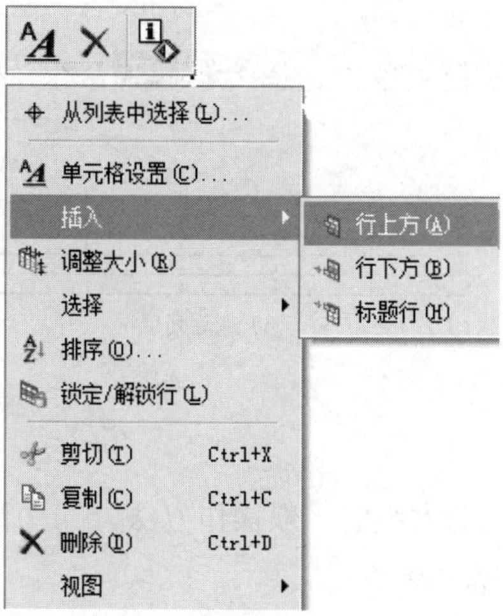


图 7.2.8　快捷菜单命令（一）

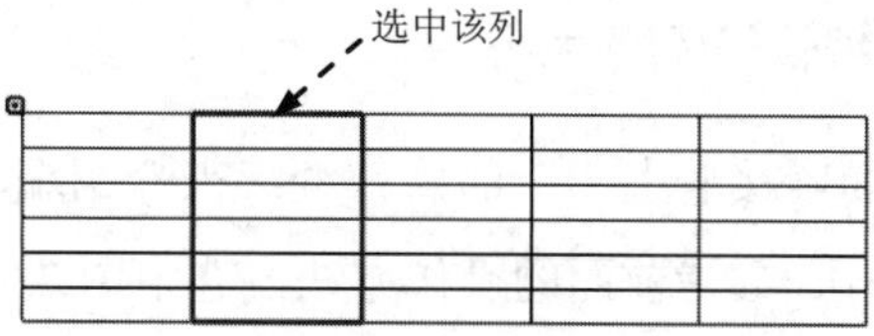


图 7.2.9　选择某列

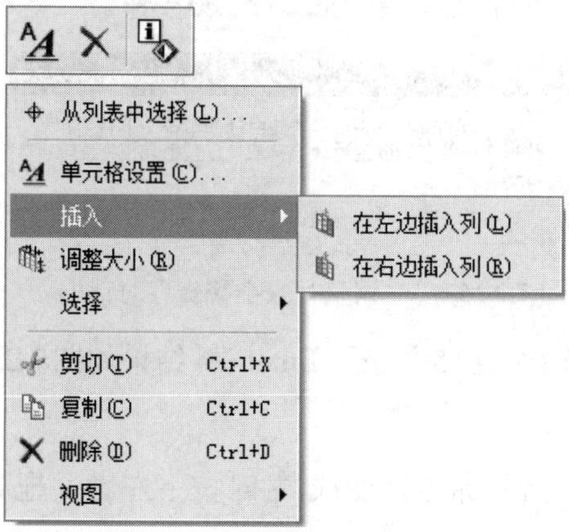


图 7.2.10　快捷菜单命令(二)

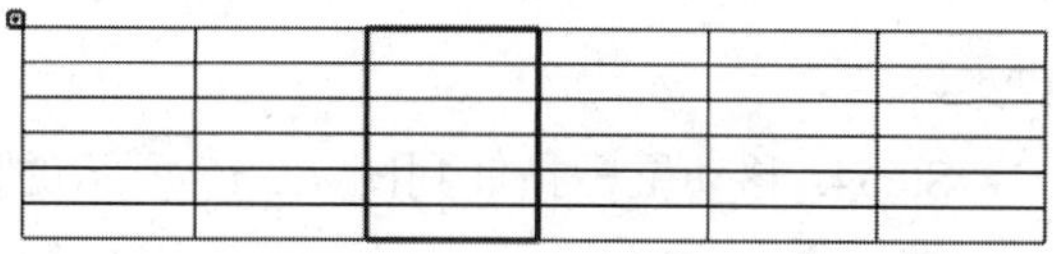

图 7.2.11　插入列后

### 3. 删除行/列

在创建表格后，用户可以通过删除行或列的方法来调整表格。下面紧接着上一节的操作继续来介绍删除行或列的一般操作方法。

Step1. 参考前面的操作方法，选中图 7.2.12a 所示的两行。

Step2. 在选中的表格行上右击，在系统弹出的快捷菜单中选择 删除(D) 命令，即可删除选中的两行，结果如图 7.2.12b 所示。

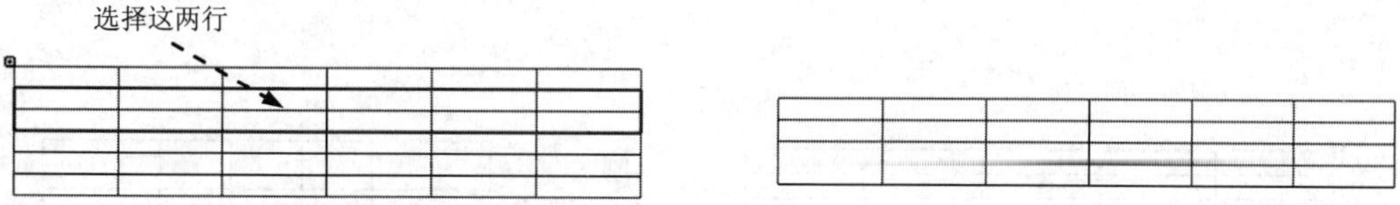


a）删除行前　　b）删除行后

图 7.2.12　删除行

Step3. 参考前面的操作方法，选中图 7.2.13a 所示的一列。

Step4. 在选中的表格列上右击，在系统弹出的快捷菜单中选择 删除(D) 命令，即可删除选中的一列，结果如图 7.2.13b 所示。

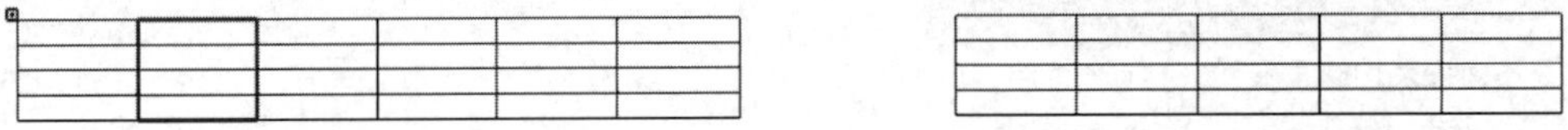

a）删除列前　　b）删除列后

图 7.2.13　删除列

4. 编辑行/列的大小

下面紧接着上一节的操作继续来介绍编辑行或列的大小的一般操作方法。

Step1. 参考前面的操作方法，选中图 7.2.14 所示的两行。

Step2. 在选中的表格行上右击，在系统弹出的快捷菜单中选择 调整大小(R) 命令，此时系统弹出如图 7.2.15 所示的“调整行大小警告”对话框，单击 是 按钮。

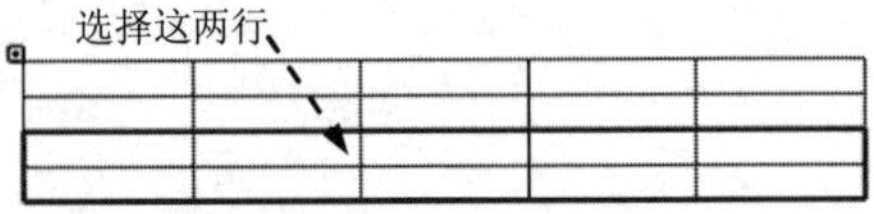


图 7.2.14　选择行

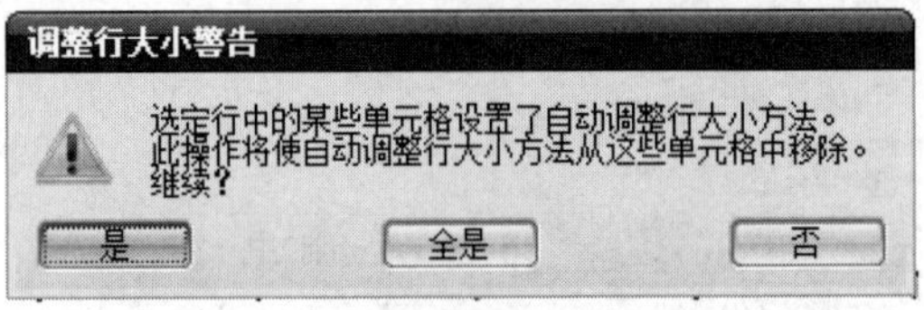


图 7.2.15　“调整行大小警告”对话框

Step3. 在系统弹出的输入框 行高度 10.0000 中输入值 15 并按下 Enter 键，结果如图 7.2.16 所示。

Step4. 移动鼠标指针到图 7.2.17 所示的位置，当鼠标指针变成 时按下左键并拖动，此时即可动态改变行的高度。

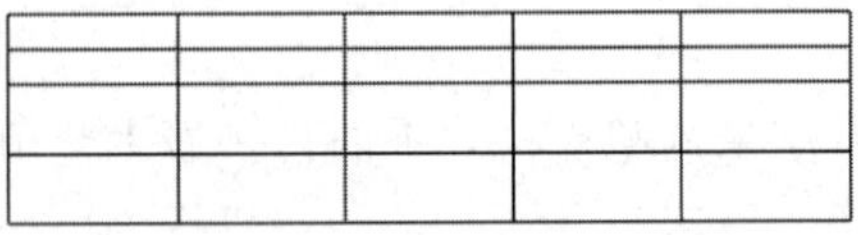

图 7.2.16　调整行高度

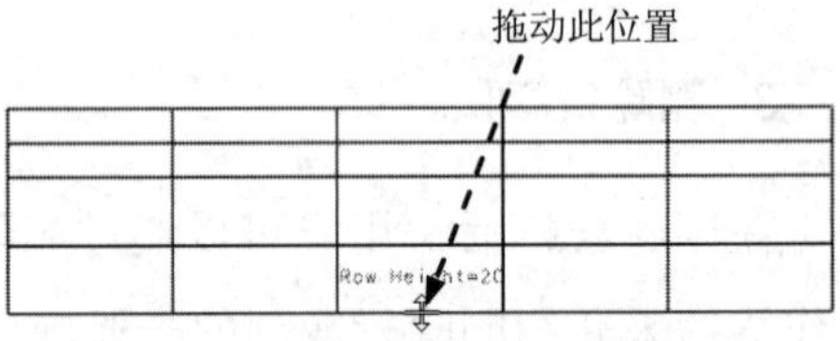


图 7.2.17　动态调整行高度

Step5. 参考前面的操作方法，选中图 7.2.18 所示表格的中间三列。

Step6. 在选中的表格列上右击，在系统弹出的快捷菜单中选择 调整大小(R) 命令。

Step7. 在系统弹出的输入框 列宽 50.0000 中输入值 20 并按下 Enter 键，结果如图 7.2.19 所示。

图 7.2.18　选择列

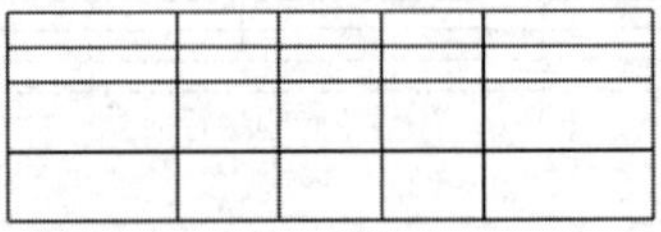

图 7.2.19　调整列的宽度

### 5. 合并单元格

下面紧接着上一节的操作继续介绍合并单元格的一般操作方法。

Step1. 参考前面的操作方法，选中图 7.2.20a 所示的两个单元格。

Step2. 在选中的单元格上右击，在系统弹出的快捷菜单中选择 合并单元格(M) 命令，结果如图 7.2.20b 所示。

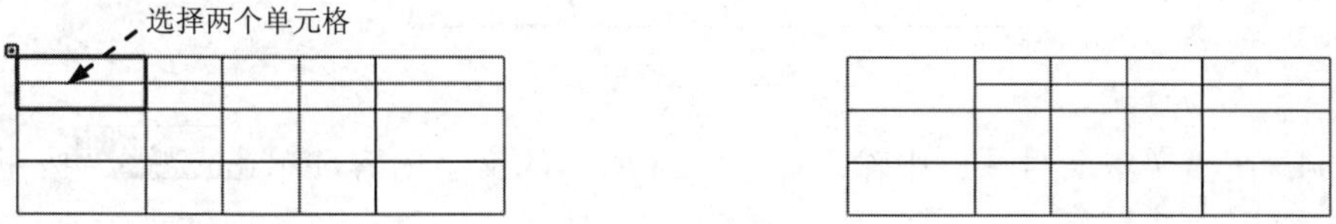

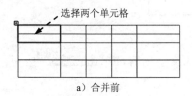

a）合并前　　b）合并后

图 7.2.20　合并单元格

Step3. 参考前面的操作方法，选中图 7.2.21a 所示的四个单元格。

Step4. 在选中的单元格上右击，在系统弹出的快捷菜单中选择 合并单元格(M) 命令，结果如图 7.2.21b 所示。

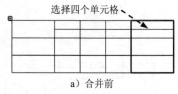

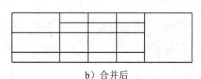

a）合并前　　b）合并后

图 7.2.21　合并单元格

**说明**：如果在合并后的单元格上右击，在系统弹出的快捷菜单中选择 取消合并单元格(U) 命令，即可将合并单元格拆分。**注意**：创建表格时最初产生的单元格是最小单元格，不能被拆分。

## 7.2.3 添加表格文字

下面紧接着上一节的操作继续介绍添加表格文字的一般操作方法。

Step1. 双击图 7.2.22a 所示的单元格，在系统弹出的输入框中输入文本“项目”。

Step2. 按下键盘上的向下方向键，此时系统自动激活了下一个单元格，在系统弹出的输入框中输入文本“长度”；再次按下键盘上的向下方向键，输入文本“宽度”，按下 Enter 键结束，此时结果如图 7.2.22b 所示。

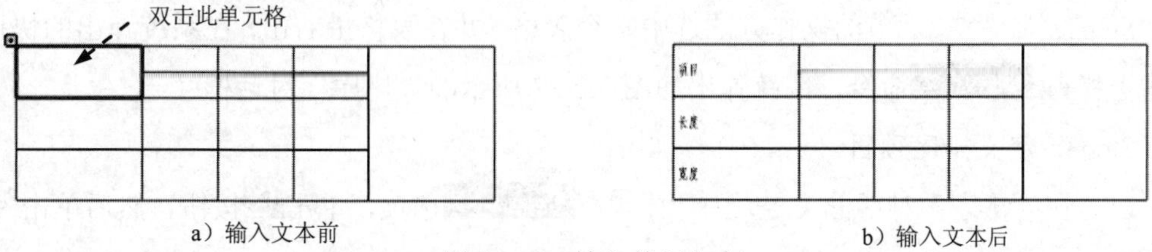


a）输入文本前　　b）输入文本后

图 7.2.22　输入单行文本

Step3. 在图 7.2.23 所示的单元格上右击，在系统弹出的快捷菜单中选择 编辑文本(T)... 命令，系统弹出“文本”对话框。

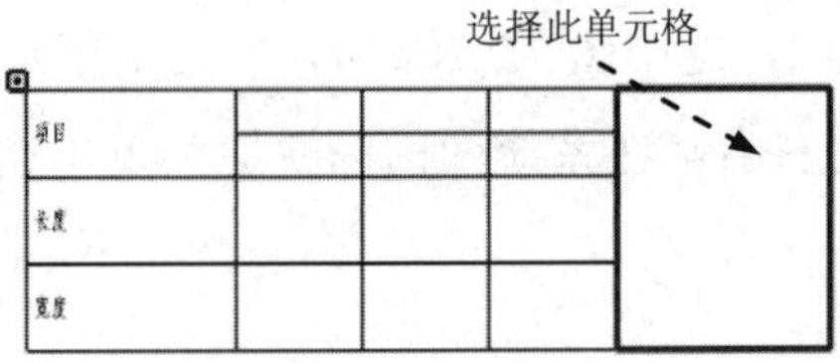


图 7.2.23　选择单元格

Step4. 在“文本”对话框中输入图 7.2.24 所示的文字内容并单击 确定 按钮，结果如图 7.2.25 所示。

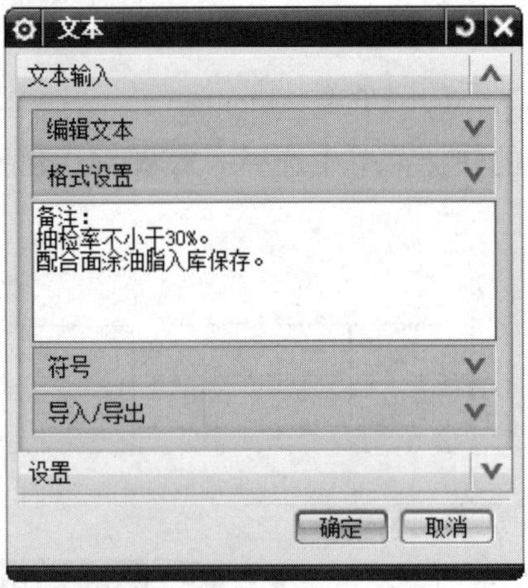


图 7.2.24　“文本”对话框

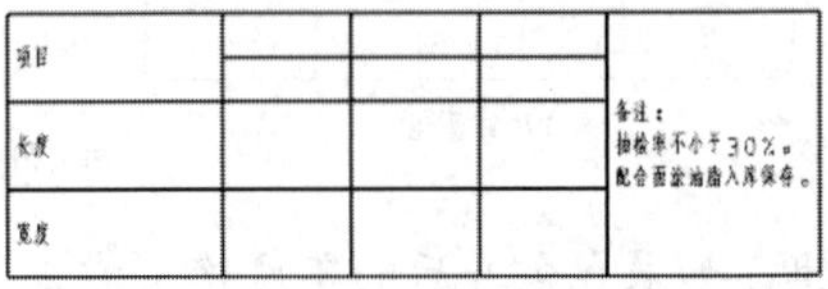


图 7.2.25　输入多行文本

## 7.2.4　表格排序

在 UG NX 11.0 中，用户可以对表格注释中的值按照一定的规则进行排序。下面以图 7.2.26 所示为例来介绍表格排序的一般操作方法。

| | | | |
|---|---|---|---|
| 连接销 | 2 | | 0.12 |
| 右盖 | 2 | | 0.5 |
| 左盖 | 4 | | 0.5 |
| 小轴 | 2 | | 1.2 |
| 下底座 | 1 | | 2.3 |
| 名称 | 数目 | 材料 | 质量 |

a）排序前

| 名称 | 数目 | 材料 | 质量 |
|---|---|---|---|
| 下底座 | 1 | | 2.3 |
| 小轴 | 2 | | 1.2 |
| 左盖 | 4 | | 0.5 |
| 右盖 | 2 | | 0.5 |
| 连接销 | 2 | | 0.12 |

b）排序后

图 7.2.26　表格的排序

Step1. 打开文件 D:\ug11.12\work\ch07.02\Sort_table.prt，系统进入制图环境。

Step2. 参考 7.2.2 节的操作方法选中整个表格，并在表格上右击，在系统弹出的快捷菜单中选择 排序(O)... 命令，系统弹出如图 7.2.27 所示的“排序”对话框（一）。

Step3. 定义排序项目。

（1）在“排序”对话框（一）中选中 Column 4 选项，单击 按钮，然后单击 按钮三次，此时的“排序”对话框如图 7.2.28 所示。

图 7.2.27 所示“排序”对话框（一）中部分按钮的说明如下。

- 排序顺序列表框：该区域是当前表格中所设定的排序规则，注意只有某项前面出现☑才起作用，系统按照前后顺序来排列表格内容，第一项相同时按第二项排序，以此类推。
- 按钮：用于将选定的项目向上移动。
- 按钮：用于将选定的项目向下移动。
- 按钮：用于设定排序顺序。选择某个项目后，单击该按钮即可在（升序）和（降序）之间切换。数字按 0~9、字母按 A~Z 为升序排列，其中中文文字按中文拼音首个字母来计算。

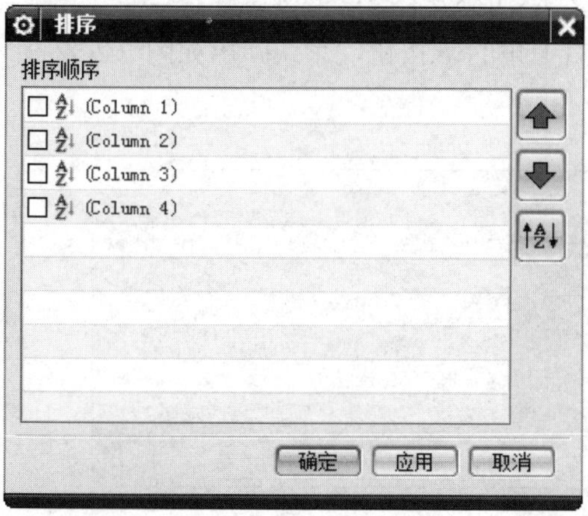


图 7.2.27　“排序”对话框（一）

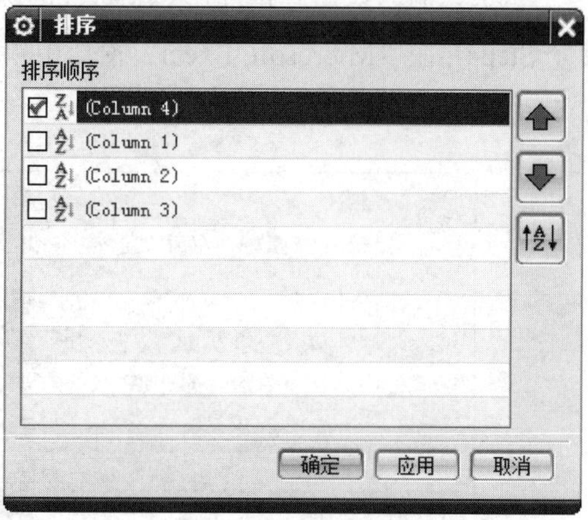


图 7.2.28　“排序”对话框（二）

（2）在“排序”对话框中选中☑ (Column 1)选项，单击按钮，此时的“排序”对话框如图 7.2.29 所示。

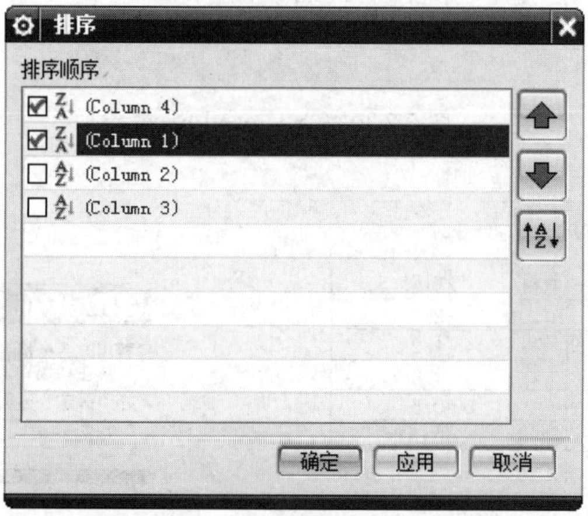


图 7.2.29　“排序”对话框（三）

Step4. 在“排序”对话框中单击 确定 按钮，结果如图 7.2.26b 所示。

## 7.2.5 使用电子表格编辑表格

在 UG NX 11.0 中，用户可以使用电子表格来编辑图纸中的表格注释，此时系统将表格的数据转换为电子表格格式，并与部件文件一同保存。通过与电子表格的关联，可以更加方便地管理数据。下面介绍使用电子表格编辑表格注释的一般操作方法。

Step1. 打开文件 D:\ug11.12\work\ch07.02\table2excel.prt，系统进入制图环境。

Step2. 参考 7.2.2 节的操作方法选中整个表格，并在表格上右击，在系统弹出的快捷菜单中选择 使用电子表格编辑(N) 命令，系统弹出如图 7.2.30 所示的 Microsoft Excel 窗口。

Step3. 输入数据。按照 Excel 软件的操作方法输入如图 7.2.31 所示的数据。

Step4. 在“Microsoft Excel”窗口中单击右上角的 按钮，系统弹出如图 7.2.32 所示的警告对话框。

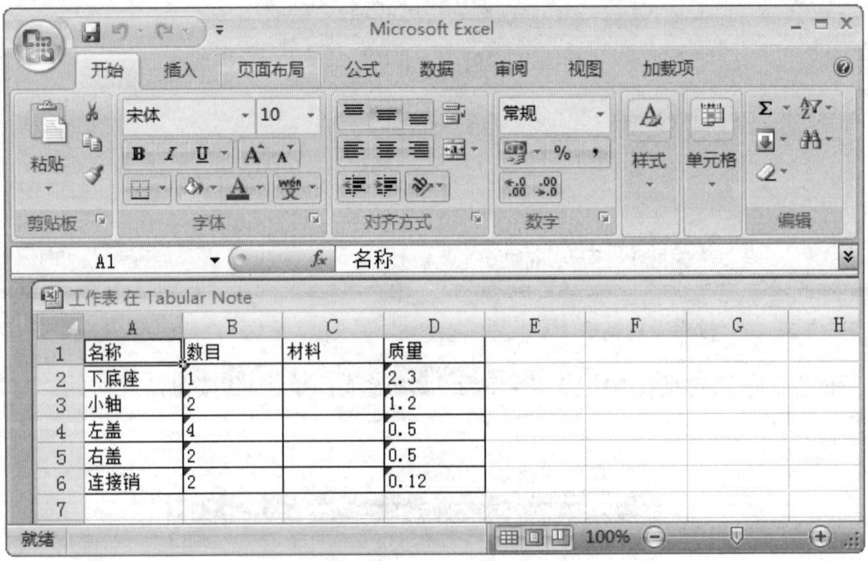


图 7.2.30 Microsoft Excel 窗口

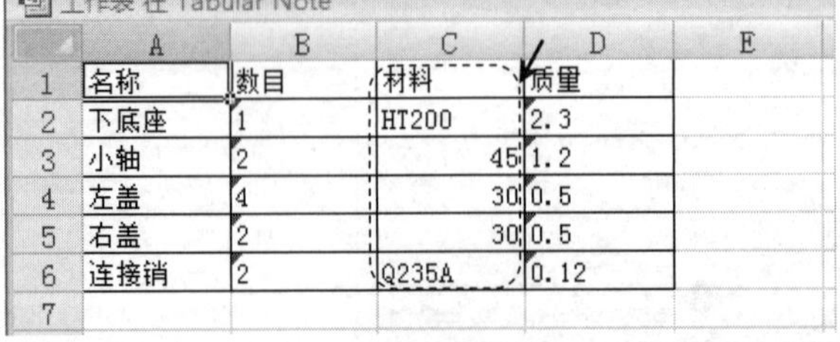


图 7.2.31 输入数据

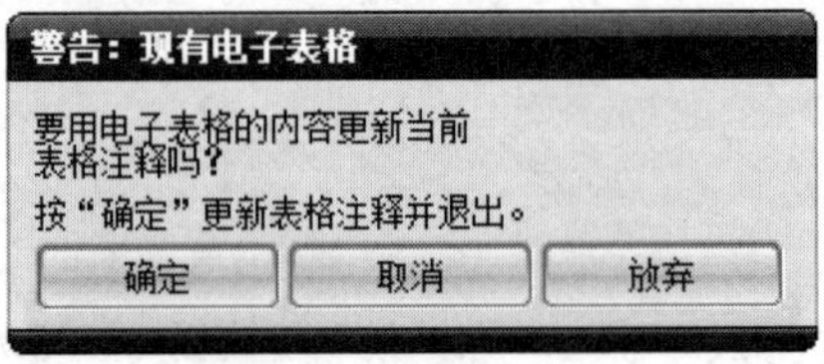


图 7.2.32 警告对话框

Step5. 单击确定按钮，此时系统返回到 UG NX 11.0 软件中，结果如图 7.2.33 所示。

| 名称 | 数目 | 材料 | 质量 |
| --- | --- | --- | --- |
| 下底座 | 1 |  | 2.3 |
| 小轴 | 2 |  | 1.2 |
| 左盖 | 4 |  | 0.5 |
| 右盖 | 2 |  | 0.5 |
| 连接销 | 2 |  | 0.12 |

a）编辑前

| 名称 | 数目 | 材料 | 质量 |
| --- | --- | --- | --- |
| 下底座 | 1 | HT200 | 2.3 |
| 小轴 | 2 | 45 | 1.2 |
| 左盖 | 4 | 30 | 0.5 |
| 右盖 | 2 | 30 | 0.5 |
| 连接销 | 2 | Q235A | 0.12 |

b）编辑后

图 7.2.33　使用电子表格编辑

**说明：**

- 用户可以根据需要在电子表格 Excel 软件中编辑表格的内容，例如添加行或列、重新排序等。
- 当表格关联了“使用电子表格编辑”之后，双击任意一个单元格，系统都将调用 Excel 软件来编辑保存的电子表格。
- 如果希望取消表格与电子表格的编辑关联，可以选中整个表格并右击，在系统弹出的快捷菜单中选择不用电子表格编辑(W)命令，即可恢复使用 UG NX 11.0 的命令来编辑表格。

## 7.2.6　编辑表格位置

下面介绍编辑表格位置的一般操作方法。

Step1. 打开文件 D:\ug11.12\work\ch07.02\edit_table.prt，系统进入制图环境。

Step2. 参考 7.2.2 节的操作方法选中整个表格并右击，在弹出的快捷菜单中选择编辑(E)...命令，系统弹出如图 7.2.34 所示的“表格注释区域”对话框。

Step3. 在“表格注释区域”对话框中单击“指定位置”按钮，在系统的指定新的原点位置提示下选取图样中的某个点作为新的原点，此时表格位置将移动到新的位置。

Step4. 在“表格注释区域”对话框中单击“原点工具”按钮，系统弹出如图 7.2.35 所示的“原点工具”对话框。

Step5. 在“原点工具”对话框中确认“拖动”按钮被选中，单击应用按钮，此时表格将跟随鼠标指针移动，用户单击即可放置表格。

Step6. 在“原点工具”对话框中单击“点构造器”按钮，此时“原点位置”下拉列表被激活，此时可用鼠标捕捉图样上的端点、交点和圆心来放置表格。

Step7. 在“原点工具”对话框中单击取消按钮，在“表格注释区域”对话框中单击关闭按钮，结束命令。

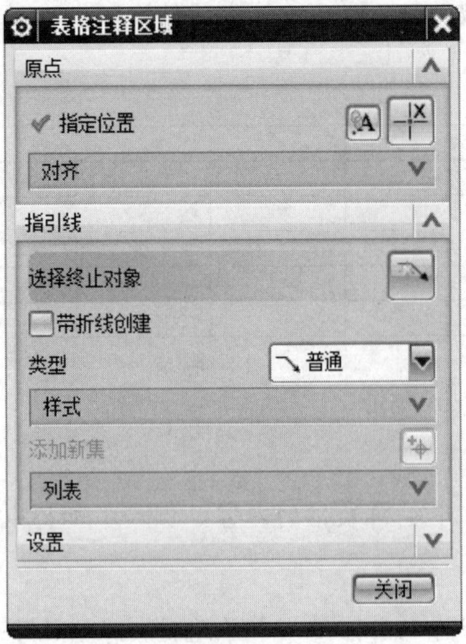


图 7.2.34 “表格注释区域”对话框

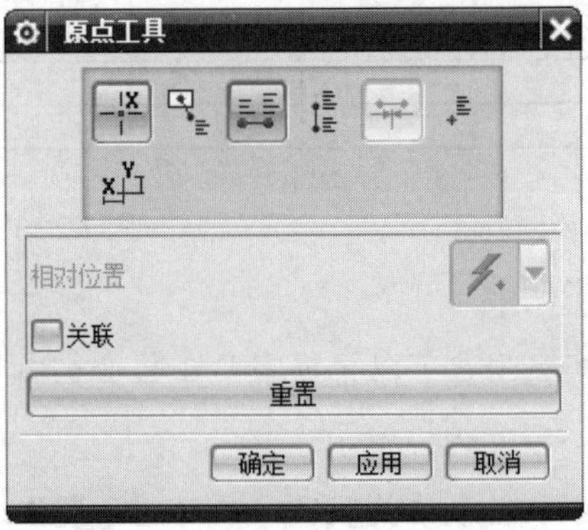


图 7.2.35 “原点工具”对话框

## 7.2.7 定制表格模板

对于一些常用的工程图表格，可以将其定义成表格模板并进行保存，这样在以后的制图中就可以直接调用了。下面介绍定制表格模板的一般操作方法。

Step1. 打开文件 D:\ug11.12\work\ch07.02\custom_table.prt，进入制图环境。

Step2. 参考前述的操作方法选中整个表格并右击，在弹出的快捷菜单中选择 另存为模板(V)... 命令，系统弹出如图 7.2.36 所示的“另存为模板”对话框。

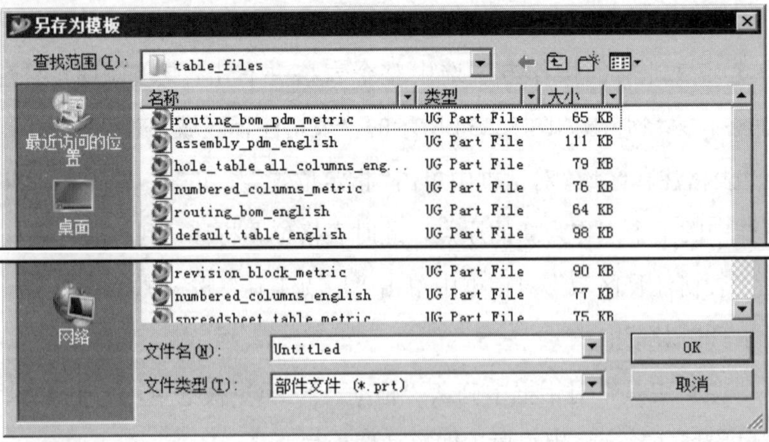


图 7.2.36 “另存为模板”对话框

Step3. 在“另存为模板”对话框中输入文件名称 My_Table_01，单击 OK 按钮，完成表格模板的定义。

**说明：**此时系统默认的保存路径为 X:\Program Files\Siemens\NX11.0\UGII\table_files，

其中 X:表示系统的某个硬盘分区，具体与安装软件时的选择有关。

Step4. 显示表格资源板。

（1）选择下拉菜单 首选项(P) → 资源板(P)... 命令，系统弹出如图 7.2.37 所示的“资源板”对话框。

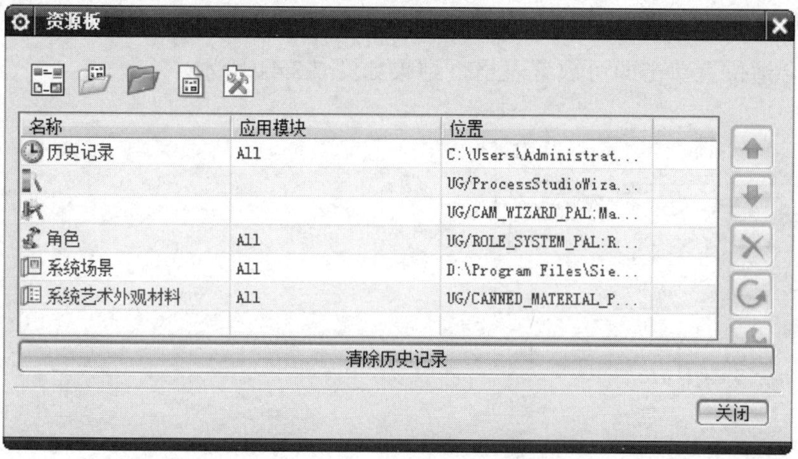


图 7.2.37 “资源板”对话框

（2）在“资源板”对话框中单击“打开资源板”按钮，系统弹出如图 7.2.38 所示的“打开资源板”对话框。

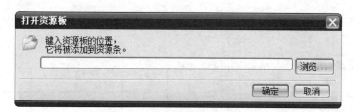

图 7.2.38 “打开资源板”对话框

（3）在“打开资源板”对话框中单击 浏览... 按钮，系统弹出如图 7.2.39 所示的“打开资源板文件”对话框。

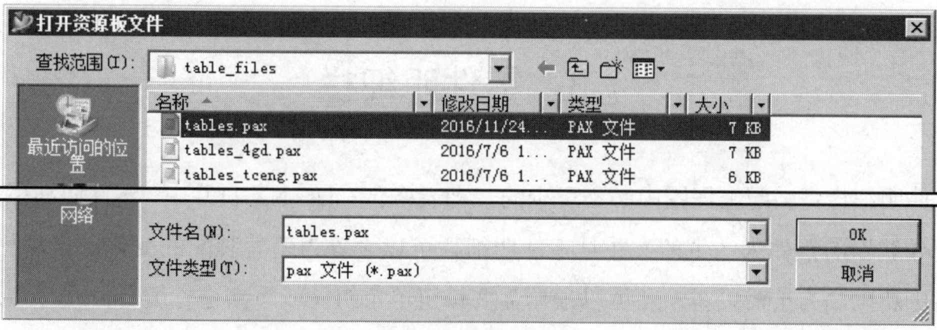


图 7.2.39 “打开资源板文件”对话框

（4）在“打开资源板文件”对话框中选择 tables.pax 文件，单击 OK 按钮，系统返回到“打开资源板”对话框。

（5）在“打开资源板”对话框中单击 确定 按钮，系统返回到“资源板”对话框。

（6）在“资源板”对话框中单击 关闭 按钮，完成资源板的配置，此时屏幕左侧的资源板自动切换到刚刚添加的“表格”资源板，如图 7.2.40 所示。

Step5. 放置表格。在“表格”资源板中，单击图 7.2.40 所示的模板 My_table_01 选项，在图样上的合适位置单击即可放置表格，结果如图 7.2.41 所示。

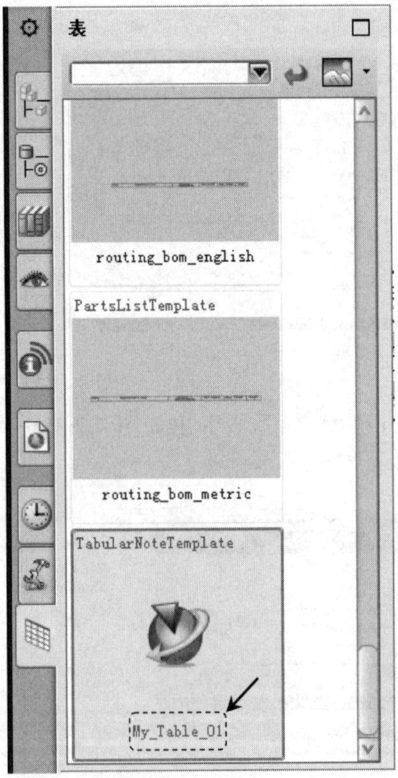


图 7.2.40 “表格”资源板

| 型号 | L1 | L2 | L3 | L4 |
|---|---|---|---|---|
| 型号A | | | | |
| 型号B | | | | |

图 7.2.41 放置的表格

**说明：**创建好的表格模板可以在不同的制图文件中进行调用。

## 7.3 零件明细栏

零件明细栏是装配工程图中必不可少的一种表格。在 UG NX 11.0 中，零件明细栏是依据装配导航器的组件来产生的，并且零件明细栏可以设置为随着装配的变化而自动更新，或者将更新限制为按需更新，还可以根据需要锁定单个组件或重新进行编号；用户通过创建零件明细栏模板，可以方便地实现明细栏的标准化。

## 7.3.1 插入零件明细栏

下面介绍创建零件明细栏的一般操作过程。

Step1. 打开文件 D:\ug11.12\work\ch07.03.01\asm-01_dwg1.prt，进入制图环境。

Step2. 插入零件明细栏。

（1）选择下拉菜单 插入(S) → 表(B) → 零件明细表(P)... 命令（或单击“表”区域中的按钮）。

（2）在系统提示 指明新的零件明细表的位置 下单击图样上的合适位置以放置表格，结果如图 7.3.1 所示。

| | | |
|---|---|---|
| 6 | DOWN_BASE | 1 |
| 5 | CHOCK | 2 |
| 4 | SLEEVE | 2 |
| 3 | TOP_COVER | 1 |
| 2 | NUT | 2 |
| 1 | BOLT | 2 |
| PC NO | PART NAME | QTY |

图 7.3.1 零件明细栏

## 7.3.2 编辑零件明细栏级别

零件明细栏中的显示内容是按级别来划分的，系统默认的级别为按主模型来显示。下面紧接上一节的操作来介绍编辑零件明细栏级别的操作方法。

Step1. 单击图 7.3.2 所示零件明细栏左上角的小方块选中整个表格并右击，在弹出的快捷菜单中选择 编辑级别(L)... 命令，系统弹出“编辑级别”对话框，如图 7.3.3 所示。

Step2. 在“编辑级别”对话框中单击按钮使其处于非选中状态，即取消主模型状态，此时结果如图 7.3.4 所示。

单击小方块

| | | |
|---|---|---|
| 6 | DOWN_BASE | 1 |
| 5 | CHOCK | 2 |
| 4 | SLEEVE | 2 |
| 3 | TOP_COVER | 1 |
| 2 | NUT | 2 |
| 1 | BOLT | 2 |
| PC NO | PART NAME | QTY |

图 7.3.2 选中整个表格

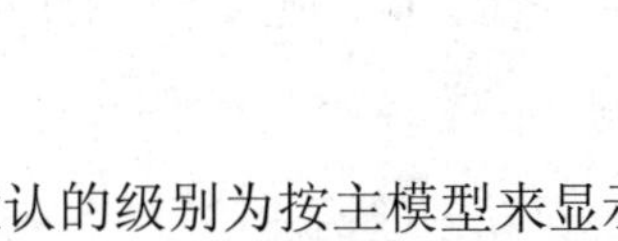

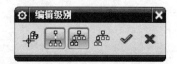

图 7.3.3 “编辑级别”对话框

| | | |
|---|---|---|
| 1 | ASM-01 | 1 |
| PC NO | PART NAME | QTY |

图 7.3.4 显示主模型

Step3. 在“编辑级别”对话框中再次单击按钮使其处于选中状态，即恢复显示主模型。

Step4. 在“编辑级别”对话框中单击按钮，完成级别的编辑。

图 7.3.3 所示“编辑级别”对话框中按钮的说明如下。

- 按钮：选择/取消选择子装配在零件明细栏中的显示。打开该选项，则每个组件都作为子装配进行选择或取消选择；关闭该选项，则在选择时只将单个组件添加到零件明细栏中，或者在取消选择时只将单个组件从零件明细栏中移除。
- 按钮：主模型。在主模型装配中，如果打开该选项，将忽略顶级装配。
- 按钮：仅顶级。打开该选项，则只允许在零件明细栏中显示部件的顶级组件。
- 按钮：仅叶节点。打开该选项，则只允许在零件明细栏中显示没有衍生组件的组件，此时非组件成员将继续显示。
- 按钮：保存设置并退出。
- 按钮：不保存设置退出。

## 7.3.3 自动符号标注

在 UG NX 11.0 中使用“自动符号标注”命令可以根据零件明细栏中的显示内容来对图样中的一个或多个视图添加 ID 符号。下面紧接上一节的操作来介绍自动符号标注的一般操作方法。

### 1. 自动创建标注符号

Step1. 打开文件 D:\ug11.12\work\ch07.03.03\asm_21.prt，进入制图环境。

Step2. 选择下拉菜单 插入(S) → 表(B) → 自动符号标注(B) 命令，系统弹出如图 7.3.5 所示的“零件明细表自动符号标注”对话框（一）。

Step3. 在系统提示 选择要自动标注符号的零件明细表 下选择图样上前面创建的零件明细栏。

Step4. 在“零件明细表自动符号标注”对话框（一）中单击 确定 按钮，系统弹出如图 7.3.6 所示的“零件明细表自动符号标注”对话框（二）。

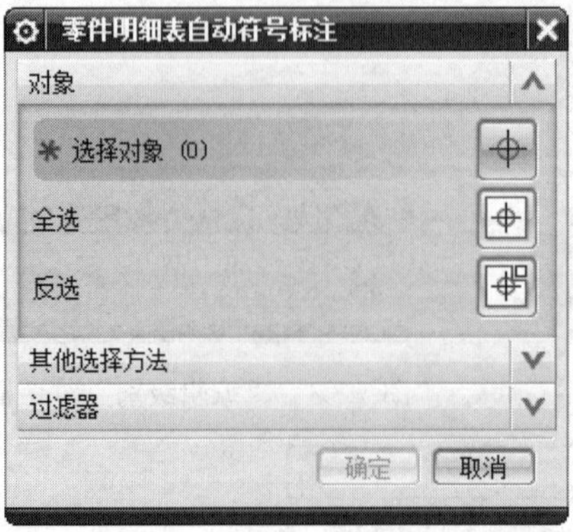


图 7.3.5 “零件明细表自动符号标注”对话框（一）

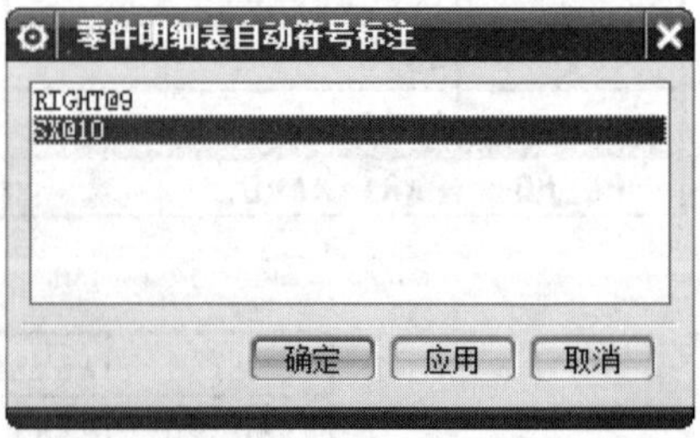


图 7.3.6 “零件明细表自动符号标注”对话框（二）

Step5. 在“零件明细表自动符号标注”对话框（二）中选择 SX@10 选项，单击 确定 按钮，结果如图 7.3.7 所示。

**说明**：实际标注结果可能与图示有所不同。

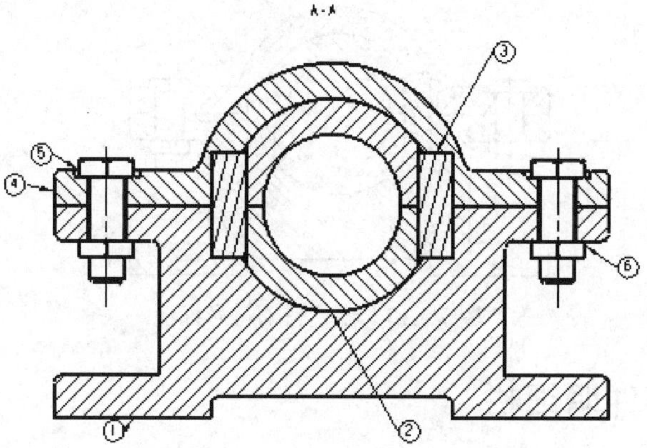


图 7.3.7　自动符号标注

## 2. 手动创建标注符号

使用自动符号标注命令虽然创建了各个组件的标识符号，但是各个标识符号的位置用户无法控制，还需要手动来进行调整。下面介绍另外一种手动创建标注符号的操作方法。

Step1. 打开文件 D:\ug11.12\work\ch07.03.03\asm_22.prt，进入制图环境。

Step2. 创建标注符号。

（1）选择下拉菜单 插入(S) → 注释(A) → 符号标注(B)... 命令，系统弹出“符号标注”对话框。

（2）在“符号标注”对话框的 类型 下拉列表中选择 圆 选项，在 指引线 区域的 类型 下拉列表中选择 无短划线 选项，确认 文本 区域的 文本 文本框中为空白。

（3）单击 指引线 区域中的“选择终止对象”按钮，选择图 7.3.8 所示的点为引线的放置点。

（4）移动鼠标指针到图 7.3.8 所示的放置位置，单击以放置标识符号。

Step3. 参照 Step2 的操作步骤完成其余标识符号的标注，结果如图 7.3.9 所示。

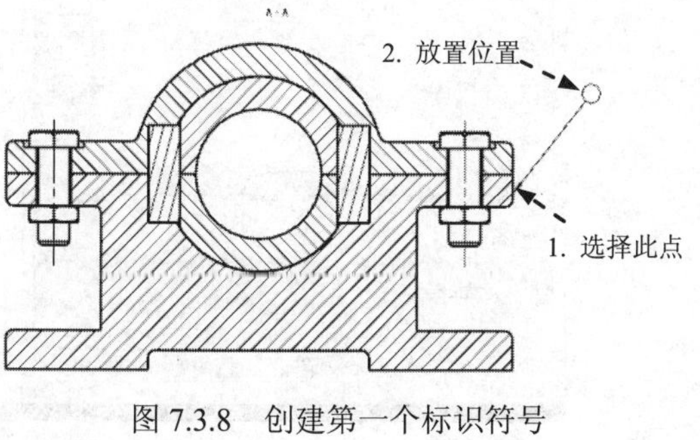


图 7.3.8　创建第一个标识符号

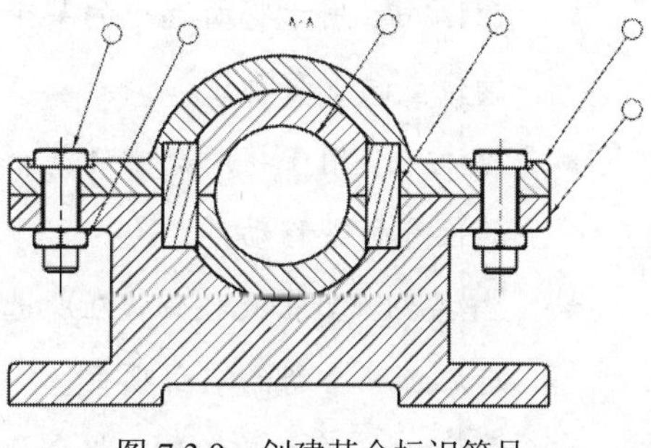

图 7.3.9　创建其余标识符号

Step4. 创建自动符号标注。单击已经创建的零件明细栏左上角的小方块，选中整个表格并右击，在弹出的快捷菜单中选择 更新零件明细表(U) 命令，结果如图 7.3.10 所示。

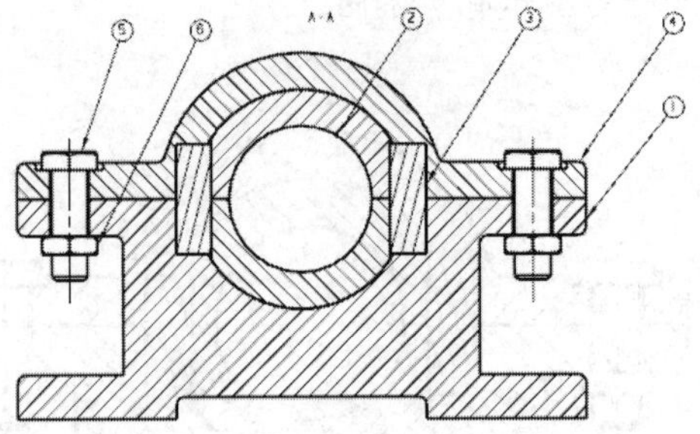

图 7.3.10　创建自动符号标注

## 7.3.4　编辑零件明细栏

根据制图标准的要求，零件明细栏中的零件顺序应按照一定的规则来排列，同时装配图中的标识符号一般应按照顺时针或逆时针顺序来排列，前面创建的零件明细栏和标识符号还没有达到这样的要求，这里可以通过编辑零件明细栏来进行调整。下面介绍编辑零件明细栏的一般操作方法。

Step1. 打开文件 D:\ug11.12\work\ch07.03.04\asm_04.prt，进入制图环境。

**说明**：此时图样上创建的标识符号从逆时针来看，其顺序是 1、4、3、2、6、5。

Step2. 选择下拉菜单 GC 工具箱 → 制图工具... → 编辑明细表... 命令，系统弹出“编辑零件明细表”对话框。

Step3. 选择明细栏。在系统提示 **选择明细表去编辑!** 下选择图样上已经创建的零件明细栏，此时对话框显示如图 7.3.11 所示。

图 7.3.11　“编辑零件明细表”对话框（一）

**图 7.3.11 所示“编辑零件明细表”对话框（一）中按钮的说明如下。**

- 按钮：用于选取图纸页中的零件明细栏。
- 按钮：用于将所选中的某个项目的位置向上移动。
- 按钮：用于将所选中的某个项目的位置向下移动。
- 按钮：单击此按钮，在所选项目后添加一个新的空白项目。
- 按钮：单击此按钮，将会删除一

个选定的项目。

- 按钮：单击此按钮，将按照新的先后顺序重新对项目进行编号。
- 对齐件号 复选框：选中该选项后，将开启对齐件号的功能，用户在其下被激活的 距离 文本框中输入具体数值。

Step4. 在“编辑零件明细表”对话框中选择组件 SLEEVE，单击按钮两次，此时“编辑零件明细表”对话框显示为图 7.3.12 所示。

Step5. 参考 Step4 的操作方法调整其他组件的位置，使其顺序自上而下依次为 1、4、3、2、6、5，然后单击“更新件号”按钮，此时对话框显示如图 7.3.13 所示。

Step6. 单击 确定 按钮，此时图样中标注的符号如图 7.3.14 所示。

图 7.3.12 “编辑零件明细表”对话框（二）

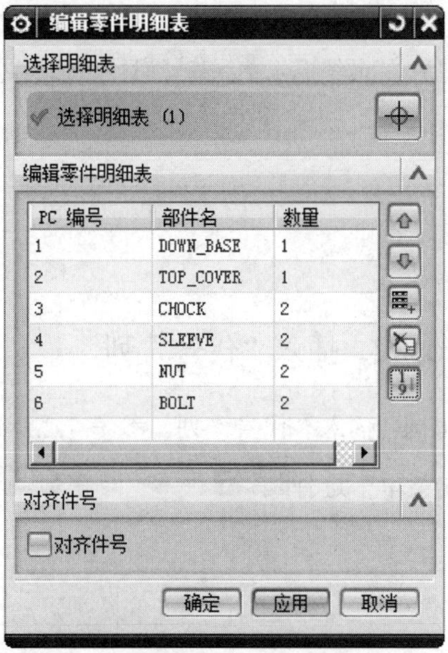


图 7.3.13 “编辑零件明细表”对话框（三）

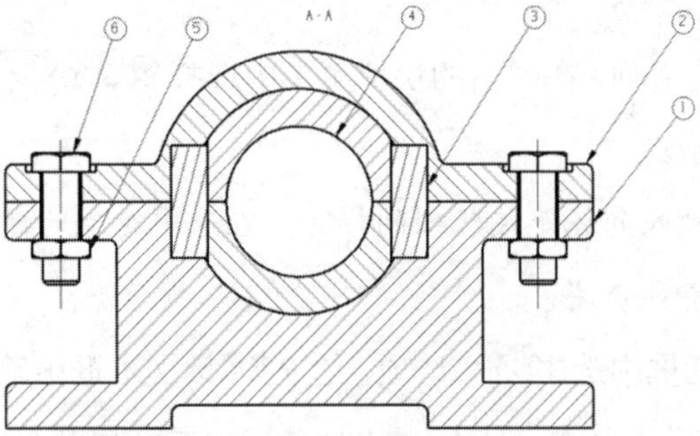


图 7.3.14　图样中标注的符号

## 7.3.5　定制零件明细栏模板

7.3.1 节中创建的零件明细栏是系统默认的格式，显然不能满足各种不同企业的制图需要，这里可以通过定制明细栏模板的方法来实现企业制图的标准化。需要注意的是，在定制零件明细栏模板时要提前在零件或装配体模型中设置必要的参数信息，这样才能在零件明细栏中进行调用。下面介绍定制零件明细栏模板的一般操作过程。

### Task1．插入零件明细栏

Step1．打开零件模型。打开文件 D:\ug11.12\work\ch07.03.05\custom_part_list.prt，进入制图环境。

Step2．插入零件明细栏。

（1）选择下拉菜单 插入(S) ➡ 表(B) ➡ 零件明细表(P)... 命令（或单击“表”区域中的按钮）。

（2）在系统提示 指明新的零件明细表的位置 下单击图样上的合适位置以放置表格，结果如图 7.3.15 所示。

| | | |
|---|---|---|
| PC NO | PART NAME | QTY |

图 7.3.15　零件明细栏

### Task2．插入“代号”列

Step1．插入“代号”列。参考 7.2.2 节的操作方法，选中表格的第 1 列并右击，在弹出的快捷菜单中选择 插入 ➡ 在右侧插入列(R) 命令，结果如图 7.3.16 所示。

| | | | |
|---|---|---|---|
| PC NO | | PART NAME | QTY |

图 7.3.16　插入代号列

Step2．编辑列的样式。

（1）右击刚刚添加的新列，在弹出的快捷菜单中选择 设置(S) 命令，系统弹出“设置”对话框，如图 7.3.17 所示。

注意：无论在定义插入列还是编辑列的样式，在选中对象时都为预选且显示“表格注释列”才可右击，以后不再赘述。

（2）在“设置”对话框中选中 列 选项，在 属性名称 文本框中输入文本 DB_PART_NO，此时 默认文本 文本框中显示为<W$=@DB_PART_NO>，其余参数采用图 7.3.17 所示的参数设置。

注意：此处引用的属性 DB_PART_NO 是模型模板已经设定好的部件属性。

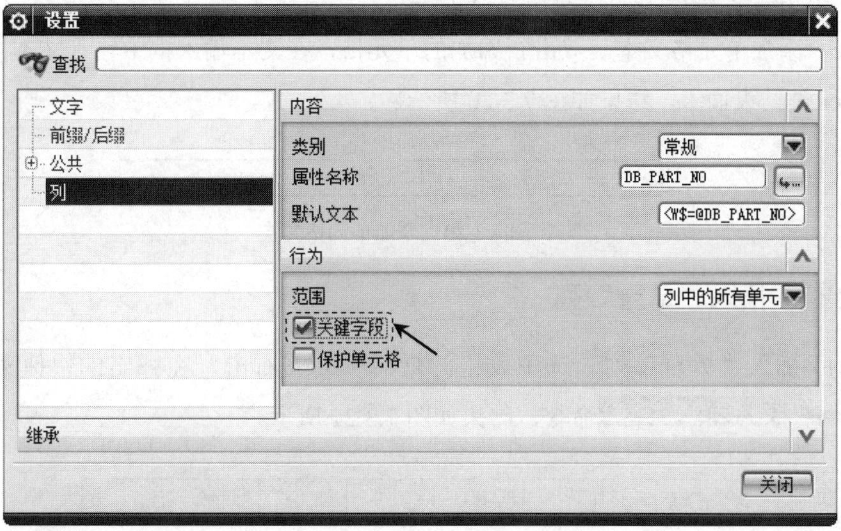


图 7.3.17 “设置”对话框

（3）在“设置”对话框中选中单元格选项，在类别下拉列表中选择文本选项，其余采用默认参数设置。

（4）单击关闭按钮，完成列样式的编辑。

Step3. 添加单元格文本。双击新添加的单元格，在文本输入框中输入文本“代 号”并按 Enter 键结束输入，结果如图 7.3.18 所示。

| | | | |
|---|---|---|---|
| PC NO | 代 号 | PART NAME | QTY |

图 7.3.18 添加单元格文本

## Task3. 插入“材料”列

Step1. 插入“材料”列。选中表格的最后一列并右击，在弹出的快捷菜单中选择插入 ▸ ⟶ 在右侧插入列(R)命令，结果如图 7.3.19 所示。

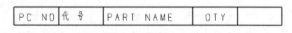

| | | | | |
|---|---|---|---|---|
| PC NO | 代 号 | PART NAME | QTY | |

图 7.3.19 插入“材料”列

Step2. 编辑列的样式。

（1）右击刚刚添加的新列，在弹出的快捷菜单中选择设置(S)命令，系统弹出“设置”对话框。

（2）在“设置”对话框中选中列选项，在属性名称文本框中输入文本 Material，此时默认文本文本框中显示为<W$=@ Material >，其余采用默认参数设置。

（3）在“设置”对话框中选中单元格选项，在类别下拉列表中选择文本选项，其余采用默认参数设置。

（4）单击关闭按钮，完成列样式的编辑。

Step3. 添加单元格文本。双击新添加的单元格，在文本输入框中输入文本“材　料”并按 Enter 键结束输入，结果如图 7.3.20 所示。

| | | | | |
|---|---|---|---|---|
| PC NO | 代 号 | PART NAME | QTY | 材 料 |

图 7.3.20　添加单元格文本

## Task4. 插入“单重”列

Step1. 插入“单重”列。选中表格的最后一列并右击，在弹出的快捷菜单中选择 插入 ▸ → 在右侧插入列(R) 命令，结果如图 7.3.21 所示。

| | | | | | |
|---|---|---|---|---|---|
| PC NO | 代 号 | PART NAME | QTY | 材 料 | |

图 7.3.21　插入“单重”列

Step2. 编辑列的样式。

（1）右击刚刚添加的新列，在弹出的快捷菜单中选择 设置(S) 命令，系统弹出“设置”对话框。

（2）在“设置”对话框中选中 列 选项，单击“属性名称”按钮，系统弹出“属性名称”对话框，在列表中选择 $MASS 选项，然后单击 确定 按钮，系统返回到“设置”对话框，其余采用默认参数设置。

（3）在“设置”对话框中选中 单元格 选项，在 类别 下拉列表中选择 数值 选项，在 小数位数 文本框中输入值 1，其余采用默认参数设置。

（4）单击关闭按钮，完成列样式的编辑。

Step3. 添加单元格文本。双击新添加的单元格，在文本输入框中输入文本“单重”并按 Enter 键结束输入，结果如图 7.3.22 所示。

| | | | | | |
|---|---|---|---|---|---|
| PC NO | 代 号 | PART NAME | QTY | 材 料 | 单重 |

图 7.3.22　添加单元格文本

## Task5. 插入“总重”列

Step1. 插入“总重”列。选中表格的最后一列并右击，在弹出的快捷菜单中选择 插入 ▸ → 在右侧插入列(R) 命令，结果如图 7.3.23 所示。

| | | | | | | |
|---|---|---|---|---|---|---|
| PC NO | 代 号 | PART NAME | QTY | 材 料 | 单重 | |

图 7.3.23　插入“总重”列

Step2. 编辑列的样式。

（1）右击刚刚添加的新列，在弹出的快捷菜单中选择 设置(S) 命令，系统弹出“设置”对话框。

（2）在“设置”对话框中选中 列 选项，在 类别 下拉列表中选择 数量 选项，将 默认文本 文本框中的文本修改为<W$=@$MASS>，其余采用默认参数设置。

（3）在“设置”对话框中选中 单元格 选项，在 类别 下拉列表中选择 数值 选项，在 小数位数 文本框中输入值 1，其余采用默认参数设置。

（4）单击 关闭 按钮，完成列样式的编辑。

Step3. 添加单元格文本。双击新添加的单元格，在文本输入框中输入文本“总重”并按 Enter 键结束输入，结果如图 7.3.24 所示。

| | | | | | | |
|---|---|---|---|---|---|---|
| PC NO | 代 号 | PART NAME | QTY | 材 料 | 单重 | 总重 |

图 7.3.24 添加单元格文本

## Task6．插入“备注”列

Step1. 插入“备注”列。选中表格的最后一列并右击，在弹出的快捷菜单中选择 插入 → 在右侧插入列(B) 命令，结果如图 7.3.25 所示。

| | | | | | | | |
|---|---|---|---|---|---|---|---|
| PC NO | 代 号 | PART NAME | QTY | 材 料 | 单重 | 总重 | |

图 7.3.25 插入“备注”列

Step2. 编辑列的样式。

（1）右击刚刚添加的新列，在弹出的快捷菜单中选择 设置(S) 命令，系统弹出“设置”对话框。

（2）在“设置”对话框中选中 列 选项，在 属性名称 文本框中输入文本“REMARK”，此时 默认文本 文本框中显示为<W$=@REMARK>，其余采用默认参数设置。

（3）在“设置”对话框中选中 单元格 选项，在 类别 下拉列表中选择 文本 选项，其余采用默认参数设置。

（4）单击 关闭 按钮，完成列样式的编辑。

Step3. 添加单元格文本。双击新添加的单元格，在文本输入框中输入文本“备 注”并按 Enter 键结束输入，结果如图 7.3.26 所示。

| | | | | | | | |
|---|---|---|---|---|---|---|---|
| PC NO | 代 号 | PART NAME | QTY | 材 料 | 单重 | 总重 | 备 注 |

图 7.3.26 添加单元格文本

## Task7．编辑“序号”列

双击表格第 1 列的单元格，在文本输入框中输入文本“序号”并按 Enter 键结束输入，结果如图 7.3.27 所示。

| | | | | | | | |
|---|---|---|---|---|---|---|---|
| 序号 | 代 号 | PART NAME | QTY | 材 料 | 单重 | 总重 | 备 注 |

图 7.3.27　编辑列文本

## Task8．编辑“名称”列

Step1．编辑列的样式。

（1）右击表格的第 3 列，在弹出的快捷菜单中选择 设置(S) 命令，系统弹出“设置”对话框。

（2）在“设置”对话框中选中 列 选项，在 属性名称 文本框中输入文本“DB_PART_NA ME”，此时 默认文本 文本框中显示为<W$=@DB_PART_NAME>，其余采用默认参数设置。

（3）单击 关闭 按钮，完成列样式的编辑。

Step2．编辑单元格文本。双击此列的单元格，在文本输入框中输入文本“名 称”并按 Enter 键结束输入，结果如图 7.3.28 所示。

| | | | | | | | |
|---|---|---|---|---|---|---|---|
| 序号 | 代 号 | 名 称 | QTY | 材 料 | 单重 | 总重 | 备 注 |

图 7.3.28　编辑文本

## Task9．编辑“数量”列

双击表格第 4 列的单元格，在文本输入框中输入文本“数量”并按 Enter 键结束输入，结果如图 7.3.29 所示。

| | | | | | | | |
|---|---|---|---|---|---|---|---|
| 序号 | 代 号 | 名 称 | 数量 | 材 料 | 单重 | 总重 | 备 注 |

图 7.3.29　编辑文本

## Task10．编辑列的宽度

Step1．编辑列的宽度。

（1）右击表格的第 1 列，在弹出的快捷菜单中选择 调整大小(R) 命令，系统弹出“列宽”输入框。

（2）在“列宽”输入框中输入值 10 并按 Enter 键。

Step2．参考 Step1 的操作方法调整其余各列的宽度分别为 35、35、10、30、20、20、20，结果如图 7.3.30 所示。

| | | | | | | | |
|---|---|---|---|---|---|---|---|
| 序号 | 代 号 | 名 称 | 数量 | 材 料 | 单重 | 总重 | 备 注 |

图 7.3.30　编辑列的宽度

## Task11. 编辑表格的样式

Step1. 编辑行的高度。

（1）右击表格的第 1 行，在弹出的快捷菜单中选择 调整大小(R) 命令，系统弹出“调整行大小警告”对话框，单击 全是 按钮。

（2）在“行高度”输入框中输入值 7 并按 Enter 键，结果如图 7.3.31 所示。

| | | | | | | | |
|---|---|---|---|---|---|---|---|
| ## | ### | #### | ## | #### | ## | ## | ### |

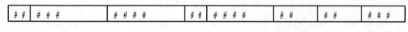

图 7.3.31 编辑行的高度

Step2. 编辑所有表格列的样式。

（1）选择所有的表格列并右击，在弹出的快捷菜单中选择 设置(S) 命令，系统弹出“设置”对话框。

（2）在“设置”对话框中选中 文字 选项，在 高度 文本框中输入值 3.5，其余采用默认参数设置。

（3）在“设置”对话框中选中 单元格 选项，在 文本对齐 下拉列表中选择 中心 选项，其余采用默认参数设置。

（4）单击 关闭 按钮，完成样式的编辑，结果如图 7.3.32 所示。

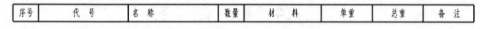

| 序号 | 代号 | 名称 | 数量 | 材料 | 单重 | 总重 | 备注 |
|---|---|---|---|---|---|---|---|

图 7.3.32 编辑表格列样式（一）

## Task12. 另存为模板

Step1. 选中零件明细栏并右击，在弹出的快捷菜单中选择 另存为模板(V)... 命令，系统弹出如图 7.3.33 所示的“另存为模板”对话框。

Step2. 在“另存为模板”对话框的 文件名(N): 文本框中输入 My_Part_List，单击 OK 按钮，完成模板的保存。

图 7.3.33 “另存为模板”对话框

### 7.3.6 设置默认的零件明细栏

前面创建好的零件明细栏模板，读者可以参考 7.2.7 节定制表格模板的操作方法进行调用，此处不再赘述。也可以通过修改用户默认设置的方法将定制好的零件明细栏模板设置为默认的零件明细栏。下面介绍设置默认零件明细栏模板的一般操作方法。

Step1. 选择下拉菜单 文件(F) ▸ ➡ 实用工具(U) ▸ ➡ 用户默认设置(D)... 命令，系统弹出“用户默认设置”对话框。

Step2. 在“用户默认设置”对话框左侧的节点树中选择 制图 节点，然后在右侧单击 定制标准 按钮，在弹出的“定制制图标准”界面的左侧展开 ⊕ 表 节点，然后选择 零件明细表，在 默认零件明细表：原生模式 文本框中输入 My_Part_List_metric.prt，单击 保存 按钮。

**说明**：这里模板名称中的_metric 后缀是在定制模板时由系统自动添加的，如果创建的模板是基于英制单位的，则会添加_english 后缀。

Step3. 单击 取消 按钮，系统弹出“用户默认设置”对话框，单击 取消 按钮，完成用户默认设置的修改。

**说明**：重新启动 UG NX 11.0，即可使用自定义的零件明细栏模板了。

## 7.4 标 题 栏

### 7.4.1 绘制标题栏表格

#### Task1．绘制表格 1

Step1. 打开文件 D:\ug11.12\work\ch07.04.01\title_01.prt，进入制图环境。

Step2. 插入表格。

（1）选择下拉菜单 插入(S) ➡ 表(B) ▸ ➡ 表格注释(T)... 命令，系统弹出“表格注释”对话框，如图 7.4.1 所示。

（2）设置图 7.4.1 所示的参数，单击图纸上的合适位置以放置表格，结果如图 7.4.2 所示。

（3）在“表格注释”对话框中单击 关闭 按钮（或者单击鼠标中键），结束命令。

Step3. 调整表格。

（1）选择表格行。在图 7.4.3 所示的位置单击选中第 1 行并拖动鼠标到图示位置，此时选中表格的四个行，在选中的表格行上右击，在弹出的快捷菜单中选择 调整大小(R) 命令，此时系统弹出“调整行大小警告”对话框，单击 全是 按钮。

（2）在系统弹出的输入框 行高度 7.0000 中输入值 5 并按 Enter 键，结果如图 7.4.4 所示。

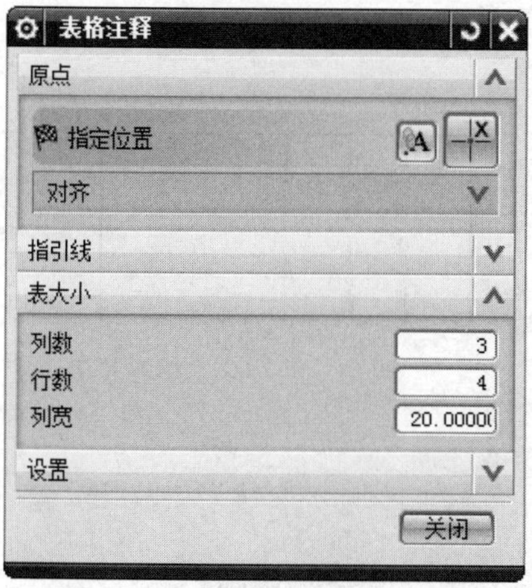


图 7.4.1　“表格注释”对话框

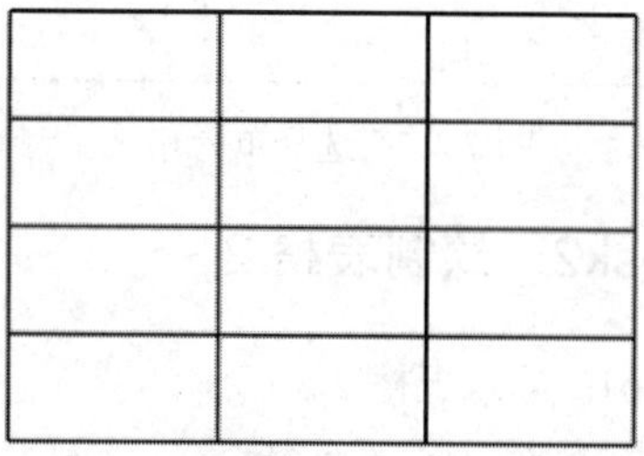

图 7.4.2　表格 1

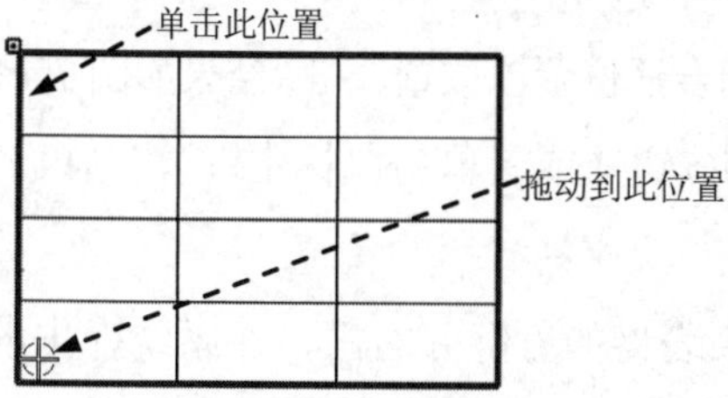


图 7.4.3　选择四行

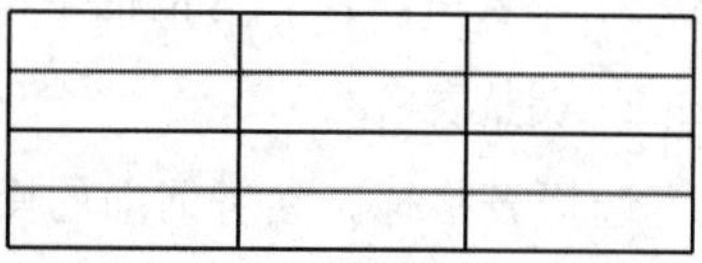

图 7.4.4　调整行高度后

Step4. 设置单元格样式。

（1）参考 Step3 中步骤（1）的操作方法选中表格 1 的四行，在选中的表格行上右击，在弹出的快捷菜单中选择 单元格设置(C)... 命令，此时系统弹出“设置”对话框。

（2）在“设置”对话框中选中 文字 选项，在 高度 文本框中输入值 3，其余参数保持不变。

（3）在“设置”对话框中选中 单元格 选项，在 文本对齐 下拉列表中选择 中心 选项，在图 7.4.5 所示 边界 区域的 侧 下拉列表中选择 中间 选项，然后从线宽下拉列表中选择 0.13 mm 选项，其余参数保持不变。

（4）单击 关闭 按钮，完成单元格样式的设置，此时表格如图 7.4.6 所示。

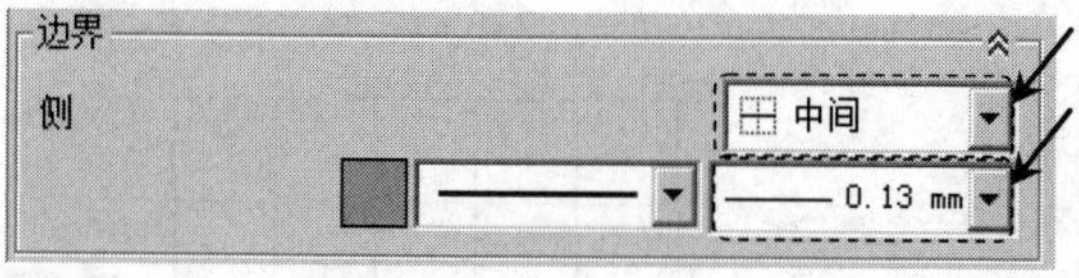


图 7.4.5　“边界”区域

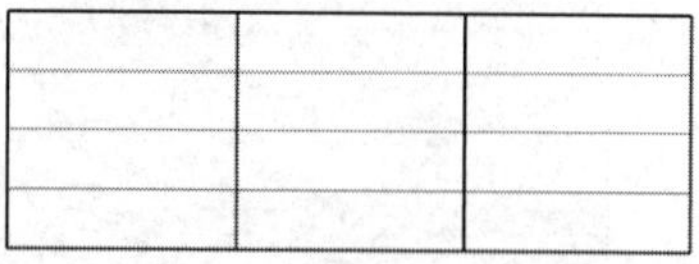

图 7.4.6　编辑后的表格 1

Step5. 输入表格文字。

（1）双击图 7.4.7 所示的第 1 个单元格，在弹出的输入框 中输入文本“设 计”，并按键盘上的下方向键。

（2）继续在弹出的输入框 中分别输入文本“校 对”“审 核”“批 准”

并分别按键盘上的下方向键。

（3）按 Enter 键，结果如图 7.4.8 所示。

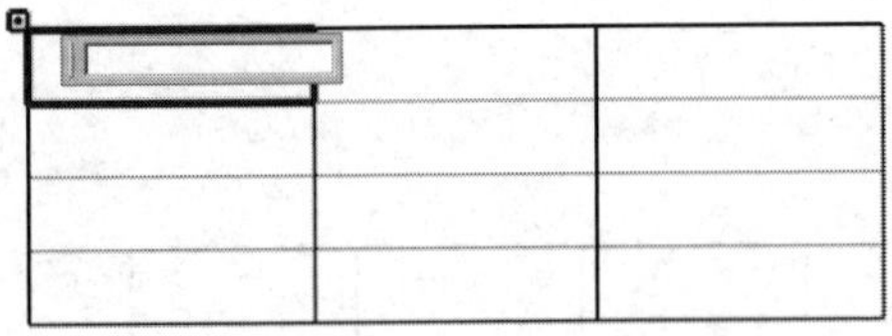

图 7.4.7　选择单元格

| | | |
|---|---|---|
| 设　计 | | |
| 校　对 | | |
| 审　核 | | |
| 批　准 | | |

图 7.4.8　输入文字

## Task2．绘制表格 2

Step1．插入表格 2。

（1）选择下拉菜单 插入(S) → 表(B) → 表格注释(T)... 命令，系统弹出“表格注释”对话框。

（2）设置图 7.4.9 所示的参数，单击图样上的合适位置以放置表格，结果如图 7.4.10 所示。

（3）在“表格注释”对话框中单击 关闭 按钮（或者单击鼠标中键），结束命令。

Step2．调整表格。

（1）选择表格行。参考前面的操作方法选中表格的五行并右击，在系统弹出的快捷菜单中选择 调整大小(R) 命令。

（2）在系统弹出的输入框 行高度 7.0000 中输入值 5 并按 Enter 键，结果如图 7.4.11 所示。

（3）选择表格列。参考前面的操作方法选中表格最右边的一列并右击，在系统弹出的快捷菜单中选择 调整大小(R) 命令。

（4）在系统弹出的输入框 列宽 7.0000 中输入值 10 并按 Enter 键，结果如图 7.4.12 所示。

（5）参考步骤（3）和（4）修改其他四个表格列的宽度，宽度值从左至右依次为 8、7、20、15，结果如图 7.4.13 所示。

图 7.4.9　“表格注释”对话框

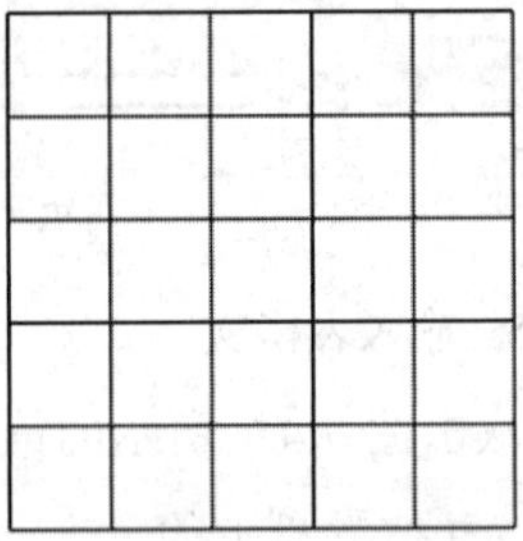

图 7.4.10　表格 2

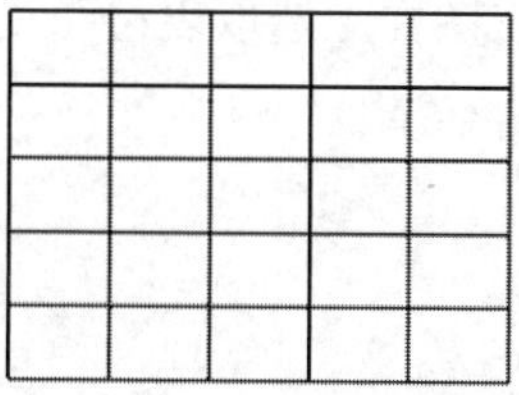

图 7.4.11 调整行高度后

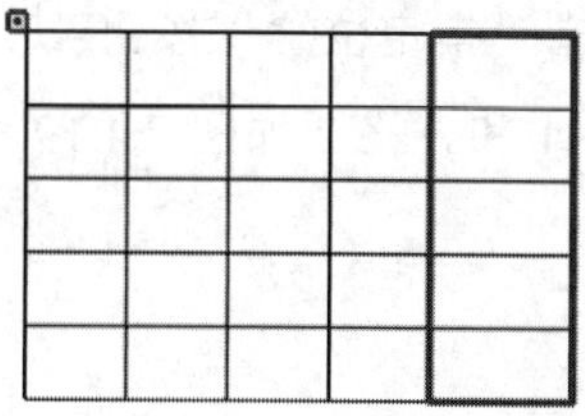

图 7.4.12 调整一列宽度后

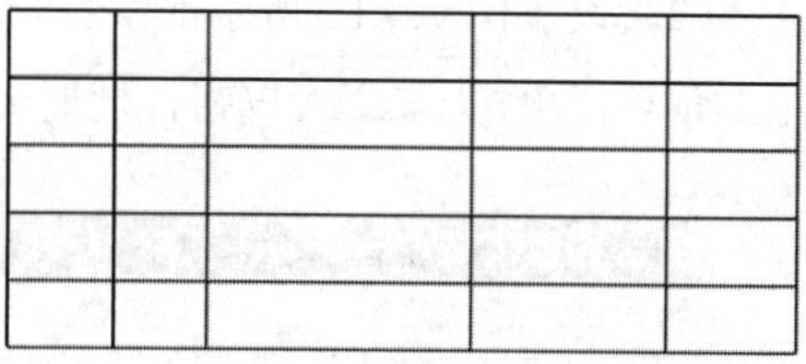

图 7.4.13 调整全部列宽度后

Step3. 设置单元格样式。

（1）参考前面的操作方法选中表格 2 的五行并右击，在弹出的快捷菜单中选择单元格设置(C)...命令，系统弹出“设置”对话框。

（2）在“设置”对话框中选中文字选项，在高度文本框中输入值 3，其余参数保持不变。

（3）在“设置”对话框中选中单元格选项，在文本对齐下拉列表中选择中心选项，在图 7.4.5 所示的边界区域的侧下拉列表中选择中间选项，然后从线宽下拉列表中选择 0.13 mm 选项，其余参数保持不变。

（4）单击关闭按钮，完成单元格样式的设置，此时表格如图 7.4.14 所示。

Step4. 输入表格文字。

（1）双击图 7.4.14 所示左下角的单元格，在弹出的输入框中输入文本“标 记”并按键盘上的下方向键，此时表格如图 7.4.15 所示。

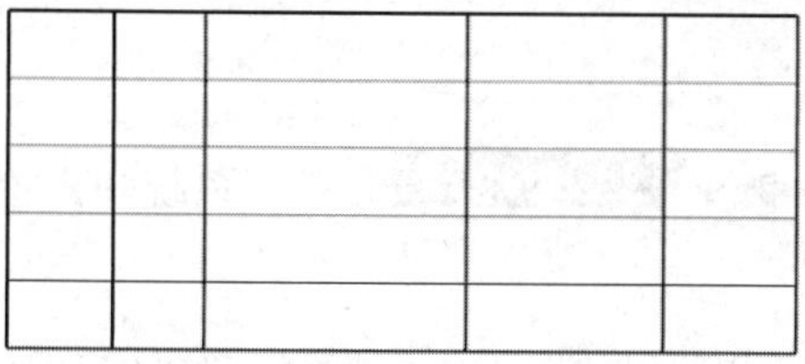

图 7.4.14 编辑后的表格 2

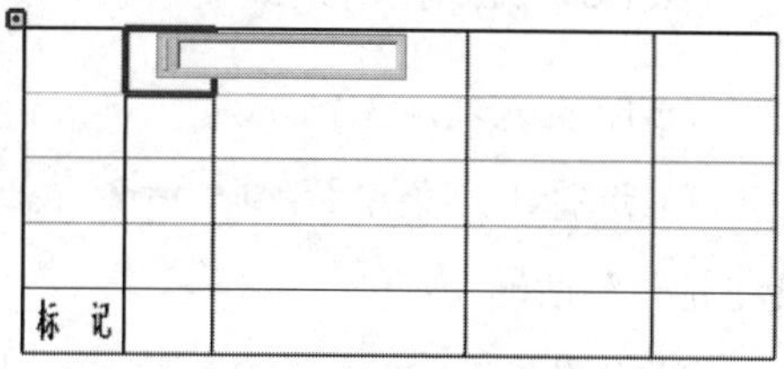


图 7.4.15 输入文本

（2）反复按键盘上的下方向键若干次，直至激活已输入“标记”单元格的右侧单元格，在输入框中输入文本“处数”；参照此方法输入其余文本，最后按 Enter 键结束文本的输入，结果如图 7.4.16 所示。

Step5. 调整表格 2 的位置。

（1）单击图 7.4.17 所示表格 2 左上角的小方块选中整个表格并右击，在弹出的快捷菜单中选择编辑(E)...命令，系统弹出“表格注释区域”对话框，如图 7.4.18 所示。

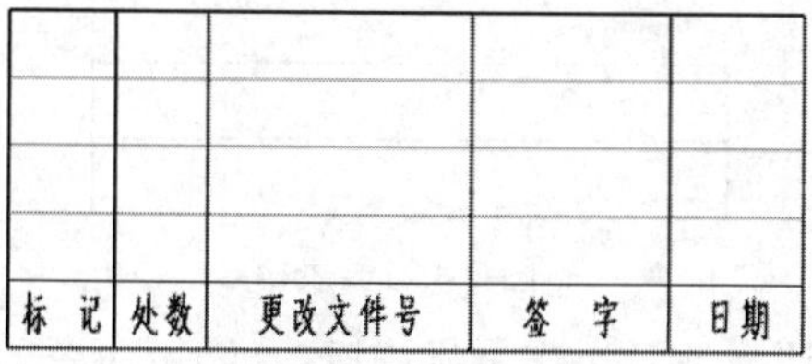


图 7.4.16 输入文字

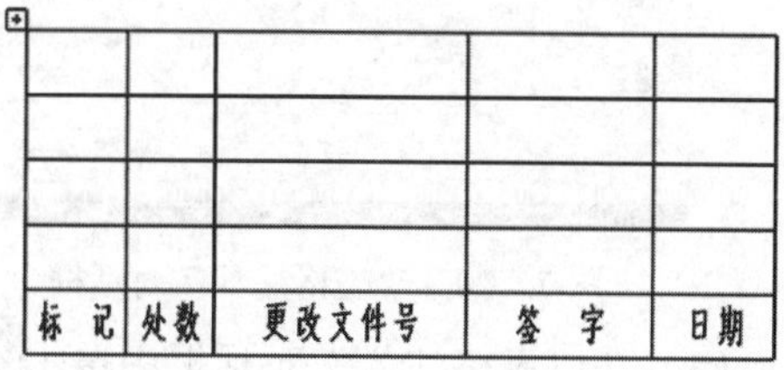


图 7.4.17 选择表格 2

（2）设置图 7.4.18 所示的参数，单击“指定位置”按钮，在图样上选取表格 1 的左上角点，单击关闭按钮，此时表格 1 和表格 2 如图 7.4.19 所示。

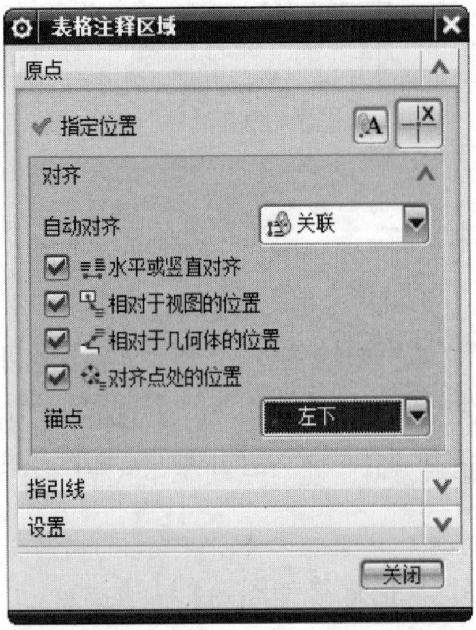


图 7.4.18 “表格注释区域”对话框

| | | | | |
|---|---|---|---|---|
| | | | | |
| | | | | |
| | | | | |
| | | | | |
| 标 记 | 处数 | 更改文件号 | 签 字 | 日期 |

| | | |
|---|---|---|
| 设 计 | | |
| 校 对 | | |
| 审 核 | | |
| 批 准 | | |

图 7.4.19 编辑表格位置

**说明：**如果此时表格文字的格式发生了变化，读者可参考前面的操作进行调整。

## Task3. 绘制表格 3

Step1. 插入表格 3。

（1）选择下拉菜单 插入(S) → 表(B) → 表格注释(T)... 命令，系统弹出“表格注释”对话框。

（2）设置图 7.4.20 所示的参数，单击图样上的合适位置以放置表格，结果如图 7.4.21 所示。

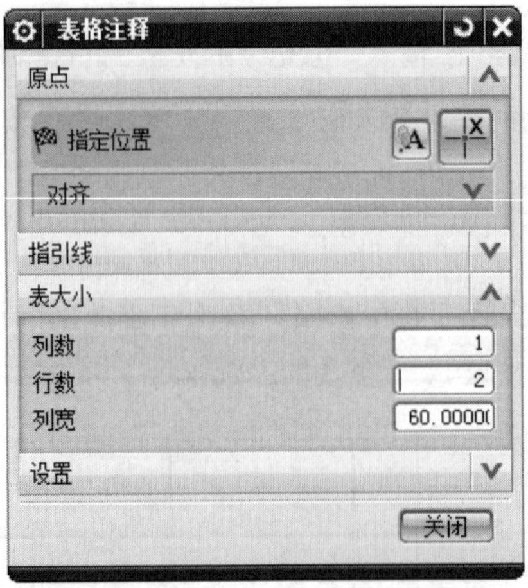


图 7.4.20 “表格注释”对话框

| |
|---|
| |
| |

图 7.4.21 表格 3

（3）在“表格注释”对话框中单击关闭按钮（或者单击鼠标中键），结束命令。

Step2. 调整表格。

（1）选择表格行。参考前面的操作方法选中表格的第 1 行，在系统弹出的快捷菜单中选择 调整大小(R) 命令。

（2）在系统弹出的输入框 行高度 7.0000 中输入值 25 并按 Enter 键，结果如图 7.4.22 所示。

（3）参考此方法调整第 2 行的行高度为 20，此时表格 3 如图 7.4.23 所示。

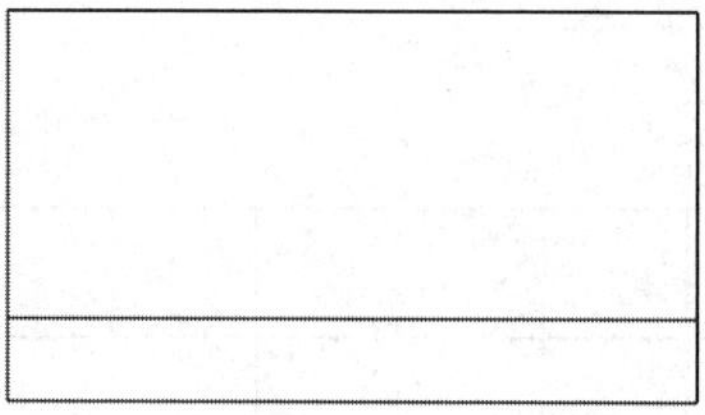

图 7.4.22　调整第 1 行高度后

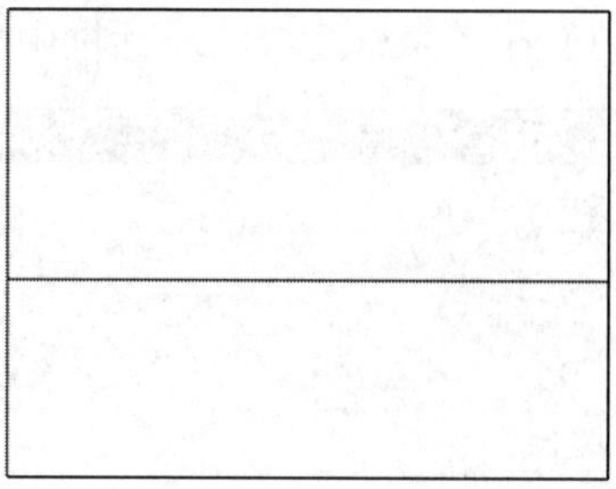

图 7.4.23　调整第 2 行高度后

**说明：**如果需要在这两个单元格中显示必要的文字信息时，还需要设置必要的单元格样式，读者可参考前面的操作自行完成，此处不再赘述。

Step3. 调整表格 3 的位置。

（1）单击表格 3 左上角的小方块选中整个表格并右击，在弹出的快捷菜单中选择 编辑(E)... 命令，系统弹出“表格注释区域”对话框。

（2）设置图 7.4.24 所示的参数，单击“指定位置”按钮，在图样上选取图 7.4.25 所示的角点，单击 关闭 按钮，结果如图 7.4.25 所示。

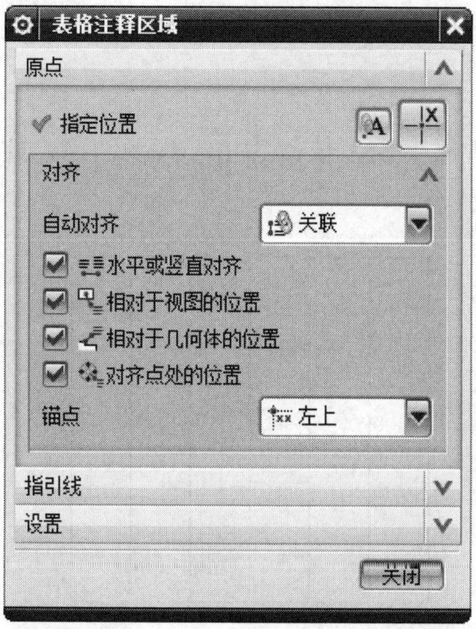


图 7.4.24　“表格注释区域”对话框

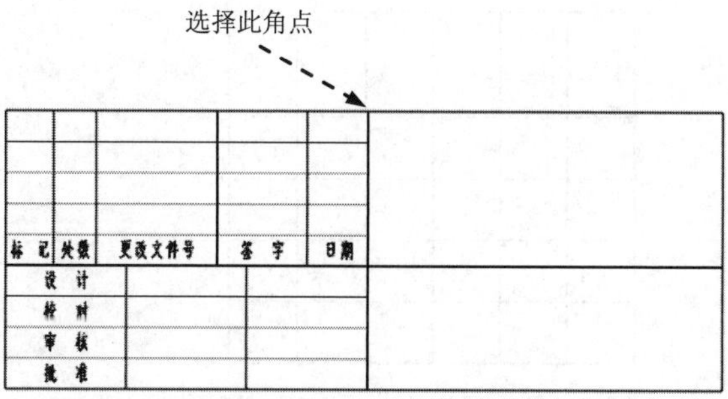


图 7.4.25　编辑表格位置

## Task4．绘制表格 4

Step1．插入表格 4。

（1）选择下拉菜单 插入(S) → 表(B) → 表格注释(T)... 命令，系统弹出“表格注释”对话框。

（2）设置图 7.4.26 所示的参数，单击图样上的合适位置以放置表格，结果如图 7.4.27 所示。

（3）在“表格注释”对话框中单击 关闭 按钮（或者单击鼠标中键），结束命令。

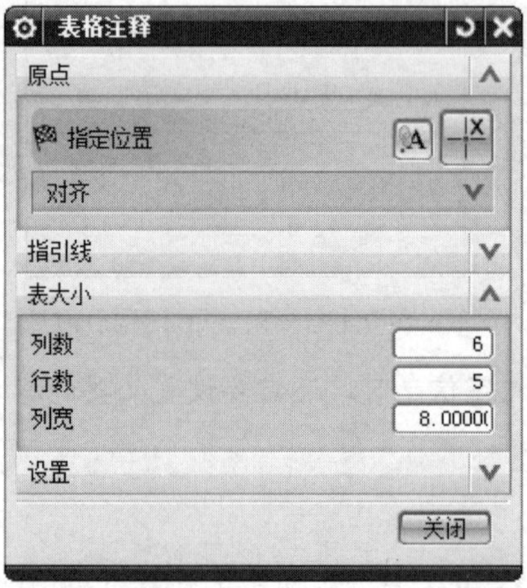


图 7.4.26 “表格注释”对话框

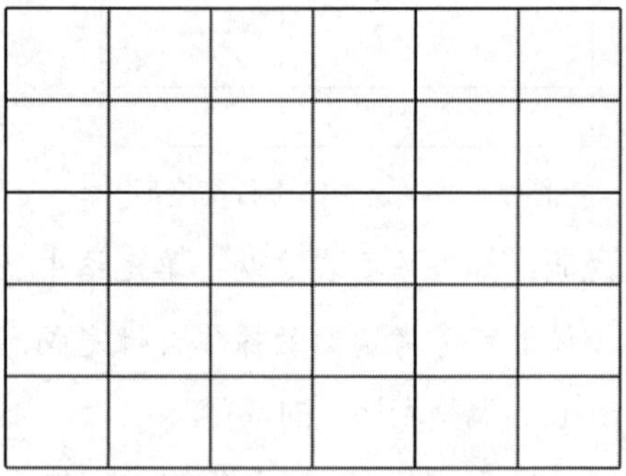

图 7.4.27 表格 4

Step2．调整表格。

（1）选择表格行。参考前面的操作方法选中表格的第 1 行并右击，在系统弹出的快捷菜单中选择 调整大小(R) 命令。

（2）在系统弹出的输入框 行高度 7.0000 中输入值 11 并按 Enter 键，结果如图 7.4.28 所示。

（3）参考步骤（2）修改其他四行的高度，高度值从上至下依次为 6、8、6、14，此时结果如图 7.4.29 所示。

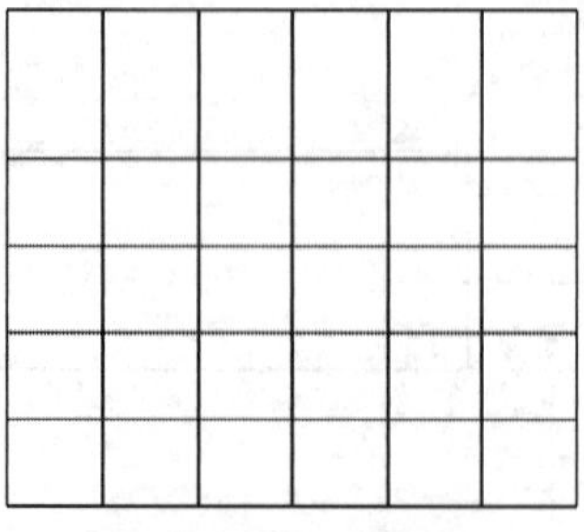

图 7.4.28 调整第 1 行高度后

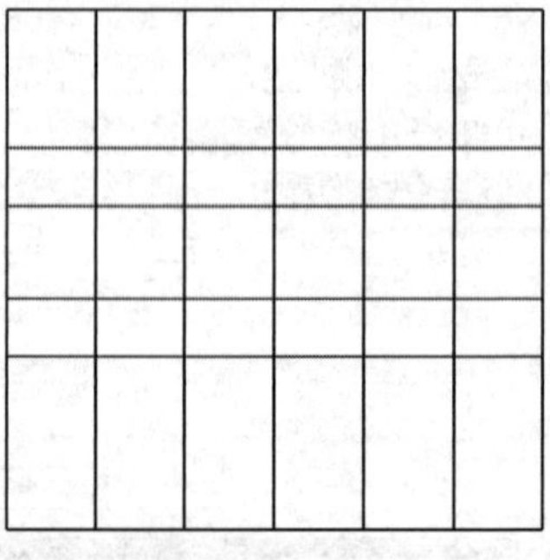

图 7.4.29 调整全部行高度后

（4）选择表格列。参考前面的操作方法选中表格的最左边起第 3 列并右击，在弹出

的快捷菜单中选择 调整大小(R) 命令，在系统弹出的输入框 列宽 8.0000 中输入值 7 并按 Enter 键。

（5）参考步骤（4）修改最左边起第 4、5、6 表格列的宽度，宽度值依次为 7、15、15，此时结果如图 7.4.30 所示。

(6)选中表格4中第1行的所有单元格并右击，在弹出的快捷菜单中选择 合并单元格(M) 命令，进行单元格的合并；参考此方法，合并其余单元格，此时表格 4 如图 7.4.31 所示。

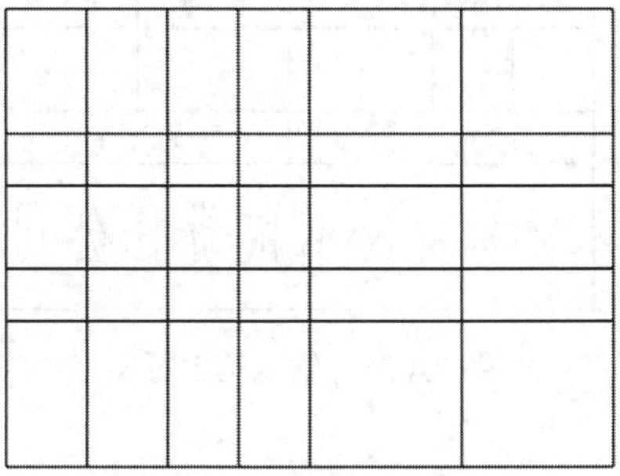

图 7.4.30 调整全部列宽度后

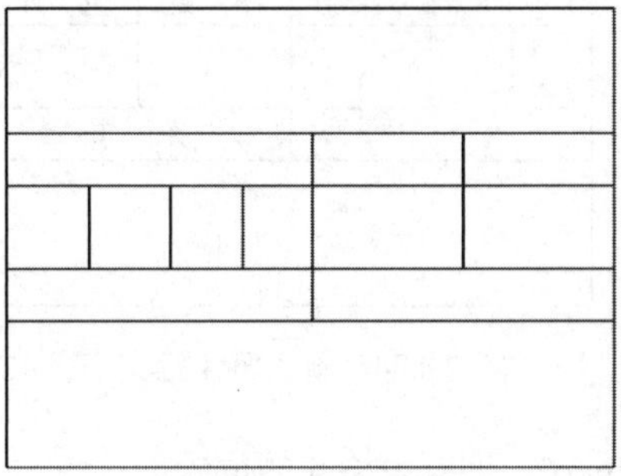

图 7.4.31 合并单元格

Step3. 设置单元格样式。

（1）参考前面的操作方法选中表格 4 的第 2 行（从上往下）右击，在弹出的快捷菜单中选择 单元格设置(C)... 命令，系统弹出“设置”对话框。

（2）在“设置”对话框中选中 单元格 选项，在 文本对齐 下拉列表中选择 中心 选项，其余参数保持不变。

（3）单击 关闭 按钮，完成单元格样式的设置。

Step4. 输入表格文字。

（1）双击图 7.4.32 所示的单元格，在弹出的输入框中输入文本“图样标记”并按键盘上的下方向键。

（2）反复按键盘上的下方向键若干次，直至激活已输入“图样标记”单元格的右侧单元格，在输入框中输入文本“重量”；参照此方法输入文本“比例”，最后按 Enter 键结束文本的输入，结果如图 7.4.33 所示。

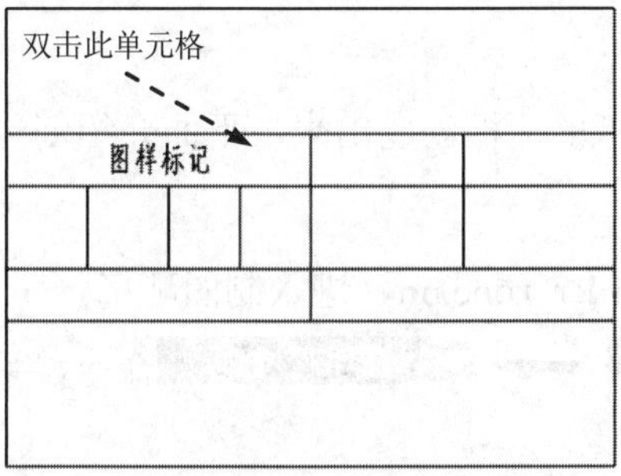


图 7.4.32 输入单元格文本

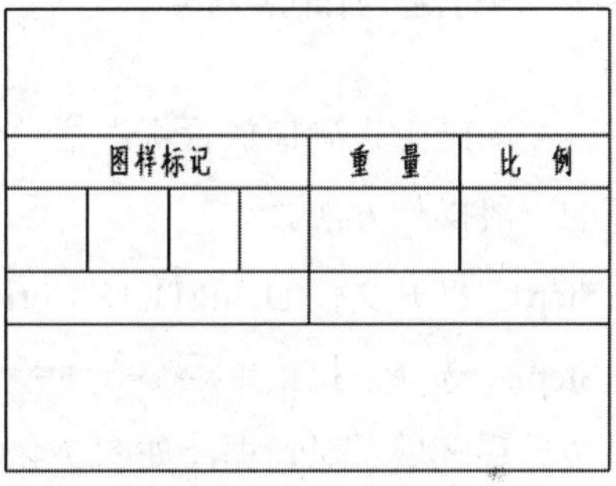


图 7.4.33 输入其余文本

Step5. 参照 Step3 和 Step4 的操作方法完成第 4 行单元格的设置和文本输入，结果如图 7.4.34 所示。

Step6. 参照 Step3 和 Step4 的操作方法完成第 5 行单元格的设置和文本输入，字体大小设置为 7，结果如图 7.4.35 所示。

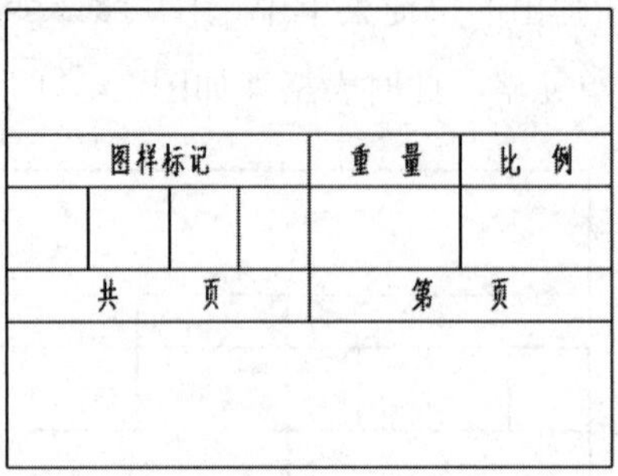


图 7.4.34 输入第 4 行文字

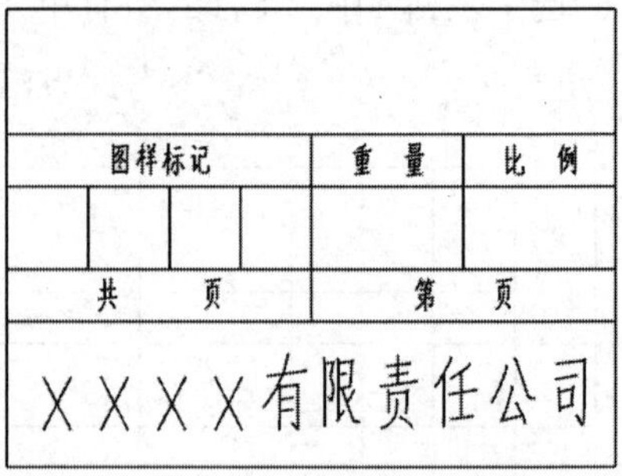


图 7.4.35 输入第 5 行文字

Step7. 调整表格 4 的位置。

（1）单击表格 4 左上角的小方块选中整个表格并右击，在弹出的快捷菜单中选择 编辑(E)... 命令，系统弹出“表格注释区域”对话框。

（2）在“表格注释区域”对话框中单击“指定位置”按钮，在图样上选取图 7.4.36 所示的角点，单击 关闭 按钮，结果如图 7.4.36 所示。

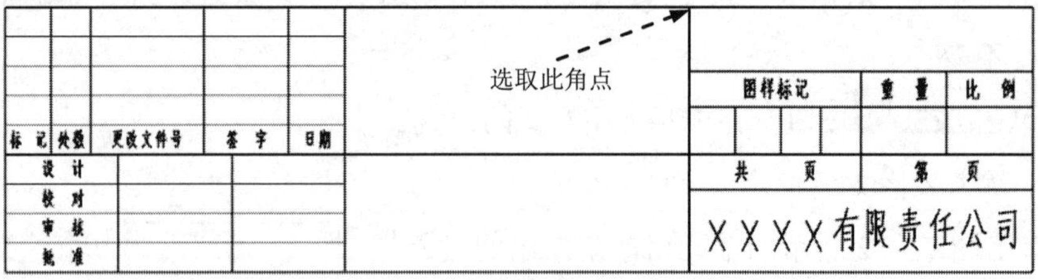


图 7.4.36 编辑表格位置

**说明：**如果此时个别表格的文字格式发生变化，可参照前面的操作重新定义，此处不再赘述。

## 7.4.2 创建图纸边框

要在图纸上正确地放置标题栏，还需要先将图纸的边框创建出来。下面介绍创建图纸边框的一般操作方法。

Step1. 打开文件 D:\ug11.12\work\ch07.04.02\border_zone.prt，进入制图环境。

Step2. 选择下拉菜单 工具(T) → 图纸格式(W) → 边界和区域(B)... 命令，系统弹出“边界和区域”对话框，如图 7.4.37 所示。

Step3. 设置图 7.4.37 所示的参数，单击 确定 按钮，结果如图 7.4.38 所示。

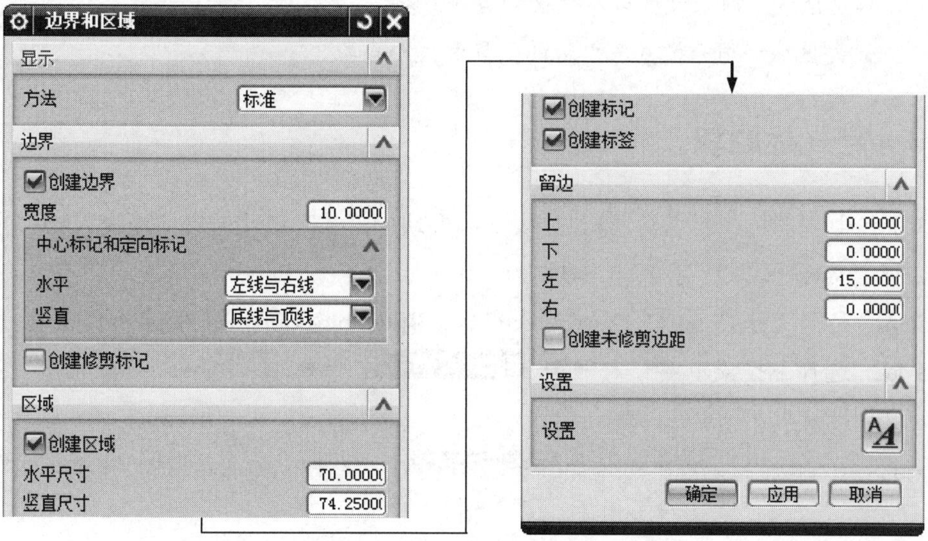


图 7.4.37 “边界和区域”对话框

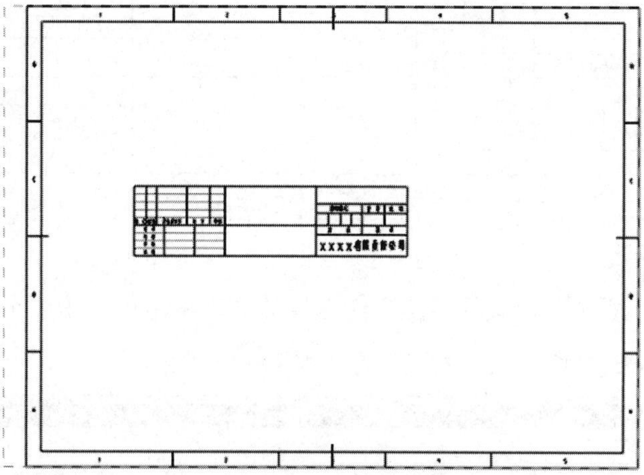

图 7.4.38 创建边界

**图 7.4.37 所示“边界和区域”对话框中部分选项的说明如下。**

- 边界 区域：用来设置图纸边界的各种参数。
  - ☑ ☑创建边界 复选框：用来控制是否生成边界线。取消选中该复选框，将无法创建边界。
  - ☑ 宽度 文本框：用来定义边界线距离图纸边缘的距离。
  - ☑ 中心标记和定向标记 区域：用来定义边界线上中心标记的参数。
  - ☑ 水平 下拉列表：用来定义水平方向中心标记的样式，包括“无”“左箭头”“右箭头”“左箭头与右箭头”“左线与右线”等类型。
  - ☑ 竖直 下拉列表：用来定义竖直方向中心标记的样式，包括“无”“底部箭头”

“顶部箭头”“底部箭头与顶部箭头”“底线与顶线”等类型。

- 区域 区域：用来设置边界分区的各种参数。
- 留边 区域：用来设置装订边的位置和大小参数。

## 7.4.3 定义标题块

前面绘制好的标题栏表格，通过定义成标题块的形式可以比较方便地输入相关的数据。下面介绍定义标题块的一般操作方法。

Step1. 打开文件 D:\ug11.12\work\ch07.04.03\title_block.prt，进入制图环境。

Step2. 选择下拉菜单 工具(T) ➡ 图纸格式(W) ▸ ➡ 定义标题块(I)... 命令，系统弹出“定义标题块”对话框。

Step3. 在系统提示 选择要添加到标题块的表格注释 下在图样上依次选取图 7.4.39 所示的四个表格。

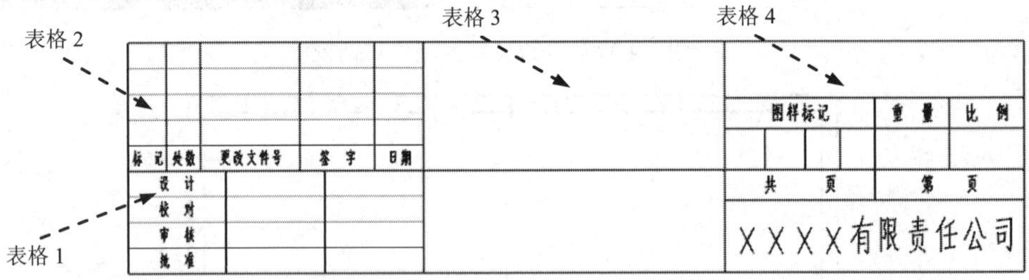


图 7.4.39 选择表格

Step4. 定义单元格。

（1）在图 7.4.40 所示“定义标题块”对话框的列表框中单击第 1 个项目，此时在图样上会高亮显示所对应的“设计”单元格，选中 ☑ 锁定 复选框。

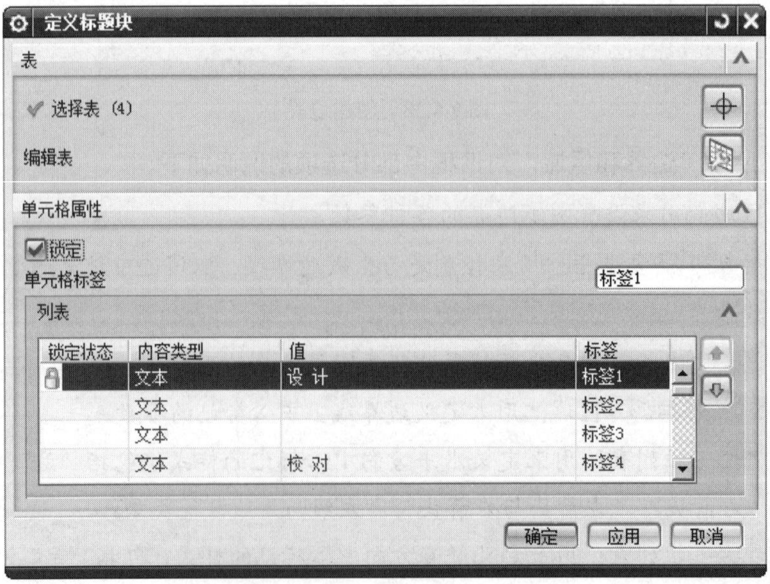


图 7.4.40 “定义标题块”对话框

（2）参考步骤（1）的操作，分别选取其他已经输入文本值的项目，并分别选中☑锁定复选框。

**注意**：“共 页”“第 页”单元格不要锁定。锁定后在填充标题块时就不能被修改了。

（3）单击确定按钮，完成标题块的定义。

Step5. 调整标题块的位置。

（1）在图样上右击标题块，在弹出的快捷菜单中选择原点(G)...命令，系统弹出“原点工具”对话框，如图 7.4.41 所示。

（2）在“原点工具”对话框中单击“点构造器”按钮，在图样上选取图 7.4.42 所示的角点，单击确定按钮，结果如图 7.4.42 所示。

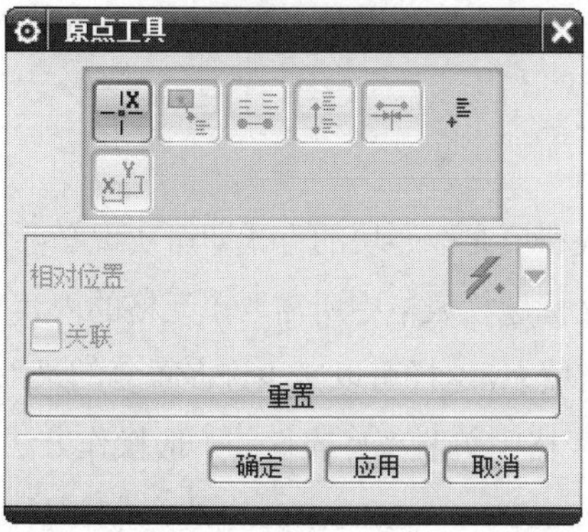


图 7.4.41 “原点工具”对话框

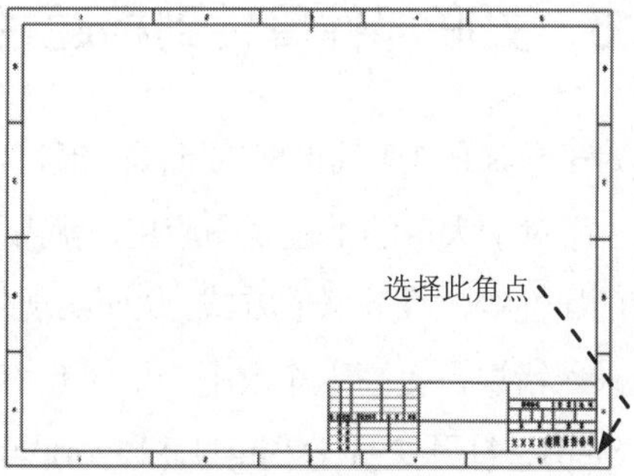


图 7.4.42 放置位置

## 7.4.4 填充标题块

在创建好的标题块中，有的单元格需要填写具体内容。下面介绍在标题块中输入数据的一般操作方法。

Step1. 打开文件 D:\ug11.12\work\ch07.04.04\populate_title.prt，进入制图环境。

Step2. 选择下拉菜单工具(T) ➡ 图纸格式(W) ▸ ➡ 填充标题块(P)...命令（或者直接双击标题块），系统弹出“填充标题块”对话框，如图 7.4.43 所示。

**说明**：只有已经定义了标题块，才能激活“填充标题块”命令。

Step3. 在系统提示**指定单元格的值**下，在对话框的文本输入框中输入“张三”并按 Enter 键，此时对话框如图 7.4.43 所示，标题块如图 7.4.44 所示。

Step4. 参考 Step3 的操作方法输入其他必要的数据，最后单击确定按钮，完成填充。

**说明**：在“填充标题块”对话框中单击A按钮，系统会弹出“文本”对话框，此时用户可以设置文本格式、添加符号和属性等。

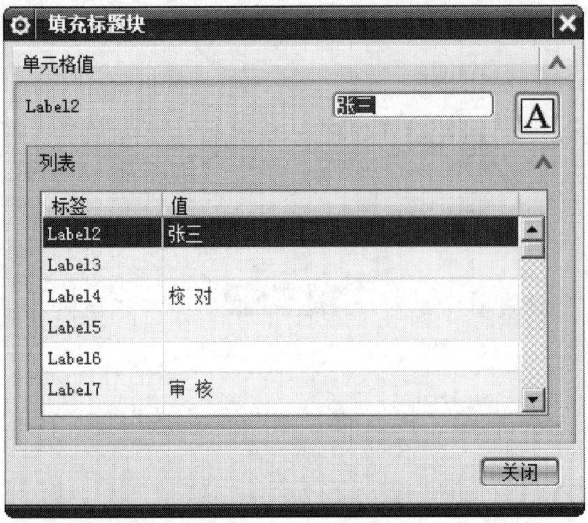


图 7.4.43 “填充标题块”对话框

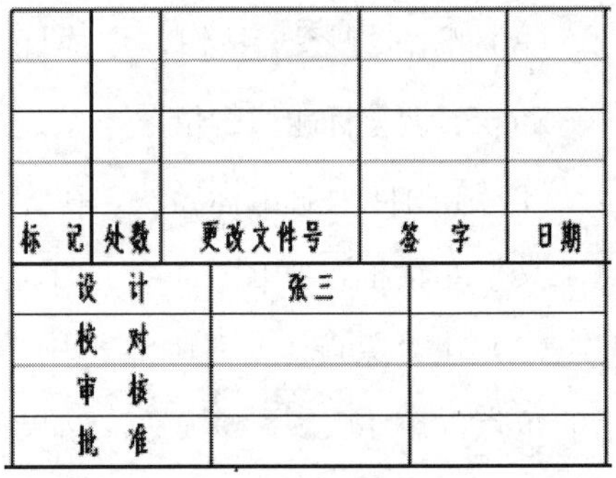


图 7.4.44 输入文本

## 7.4.5 关联部件属性到标题栏表格

对于普通的工程制图需要而言，通过定义标题块和填充标题块的方式即可实现必要信息的录入。而对于大量的工程制图应用，就需要通过定义标题栏表格中所需要单元格的内容与部件已有的属性等进行关联的方式，从而实现信息的快速填充，这样可以减少许多重复的录入工作，避免录入错误，提高工作效率。下面介绍在标题栏表格中关联部件属性的一般操作方法。

Step1. 打开文件 D:\ug11.12\work\ch07.04.05\associate_attribute.prt，进入制图环境。

Step2. 关联设计者信息。

（1）右击图 7.4.45 所示的单元格，在弹出的快捷菜单中选择 编辑文本(T)... 命令，系统弹出“文本”对话框，如图 7.4.46 所示。

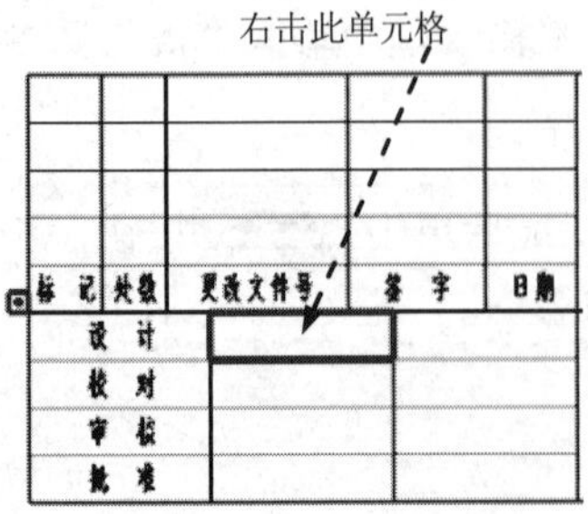


图 7.4.45 选择单元格

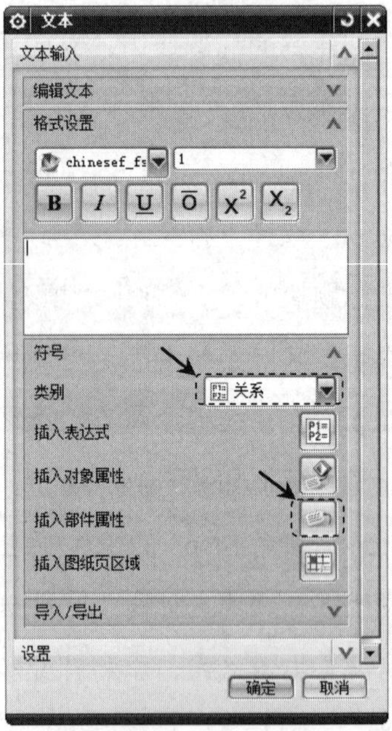


图 7.4.46 “文本”对话框（一）

（2）在“文本”对话框符号区域的类别下拉列表中选择关系选项，单击“插入部件属性”按钮，系统弹出如图 7.4.47 所示的“属性”对话框。

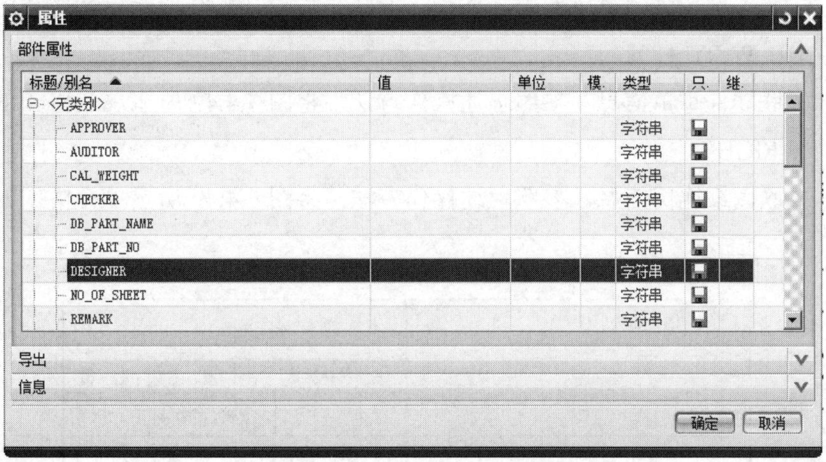


图 7.4.47　“属性”对话框

（3）在“属性”对话框的“部件属性”列表框中选择DESIGNER选项，单击确定按钮，系统返回到“文本”对话框，此时“文本”对话框显示如图 7.4.48 所示。

图 7.4.48　“文本”对话框（二）

**说明：此时系统会自动在文本输入区中生成文本<WRef1*0@DESIGNER>。**

（4）在“文本”对话框中单击确定按钮，完成该单元格的属性关联。

Step3. 关联其他人员信息。参照 Step1 的操作方法，分别选中标题栏中的“校对”“审核”“批准”单元格右侧的空白单元格，并分别关联部件属性为 CHECKER、AUDITOR 和 APPROVER。

Step4. 关联零件名称信息。参照上述操作方法，将图 7.4.49 所示单元格 1 的文本关联为部件属性 DB_PART_NAME。

Step5. 关联零件材料信息。参照上述操作方法，将图 7.4.49 所示单元格 2 的文本关联为部件属性 Material。

Step6. 关联零件图号信息。参照上述操作方法，将图 7.4.49 所示单元格 3 的文本关联为部件属性 DB_PART_NO。

Step7. 关联零件重量信息。参照上述操作方法，将图 7.4.49 所示单元格 4 的文本关联为部件属性 WEIGHT。

Step8. 关联图纸比例信息。参照上述操作方法，将图 7.4.49 所示单元格 5 的文本关联为部件属性 SCALE。

<table>
<tr><td rowspan="3">单元格 1</td><td colspan="6">单元格 3</td></tr>
<tr><td colspan="4">图样标记</td><td>重 量</td><td>比 例</td></tr>
<tr><td></td><td></td><td></td><td></td><td>单元格 4</td><td>单元格 5</td></tr>
<tr><td rowspan="2">单元格 2</td><td colspan="4">共 页</td><td colspan="2">第 页</td></tr>
<tr><td colspan="6">XXXX有限责任公司</td></tr>
</table>

图 7.4.49 选择单元格

Step9. 关联图纸页总数信息。参照上述操作方法，将图 7.4.49 所示“共 页”所在单元格的文本关联为部件属性 NO_OF_SHEET，并在“文本”对话框的文本输入区中编辑为“共 <WRef7*0@ NO_OF_SHEET> 页”（注意不包含引号）。

Step10. 关联图纸页页数信息。参照上述操作方法，将图 7.4.49 所示“第 页”所在单元格的文本关联为部件属性 SHEET_NUM，并在“文本”对话框的文本输入区中编辑为“第 <WRef8*0@ SHEET_NUM> 页”（注意不包含引号）。

Step11. 验证关联性。

（1）选择下拉菜单 文件(F) → 属性(I) 命令，系统弹出如图 7.4.50 所示的“显示部件属性”对话框。

**说明：以下输入的各个属性值仅为验证使用。**

（2）在“显示部件属性”对话框中单击 属性 选项卡，在 部件属性 列表框中选择 APPROVER 选项，在 值 文本框中输入文本“批准人”并按 Enter 键。

（3）在 部件属性 列表框中选择 AUDITOR 选项，在 值 文本框中输入文本“审核人”并按 Enter 键。

（4）在 部件属性 列表框中选择 CHECKER 选项，在 值 文本框中输入文本“校对人”并按 Enter 键。

（5）在 部件属性 列表框中选择 DB_PART_NAME 选项，在 值 文本框中输入文本“零件名”并按 Enter 键。

（6）在 部件属性 列表框中选择 DB_PART_NO 选项，在 值 文本框中输入文本“1234”并按 Enter

键。

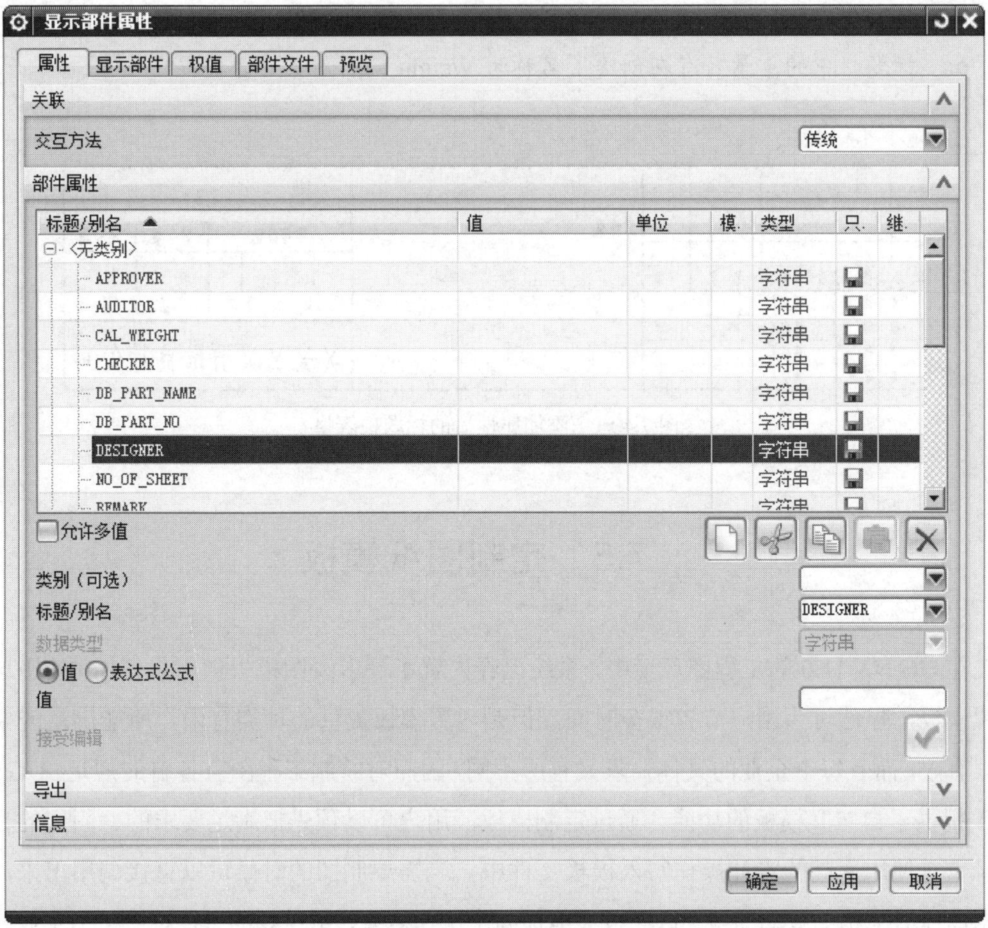

图 7.4.50 “显示部件属性”对话框

（7）在部件属性列表框中选择DESIGNER选项，在值文本框中输入文本“设计人”并按 Enter 键。

（8）在部件属性列表框中选择NO_OF_SHEET选项，在值文本框中输入文本“2”并按 Enter 键。

（9）在部件属性列表框中选择SCALE选项，在值文本框中输入文本“1:1”并按 Enter 键。

（10）在部件属性列表框中选择SHEET_NUM选项，在值文本框中输入文本“1”并按 Enter 键。

（11）在“显示部件属性”对话框中单击确定按钮，结果标题栏显示如图 7.4.51 所示。

**说明：**

- 标题栏中个别单元格的样式可能需要重新进行编辑，读者可参照本章前面的操作方法自行完成，此处不再赘述。

- 标题栏中的材料单元格只有在赋予部件某种材料属性后才能显示出来。
- 标题栏中的重量只有在创建了名称为 Weight 的引用集后才能显示出来。

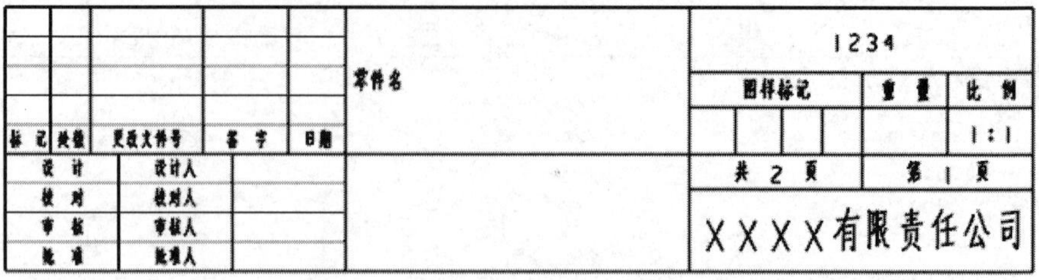


图 7.4.51　添加属性后的标题栏表格

# 7.5　定制图纸模板

在 UG NX 11.0 的工程图环境中，系统已经内置了许多绘图模板供用户使用。使用这些内置模板，显然可为用户节省很多时间，但是内置模板提供的种类有限，所能满足的要求也很有限，而且每个企业的具体要求又有所不同，因而对绘制工程图有各自的规定。UG NX 11.0 提供了自定义模板的功能，通过定制模板，用户可以预先把满足要求的、固定的、简单且重复使用率高的设计操作写入模板文件中。当需要制图的时候可以直接调用出来，再根据具体情况稍加改动即可，这样极大地提高了工作效率，更重要的是，对于一个企业或公司来说，使用统一的制图模板很容易实现整个设计及打印出图工作的标准化。

下面以定制 A3 幅面横置的装配图模板为例来介绍定制图纸模板的一般操作过程。

## Task1. 新建空白图纸页

Step1. 打开文件 D:\ug11.12\work\ch07.05\custom.prt，进入建模环境。

**说明**：该部件文件为一空白模型文件。

Step2. 选择下拉菜单 文件(F) → 新建(N)... 命令，系统弹出“新建”对话框。

Step3. 在“新建”对话框中单击 图纸 选项卡，在 模板 区域的列表框中选择 空白 选项，单击 确定 按钮，进入制图环境。

Step4. 选择下拉菜单 插入(S) → 图纸页(H)... 命令（或单击“新建图纸页”按钮），系统弹出“图纸页”对话框，设置图 7.5.1 所示的参数，单击 确定 按钮。

Step5. 在系统弹出的“视图创建向导”对话框中单击 取消 按钮，关闭该对话框。

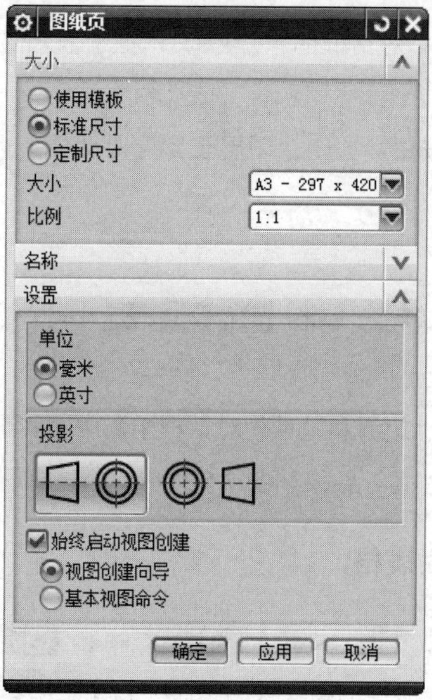


图 7.5.1　“图纸页”对话框

## Task2．设置工作图层

Step1．选择下拉菜单 格式(R) → 图层设置(S)... 命令，系统弹出“图层设置”对话框，如图 7.5.2 所示。

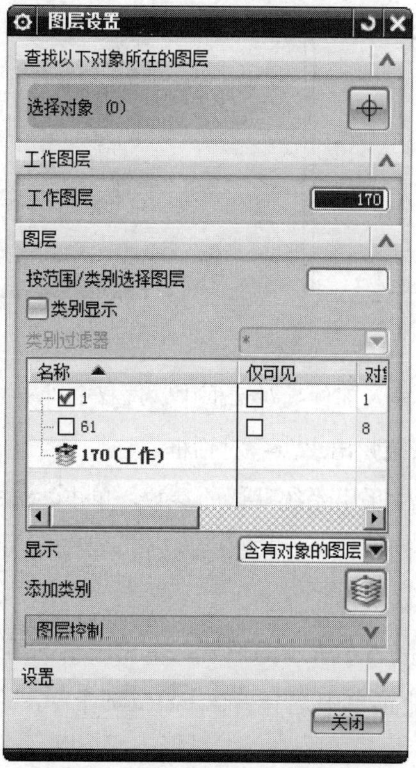


图 7.5.2　“图层设置”对话框

Step2. 在“图层设置”对话框的工作图层文本框中输入值 170 并按下 Enter 键，此时图层 170 被设置为工作图层。

Step3. 单击关闭按钮，关闭“图层设置”对话框。

## Task3. 添加图框

Step1. 选择下拉菜单工具(T) → 图纸格式(W) ▸ → 边界和区域(B)...命令，系统弹出“边界和区域”对话框。

Step2. 设置参数。在“边界和区域”对话框中选中☑创建边界复选框，在宽度文本框中输入值 10，单击确定按钮，结果如图 7.5.3 所示（注：具体参数和操作参见随书光盘）。

## Task4. 添加标题栏表格

Step1. 选择下拉菜单文件(F) → 导入(M) ▸ → 部件(P)...命令，系统弹出“导入部件”对话框，采用图 7.5.4 所示的默认参数设置，单击确定按钮。

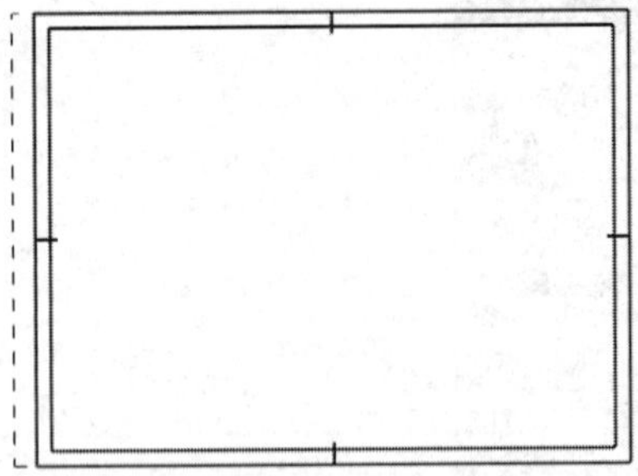

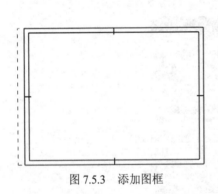

图 7.5.3　添加图框

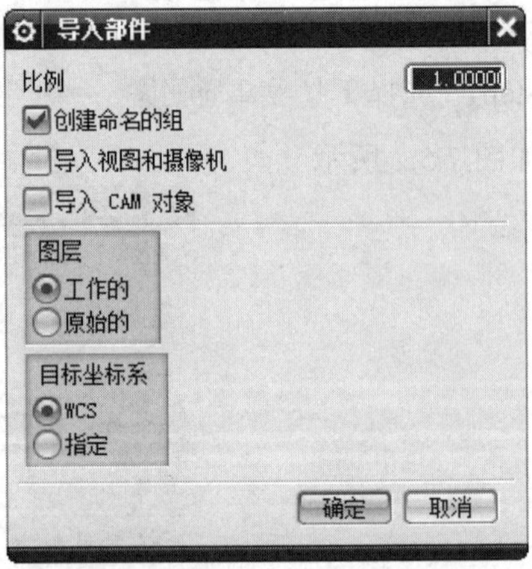


图 7.5.4　“导入部件”对话框

Step2. 在系统弹出的“导入部件”对话框中，选择文件夹 ch07.05 中的 title_note.prt 文件，单击OK按钮，系统弹出“点”对话框。

Step3. 在“点”对话框中采用系统默认的参数，单击确定按钮，结果如图 7.5.5 所示，系统再次弹出“点”对话框，单击取消按钮，关闭该对话框。

Step4. 对齐标题栏表格。

（1）移动鼠标指针到图 7.5.6 所示的位置，单击表格的方块标记选中图 7.5.6 所示的表格并右击，在弹出的快捷菜单中选择编辑(E)...命令，系统弹出“表格注释区域”对话框。

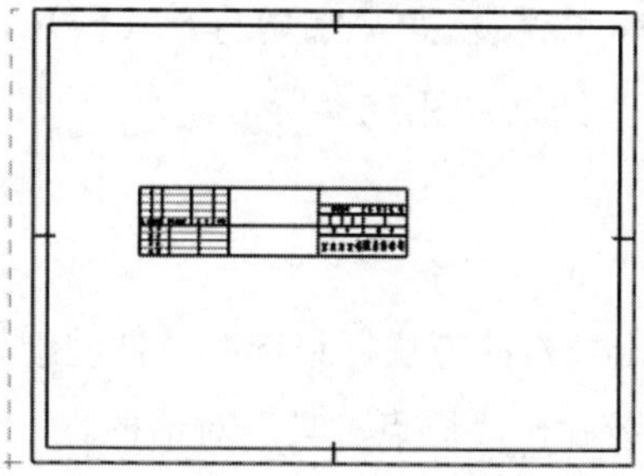

图 7.5.5　导入标题栏表格

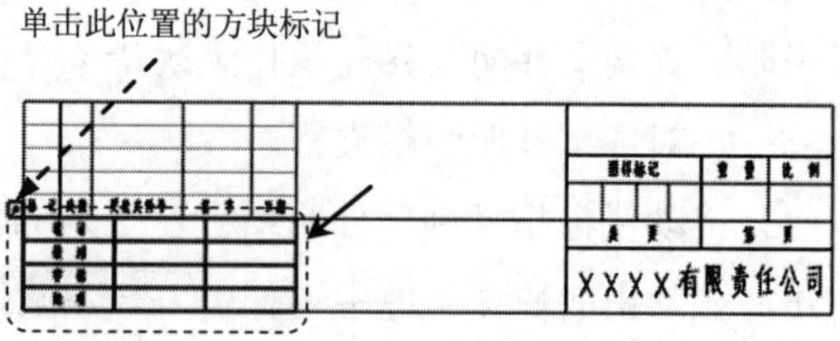


图 7.5.6　选择表格

（2）在“表格注释区域”对话框中单击“原点工具”按钮，系统弹出“原点工具”对话框。

（3）在“原点工具”对话框中单击按钮，然后在原点位置下拉列表中选择“点构造器”选项，此时系统弹出“点”对话框，如图 7.5.7 所示。

（4）在图 7.5.7 所示的“点”对话框中偏置选项下拉列表中选择直角坐标选项，然后在X 增量文本框中输入值 230，在Y 增量文本框中输入值 30，单击确定按钮，系统返回到“原点工具”对话框。

**说明**：这里标题栏表格移动的增量数值是和图纸幅面与边界的宽度有关的。

（5）在“原点工具”对话框中单击确定按钮，系统返回到“表格注释区域”对话框，单击关闭按钮，完成表格的重新定位，结果如图 7.5.8 所示。

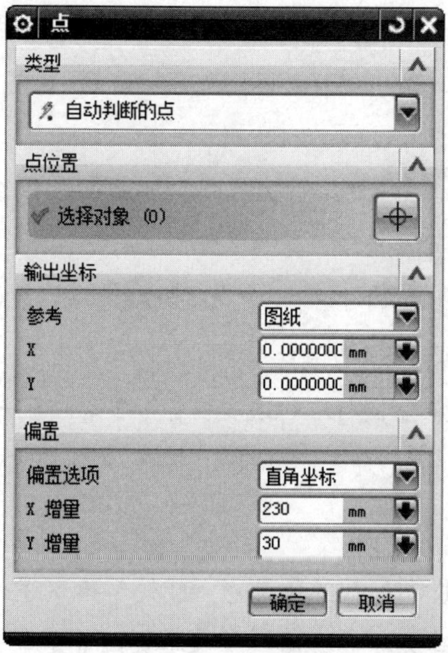


图 7.5.7　“点”对话框

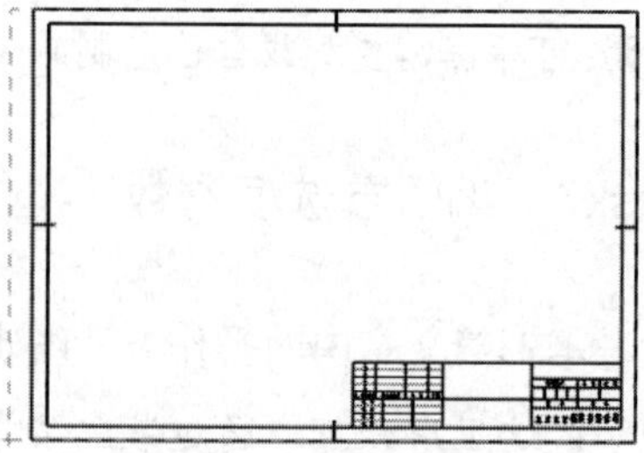

图 7.5.8　定位标题栏表格

## Task5．添加零件明细栏

Step1．选择下拉菜单 插入(S) → 表(B) → 零件明细表(P)... 命令（或单击“表”区域中的按钮），单击图纸的空白位置以放置表格，结果如图 7.5.9 所示。

**说明：** 定制零件明细栏的操作方法请参考 7.3 节的内容。

Step2．对齐零件明细栏表格。

（1）移动鼠标指针到零件明细栏左上角的位置，单击表格的方块标记选中零件明细栏并右击，在弹出的快捷菜单中选择 原点(G)... 命令，系统弹出“原点工具”对话框。

（2）在“原点工具”对话框中单击按钮，然后在 原点位置 下拉列表中选择“点构造器”选项，系统弹出“点”对话框。

（3）在“点”对话框 偏置选项 下拉列表中选择 直角坐标 选项，然后在 X 增量 文本框中输入值 230，在 Y 增量 文本框中输入值 62，单击 确定 按钮，系统返回到“原点工具”对话框。

（4）在“原点工具”对话框中单击 确定 按钮完成表格的重新定位，结果如图 7.5.10 所示。

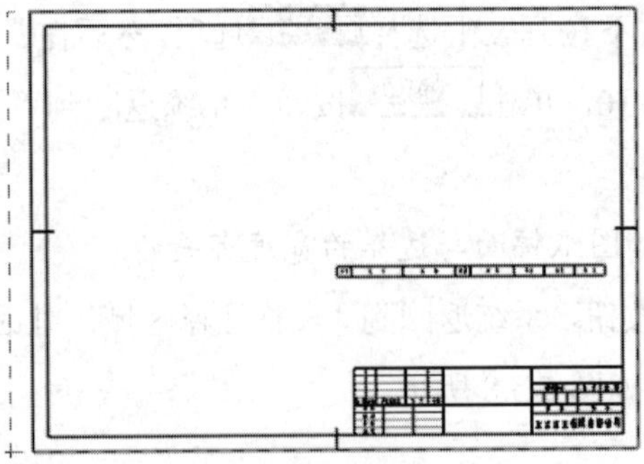

图 7.5.9　放置零件明细栏

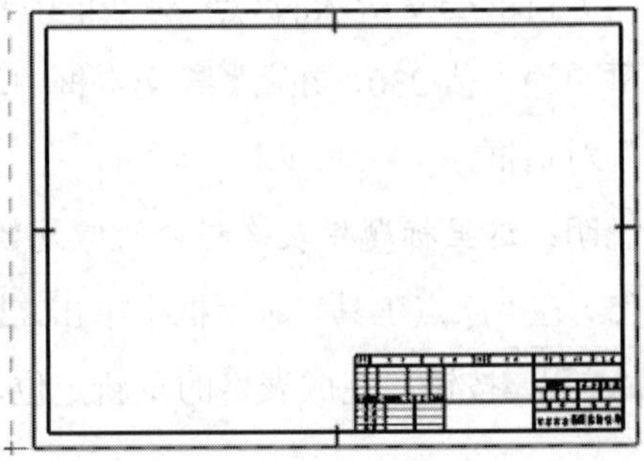

图 7.5.10　重新定位表格

## Task6．导入制图标准

Step1．选择下拉菜单 工具(T) → 制图标准(D)... 命令，系统弹出“加载制图标准”对话框。

Step2．在“加载制图标准”对话框的 从以下级别加载 下拉列表中选择 用户 选项，在 标准 下拉列表中选择 GB2014 选项，单击 确定 按钮，完成标准的加载。

**说明：** 可根据需要加载自己定制的制图标准。定制制图标准的方法参看第 2 章的有关内容。

## Task7．编辑首选项参数

参考本书第 2 章中的操作方法编辑并调整工程图参数的预设置，此处不再赘述。

**说明：** 这里用户可以通过装配某个模型并创建必要的视图以验证参数设置是否正确、合理，读者可自行完成。

## Task8．保存模板文件

Step1．选择下拉菜单 文件(F) → 保存(S) 命令，保存文件。

**说明**：这里建议用户将模板文件存放在特定的文件夹，或者直接存放在系统默认的模板文件所在的文件夹中，该文件夹中还包含有模板配置文件。

Step2．选择下拉菜单 工具(T) → 图纸格式(W) ▸ → 标记为模板(M)... 命令，系统弹出图 7.5.11 所示的"标记为模板"对话框（一）。

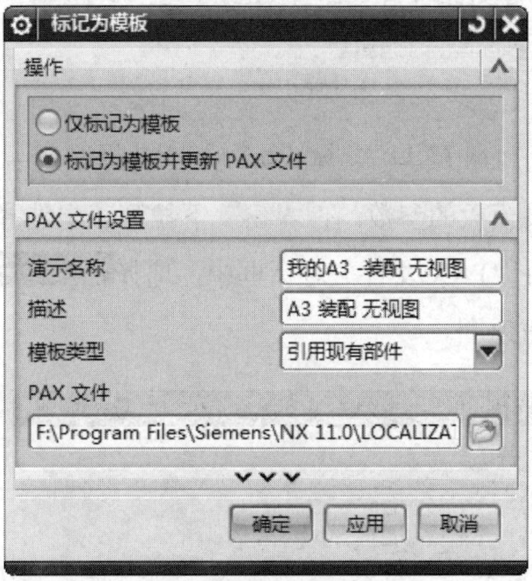


图 7.5.11　"标记为模板"对话框（一）

Step3．设置参数如图 7.5.11 所示，然后单击按钮，在图 7.5.12 所示的"PAX 文件"对话框中，选择 ugs_drawing_templates_simpl_chinese.pax 文件，单击 OK 按钮返回。

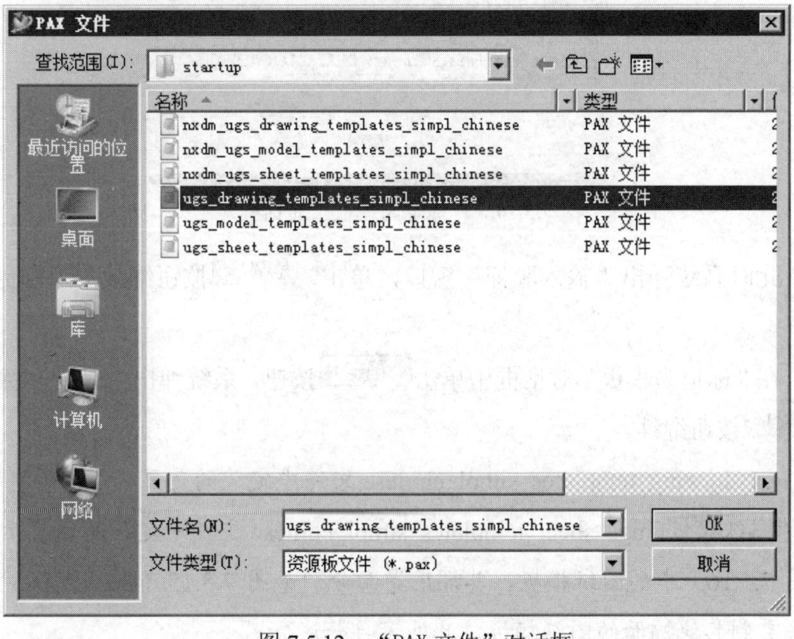


图 7.5.12　"PAX 文件"对话框

Step4. 此时系统弹出“输入验证”窗口，单击 是(Y) 按钮继续，返回到“标记为模板”对话框。

Step5. 在“标记为模板”对话框中单击 应用 按钮，系统弹出图 7.5.13 所示的“标记为模板”警告框，单击 确定(O) 按钮继续。

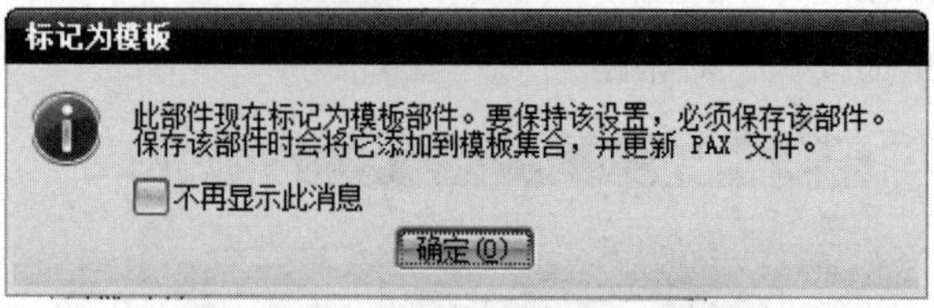


图 7.5.13　“标记为模板”警告框

Step6. 继续设置图纸页模板的参数，在 模板类型 下拉列表中选择 图纸页 选项，如图 7.5.14 所示；然后单击 按钮，在“PAX 文件”对话框中，选择 ugs_sheet_templates_simpl_chinese.pax 文件，单击 OK 按钮返回。

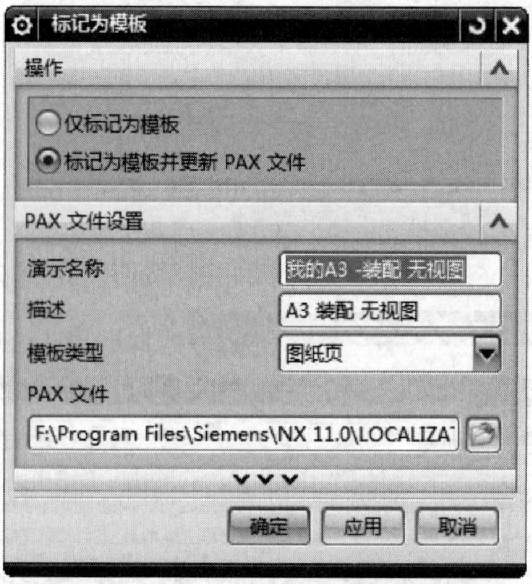


图 7.5.14　“标记为模板”对话框（二）

Step7. 此时系统弹出“输入验证”窗口，单击 是(Y) 按钮继续，返回到“标记为模板”对话框。

Step8. 在“标记为模板”对话框中单击 确定 按钮，系统弹出“标记为模板”警告框，单击 确定(O) 按钮继续。

**说明**：ugs_drawing_templates_simpl_chinese 文件中定义的是显示在“新建”对话框（图 7.5.15）中的图纸模板，ugs_sheet_templates_simpl_chinese 文件中定义的是显示在“图纸页”对话框（图 7.5.16）中的图纸模板，其调用界面分别如图 7.5.15 和图 7.5.16 所示。用户可参照此方法定制其他幅面的图纸模板，此处不再赘述。

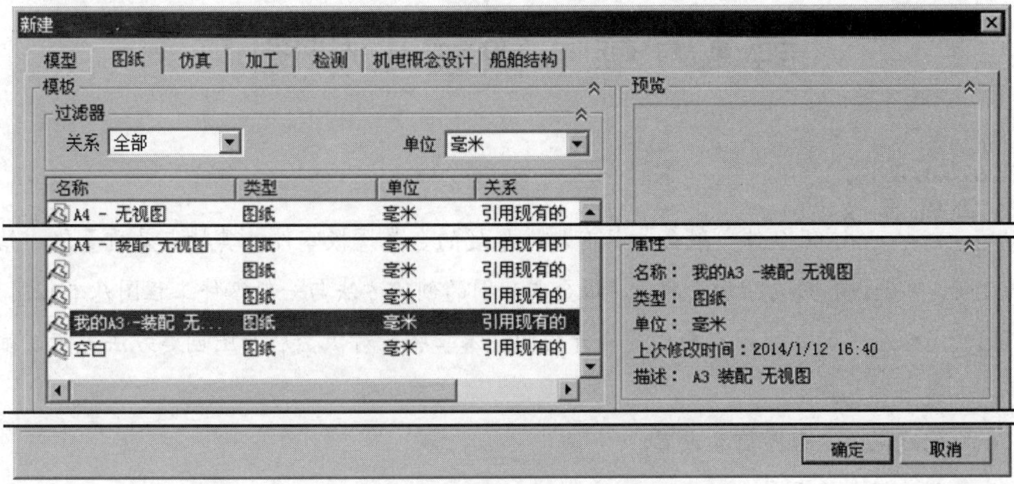


图 7.5.15　“新建”对话框

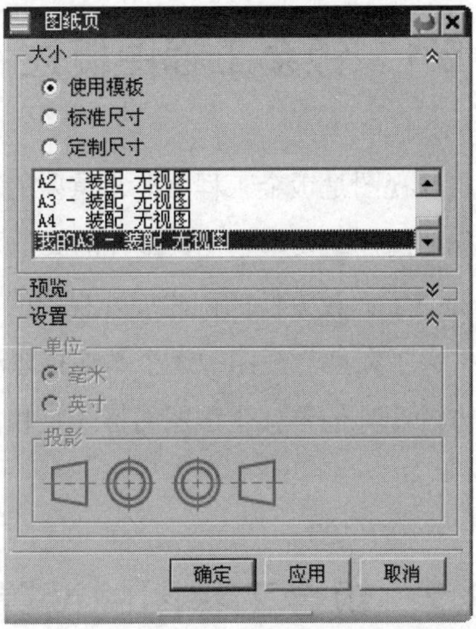


图 7.5.16　“图纸页”对话框

# 第 8 章　钣金工程图

**本章提要**

钣金件一般是指具有均一厚度的金属薄板零件，其特点是质量轻、结构强度好、可制成各种复杂的形状等。钣金工程图的创建方法与一般零件工程图基本相同，所不同的是钣金件的工程图需要创建展开视图。本章将针对钣金展开图创建方法进行详细讲解，主要内容包括：

- 创建钣金工程图前的设置；
- 创建钣金展开图。

## 8.1　钣金工程图概述

在钣金工程图中创建的展开视图是钣金工程图非常重要的部分，它能把钣金特征完全呈献在工程图中。钣金的三视图同样重要，它把钣金件的其他具体数据反映出来。UG NX 11.0 的工程图模块为设计者提供了比较方便的创建展开视图的方法，而且可以直接在展开视图中自动添加折弯注释，省去了在展开视图中逐个添加折弯注释的麻烦。

由于钣金工程图的标注方法和其他零件工程图的标注是相同的，这里不再详细讲解钣金工程图的标注。

## 8.2　钣金工程图的设置

创建前钣金工程图需要对展开的折弯注释进行必要的设置，这样能使得自动产生的折弯注释符合制图的需要。

Step1. 启动 UG NX 11.0 软件。

Step2. 选择下拉菜单 文件(F) ▸ ➡ 实用工具(U) ▸ ➡ 用户默认设置(D)... 命令，系统弹出“用户默认设置”对话框。

Step3. 在“用户默认设置”对话框的左侧节点列表中选择“制图”下的 展平图样视图 节点，在右侧单击 标注 选项卡，此时对话框如图 8.2.1 所示。

**图 8.2.1 所示“用户默认设置”对话框的“标注”选项卡中部分选项的说明如下。**

- ☑ 可用 复选框：选中该复选框，表示在展平图样中该定制标注可以使用。

图 8.2.1 “用户默认设置”对话框（一）

- 启用复选框：选中该复选框，表示在展平图样中启用该定制标注。
- 名称文本框：用于设置该标注的名称，一般建议采用英文字符。
- 对象类型文本框：用于设置该标注所对应的钣金标注元素的类型。
- 内容文本框：用于设置该标注的具体文本格式及内容。

Step4. 在“用户默认设置”对话框中定制标注 1区域的内容文本框中修改文本为“折弯半径 =<!KEY=0,3.2@UGS.radius>”（这里只是将 Bend Radius 替换为中文“折弯半径”，注意引号不要输入），其余参数保持不变。

**说明**：这里定制标注内容的格式是固定的，一般在“=”前面输入标注名称，接着输入“ <!KEY=0, ”固定的开头，后面的“3.2”表示数值的格式，这里“3.2”表示形如 xxx.xx 的三位整数加两位小数的形式，@后面的变量是 UG 的内部规定名称，分别对应钣金中的不同参数，每段标注内容均以“>”结束。

Step5. 在“用户默认设置”对话框中定制标注 2区域的内容文本框中修改文本为“折弯角度 =<!KEY=0,3.2@UGS.angle>”（这里只是将 Bend Angle 替换为中文“折弯角度”，注意引号不要输入），其余参数保持不变。

Step6. 在“用户默认设置”对话框中定制标注 3区域的内容文本框中修改文本为“折弯方向 =<!KEY=0,3.2@UGS.direction "上" "下">”（这里只是将 Bend Direction、up 和 down 分别替换为中文“折弯方向”“上”“下”，注意引号不要输入），其余参数保持不变。

Step7. 在“用户默认设置”对话框中定制标注 4区域的内容文本框中修改文本为“孔直径 =<!KEY=0,3.2@UGS.diameter>”（这里只是将 Hole Diameter 替换为中文“孔直径”，注意引号不要输入），其余参数保持不变。

Step8. 在“用户默认设置”对话框中定制标注 5区域的内容文本框中修改文本为“榫接过渡距离 =<!KEY=0,3.2@UGS.joggleRunout>”(这里只是将 Joggle Runout 替换为中文“榫接过渡距离”，注意引号不要输入)，其余参数保持不变。

Step9. 在“用户默认设置”对话框中定制标注 6区域的内容文本框中修改文本为“榫接深度 = <!KEY=0,3.2@UGS.joggleDepth>”(这里只是将 Joggle Depth 替换为中文“榫接深度”，注意引号不要输入)，其余参数保持不变。

Step10. 在“用户默认设置”对话框中定制标注 7区域的内容文本框中修改文本为“刀具 ID = <!KEY=0,3.2@UGS.joggleDepth>”(这里只是将 Tool Id 替换为“刀具 ID”，注意引号不要输入)，其余参数保持不变。

Step11. 在定制标注 8区域取消选中☐ 启用复选框。

Step12. 在“用户默认设置”对话框中单击直线选项卡，此时对话框如图 8.2.2 所示。

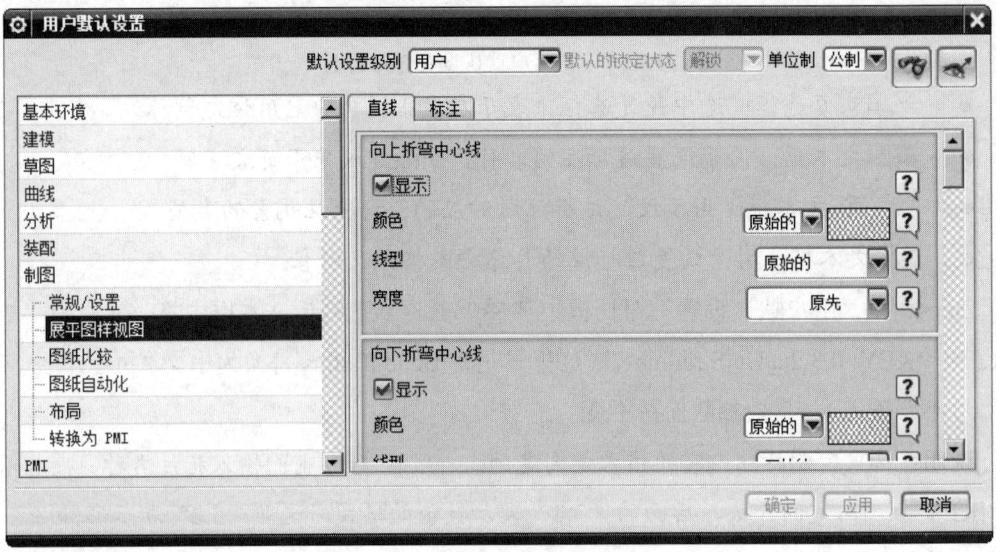


图 8.2.2 “用户默认设置”对话框（二）

Step13. 在内模线和外模线区域中取消选中☐显示复选框。

**说明：**此选项卡中主要设置钣金展平图样中各种类型线的颜色、线型和线宽等，用户可根据制图需要自行修改。

Step14. 在“用户默认设置”对话框中单击确定按钮。

Step15. 关闭 UG NX 11.0 软件并重新启动，即可使新设置生效。

## 8.3 创建钣金展开视图

要创建钣金件的展开视图，首先需要在 NX 钣金环境中创建钣金件的展平图样，然后在制图环境中直接引用这个展平图样，即可完成钣金展开视图的创建。下面介绍创建钣金展开视图的一般操作过程。

## Task1．创建展平图样

Step1．打开模型文件 D:\ug11.12\work\ch08.03\sm_jog.prt，进入 NX 钣金环境。

Step2．设置展平图样显示。选择下拉菜单 首选项(P) → 钣金(H)... 命令，系统弹出“钣金首选项”对话框；在 展平图样显示 选项卡内选中 ☑ 上折弯中心、☑ 下折弯中心 和 ☑ 折弯相切 复选框，其余均取消选中，单击 确定 按钮，完成设置。

Step3．选择下拉菜单 插入(S) → 展平图样(L)... ▸ → 展平图样(P)... 命令，系统弹出“展平图样”对话框，如图 8.3.1 所示。

Step4．选取图 8.3.2 所示的模型平面，单击 确定 按钮，完成展平图样的创建。

图 8.3.1　“展平图样”对话框

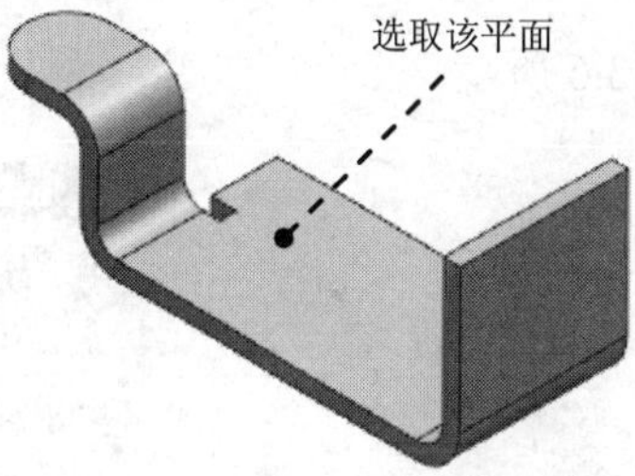

图 8.3.2　选择向上面

**说明**：此时系统可能会弹出如图 8.3.3 所示的“钣金”对话框，可单击 确定(O) 按钮继续。

Step5．选择下拉菜单 视图(V) → 布局(L) ▸ → 替换视图(V)... 命令，系统弹出如图 8.3.4 所示的“视图替换为…”对话框。

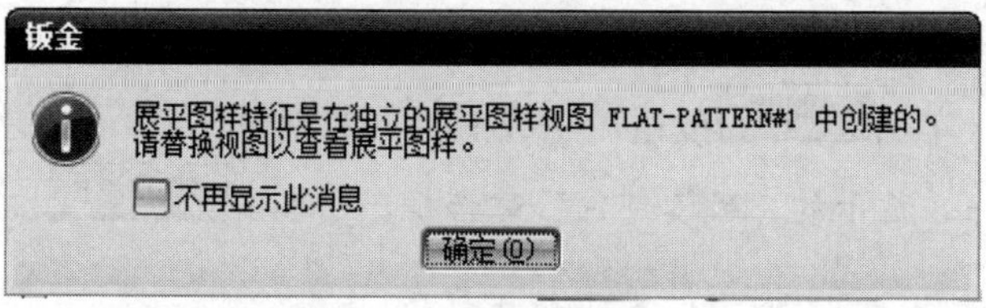

图 8.3.3　“钣金”对话框

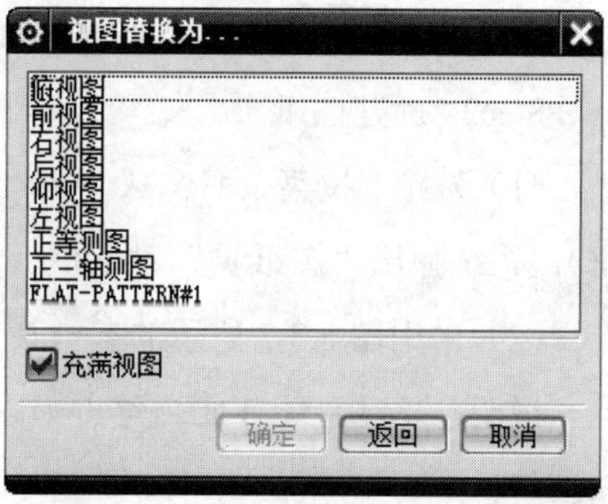

图 8.3.4　“视图替换为…”对话框

Step6. 在“视图替换为…”对话框中选择 FLAT-PATTERN#1 选项，单击 确定 按钮，结果如图 8.3.5 所示。

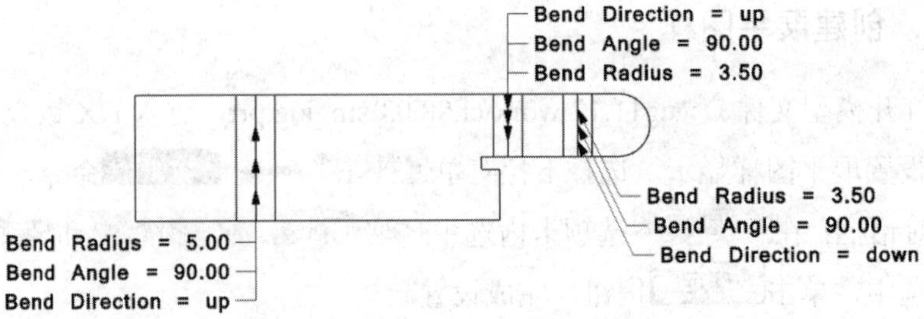


图 8.3.5 显示“FLAT-PATTERN#1”视图

Step7. 再次选择下拉菜单 视图(V) → 布局(L) → 替换视图(V)... 命令，系统弹出“视图替换为…”对话框，选择 正三轴测图 选项，单击 确定 按钮，完成视图的恢复。

## Task2. 创建展平视图

Step1. 在 应用模块 功能选项卡 设计 区域单击 制图 按钮，进入制图环境。

Step2. 加载制图标准。

（1）选择下拉菜单 工具(T) → 制图标准(D)... 命令，系统弹出“加载制图标准”对话框，如图 8.3.6 所示。

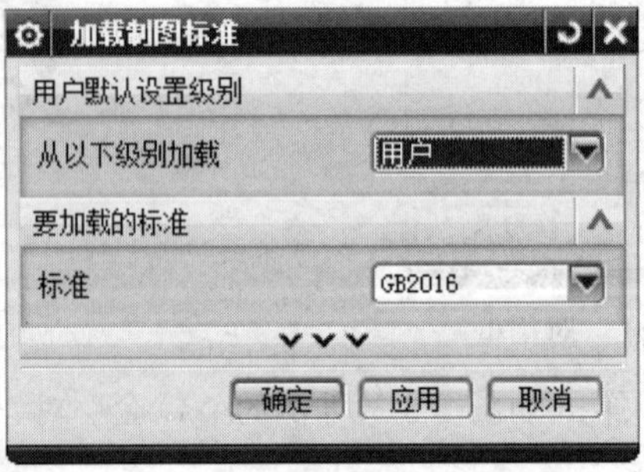


图 8.3.6 “加载制图标准”对话框

（2）在 “加载制图标准”对话框的 从以下级别加载 下拉列表中选择 用户 选项，在 标准 下拉列表中选择 GB2016 选项，单击 确定 按钮，完成新制图标准的加载。

Step3. 新建图纸页。

（1）选择下拉菜单 插入(S) → 图纸页(H)... 命令（或单击“主页”选项卡中的 按钮），系统弹出“图纸页”对话框，如图 8.3.7 所示。

（2）采用图 8.3.7 所示的参数设置，单击 确定 按钮，完成图纸页的创建。

**说明：**此时系统可能会弹出如图 8.3.8 所示的“只读部件”对话框，可单击 确定(O) 按钮继续。

图 8.3.7 “图纸页”对话框

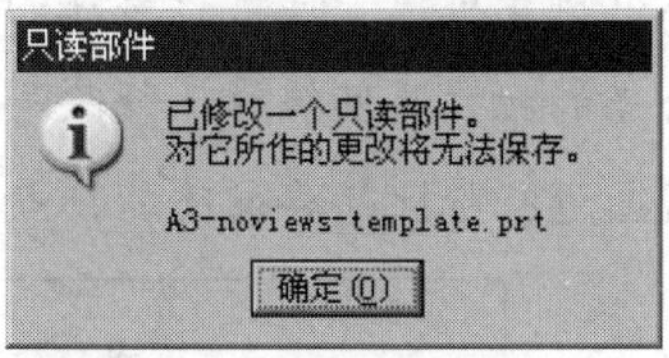


图 8.3.8 “只读部件”对话框

Step4. 创建视图。

（1）选择下拉菜单 插入(S) → 视图(W) → 基本(B)... 命令（或单击“主页”工选项卡中的按钮），系统弹出“基本视图”对话框。

（2）在“基本视图”对话框 模型视图 区域的 要使用的模型视图 下拉列表中选择 FLAT-PATTERN#1 选项，在 比例 下拉列表中选择 1:1 选项，单击图纸上的合适位置以放置视图，结果如图 8.3.9 所示。

Step5. 参照本书第 6 章注释文本的调整方法适当调整各个折弯注释的位置，结果如图 8.3.10 所示。

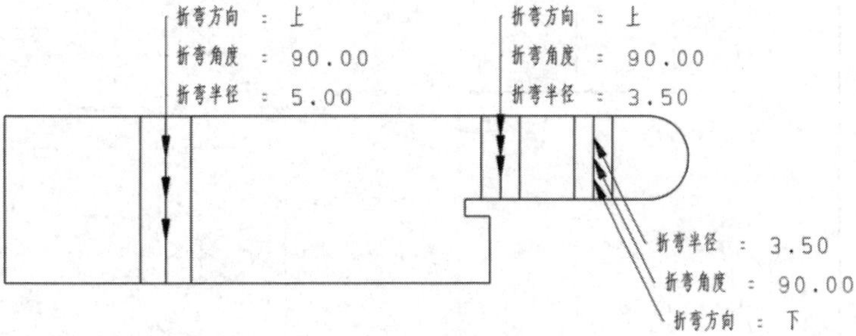


图 8.3.9 创建展平视图

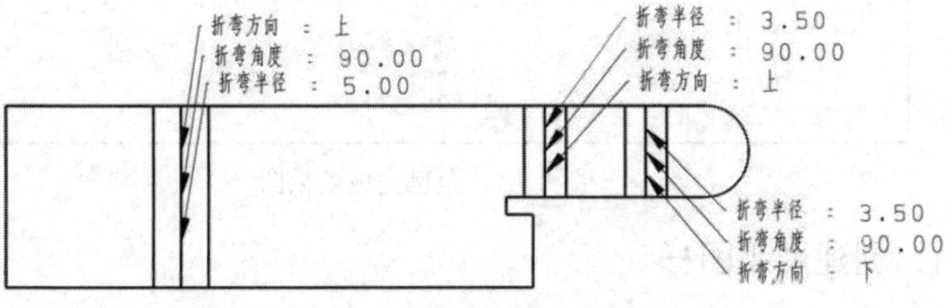


图 8.3.10 调整折弯注释的位置

# 8.4 钣金工程图范例

### 范例概述

本范例是对钣金件进行标注的综合范例，综合了钣金展开视图、尺寸、注释、基准和几何公差的标注及其编辑、修改等内容。在学习本范例的过程中，读者应该注意对钣金件展开视图进行标注的要求及其特点。范例完成的效果图如图 8.4.1 所示。

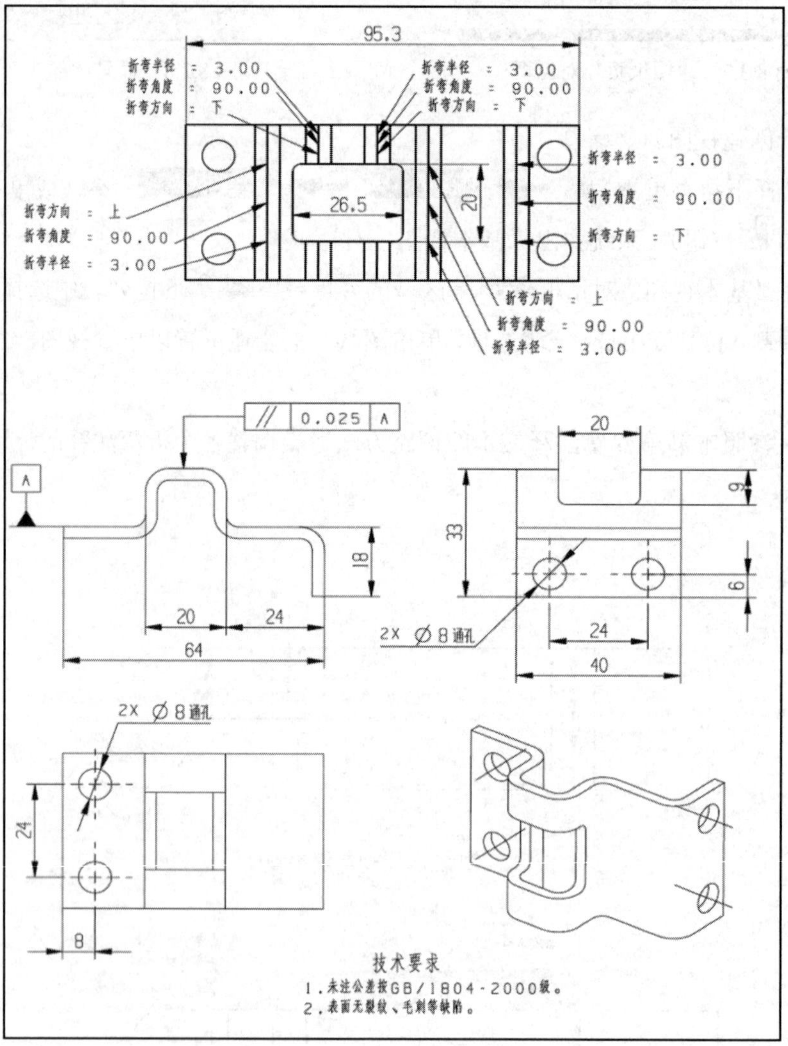


图 8.4.1 范例完成效果图

## Task1. 创建展平图样

Step1. 打开文件 D:\ug11.12\work\ch08.04\metal_sheet.prt，在 应用模块 功能选项卡 设计 区域单击 钣金 按钮，进入 NX 钣金环境。

说明：如果已经在钣金环境中，则不需要选择该命令了。

Step2. 选择下拉菜单插入(S) → 展平图样(L)... → 展平图样(P)...命令，系统弹出“展平图样”对话框，如图 8.4.2 所示。

Step3. 选取图 8.4.3 所示的模型平面，单击确定按钮，完成展平图样的创建。

说明：此时系统可能会弹出“钣金”消息框，可单击确定(O)按钮继续。

图 8.4.2 “展平图样”对话框

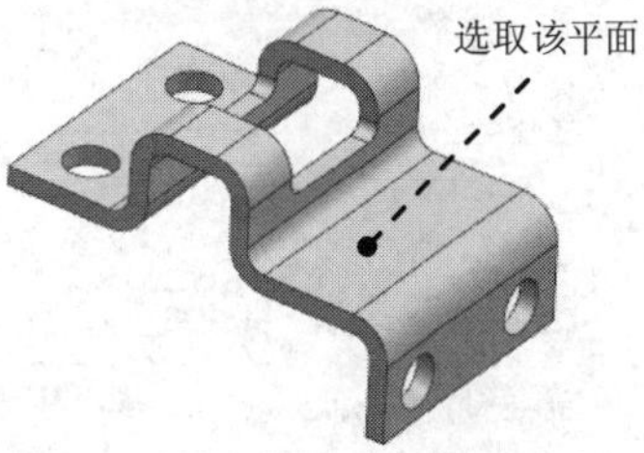


图 8.4.3　选择模型平面

## Task2. 创建图纸并预设置

Step1. 在应用模块功能选项卡设计区域单击制图按钮，进入制图环境。

Step2. 加载制图标准。选择下拉菜单工具(T) → 制图标准(D)...命令，系统弹出“加载制图标准”对话框，在其中的从以下级别加载下拉列表中选择用户选项，在标准下拉列表中选择GB2016选项，单击确定按钮，完成新制图标准的加载。

说明：此处选择的标准是由用户自行定义的，读者也可以选择自己定义的标准，创建标准的操作可参看本书第 2 章的内容。

Step3. 新建图纸页。选择下拉菜单插入(S) → 图纸页(H)...命令（或单击“主页”选项卡中的按钮），系统弹出“图纸页”对话框，采用图 8.4.4 所示的参数设置，单击确定按钮，完成图纸页的创建。

## Task3. 创建展平视图

Step1. 选择下拉菜单插入(S) → 视图(W) → 基本(B)...命令（或单击“主页”选项卡中的按钮），系统弹出“基本视图”对话框。

Step2. 在“基本视图”对话框模型视图区域的要使用的模型视图下拉列表中选择FLAT-PATTERN#1选项，在比例下拉列表中选择1:1选项，单击图纸上的合适位置以放置视图，结果如图 8.4.5 所示。

Step3. 参照本书第 6 章注释文本的调整方法适当调整各个折弯注释的位置，结果如图 8.4.6 所示。

**说明：此处调整注释位置应注意留下必要的空间，以便标注尺寸。**

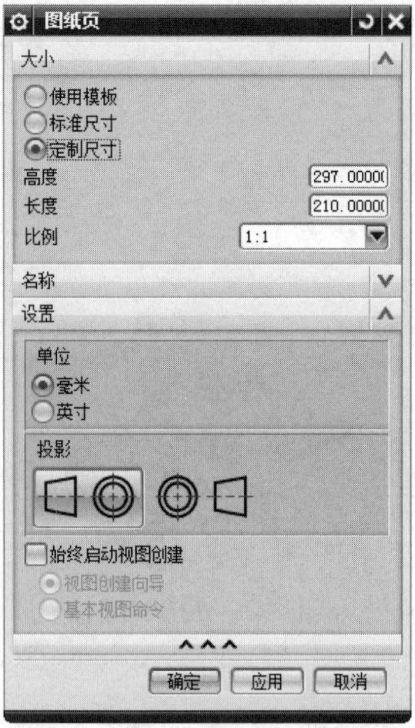


图 8.4.4 “图纸页”对话框

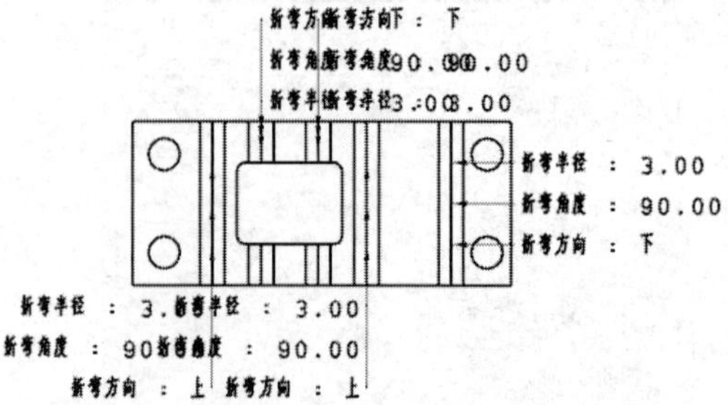

图 8.4.5 创建展开视图

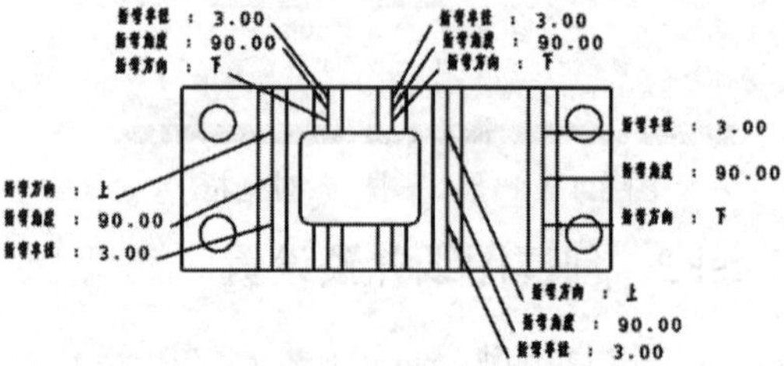


图 8.4.6 整理注释文本

## Task4. 创建其他视图

Step1. 选择下拉菜单 插入(S) → 视图(W) ▸ → 基本(B)... 命令（或单击“主页”选项卡中的按钮），系统弹出“基本视图”对话框。

Step2. 在“基本视图”对话框 模型视图 区域的 要使用的模型视图 下拉列表中选择 前视图 选项，在 比例 下拉列表中选择 1:1 选项，单击图纸上的合适位置以放置视图，结果如图 8.4.7 所示。

Step3. 此时系统自动弹出“投影视图”对话框，参照图 8.4.8 所示的方位放置其余两个视图，按 Esc 键结束命令。

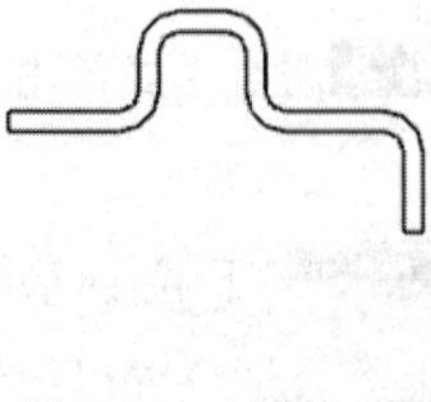

图 8.4.7 创建主视图

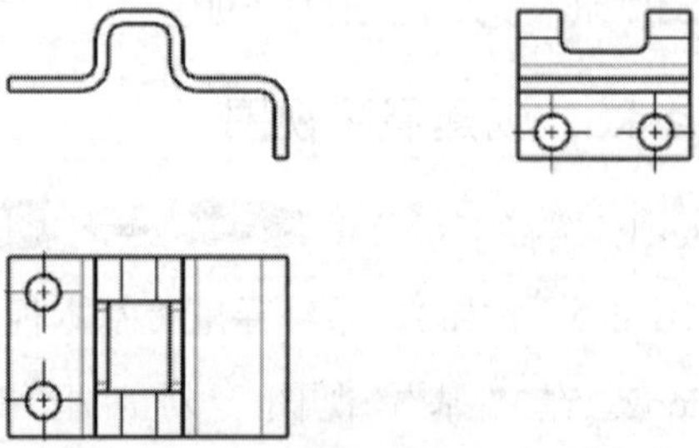

图 8.4.8 创建左视图和俯视图

Step4. 创建轴测视图。选择下拉菜单 插入(S) → 视图(W) ▸ → 基本(B)... 命令（或单击“图纸”工具条中的按钮），系统弹出“基本视图”对话框，在其中单击“定向视图工具”按钮，系统弹出“定向视图工具”对话框和“定向视图”预览窗口；在“定向视图”预览窗口中按住鼠标中键旋转模型至图 8.4.9 所示，单击“定向视图工具”对话框中的 确定 按钮，返回到“基本视图”对话框；参照图 8.4.10 所示的位置放置轴测视图，按 Esc 键结束命令。

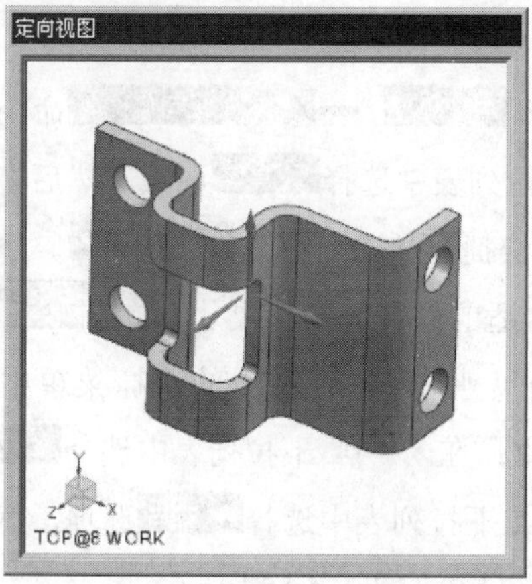


图 8.4.9 “定向视图”预览窗口

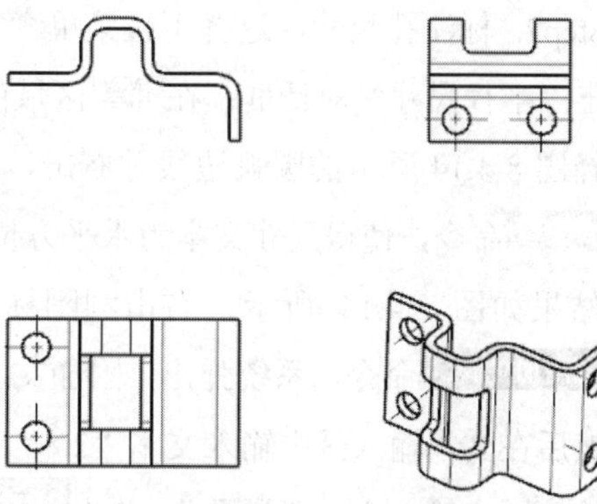

图 8.4.10 放置视图

Step5. 隐藏视图光顺边。在“部件导航器”中选取图 8.4.11 所示的四个视图节点并右击，在弹出的快捷菜单中选择 设置(S)... 命令，系统弹出“设置”对话框，在其中单击 光顺边 节点，取消选中 □ 显示光顺边 复选框，单击 确定 按钮，结果如图 8.4.12 所示。

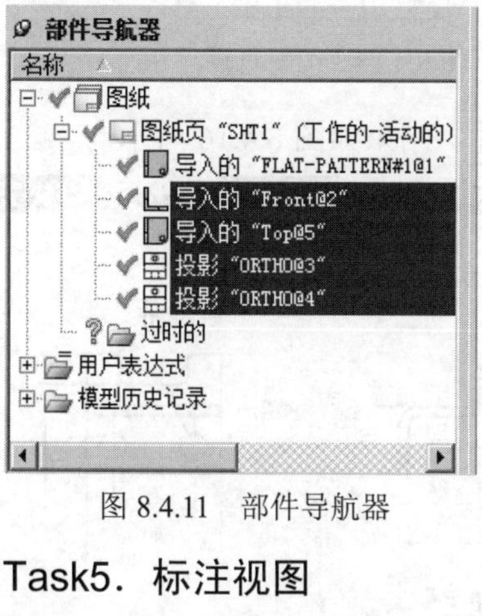


图 8.4.11 部件导航器

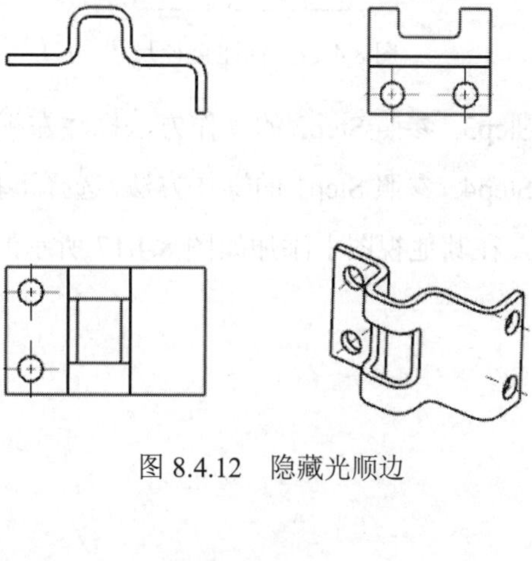

图 8.4.12 隐藏光顺边

## Task5. 标注视图

Step1. 标注展开视图。插入(S) → 尺寸(M) ▸ → 快速(P)... 命令（或单击“尺寸”工具条中的按钮），系统弹出“快速尺寸”对话框；依次选取图 8.4.13 所示的两个端点，在图样中添加图 8.4.13 所示的尺寸 95.3；参照此方法，标注图 8.4.13 所示的其余两个尺寸 26.5 和 20。

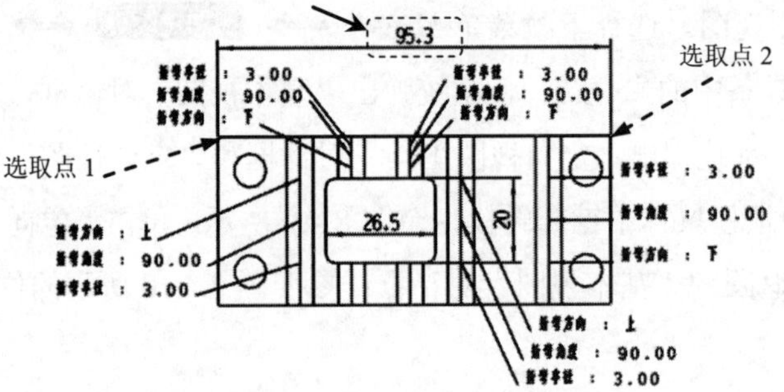


图 8.4.13　标注尺寸

Step2. 标注孔尺寸。选择下拉菜单 插入(S) ➡ 尺寸(M) ➡ 径向(R)... 命令，系统弹出“半径尺寸”对话框；在 测量 区域的 方法 下拉列表中选择 直径 选项，然后在图形区选择图 8.4.14 所示的圆弧边线并右击，在弹出的快捷菜单中选择 文本方位 ➡ 水平文本 命令，使得尺寸文本为水平方位；选择合适的位置放置该尺寸，单击 关闭 按钮，结果如图 8.4.14 所示；右击刚刚标注的直径尺寸 *Φ*8，在弹出的快捷菜单中选择 编辑附加文本... 命令，系统弹出“附加文本”对话框；在 文本位置 下拉列表中选择 之前 选项，然后在文本输入区中输入文本“2×”；在 文本位置 下拉列表中选择 之后 选项，然后在文本输入区中输入文本“通孔”；单击 关闭 按钮，结果如图 8.4.15 所示。

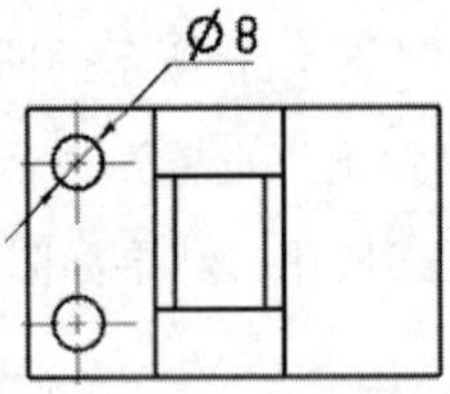


图 8.4.14　标注直径尺寸

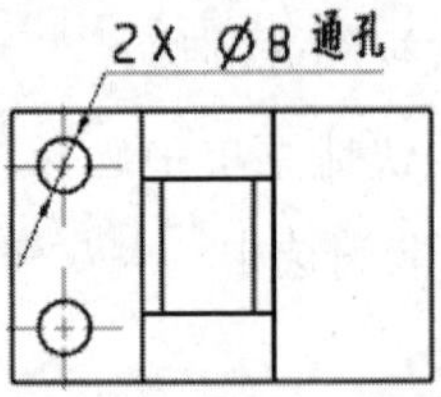


图 8.4.15　编辑直径尺寸

Step3. 参照 Step2 的操作方法标注左视图的孔尺寸，结果如图 8.4.16 所示。

Step4. 参照 Step1 的操作方法，选择下拉菜单 插入(S) ➡ 尺寸(M) ➡ 快速(P)... 命令，在其他视图上添加如图 8.4.17 所示的其余尺寸。

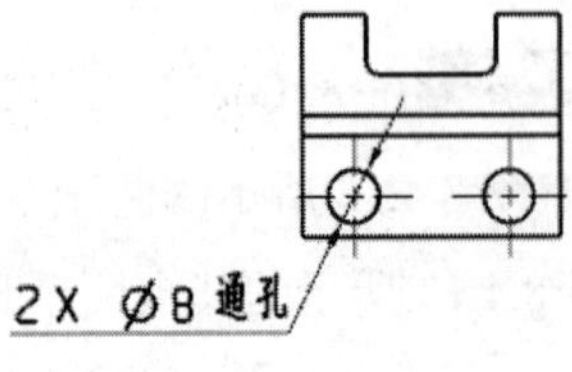


图 8.4.16　标注直径尺寸

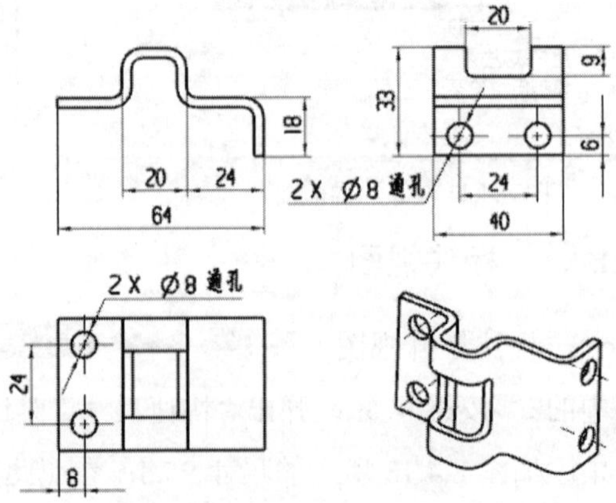


图 8.4.17　标注尺寸

Step5. 创建基准特征。选择下拉菜单插入(S) → 注释(A) → 基准特征符号(R)... 命令（或单击“注释”工具条中的按钮），系统弹出“基准特征符号”对话框；在基准标识符区域的字母文本框中输入字母 A，其余采用默认设置；在视图中捕捉图 8.4.18 所示的边线，然后按下鼠标左键并拖动，放置基准特征位置如图 8.4.18 所示，按 Esc 键结束命令。

Step6. 创建形位公差。选择下拉菜单插入(S) → 注释(A) → 特征控制框(E)... 命令，系统弹出“特征控制框”对话框；在特性下拉列表中选择平行度选项，在框样式下拉列表中选择单框选项，在公差区域的0.0文本框中输入值 0.025，在第一基准参考区域的下拉列表中选择A选项，展开指引线区域的样式区域，在短划线长度文本框中输入值 15，其余采用默认设置；确认“特征控制框”对话框中的指定位置被激活，在图样中捕捉图 8.4.19 所示的边线，然后按下鼠标左键并拖动，当公差框预览位置与图 8.4.19 所示的一致时单击左键以放置公差框。

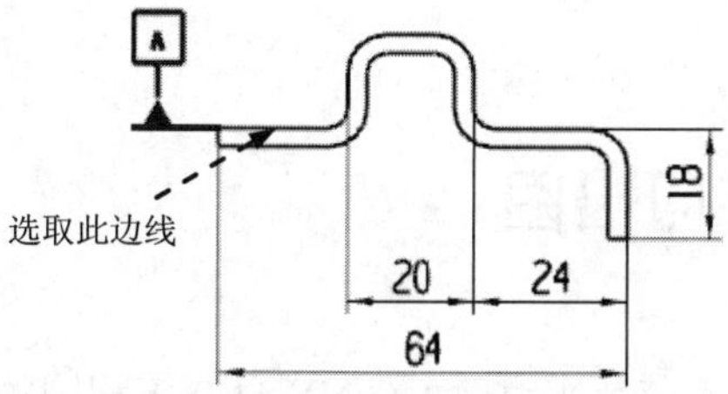


图 8.4.18　选取基准放置位置

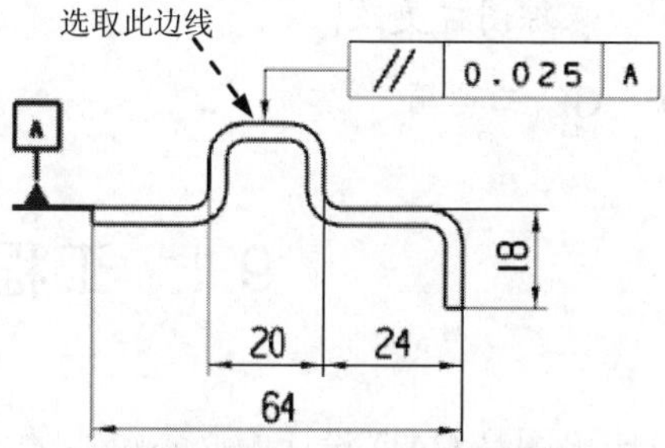


图 8.4.19　添加形位公差

Step7. 创建注释。选择下拉菜单插入(S) → 注释(A) → 注释(N)... 命令（或单击“注释”工具条中的按钮），弹出“注释”对话框，在对话框的文字输入区中清除已有文字，然后输入文字“技术要求”并按 Enter 键；输入第二行文字“1.未注公差按 GB/1804-2000 级。”并按 Enter 键；输入第三行文字“2.表面无裂纹、毛刺等缺陷。”；在文字输入区中选中文字“技术要求”，在格式化区域的比例下拉列表中选择1.4选项，根据需要在文字“技术要求”前面插入若干空格；在图纸上的合适位置单击以放置注释，结果如图 8.4.20 所示，按 Esc 键结束注释命令。

技术要求
1.未注公差按GB/1804-2000级。
2.表面无裂纹、毛刺等缺陷。

图 8.4.20　标注注释

Step8. 选择下拉菜单文件(F) → 保存(S) 命令，保存文件。

# 第 9 章 工程图的高级应用

**本章提要** 本章将介绍 UG NX 11.0 工程图的一些高级应用，如定制符号、跟踪图纸更改和 GC 工具箱等，灵活使用这些命令将有助于提高我们的工作效率和质量，主要内容包括：

- 工程图打印出图；
- 在图纸上放置图像；
- 定制符号；
- 跟踪图样更改；
- GC 工具箱。

## 9.1 工程图的打印出图

打印出图是 CAD 设计中必不可少的一个环节，本节就来讲解 UG NX 11.0 工程图的打印。在打印工程图时，可以打印整个图纸，也可以打印图纸的所选区域，可以选择黑白打印，也可以选择彩色打印。下面介绍打印工程图的操作方法。

Step1. 打开工程图文件 D:\ug11.12\work\ch09.01\print_dwg1.prt。

Step2. 选择命令。选择下拉菜单 文件(F) → 打印(P)... 命令，系统弹出如图 9.1.1 所示的“打印”对话框。

图 9.1.1 所示“打印”对话框中各选项的功能说明如下。

- 源 区域：在该区域的列表框中显示当前文件中包含的图纸页，其中 当前显示 表示当前图形区显示的内容。
- 打印机 区域：在该区域选择要使用的打印机类型以及打印机的详细信息等。在 打印机 下拉列表中显示操作系统如 Windows7 中已安装的打印机。
- 设置 区域：用来设置打印的份数和线条宽度等参数。
  - ☑ 份数 文本框：用来输入要打印的图纸数量。
  - ☑ 宽度 区域：用来选择线宽的类型。
  - ☑ 比例因子 文本框：用来定义线宽度的比例因子。
  - ☑ 输出 下拉列表：用来控制打印图纸的颜色和着色。选择 彩色线框 选项表示使用彩色或灰阶线来打印图纸的所有边，选择 黑白线框 选项表示只能使用黑色线打印图纸的所有边。

☑ ☑ 在图纸中导出光栅图像 复选框：选中后可以打印选定的图纸页中的光栅图像。

☑ ☑ 将着色的几何体导出为线框 复选框：选中后可以打印选定的图纸页中的着色图纸视图的线框显示。

☑ 图像分辨率 下拉列表：用来定义打印图像的清晰度或质量，与打印机具体参数有关。

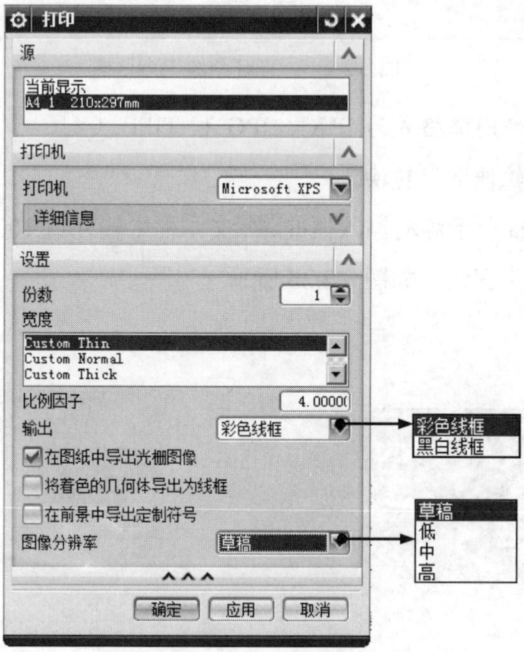

图 9.1.1 "打印"对话框

Step3. 在"打印"对话框的 源 列表框中选择 A4_1 210x297mm 选项，在 设置 区域的 宽度 列表框中选择 Custom Normal 选项，设置 比例因子 为 2，其余采用默认参数设置。

Step4. 在"打印"对话框中单击 确定 按钮开始打印。

# 9.2 在图纸上放置图像

在 UG NX 11.0 的工程图环境中，可以将光栅图像放置在图纸页上，此时图像文件将被保存在部件文件内部。下面介绍在图纸页上放置图像的操作方法。

Step1. 打开工程图文件 D:\ug11.12\work\ch09.02\image.prt，进入制图环境。

Step2. 选择下拉菜单 插入(S) ➡ 图像(I)... 命令，系统弹出"打开图像"对话框。

Step3. 在"打开图像"对话框的 文件类型(T): 下拉列表中选 PNG 文件 (*.png) 选项，然后在列表框中选择 jsq.PNG 文件，如图 9.2.1 所示，单击 OK 按钮。

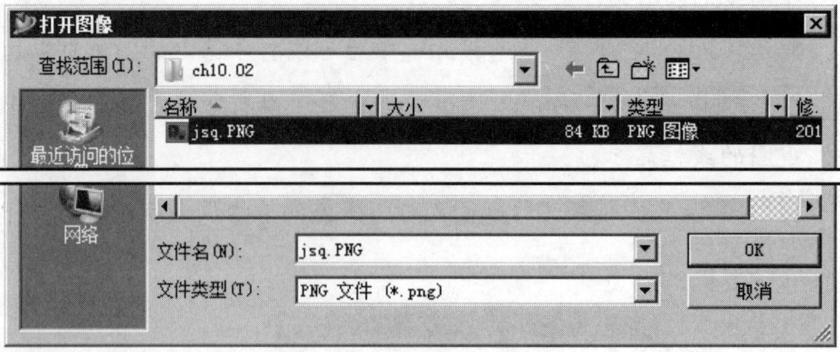


图 9.2.1 “打开图像”对话框

**说明：**系统支持的图像格式为 PNG、JPG 和 TIFF 类型，如果不是这三种类型，则需要提前通过图像转换软件进行转换。

Step4. 在图 9.2.2a 所示浮动输入框的宽度文本框中输入值 100 并按 Enter 键，此时高度文本框中数值同时发生变化，如图 9.2.2b 所示。

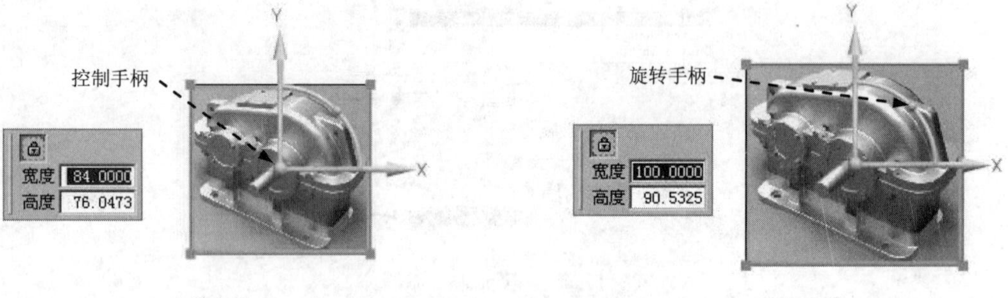


图 9.2.2 输入尺寸

Step5. 在尺寸输入框中单击“锁定宽高比”按钮，在高度文本框中输入值 90 并按 Enter 键，然后再次单击“锁定宽高比”按钮。

**说明：**用户也可以通过拖动图像的四个角点来改变其大小。

Step6. 拖动图 9.2.2a 所示的控制手柄移动到图像左下角点后松开，此时控制手柄自动吸附到该角点，然后拖动 X 轴或 Y 轴改变图像的位置。

**说明：**图像共有九个点可以选取，包括四个角点、四个边中点和一个中心点。

Step7. 拖动图 9.2.2b 所示的旋转手柄逆时针旋转 90°来改变图像放置角度，结果如图 9.2.3 所示。

**说明：**旋转角度必须是 90°的整倍数。

Step8. 单击鼠标中键完成图像的放置，结果如图 9.2.4 所示。

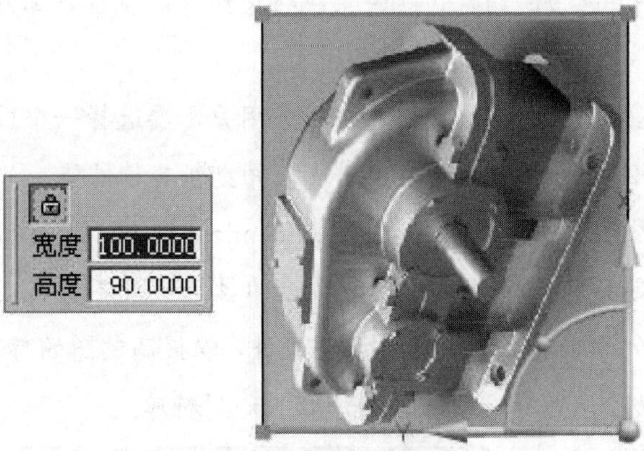


图 9.2.3　旋转图像

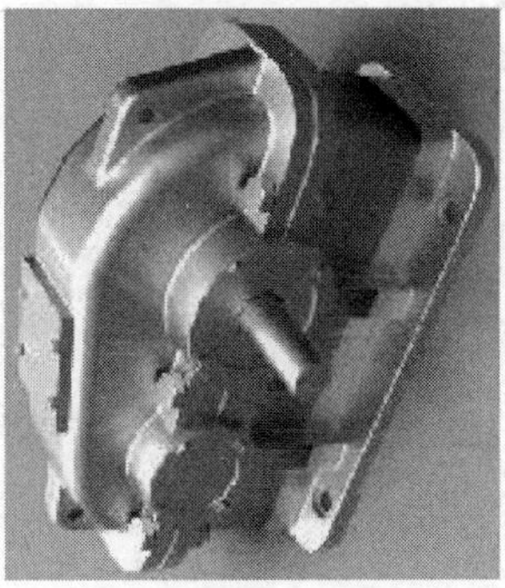

图 9.2.4　放置图像

# 9.3 GC 工 具 箱

GC 工具箱是特别针对中国用户推出的国标环境软件包，内置一系列相关的工具，如标准化工具、制图工具等。通过使用此工具模块，用户可以在一个符合大部分中国用户需求的环境中进行工作，并大大提高产品开发的规范化水平，减少用户客户化定制的工作量并提高工作效率。

## 9.3.1 属性工具

使用“属性工具”命令可以编辑或增加当前部件的属性，这些属性一般是由 GB 标准模板定义的，也可以从其他部件中继承属性，并且通过“属性同步”功能实现属性在主模型和图纸间的双向传递。下面介绍使用“属性工具”的一般操作方法。

Step1. 打开文件 D:\ug11.12\work\ch09.03.01\att_tool_dwg1.prt，进入制图环境。

Step2. 选择下拉菜单 GC工具箱 ▸ → GC 数据规范 ▸ → 属性工具 ▸ → 属性工具命令，系统弹出“属性工具”对话框，如图 9.3.1 所示。

Step3. 在“属性工具”对话框中单击图 9.3.1 所示的输入区，输入文本“张三”，参照此方法输入其他属性值，结果如图 9.3.2 所示。

**图 9.3.1 所示“属性工具”对话框（一）中选项及按钮的说明如下。**

- 属性列表框：显示当前部件中定义的所有属性的标题和属性值。用户通过单击列表的列标题可以进行排序，也可以通过单击对应 值 列的单元格输入相应的属性值。
- ❌按钮：用于删除选定的某个属性项目。

- 按钮：用来选择当前部件中包含的组件，此时系统将该组件的属性添加到属性列表框并更新其属性值。
- 按钮：单击此按钮，系统弹出“打开文件”对话框，用户需要选择一个外部的部件文件，此时系统将该组件的属性添加到属性列表框并更新其属性值。
- 按钮：单击此按钮，系统将读取在 UG 安装目录\Localization\prc\gc_tools\configuration\gc_tool.cfg 中定义的属性内容。如果对应的属性项目不存在，则自动添加。企业可以根据自身的情况和要求定义该配置文件，以提高制图的标准化。
- Material属性：当属性名为 Material 时，系统自动读取 NX 材料库。

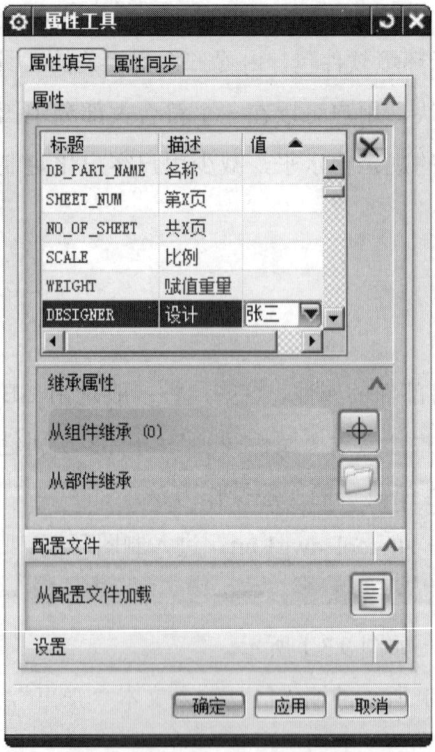


图 9.3.1 “属性工具”对话框（一）

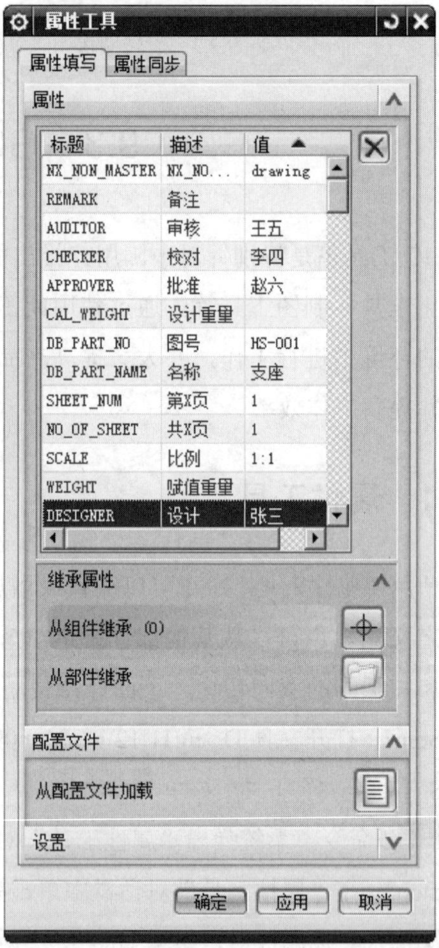


图 9.3.2 “属性工具”对话框（二）

Step4. 在“属性工具”对话框中单击 应用 按钮，此时图纸标题栏内容自动更新。

Step5. 在“属性工具”对话框中单击 属性同步 选项卡，此时对话框显示如图 9.3.3 所示，选中 图纸到主模型 单选项，单击 应用 按钮，此时对话框显示如图 9.3.4 所示。

Step6. 在“属性工具”对话框中单击 取消 按钮，关闭对话框。

图 9.3.3 所示“属性工具”对话框（三）中选项在说明如下。

- 主模型属性列表框：显示当前主模型中定义的所有属性的标题和属性值。
- 图纸属性列表框：显示当前图纸文件中定义的所有属性的标题和属性值。
- ⊙ 主模型到图纸单选项：设定同步方式为主模型的属性同步到图纸。
- ⊙ 图纸到主模型单选项：设定同步方式为图纸的属性同步到主模型。

图 9.3.3 “属性工具”对话框（三）

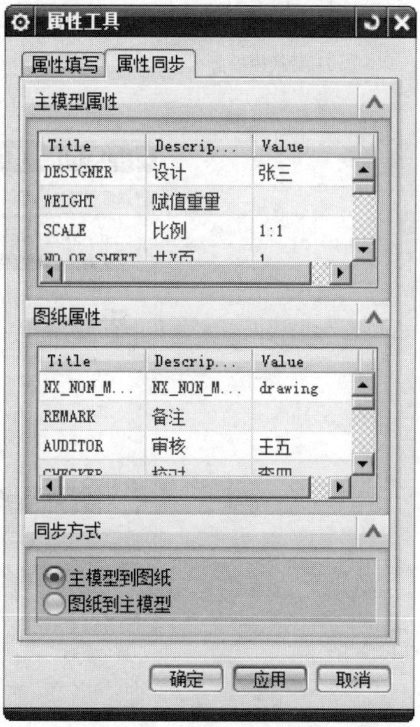


图 9.3.4 “属性工具”对话框（四）

## 9.3.2 替换模板

使用“替换模板”命令可以轻松地对当前图纸中选定的图纸页进行模板的替换，此时模板是按照配置文件中定义来读取。需要注意的是，可供替换的模板放置位置在 UG 安装目录\LOCALIZATION\PRC\simpl_chinese\startup 和\LOCALIZATION\PRC\english\startup 两个文件夹下，用户可根据企业的标准要求对相应的模板进行必要的修改，这样就可以十分方便地进行图档的标准化。下面以图 9.3.5 所示为例来介绍使用“替换模板”的一般操作方法。

Step1. 打开文件 D:\ug11.12\work\ch09.03.02\down_base_dwg1.prt，进入制图环境。

Step2. 选择下拉菜单 GC工具箱 ▸ → 制图工具 ▸ → 替换模板 命令，系统弹出如图 9.3.6 所示的“工程图模板替换”对话框。

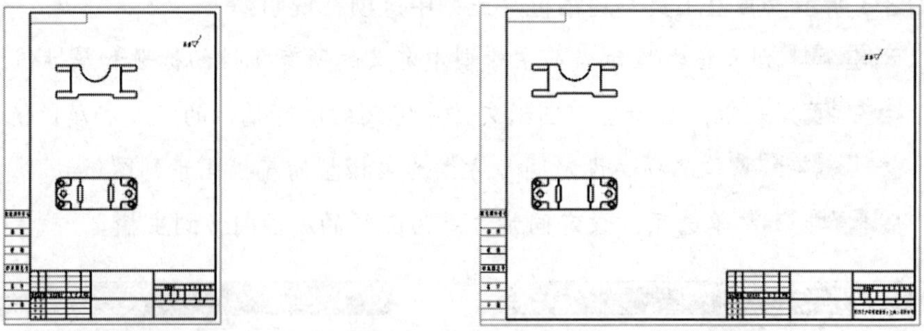

a）替换模板前　　b）替换模板后

图 9.3.5　替换模板

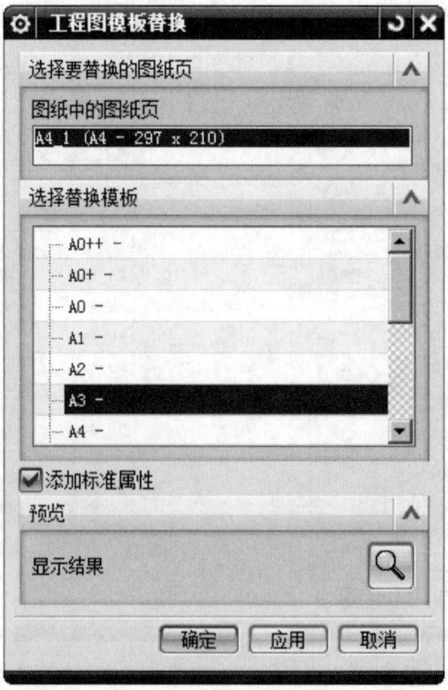


图 9.3.6　“工程图模板替换”对话框

Step3. 在“工程图模板替换”对话框的图纸中的图纸页列表框中选择A4_1 (A4 - 297 x 210)选项，在选择替换模板列表框中选择A3 -选项，单击“显示结果”按钮，结果如图 9.3.5b 所示。

Step4. 在“工程图模板替换”对话框中单击确定按钮，完成模板的替换。

**图 9.3.6 所示“工程图模板替换”对话框中选项及按钮说明如下。**

- 图纸中的图纸页列表框：显示当前部件文件中包含的所有图纸页，其名称显示图纸页编号和纸张大小。
- 选择替换模板列表框：显示按照当前配置文件所定义的图纸模板类型，用户需要修改配置文件从而将自定义的模板添加到此列表中。
- ☑ 添加标准属性复选框：选中该复选框，如果当前部件文件中没有配置文件中定义的标准属性，则此时会创建这些标准属性。

- 按钮：用来进行替换模板的预览结果显示，如果选择的模板小于当前的视图空间，系统会提示错误信息，可参看编辑图纸页的操作内容。

## 9.3.3 图纸拼接

使用“图纸拼接”命令可以轻松地将当前图纸中选定的多个图纸页合并成一张图纸，以便打印或者输出多种不同的格式。下面介绍使用“图纸拼接”的一般操作方法。

Step1. 打开文件 D:\ug11.12\work\ch09.03.03\merge.prt，进入制图环境。

Step2. 选择下拉菜单 GC工具箱 ▸ ➡ 制图工具 ▸ ➡ 图纸拼接 命令，系统弹出如图 9.3.7 所示的“图纸拼接”对话框。

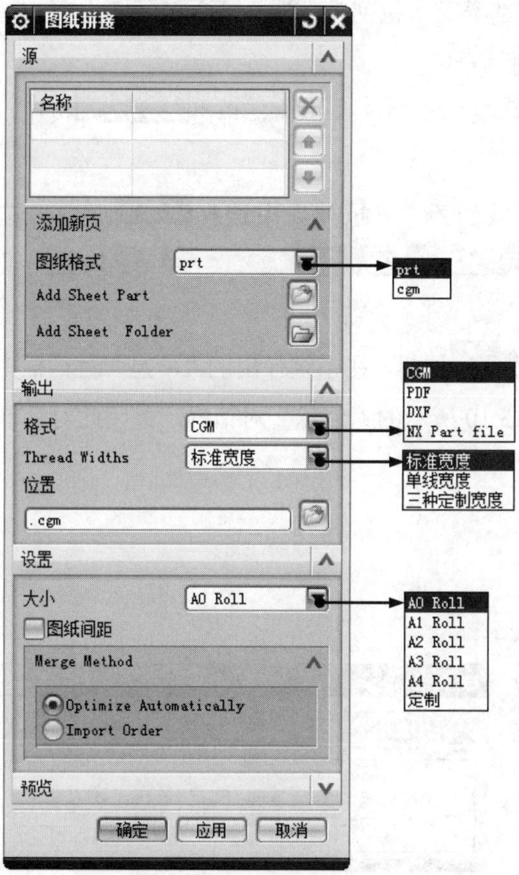


图 9.3.7 “图纸拼接”对话框

图 9.3.7 所示“图纸拼接”对话框中选项及按钮的说明如下。

- 源 区域：用来定义要拼接的图纸。
- 图纸格式 下拉列表：定义要拼接的图纸文件的格式。
- 按钮：用来选择单个的图纸文件添加到拼接列表框中，单击后弹出“打开文件”对话框。
- 按钮：用来选择一个文件夹，此时此文件夹内符合指定格式的文件被添加到拼接列表框中。
- 格式 下拉列表：定义拼接后的输出格式。
- Thread Widths 下拉列表：定义拼接后的输出线型的宽度。
- 位置 文本框：定义输出文件的名称和存储路径。
- 大小 下拉列表：定义拼接后的输出格式的滚筒规格或自定义尺寸。
- ☑ 图纸间距 复选框：用来定义拼接图纸边缘之间的距离。
- Optimize Automatically 单选项：选择此项，由系统以优化的方式定义图纸拼接的顺序。
- Import Order 单选项：选择此项，由系统以图纸页的先后顺序定义图纸拼接的顺序。

Step3. 在“图纸拼接”对话框的 图纸格式 下拉列表中选择 prt 选项，单击“添加图纸文件”按钮，系统弹出如图 9.3.8 所示的“指定文件”对话框。

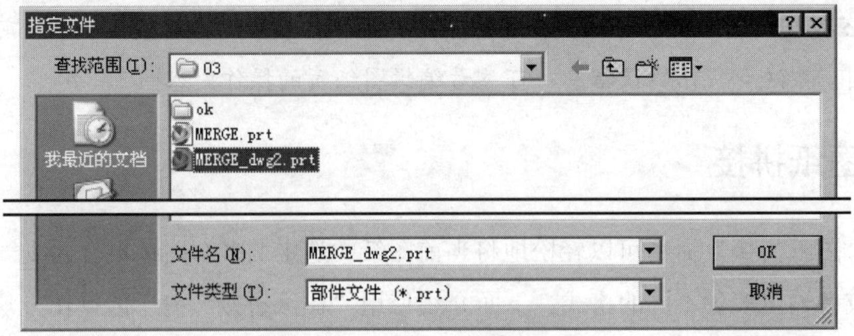


图 9.3.8 “指定文件”对话框

Step4. 在“指定文件”对话框中选择 MERGE_dwg2.prt 选项，单击 OK 按钮，系统返回到“图纸拼接”对话框。

Step5. 在“图纸拼接”对话框 输出 区域的 格式 下拉列表中选择 NX Part file 选项，单击“位置”按钮，系统弹出“指定文件”对话框。

Step6. 在“指定文件”对话框的 文件名(N): 文本框中输入 ex01，单击 OK 按钮，系统返回到“图纸拼接”对话框。

Step7. 在“图纸拼接”对话框 设置 区域的 大小 下拉列表中选择 A0 Roll 选项，选中 ☑ 图纸间距 复选框，展开 预览 区域，单击 预览 按钮，此时该区域显示如图 9.3.9 所示。

Step8. 在“图纸拼接”对话框中单击 确定 按钮，在系统弹出的“信息”对话框中单击 确定(O) 按钮，此时系统还会弹出如图 9.3.10 所示的“信息”对话框，关闭此对话框。

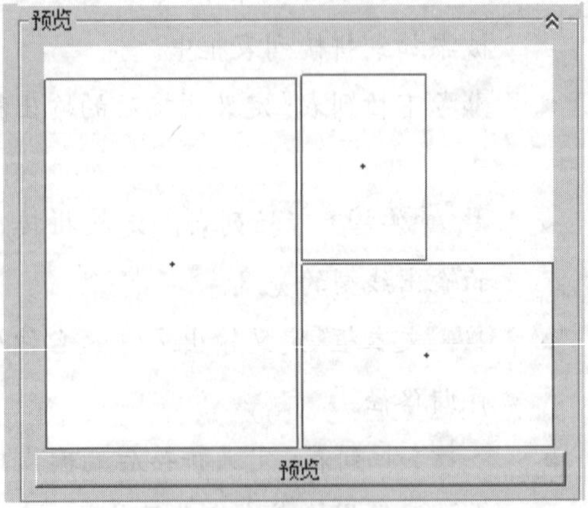


图 9.3.9 “预览”区域

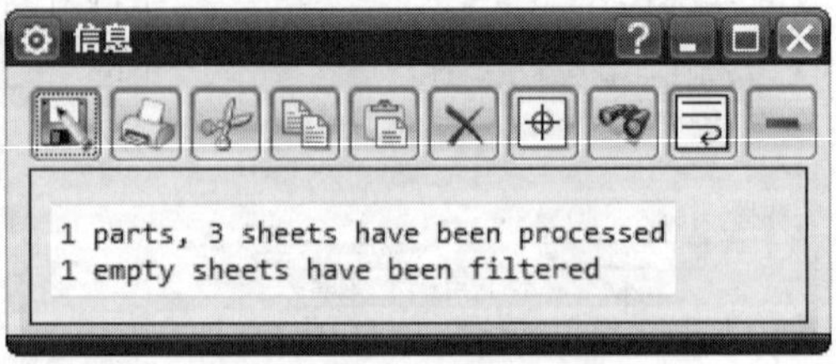


图 9.3.10 “信息”对话框

说明：只有包含视图的图纸页才能被拼接，空白的图纸页会被忽略。

## 9.3.4 导出零件明细栏

使用“导出零件明细栏”命令可以轻松地将当前图纸中选定零件明细栏中的内容输出

到 Excel 电子表格中，由此可以创建不同要求的明细栏（组件明细栏、标准件明细栏、外购件明细栏等）。下面介绍使用“导出零件明细栏”的一般操作方法。

Step1. 打开文件 D:\ug11.12\work\ch09.03.04\asm_04_dwg1.prt，进入制图环境。

Step2. 选择下拉菜单 GC工具箱 ▸ → 制图工具 ▸ → 明细表输出... 命令，系统弹出“明细表输出”对话框，如图 9.3.11 所示。

Step3. 在“明细表输出”对话框的 资源 区域中选中 ⊙ 零件明细表 单选项，确认 * 选择明细表 (0) 被激活，在图纸上选取零件明细栏。

**说明**：系统此时可能会弹出“导出零件明细栏”对话框，单击 是 按钮继续。

Step4. 在“明细表输出”对话框 资源 区域的列表框中选择第 1 个项目，然后连续单击 按钮，将这些项目全部添加到 输出 区域的列表框中，如图 9.3.12 所示。

图 9.3.11 “明细表输出”对话框（一）

图 9.3.12 “明细表输出”对话框（二）

**图 9.3.12 所示“明细表输出”对话框（二）中选项及按钮的说明如下。**

- ⊙ 零件明细表 单选项：用于定义要输出的内容是从图纸的零件明细栏来选取的。
- ⊙ 装配节点 单选项：用于定义要输出的内容是从装配导航器的装配节点来选取的。
- 按钮：单击此按钮，选取零件明细栏或装配节点。
- 按钮：单击此按钮，可将源内容列表中的某项添加到输出列表中。

- 按钮：单击此按钮，可在输出列表中添加一个空行标记。
- 按钮：单击此按钮，可在输出列表中添加一个换页标记。
- 按钮：单击此按钮，可将输出列表中的某个项目删除。
- 、按钮：单击此按钮，可调整输出列表中某个项目的上下位置。
- 输出层级下拉列表：仅在选择◉装配节点单选项时才会出现，包含"第一层节点""所有零组件""所有零件"选项。
- 输出格式下拉列表：用来设定输出的 xls 文件的模板或格式，用户可定制。
- ○按原编号输出单选项：定义输出编号是按照原来明细栏中的顺序号来输出。
- ◉自动编号单选项：定义输出编号是按顺序自动产生。
- ☑输出后打开文件复选框：选中该复选框后，输出完成后会自动打开表格。

Step5. 在"明细表输出"对话框中展开输出区域（图 9.3.13），单击此区域中的按钮，系统弹出"指定文件"对话框，在文件名(N):文本框中输入名称 PartList，单击OK按钮，系统返回到"明细表输出"对话框。

Step6. 在"明细表输出"对话框中展开设置区域（图 9.3.14），在输出格式下拉列表中选择组件明细表选项，其余采用图中所示的参数设置。

图 9.3.13 "输出"区域

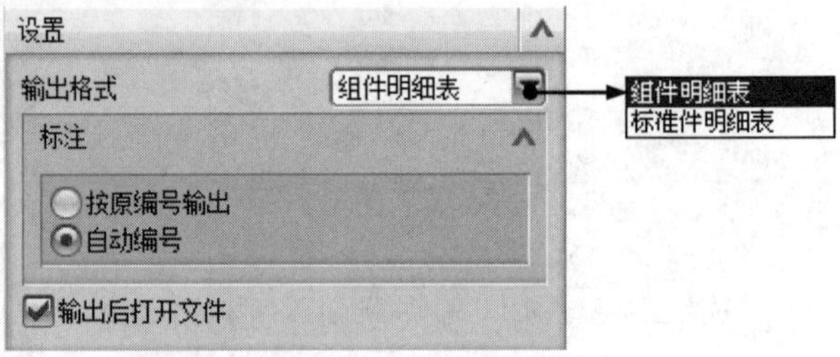


图 9.3.14 "设置"区域

Step7. 在"明细表输出"对话框中单击确定按钮，完成明细栏的输出，打开输出后的 xls 文件，如图 9.3.15 所示。

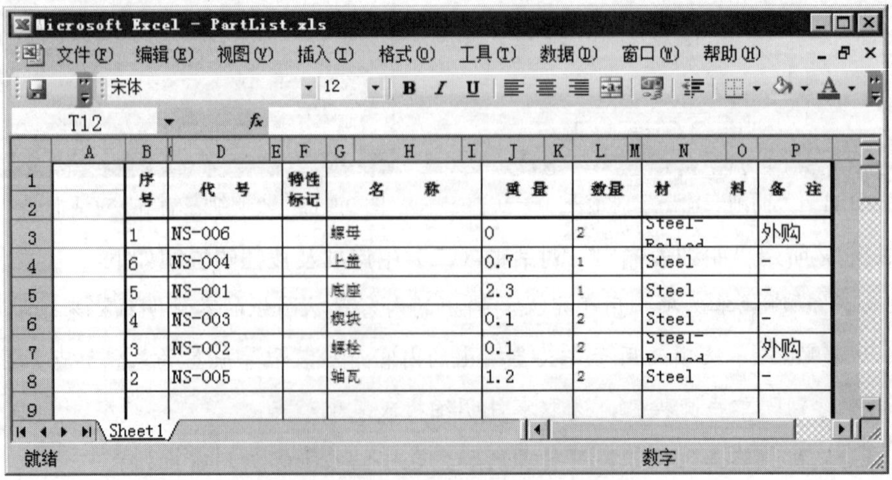


图 9.3.15 导出的零件明细栏

## 9.3.5 装配序号排序

通过“装配序号排序”命令可以将装配图纸中的装配序号按照顺时针或逆时针的顺序来排列，此时需要用户指定一个初始的装配序号，系统自动按照指定的距离值来排列序号。下面介绍装配序号排序的一般操作方法。

Step1. 打开文件 D:\ug11.12\work\ch09.03.05\asm.prt，进入制图环境。

Step2. 选择下拉菜单 GC工具箱 ▸ → 制图工具 ▸ → 装配序号排序 命令，系统弹出如图 9.3.16 所示的“装配序号排序”对话框。

Step3. 在“装配序号排序”对话框中确认 * 初始装配序号 (0) 被激活，在图纸上选取图 9.3.17 所示的装配序号 2，其余参数保持不变。

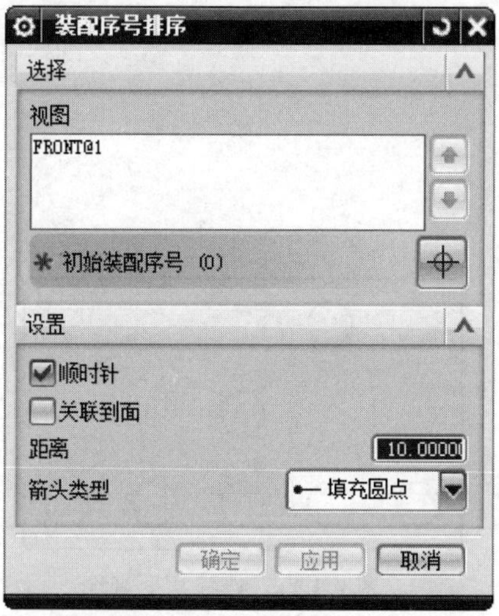


图 9.3.16 “装配序号排序”对话框

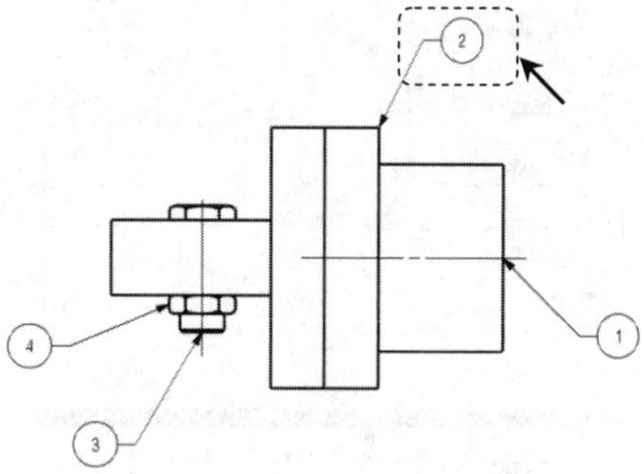


图 9.3.17 选择装配序号

Step4. 在“装配序号排序”对话框中单击 确定 按钮，结果如图 9.3.18 所示。

**说明：**

- 距离 文本框：用来控制装配序号和视图边界的距离。
- 图 9.3.19 所示为取消选中 □ 顺时针 复选框、距离 为 20 的排序结果。

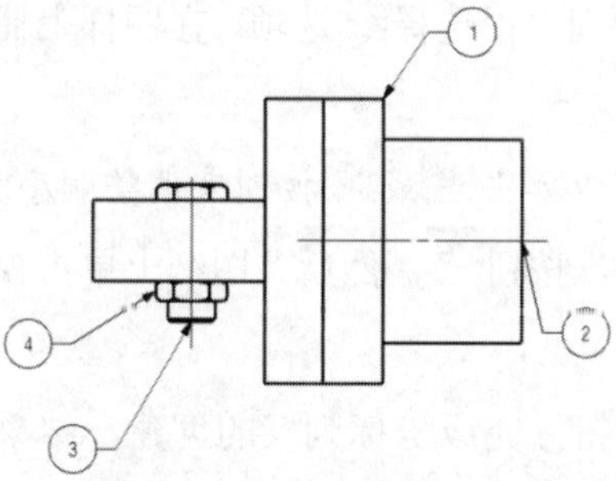


图 9.3.18 顺时针排序结果

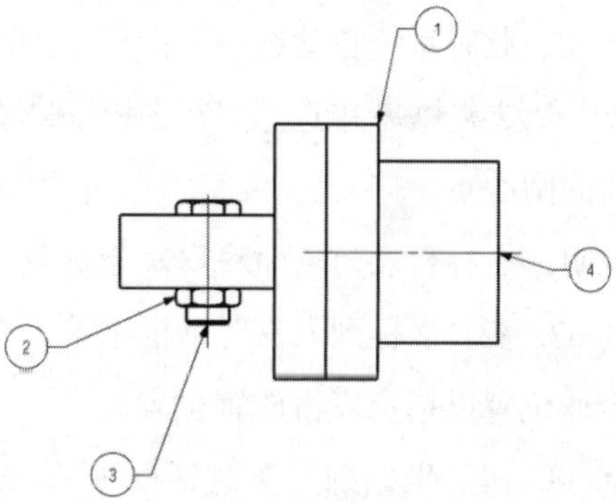


图 9.3.19 逆时针排序结果

## 9.3.6 创建点坐标列表

通过“创建坐标列表”命令可以将当前图纸中选定的一组点的坐标输出到一个表格，这里需要定义参考坐标系来确定原点和轴的方向，并可以应用不同的表格模板，这对于某些工程制图来说是十分方便的。下面介绍创建坐标列表的一般操作方法。

Step1. 打开文件 D:\ug11.12\work\ch09.03.06\coor_table.prt，进入制图环境。

Step2. 选择下拉菜单 GC工具箱 ▸ ➡ 注释 ▸ ➡ 坐标列表 命令，系统弹出如图 9.3.20 所示的“坐标列表”对话框。

Step3. 在“坐标列表”对话框的 类型 下拉列表中选择 创建 选项，确认 * Expand View (0) 被激活，在图样上选取图 9.3.21 所示的视图，此时进入此视图的扩展模式。

图 9.3.20 “坐标列表”对话框

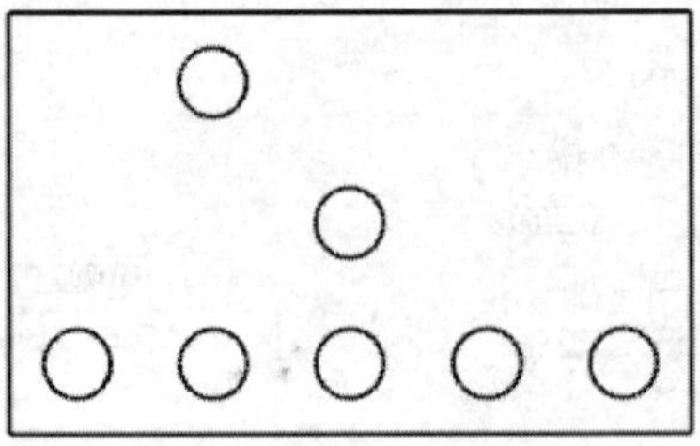

图 9.3.21 选择扩展视图

Step4. 在“坐标列表”对话框中确认 * 指定 CSYS 被激活，单击 按钮，系统弹出“CSYS”对话框，在 类型 下拉列表中选择 原点，X 点，Y 点 选项，此时“CSYS”对话框如图 9.3.22 所示。

Step5. 在图样上依次选取图 9.3.23 所示的点 1、点 2 和点 3，此时系统创建图 9.3.23 所示的坐标系，在“CSYS”对话框中单击 确定 按钮，系统返回到“坐标列表”对话框。

Step6. 此时系统自动选中了图样上的唯一视图，在“坐标列表”对话框中展开 选择点 区域，选中 ◉Snap Point 单选项，在 Snap Point 右侧的下拉列表中选择 选项，在图样上捕捉所有圆边的圆心点。

**说明：** 坐标列表的点顺序取决于选取的顺序，可以单击 或 按钮来调整顺序。

Step7. 在“坐标列表”对话框中单击“光标位置”按钮，然后在图纸上单击视图右侧的合适位置以指定表格放置位置。

Step8. 在“坐标列表”对话框中单击 确定 按钮，完成坐标列表的创建，结果如图 9.3.24 所示。

图 9.3.22　“CSYS”对话框

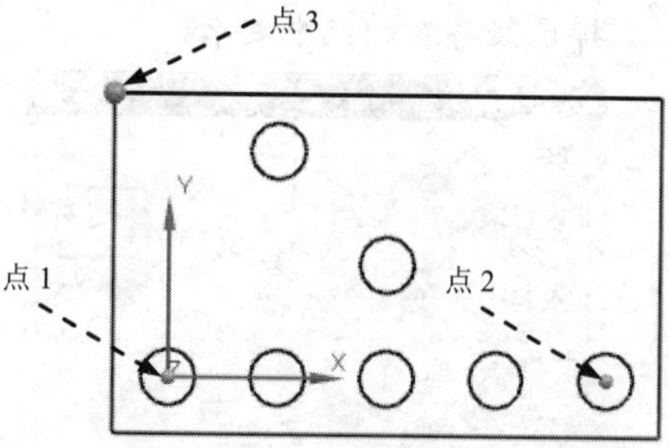


图 9.3.23　定义坐标系

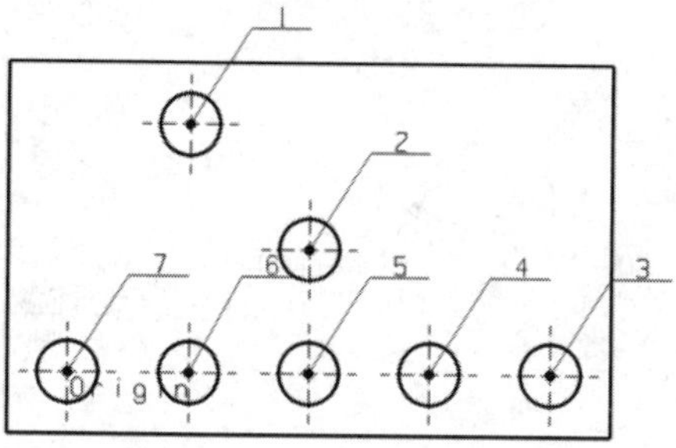


| ID | X | Y | Z |
|---|---|---|---|
| 1 | 20.000 | 40.000 | - |
| 2 | 40.000 | 20.000 | - |
| 3 | 80.000 | - | - |
| 4 | 60.000 | - | - |
| 5 | 40.000 | - | - |
| 6 | 20.000 | - | - |
| 7 | - | - | - |

图 9.3.24　坐标列表

**说明：**创建坐标列表后，读者可参照前面章节的操作方法自行调整表格的样式等。

## 9.3.7　添加技术要求

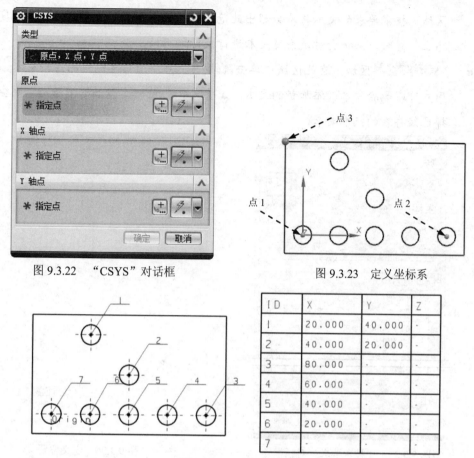

技术要求是工程图中非常重要的技术参数。在 UG NX 11.0 中可以方便地从技术要求库中提取相关的技术条目，此时系统能自动处理每行的序号，并过滤掉空白行，这种方式方便了技术要求的填写，避免了许多重复的劳动。下面介绍从技术要求库中添加技术要求的一般操作方法。

Step1. 打开文件 D:\ug11.12\work\ch09.03.07\tech_note_dwg1.prt，进入制图环境。

Step2. 选择下拉菜单 GC工具箱 ▸ → 注释 ▸ → 技术要求库 命令，系统弹出如图 9.3.25 所示的“技术要求”对话框。

Step3. 在“技术要求”对话框中单击 * Specify Position，在图纸上单击图 9.3.26 所示的放置位置，系统自动激活 * Specify End Point，在图纸上单击图 9.3.26 所示的终点位置。

**图 9.3.25 所示“技术要求”对话框中选项及按钮的说明如下。**

- 原点 区域：用来定义技术要求的标注范围。用户需要指定两个点来定义一个矩形区域，技术要求的文本将不会超出此范围，当技术要求的某个条目文本长度超出终止位置时，系统会对该条目文本进行换行。

- 从已有文本输入区域：在此区域中单击⊕按钮，可以选择要编辑的注释文本，此时用户可以删除文本或添加新的文本。如果选中□替换已有技术要求复选框，则会替换掉已经存在的技术要求。

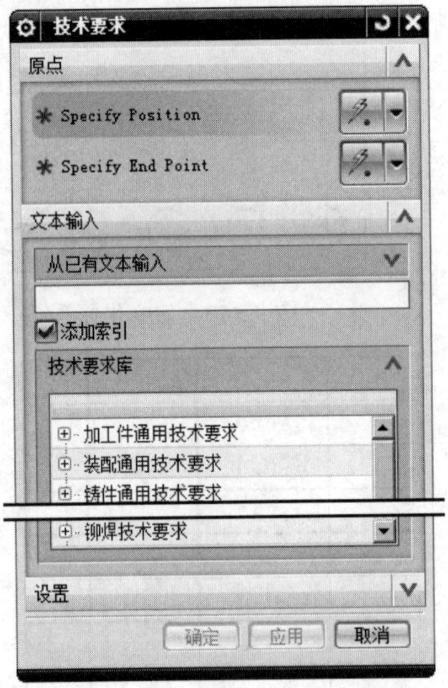


图 9.3.25 “技术要求”对话框

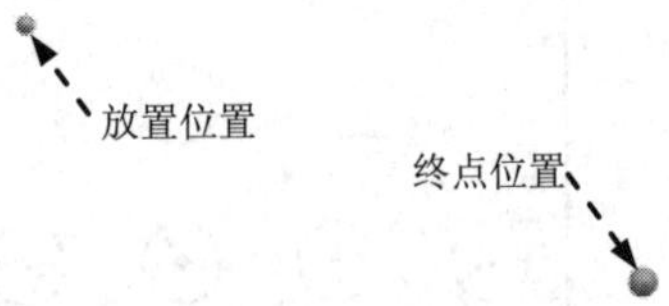


图 9.3.26 定义位置

- ☑添加索引复选框：系统默认第 1 行的文本为“技术要求”，第 2 行如果是空行或第 1 个字符是空格，则被忽略。
- 技术要求库区域：显示当前配置文件中定义的技术要求分类和各个条目，双击某个条目即可添加到文本输入区。
- 设置区域：用来控制文本的字体，默认为中文仿宋 chinese_fs。

Step4. 在“技术要求”对话框的技术要求库区域中展开加工件通用技术要求节点，此时技术要求库区域如图 9.3.27 所示，分别双击“人工时效处理”“未注圆角半径 R5”条目，将其添加到文本输入区中，如图 9.3.28 所示。

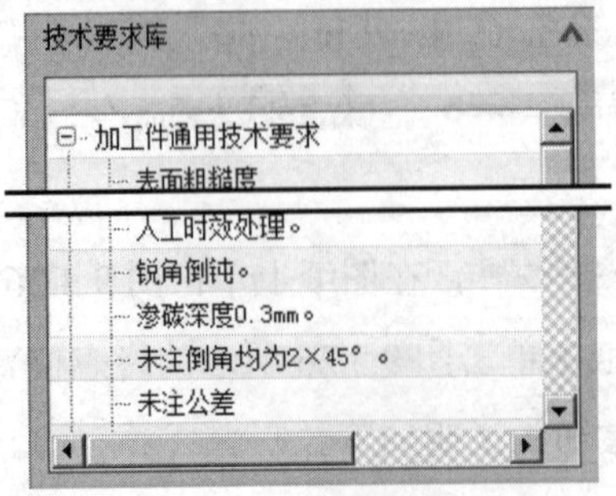


图 9.3.27 “技术要求库”区域

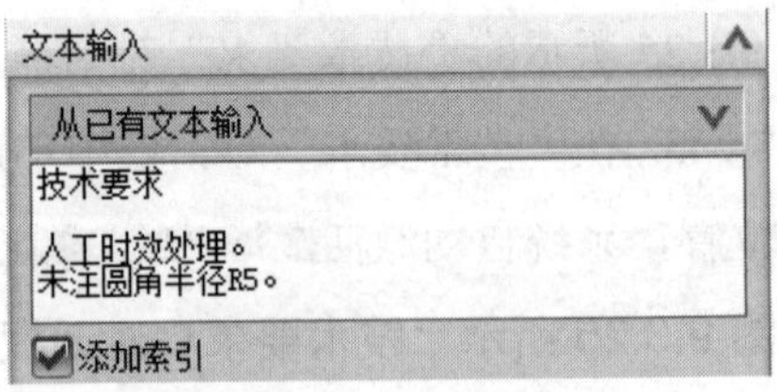


图 9.3.28 文本输入区

说明：读者可打开 10.3.1 节所述的配置文件，添加自定义的技术要求条目。

Step5. 在“技术要求”对话框中单击 确定 按钮，完成技术要求的添加，结果如图 9.3.29 所示。

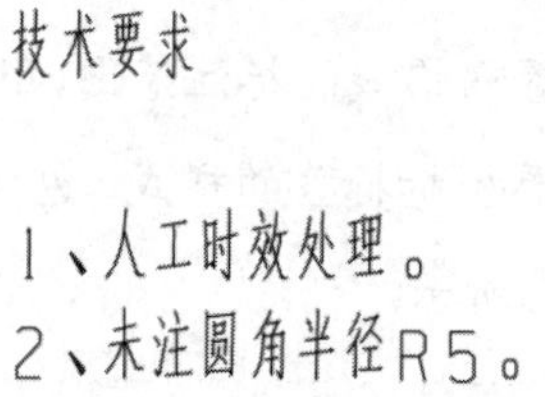

技术要求
1、人工时效处理。
2、未注圆角半径R5。


图 9.3.29　添加技术要求

## 9.3.8　创建网格线

网格线是某些工程制图中常见的制图元素，在 UG NX 11.0 中可以方便地添加坐标网格线，并且能够添加相应的坐标数值，而且编辑、删除也十分方便。下面介绍在图纸视图上添加网格线的一般操作方法。

Step1. 打开文件 D:\ug11.12\work\ch09.03.08\grid_line.prt，进入制图环境。

Step2. 选择下拉菜单 GC工具箱 ▸ → 注释 ▸ → 网格线 命令，系统弹出如图 9.3.30 所示的“网格线”对话框。

Step3. 在“网格线”对话框的 类型 下拉列表中选择 创建 选项，单击 * 选择视图 (0)，在图纸上选择图 9.3.31 所示的视图，系统自动激活 * 指定光标位置，在图纸上依次单击图 9.3.31 所示的位置 1 和位置 2。

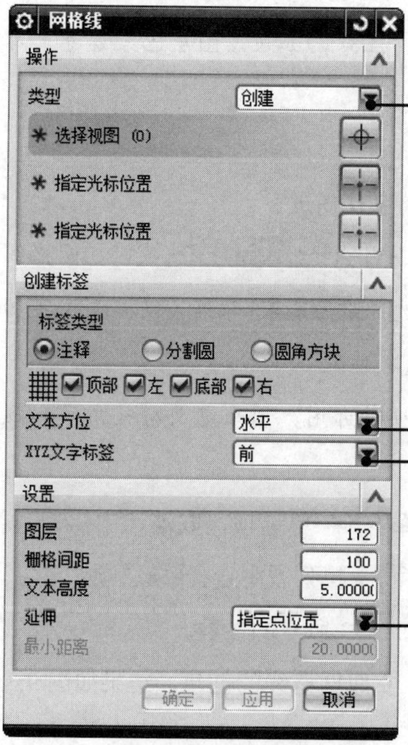


图 9.3.30　“网格线”对话框

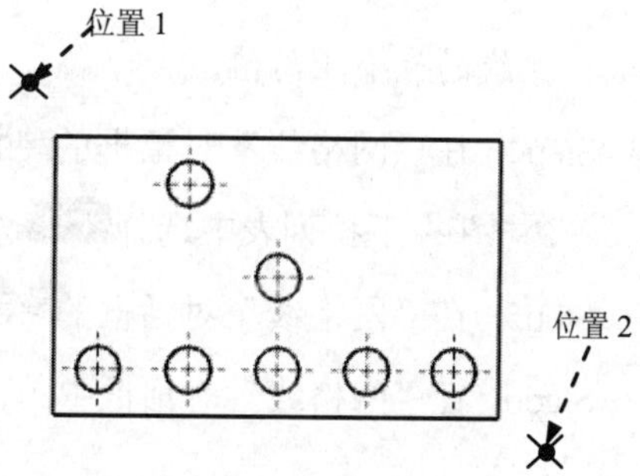


图 9.3.31　定义位置

图 9.3.30 所示"网格线"对话框中选项的说明如下。

- 类型 下拉列表：用来选择操作类型，包括"创建""编辑""删除"选项。

- ＊选择视图 (O)：用来选择要添加网格线的视图。

- ＊指定光标位置：用来设置网格线的标注范围，用户需要选取矩形区域的两个对角点。

- 标签类型 区域：用来设置坐标标签的样式，包括 ⦿注释 、○分割圆 和 ○圆角方块 选项，其生成样式如图 9.3.32 所示。

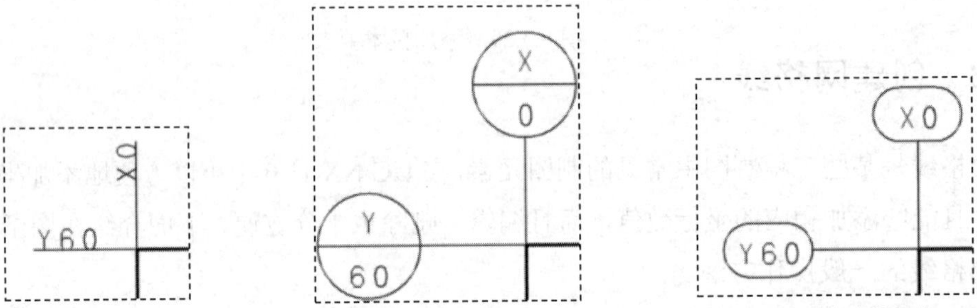

a）注释标签　　　　b）分割圆标签　　　　c）圆角方块标签

图 9.3.32　标签类型

- ☑顶部 、☑左 、☐底部 、☐右 复选框：用来定义标签的标注位置。

- 文本方位 下拉列表：用来定义标签的文字方位，选择水平选项时，文本始终与图纸的水平方向一致；选择平行选项时，文本与坐标线的方向平行。

- XYZ文字标签 下拉列表：用来定义标签中 XYZ 的出现位置。

- 图层 文本框：用来定义网格线放置到的图层。注意，如果该图层已经设置了不可见，那么创建网格线后网格线同样会不可见。

- 栅格间距 文本框：用来定义网格线与线的间距。

- 文本高度 文本框：用来定义标签中标注文本的字体高度。

- 延伸 下拉列表：用来定义网格线的标注范围。当选择指定点位置选项时，网格线只会在前面指定的两个点的范围内来产生。当选择最小距离选项时，网格线文字和网格线之间的距离不会小于所指定的最小距离。

- 最小距离 文本框：仅在延伸类型为最小距离选项时可用，用来定义标签文字和网格线的最小距离值。

Step4. 在"网格线"对话框的创建标签区域中选择 ⦿注释 单选项，取消选中☐右 复选框，在文本方位下拉列表中选择平行选项，在XYZ文字标签下拉列表中选择前选项。

Step5. 在"网格线"对话框的设置区域中设置图 9.3.33 所示的参数。

Step6. 在"网格线"对话框中单击 确定 按钮，完成网格线的创建，结果如图 9.3.34 所示。

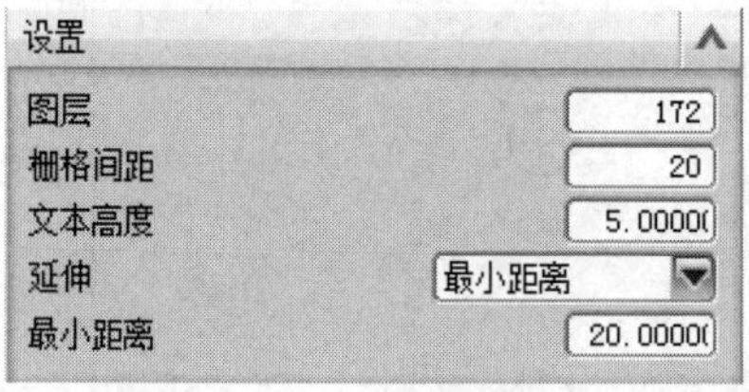


图 9.3.33 “设置”区域

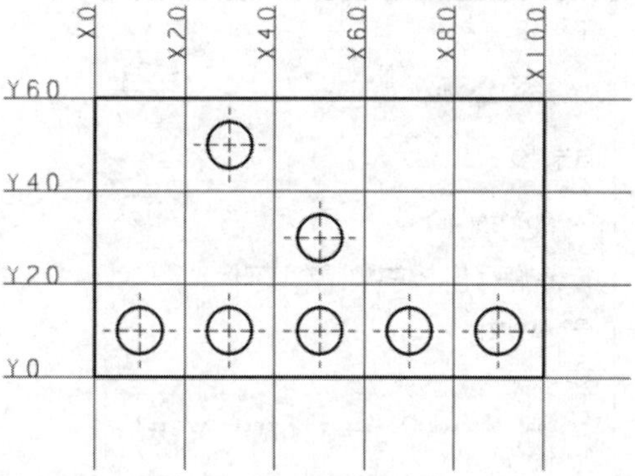


图 9.3.34 创建网格线

## 9.3.9 尺寸标注样式

### 1. 格式刷

GC 工具箱中提供了针对尺寸标注中的常见形式进行快速设置的工具，用户可通过单击“尺寸标注样式−GC 工具箱”工具条中的相应样式按钮，来快速设置尺寸样式。如果需要批量地修改尺寸标注样式，可以使用“格式刷”命令来完成。使用“格式刷”命令可以方便地选择一个基准尺寸样式，然后将其他的多个尺寸统一成相同的尺寸标注样式和公差标注。下面以图 9.3.35 所示为例来介绍使用格式刷的一般操作方法。

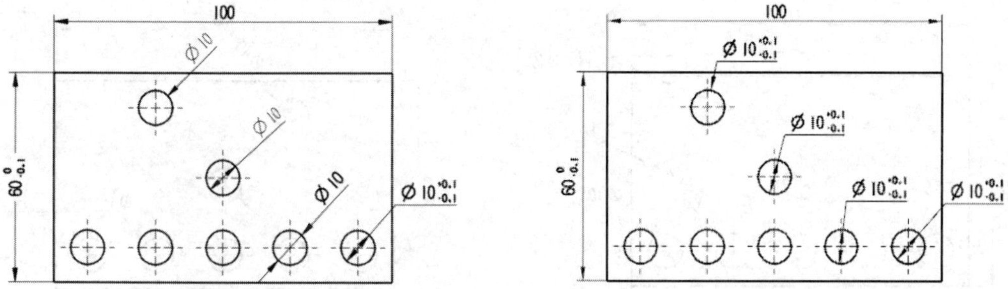


a）修改前 b）修改后

图 9.3.35 格式刷

Step1. 打开文件 D:\ug11.12\work\ch09.03.09\01_matchprop.prt，进入制图环境。

Step2. 选择下拉菜单 GC工具箱 ▸ → 注释 ▸ → 格式刷... 命令，系统弹出如图 9.3.36 所示的“格式刷”对话框。

Step3. 在“格式刷”对话框中确认 工具对象 区域中的 * 选择对象 (0) 被激活，在图样上选择尺寸 100，系统自动激活 目标对象 区域中的 * 选择对象 (0)，在图样上选择尺寸 60。

Step4. 在“格式刷”对话框中选中 ☑ Don't change the type of tolerance and rank 复选框，单击 应用 按钮，结果如图 9.3.37 所示。

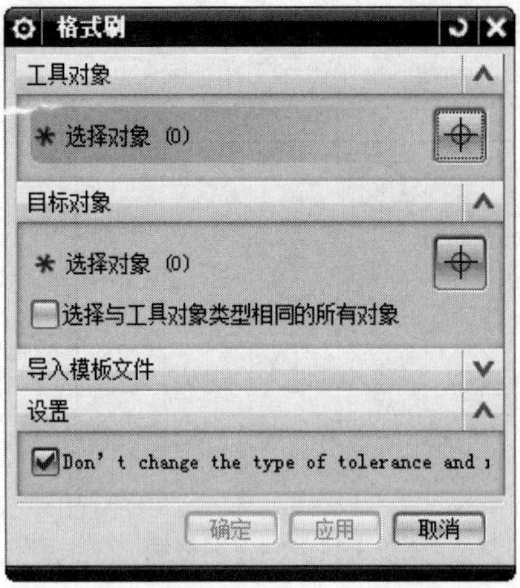


图 9.3.36 “格式刷”对话框

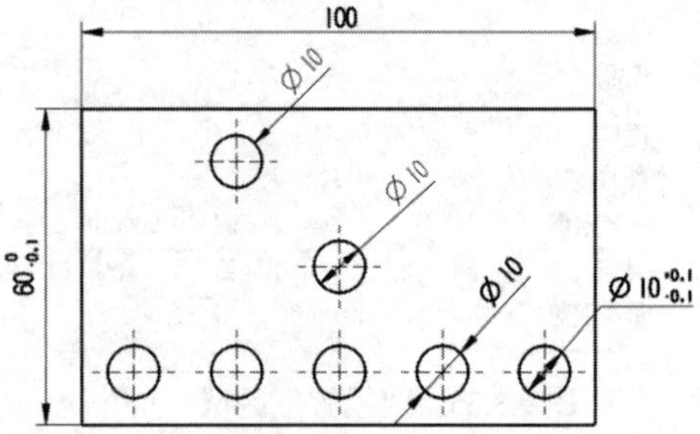


图 9.3.37 改变长度尺寸

Step5. 在“格式刷”对话框中确认工具对象区域中的* 选择对象 (0)被激活，在图样上选择图 9.3.38a 所示的直径尺寸 10，系统自动激活目标对象区域中的* 选择对象 (0)，在图样上选择图示的两个目标尺寸，单击应用按钮，结果如图 9.3.38b 所示。

Step6. 在“格式刷”对话框中确认工具对象区域中的* 选择对象 (0)被激活，在图样上选择图 9.3.39a 所示的直径尺寸 10，系统自动激活目标对象区域中的* 选择对象 (0)，在图样上选择其余的三个直径尺寸，取消选中Don' t change the type of tolerance and rank复选框，单击确定按钮，结果如图 9.3.39b 所示。

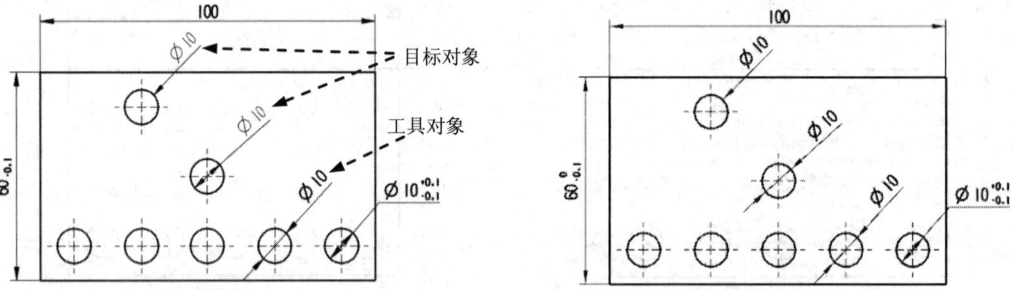


a）修改前 b）修改后

图 9.3.38 修改直径尺寸（一）

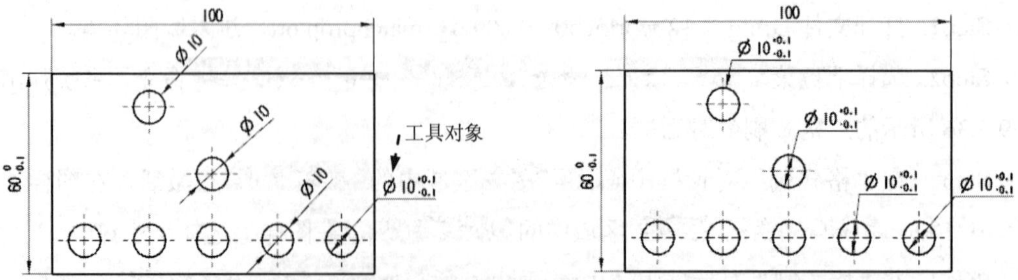


a）修改前 b）修改后

图 9.3.39 修改直径尺寸（二）

### 2. 样式继承

使用样式继承命令可以选择一个尺寸样式作为默认的尺寸标注样式，后续的标注将按照此样式进行标注。选择下拉菜单 GC工具箱 ▸ → 尺寸 ▸ → 尺寸标注样式 ▸ → 样式继承命令，系统弹出如图 9.3.40 所示的“样式继承”对话框，在图样上选取某个合适的尺寸，单击 确定 按钮，即可完成尺寸样式的设置，此时可以选取尺寸标注命令继续进行标注。

图 9.3.40　“样式继承”对话框

### 3. 尺寸标注样式

图 9.3.41 所示的“尺寸快速格式化工具－GC 工具箱”选项组中的样式命令按钮较多，但其使用方法是一致的。一般操作方法如下：在使用尺寸标注命令前，首先在“尺寸快速格式化工具－GC 工具箱”选项组中单击某个样式按钮使其处于按下状态，即设置为此种类型的尺寸标注样式，然后选取尺寸标注命令（如自动判断的尺寸、圆柱尺寸等），此时所选标注命令的样式将与被激活的尺寸样式一致，用户依次选取合适的制图对象即可开始标注尺寸，再次单击该样式按钮即可取消其标注状态。

图 9.3.41　“尺寸快速格式化工具－GC 工具箱”选项组

### 4. 半径-直径文本方位

半径-直径文本方位是用来控制尺寸文本的两种状态：水平和平行。图 9.3.42 所示为水平和平行的标注结果。

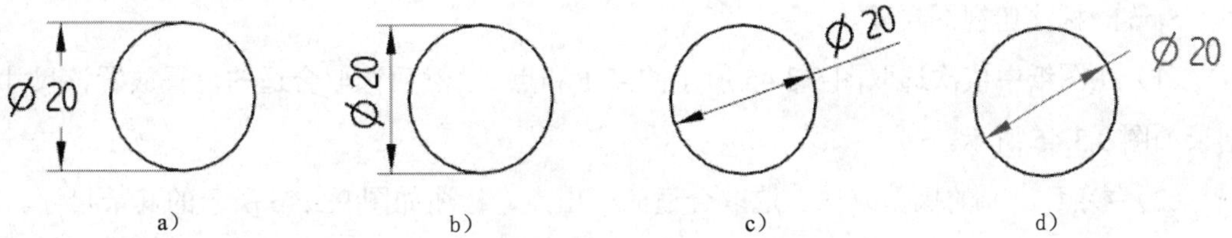


图 9.3.42　半径-直径文本方位

### 5. 尺寸线箭头位置

尺寸线箭头位置是用来控制标注半径或直径尺寸时箭头的两种状态：向内和向外。图

9.3.43 所示为向内和向外的标注结果。

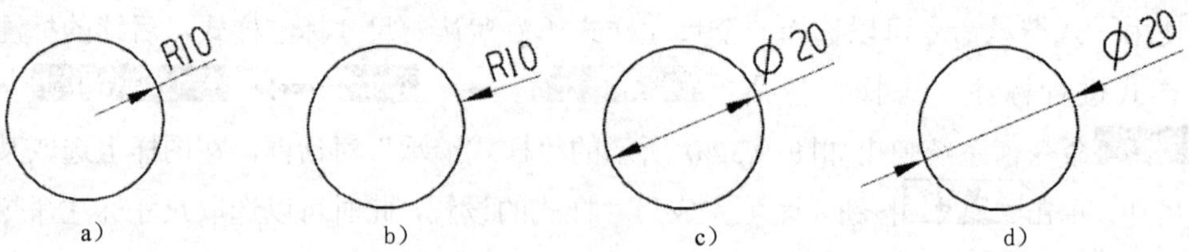


图 9.3.43　尺寸箭头位置

## 6. 尺寸标注示例

下面通过一个例子来介绍使用“尺寸快速格式化工具－GC 工具箱”的具体操作方法。

Step1. 打开文件 D:\ug11.12\work\ch09.03.09\dim_style.prt，进入制图环境。

Step2. 首先确认图 9.3.41 所示的“尺寸快速格式化工具－GC 工具箱”选项组已经显示在软件界面中，如果该对话框未显示出来，用户可以单击功能区最右侧的按钮，在系统弹出如图 9.3.44 所示的“主页”区域，在其中勾选如图所示的选项组即可。

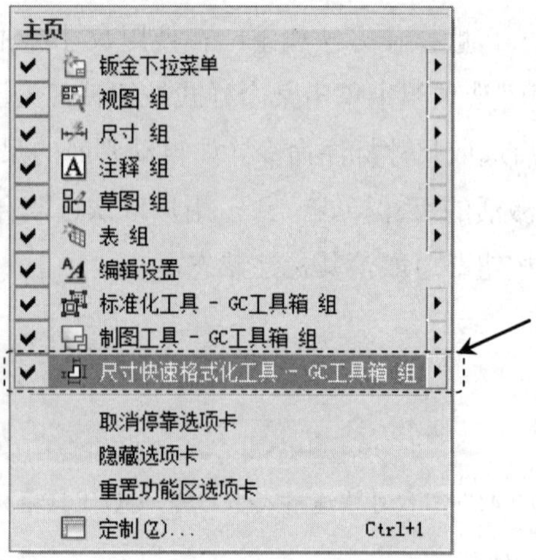


图 9.3.44　“主页”区域

Step3. 在“尺寸快速格式化工具－GC 工具箱”选项组中单击按钮，然后选择下拉菜单插入(S) → 尺寸(M) → 快速(P)...命令，系统弹出“快速尺寸”对话框。

Step4. 标注俯视图尺寸。

（1）在图纸中依次选取图 9.3.45 所示的点 1 和点 2，然后选取合适的位置放置该尺寸，结果如图 9.3.45 所示。

（2）参照（1）的操作方法，选取合适的引出点，标注如图 9.3.46 所示的其余尺寸。

（3）在“尺寸快速格式化工具－GC 工具箱”选项组中单击“参考”按钮使其处于按下状态，然后单击按钮，选取俯视图中的中心标记，选取合适的位置放置该尺寸，结果如图 9.3.47 所示。

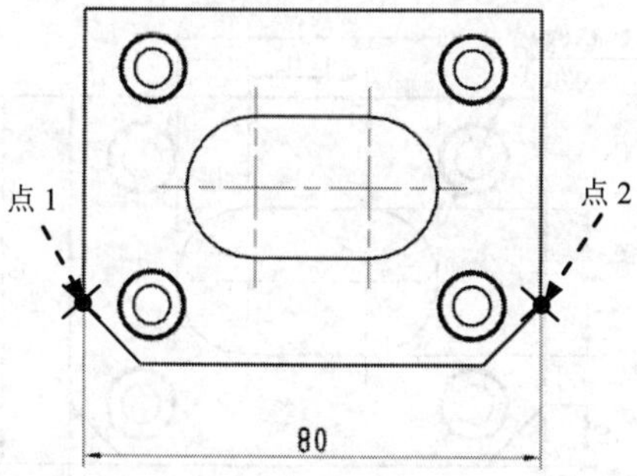


图 9.3.45 标注一般尺寸（一）

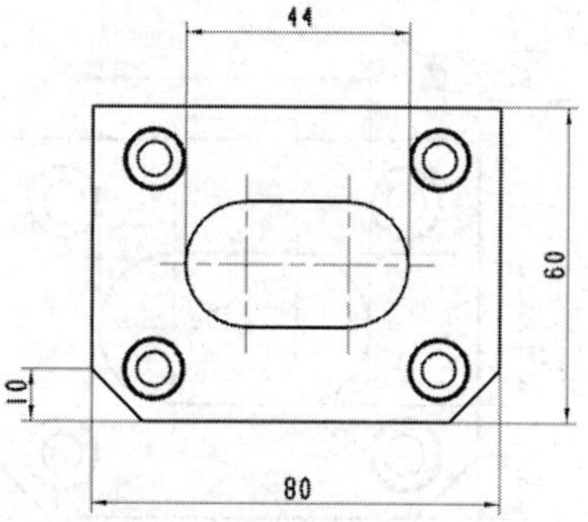


图 9.3.46 标注一般尺寸（二）

（4）在“尺寸快速格式化工具－GC 工具箱”选项组中单击“单向正公差”按钮使其处于按下状态，然后单击按钮，选取图 9.3.48 所示的两条边线的中点，鼠标暂停 1～2s 后，在弹出的工具条中单击按钮，在系统弹出的“尺寸编辑”界面的公差文本框中输入值 0.12，再次单击按钮，选取合适的位置放置该尺寸，结果如图 9.3.48 所示。

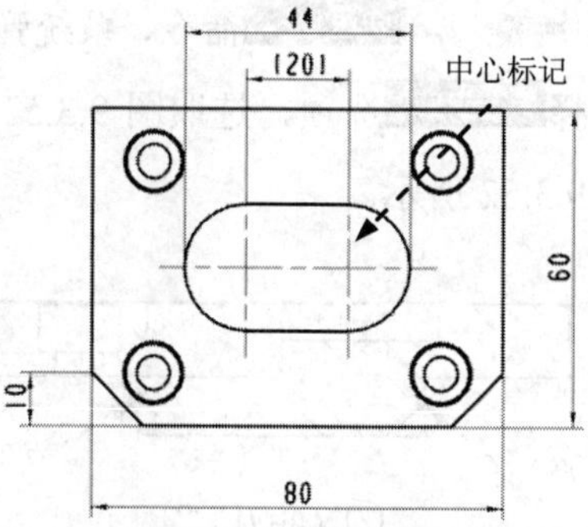


图 9.3.47 标注参考尺寸

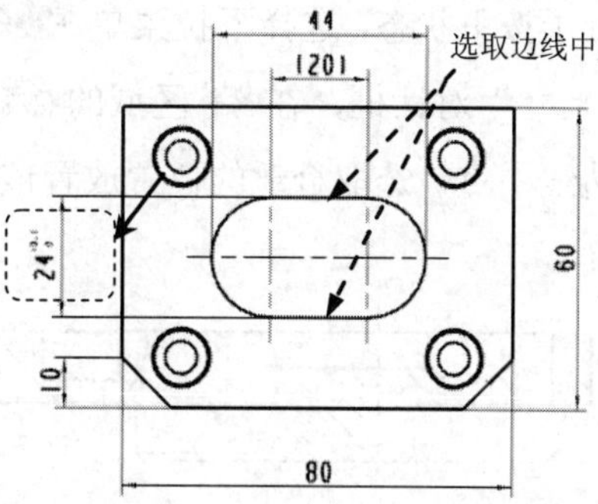


图 9.3.48 标注单向正公差尺寸

（5）在“尺寸快速格式化工具－GC 工具箱”选项组中单击、和按钮使其处于按下状态，然后选择下拉菜单 插入(S) ➡ 尺寸(M) ▸ ➡ 径向(R)... 命令，系统弹出“半径尺寸”对话框，在 测量 区域的 方法 下拉列表中选择 直径 选项，在俯视图中选取图 9.3.49 所示的圆边线（沉头孔的通孔直径），选取合适的位置放置该尺寸，结果如图 9.3.49 所示。

Step5. 修改直径尺寸。选择下拉菜单 GC工具箱 ▸ ➡ 尺寸 ▸ ➡ 尺寸线下注释... 命令，系统弹出“尺寸线下注释”对话框。选取刚刚标注的直径尺寸，在 前面 文本框中输入值“4-”，在 后面 文本框中输入“通孔”，在 下面 文本框中输入<#B>11<#D>6.8（在字符前加四个空格），其余采用默认参数，单击 确定 按钮，结果如图 9.3.50 所示。

Step6. 标注主视图尺寸。

（1）在”尺寸快速格式化工具－GC 工具箱”选项组中单击按钮，然后选择下拉菜单 插入(S) ➡ 尺寸(M) ▸ ➡ 快速(P)... 命令，系统弹出“快速尺寸”对话框。

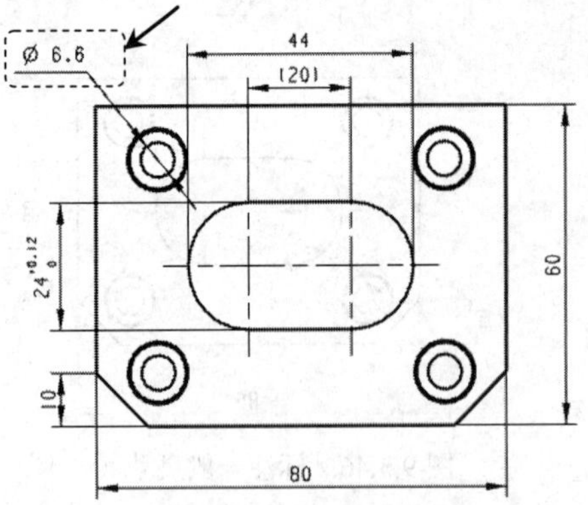


图 9.3.49　标注直径尺寸

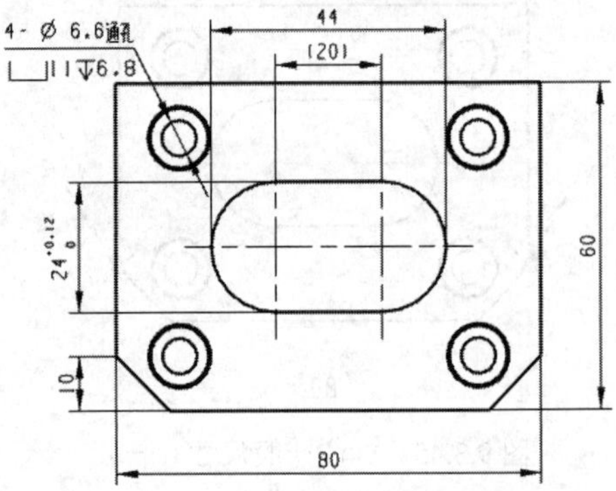


图 9.3.50　修改直径尺寸

（2）在“快速尺寸”对话框中单击“重置” 按钮，在图纸中参照前面的操作方法选取合适的引出点，标注如图 9.3.51 所示的一般尺寸。

（3）在“尺寸快速格式化工具－GC 工具箱”选项组中单击“拟合符号和公差”按钮使其处于按下状态，选择下拉菜单 插入(S) → 尺寸(M) ▸ → 快速(P)... 命令，系统弹出“快速尺寸”对话框，在 测量 区域的 方法 的下拉列表中选择 圆柱式 选项，选取图 9.3.52 所示的边线中点，选取合适的位置放置该尺寸，结果如图 9.3.52 所示。

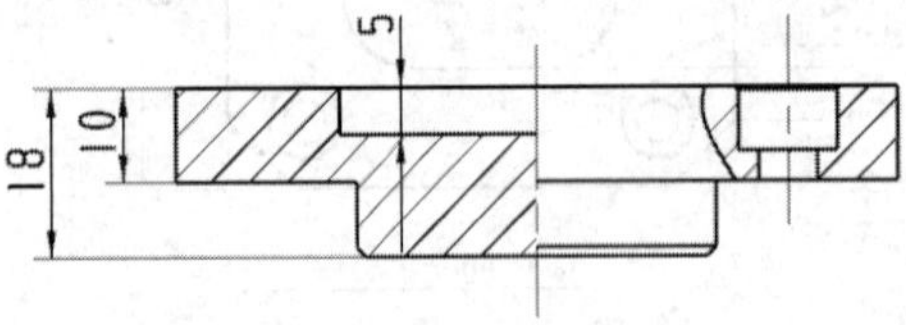


图 9.3.51　标注一般尺寸（一）

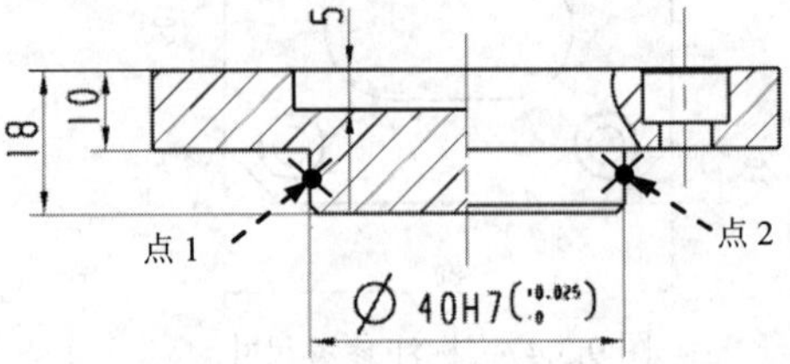


图 9.3.52　标注一般尺寸（二）

（4）选择下拉菜单 插入(S) → 尺寸(M) ▸ → 倒斜角(C)... 命令，系统弹出“倒斜角尺寸”对话框；选取图 9.3.53 所示的边线，然后在前缀文本框中输入 C，选取合适的位置放置该尺寸，结果如图 9.3.53 所示。

注意：此时系统可能会弹出如图 9.3.54 所示的“警报”警告框。如果在选取“倒斜角尺寸”命令前，在“尺寸快速格式化工具－GC 工具箱”选项组中单击按钮即可清除倒斜角尺寸不支持的拟合公差样式。

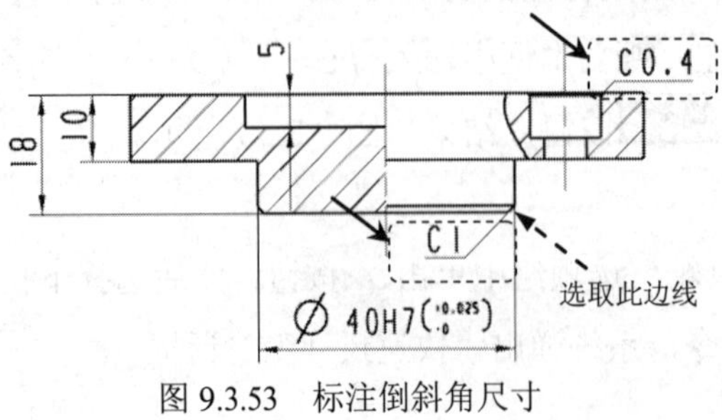


图 9.3.53　标注倒斜角尺寸

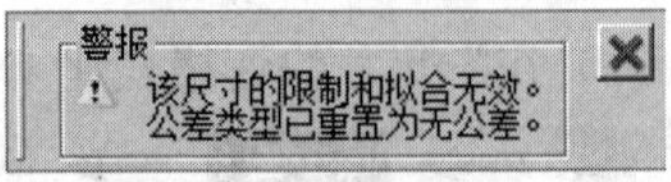


图 9.3.54　“警报”警告框

## 9.3.10　尺寸排序

如果图样上标注的尺寸放置太凌乱，没有很好的层次，就会对识图、读图造成很大的障碍，因此应避免出现这种情况。GC 工具箱中提供了针对尺寸位置的排序命令，用户可方便地快速设置相关尺寸的放置位置，从而使图样尺寸标注排列整齐。下面以图 9.3.55 所示为例来介绍尺寸排序的一般操作过程。

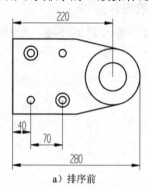

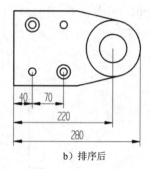

a）排序前　　b）排序后

图 9.3.55　尺寸排序

Step1. 打开文件 D:\ug11.12\work\ch09.03.10\Sort_dim.prt，进入制图环境。

Step2. 选择下拉菜单 GC工具箱 ▸ → 尺寸 ▸ → 尺寸排序... 命令，系统弹出如图 9.3.56 所示的“尺寸排序”对话框。

Step3. 在“尺寸排序”对话框中确认 基准尺寸 区域中的 * 选择尺寸 (0) 被激活，在图样上选择尺寸 40，系统自动激活 对齐尺寸 区域中的 * 选择尺寸 (0)，在图样上选择尺寸 70。

Step4. 在“尺寸排序”对话框的 尺寸间距 文本框中输入值 0，单击 应用 按钮，结果如图 9.3.57 所示。

图 9.3.56　“尺寸排序”对话框

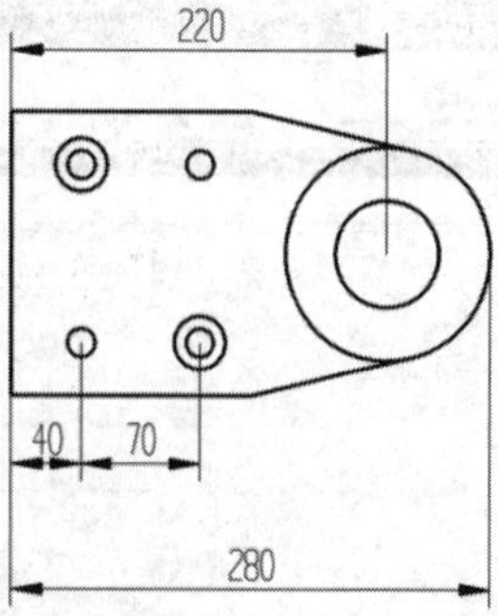


图 9.3.57　尺寸排序

Step5. 在“尺寸排序”对话框中确认 基准尺寸 区域中的 * 选择尺寸 (0) 被激活，在图样上选择尺寸 70，系统自动激活 对齐尺寸 区域中的 * 选择尺寸 (0)，在图样上选择尺寸 220 和 280，在 尺寸间距 文本框中输入值 8，单击 确定 按钮，结果如图 9.3.55b 所示。

### 9.3.11 齿轮参数表和齿轮简化图样

齿轮是常见的机械传动零件，其本身具有很多的重要技术参数，一般是通过表格形式出现在图纸上。另外，由于我国制图标准中对齿轮的图样画法有简化的规定，如果在制图时仅仅采用由模型投影的方法来产生视图，往往不能达到国标要求。对此，GC 工具箱中提供了针对齿轮的相关命令，用户不但可以方便地快速创建齿轮模型，而且可以根据齿轮模型来创建符合国标的工程图样。下面介绍齿轮出图的一般操作过程。

Step1. 打开文件 D:\ug11.12\work\ch09.03.11\gear.prt，进入制图环境，图样显示如图 9.3.58 所示。

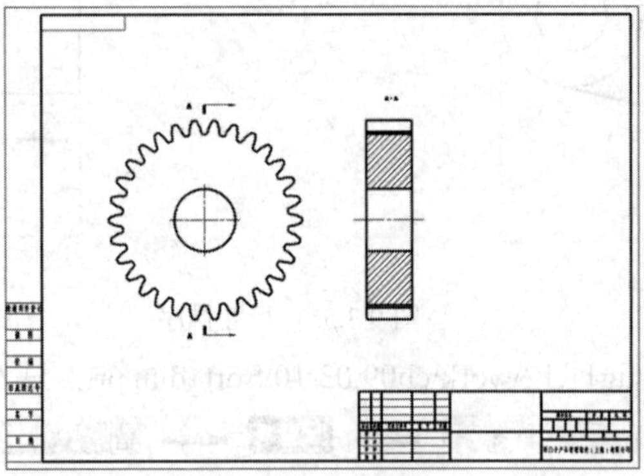

图 9.3.58 齿轮图

Step2. 选择下拉菜单 GC工具箱 ▸ → 齿轮 ▸ → 齿轮参数 命令，系统弹出如图 9.3.59 所示的“齿轮参数”对话框。

Step3. 在“齿轮参数”对话框 齿轮列表 区域的列表框中选择 D202 选项，系统自动激活 * 指定点，在图样上选择图框的右上角点，在 模板 下拉列表中选择 Template1 选项，单击 确定 按钮，结果如图 9.3.60 所示。

图 9.3.59 “齿轮参数”对话框

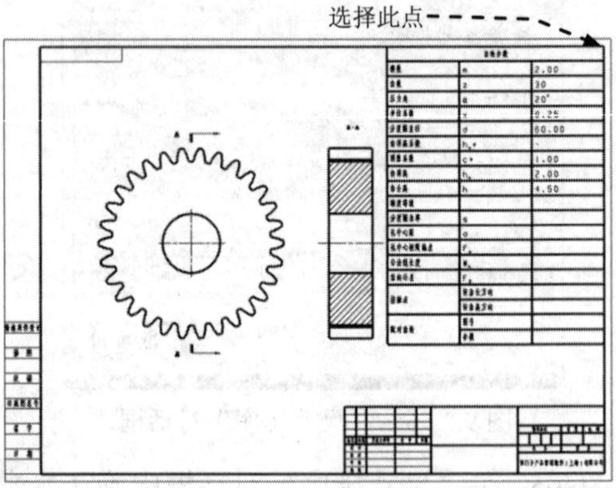


图 9.3.60 放置表格

**说明：**用户可参照编辑表格的操作方法自行调整表格的列宽和行高，此处不再赘述。

图 9.3.59 所示“齿轮参数”对话框中选项及按钮的说明如下。

- 齿轮列表列表框：显示当前部件包含的具有齿轮参数的圆柱齿轮、锥齿轮等。
- 模板下拉列表：用来选择配置文件中定义的对应不同齿轮类型的参数输出模板。
- * 指定点：用来指定表格在图纸上的放置位置。
- 按钮：用来预览齿轮参数表的输出结果。

Step4. 选择下拉菜单 GC工具箱 ▸ → 齿轮 ▸ → 齿轮简化... 命令，系统弹出如图 9.3.61 所示的“齿轮简化”对话框。

Step5. 在“齿轮简化”对话框的类型下拉列表中选择创建选项，在图纸上选择图 9.3.62a 所示的视图，在齿轮列表框中选择D202选项，单击 确定 按钮，结果如图 9.3.62b 所示。

图 9.3.61　“齿轮简化”对话框

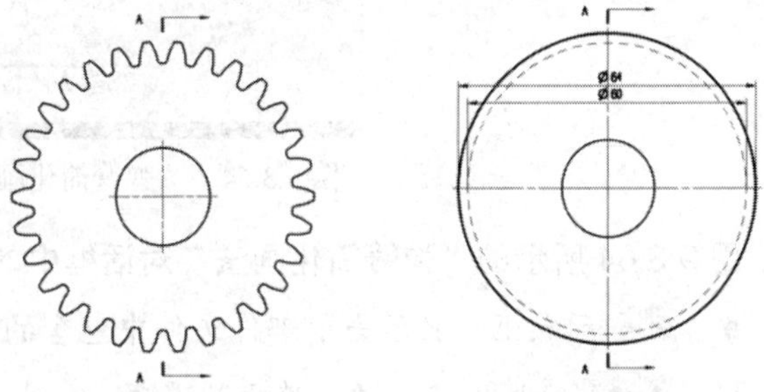

a）简化前　　b）简化后

图 9.3.62　简化图样

## 9.3.12　弹簧简化视图

GC 工具箱中提供了弹簧的设计、删除和弹簧简化画法的命令，用户在建模环境下可以进行弹簧的设计与删除，而在制图环境下可以根据弹簧模型方便地快速创建符合国标要求的视图。下面以图 9.3.63 所示为例来介绍创建弹簧简化视图的一般操作过程。

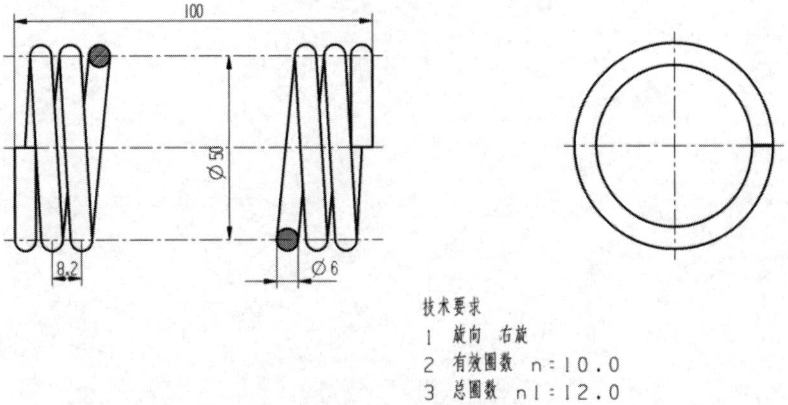


图 9.3.63　弹簧简化视图

Step1. 打开文件 D:\ug11.12\work\ch09.03.12\spring.prt。

Step2. 选择下拉菜单 GC工具箱 ▸ → 弹簧 ▸ → 弹簧简化画法... 命令，系统弹出如图 9.3.64 所示的“弹簧简化画法”对话框。

图 9.3.64　“弹簧简化画法”对话框

**图 9.3.64 所示的“弹簧简化画法”对话框中的选项的说明如下。**

- 列表 列表框：显示当前部件文件中包含的弹簧部件。
- 在工作部件中 单选项：选择此选项，将在当前打开的部件中创建弹簧简化视图。
- 新部件 单选项：选择此选项，将新建一个部件文件并创建弹簧简化视图。
- 图纸页 下拉列表：用来选择弹簧简化视图所在的图纸页规格。

Step3. 设置图 9.3.64 所示的参数，单击 确定 按钮，结果如图 9.3.63 所示。

# 读者意见反馈卡

尊敬的读者：

感谢您购买机械工业出版社出版的图书！

我们一直致力于 CAD、CAPP、PDM、CAM 和 CAE 等相关技术的跟踪，希望能将更多优秀作者的宝贵经验与技巧介绍给您。当然，我们的工作离不开您的支持。如果您在看完本书之后，有什么好的意见和建议，或是有一些感兴趣的技术话题，都可以直接与我联系。

策划编辑：丁锋

---

读者购书回馈活动：

活动一：本书“随书光盘”中含有该“读者意见反馈卡”的电子文档，请认真填写本反馈卡，并 E-mail 给我们。E-mail：兆迪科技 zhanygjames@163.com，丁锋 fengfener@qq.com。

活动二：扫一扫右侧二维码，关注兆迪科技官方公众微信（或搜索公众号 zhaodikeji），参与互动，也可进行答疑。

凡参加以上活动，即可获得兆迪科技免费奉送的价值 48 元的在线课程一门，同时有机会获得价值 780 元的精品在线课程。

书名：《UG NX 11.0 工程图教程》

1. 读者个人资料：

姓名：__________性别：___年龄：____职业：_________职务：_________学历：_______

专业：________单位名称：____________________办公电话：___________手机：______

QQ：___________________________微信：____________E-mail：______________

2. 影响您购买本书的因素（可以选择多项）：

□内容　□作者　□价格

□朋友推荐　□出版社品牌　□书评广告

□工作单位（就读学校）指定　□内容提要、前言或目录　□封面封底

□购买了本书所属丛书中的其他图书　□其他____________

3. 您对本书的总体感觉：

□很好　□一般　□不好

4. 您认为本书的语言文字水平：

□很好　□一般　□不好

5. 您认为本书的版式编排：

□很好　□一般　□不好

6. 您认为 UG 其他哪些方面的内容是您所迫切需要的？

______________________________________________

7. 其他哪些 CAD/CAM/CAE 方面的图书是您所需要的？

______________________________________________

8. 您认为我们的图书在叙述方式、内容选择等方面还有哪些需要改进的？

______________________________________________

______________________________________________